EUL VERLAG

Dr. Philipp Nitzsche

Inbound Open Innovation

Eine empirische Analyse ihrer Erfolgswirkung auf Basis des Dynamic Capabilities View

Mit einem Geleitwort von Prof. Dr. Bernd W. Wirtz,
Deutsche Universität für Verwaltungswissenschaften Speyer

EUL VERLAG

Bibliografische Information der Deutschen Nationalbibliothek

Die Deutsche Nationalbibliothek verzeichnet diese Publikation in der Deutschen Nationalbibliografie; detaillierte bibliografische Daten sind im Internet über <http://dnb.d-nb.de> abrufbar.

Dissertation, Deutsche Universität für Verwaltungswissenschaften Speyer, 2014

ISBN 978-3-8441-0349-6
1. Auflage August 2014

JOSEF EUL VERLAG GmbH
Brandsberg 6
53797 Lohmar
Tel.: 0 22 05 / 90 10 6-6
Fax: 0 22 05 / 90 10 6-88
E-Mail: info@eul-verlag.de
http://www.eul-verlag.de

Bei der Herstellung unserer Bücher möchten wir die Umwelt schonen. Dieses Buch ist daher auf säurefreiem, 100% chlorfrei gebleichtem, alterungsbeständigem Papier nach DIN 6738 gedruckt.

Für Dorothea

Geleitwort

Innovation ist eines der wichtigsten Themen, wenn es um die Wettbewerbsfähigkeit von Unternehmen geht. Im Zuge stetig steigenden Innovationsdrucks bei gleichzeitig verkürzten Innovationszyklen haben sich die Voraussetzungen für erfolgreiche Innovationstätigkeit jedoch erheblich gewandelt. Unternehmen haben bereits früh erkannt, dass sie sich nicht mehr ausschließlich auf vollständig intern ablaufende Innovationsprozesse verlassen können und versuchen seither, im Zuge ihrer Innovationsaktivitäten stärker mit der Umwelt zu interagieren.

Mit der Open Innovation hat sich in den letzten Jahren ein Konzept etabliert, das dieses veränderte Innovationsverständnis beschreibt und den zuvor stark fragmentierten Innovationskonzepten einen gemeinsamen Rahmen bietet. Heute hat Open Innovation eine erhebliche Verbreitung in Wissenschaft und Praxis erfahren. Dabei haben die Prinzipien der Open Innovation in nahezu alle Industrien Einzug gehalten. Dennoch zeigen empirische Studien, dass der tatsächliche Nutzen der Open Innovation häufig hinter den Erwartungen zurückbleibt. Dies lässt sich maßgeblich auf die Unklarheit bezüglich der relevanten Erfolgsfaktoren im Rahmen offener Innovation zurückführen, die häufig in einer inkonsequenten Implementierung des Konzeptes resultieren.

An dieser für Unternehmenspraxis und Wissenschaft gleichermaßen relevanten Problemstellung setzt die Dissertationsschrift von Herrn Philipp Nitzsche an. Zentrale Zielsetzung ist die Identifikation von organisationalen Erfolgsfaktoren im Rahmen von Inbound Open Innovation. Nach einer ausführlichen Begriffsklärung nimmt Herr Nitzsche eine strukturierte Bestandsaufnahme des aktuellen Schrifttums vor. Auf Basis ressourcentheoretischer Überlegungen konstruiert er einen theoretischen Bezugsrahmen und zeigt, dass Inbound Open Innovation als eine dynamische Fähigkeit verstanden werden kann.

Aus einem differenzierten Dynamic Capability Framework deduziert Herr Nitzsche drei zentrale Faktoren des Innovationserfolgs im Rahmen von Open Innovation, die er weiter entwickelt und in ein komplexes Untersuchungsmodell überführt. Die zugrundeliegenden Hypothesen werden in einer quantitativ-empirischen Analyse mittels kovarianzbasierter Strukturgleichungsmodellierung validiert. Die Arbeit schließt mit einer Zusammenfassung der wesentlichen Erkenntnisse und der Gewinnung von Implikationen für die weitere Forschung und Unternehmenspraxis.

Mit seiner Untersuchung trägt Herr Nitzsche sowohl aus theoretisch-konzeptioneller als auch aus methodisch-operationaler Sicht im besonderen Maße zur weiteren wissenschaftlichen Durchdringung der Open Innovation und angrenzender Konzepte bei. Aufgrund des theoretischen Erklärungsmodells und der empirischen Überprüfung mittels multivariater Datenanalyseverfahren schafft er darüber hinaus eine fundierte Grundlage für praxisrelevante Implikationen. Zusammenfassend bleibt Herrn Nitzsche zu wünschen, dass die Arbeit eine hohe Verbreitung erfährt.

München im Juli 2014 Prof. Dr. Bernd W. Wirtz

Vorwort

Open Innovation ist heute Realität für viele Unternehmen verschiedenster Branchenzugehörigkeit und Größe. Auch den Status einer Management-Mode hat die Open Innovation überwunden und sich in Wissenschaft und Praxis gleichermaßen etabliert. Dennoch handelt es sich um ein relativ junges Phänomen, das theoretisch nur wenig durchdrungen ist und Praktiker noch immer vor große Herausforderungen stellt. Hier knüpft die vorliegende Dissertationsschrift mit dem Titel „Inbound Open Innovation – Eine empirische Analyse ihrer Erfolgswirkung auf Basis des Dynamic Capabilities View“ an. Diese habe ich während meiner Tätigkeit am Lehrstuhl für Informations- und Kommunikationsmanagement an der Deutschen Universität für Verwaltungswissenschaften Speyer erstellt und dort erfolgreich verteidigt.

Auf diesem Weg haben mich viele Personen begleitet und unterstützt, denen ich an dieser Stelle meinen herzlichsten Dank aussprechen möchte: Allen voran danke ich meinem Doktorvater Herrn Prof. Dr. Bernd W. Wirtz, der mir während der gesamten Promotionszeit mit konstruktivem Rat zur Seite stand und in allen Belangen stets ein wichtiger Ansprechpartner für mich war. Darüber hinaus danke ich meiner Zweitgutachterin Frau Prof. Dr. Michèle Morner sowie meinem Drittprüfer Herrn Prof. Dr. Christian Koch.

Entscheidenden Einfluss auf das Gelingen meines Promotionsvorhabens hatte auch die großartige Kollegialität am Lehrstuhl. Ein ganz besonderer Dank für die gemeinsame Zeit geht daher an meine Lehrstuhlkollegen Herrn Dr. Matias Bronnenmayer, Herrn Marc Elsäßer, Herrn Dr. Johannes C. Kerner, Frau Dr. Linda Mory, Herrn Dr. Adriano Pistoia und Herrn Dr. Robert Piehler. Einige von ihnen darf ich heute zu meinem engsten Freundeskreis zählen.

Schließlich darf ich meiner gesamten Familie danken, die mich nicht nur während meiner Promotion, sondern auf meinem gesamten Lebensweg stets unterstützt hat. Besonderer Dank gilt meinen Eltern Gudrun und Franz Nitzsche für ihr unermüdliches Bemühen und ihren unerschütterlichen Glauben an mich. Zudem möchte ich meinen Schwestern Franziska und Juliane Nitzsche danken, die immer für mich da sind, ebenso wie meiner Großmutter, Frau Maria Nitzsche, die stets besonderen Anteil an meinem Weg genommen hat. Dank gilt auch meinem guten Freund Florian Müller, der vor allem abseits der Promotion immer ein offenes Ohr für mich hatte.

Meiner Frau Dorothea Nitzsche, die mich durch alle Höhen und Tiefen begleitet, die mir stets Halt gegeben und immer an meiner Seite gestanden hat, danke ich von ganzem Herzen. Ihr ist diese Arbeit gewidmet.

Stuttgart im Juli 2014 Philipp Nitzsche

Inhaltsübersicht

Inhaltsübersicht ... **XI**

Inhaltsverzeichnis ... **XIII**

Abbildungsverzeichnis ... **XVII**

Tabellenverzeichnis ... **XXI**

Abkürzungsverzeichnis ... **XXIII**

1. Einleitung ... **1**

1.1 Ausgangssituation und Problemstellung ... 2

1.2 Abgrenzung des Untersuchungsrahmens und Zielsetzung ... 11

1.3 Vorgehen und Aufbau der Untersuchung ... 20

2. Grundlagen der Untersuchung ... **23**

2.1 Terminologische Grundlagen ... 23

2.2 Stand der Forschung ... 39

2.3 Wissenschaftstheoretische Einordnung und Grundlagen ... 76

3. Entwicklung des Untersuchungsmodells ... **123**

3.1 Ausgangssituation und Spezifizierung des theoretischen Bezugsrahmens ... 124

3.2 Openness ... 128

3.3 Absorptionsfähigkeit ... 138

3.4 Flexibilität ... 154

3.5 Zusammenfassung der Untersuchungshypothesen ... 164

4. Empirische Untersuchung zur Beschaffenheit und Wirkung der Open Innovation-Fähigkeit ... **167**

4.1 Grundlagen, Methodik und Vorgehensweise ... 168

4.2 Datenerhebung und -charakteristika ... 217

4.3 Ergebnisse der empirischen Untersuchung ... 247

5. Zusammenfassung und Implikationen der Untersuchung ... **287**

5.1 Zentrale Ergebnisse ... 287

5.2 Implikationen für die weiterführende betriebswirtschaftliche Forschung ... 291

5.3 Implikationen für die Unternehmens- und Verwaltungspraxis ... 295

Literaturverzeichnis ... **301**

Inhaltsverzeichnis

Inhaltsübersicht XI

Inhaltsverzeichnis XIII

Abbildungsverzeichnis XVII

Tabellenverzeichnis XXI

Abkürzungsverzeichnis XXIII

1. Einleitung 1

1.1 Ausgangssituation und Problemstellung 2

1.2 Abgrenzung des Untersuchungsrahmens und Zielsetzung 11

1.2.1 Abgrenzung des Untersuchungsrahmens 12

1.2.2 Zielsetzung und Forschungsfragen der Untersuchung 18

1.3 Vorgehen und Aufbau der Untersuchung 20

2. Grundlagen der Untersuchung 23

2.1 Terminologische Grundlagen 23

2.1.1 Innovation 24

2.1.2 Open Innovation 28

2.1.3 Open Innovation-Prozesse 35

2.2 Stand der Forschung 39

2.2.1 Empirische Innovationserfolgsfaktorenforschung 40

2.2.2 Open Innovation als Gegenstand der betriebswirtschaftlichen Forschung 49

2.2.2.1 Überblick über die Open Innovation-Forschung 49

2.2.2.2 Vorstellung zentraler konzeptioneller Beiträge 53

2.2.2.3 Vorstellung empirischer Beiträge 60

2.2.3 Zusammenfassung und Forschungslücke 73

2.3 Wissenschaftstheoretische Einordnung und Grundlagen 76

2.3.1 Methodologische Leitideen 76

2.3.2 Grundlegendes Forschungsdesign 83

2.3.3 Theoretische Bezugspunkte 84

2.3.3.1 Ressourcentheoretische Ansätze 85

2.3.3.1.1 Die klassische Ressourcentheorie 86

2.3.3.1.2 Die Bedeutung von Wissen in der Ressourcentheorie 88

2.3.3.1.3 Die Bedeutung von Kompetenzen und Fähigkeiten in der Ressourcentheorie 97

2.3.3.1.4 Die Dynamisierung der Ressourcentheorie 102

2.3.3.2 Absorptive Capacity 110

2.3.4 Synopse und theoretischer Bezugsrahmen ... 116

3. Entwicklung des Untersuchungsmodells ... 123

3.1 Ausgangssituation und Spezifizierung des theoretischen Bezugsrahmens ... 124

3.2 Openness ... 128

3.2.1 Zusammensetzung der Openness ... 132

3.2.2 Zusammenfassung ... 136

3.3 Absorptionsfähigkeit ... 138

3.3.1 Potentielle Absorptionsfähigkeit ... 141

3.3.2 Realisierte Absorptionsfähigkeit ... 146

3.3.3 Erfolgswirkung der Absorptionsfähigkeitskonstrukte ... 151

3.3.4 Zusammenfassung ... 153

3.4 Flexibilität ... 154

3.4.1 Zusammensetzung der Flexibilität ... 159

3.4.2 Zusammenfassung ... 163

3.5 Zusammenfassung der Untersuchungshypothesen ... 164

4. Empirische Untersuchung zur Beschaffenheit und Wirkung der Open Innovation-Fähigkeit ... 167

4.1 Grundlagen, Methodik und Vorgehensweise ... 168

4.1.1 Varianz- und kovarianzbasierte Verfahren ... 171

4.1.2 Schätzverfahren ... 175

4.1.3 Elemente von Strukturgleichungsmodellen ... 176

4.1.3.1 Das Strukturmodell ... 177

4.1.3.2 Die Messmodelle ... 178

4.1.3.2.1 Messtheoretische Grundlagen ... 178

4.1.3.2.2 Das reflektive Messmodell ... 182

4.1.3.2.3 Das formative Messmodell ... 184

4.1.3.2.4 Auswahl und Spezifikation der Messmodelle ... 185

4.1.3.2.5 Messmodelle höherer Ordnung ... 190

4.1.4 Beurteilung der Modellgüte ... 197

4.1.4.1 Gütebeurteilung reflektiver Messmodelle ... 200

4.1.4.2 Gütebeurteilung des Strukturmodells ... 211

4.1.4.3 Untersuchung und Gütebeurteilung von Konstrukten höherer Ordnung ... 213

4.1.5 Zusammenfassung der Vorgehensweise ... 214

4.2 Datenerhebung und -charakteristika ... 217

4.2.1 Grundgesamtheit ... 218

4.2.2 Methodik und Instrumentarium ... 220

4.2.2.1 Methode der Datenerhebung ... 220

4.2.2.2 Entwicklung des Erhebungsinstruments ... 225

4.2.2.3 Verfahren der Haupterhebung ... 229

4.2.2.4 Verfahren der Datentriangulation ... 230
4.2.3 Charakteristika der Datenbasis ... 233
4.2.3.1 Merkmale der Informanten ... 233
4.2.3.2 Merkmale der Unternehmen ... 235
4.2.3.3 Validität der Daten ... 241
4.2.3.4 Verteilung der Daten ... 245
4.3 Ergebnisse der empirischen Untersuchung ... 247
4.3.1 Operationalisierung der unabhängigen Konstrukte ... 247
4.3.1.1 Operationalisierung der Openness ... 248
4.3.1.1.1 Operationalisierung der Dimension offene Innovationskultur ... 248
4.3.1.1.2 Operationalisierung der Dimension Netzwerkfähigkeit ... 250
4.3.1.1.3 Untersuchung des mehrdimensionalen Konstrukts Openness ... 252
4.3.1.2 Operationalisierung der Absorptionsfähigkeit ... 255
4.3.1.2.1 Operationalisierung der Dimension Akquisitionsfähigkeit ... 256
4.3.1.2.2 Operationalisierung der Dimension Assimilationsfähigkeit ... 258
4.3.1.2.3 Untersuchung des mehrdimensionalen Konstrukts potentielle Absorptionsfähigkeit ... 260
4.3.1.2.4 Operationalisierung der Dimension Transformationsfähigkeit ... 263
4.3.1.2.5 Operationalisierung der Dimension Exploitationsfähigkeit ... 265
4.3.1.2.6 Untersuchung des mehrdimensionalen Konstrukts realisierte Absorptionsfähigkeit ... 268
4.3.1.3 Operationalisierung der Flexibilität ... 270
4.3.1.3.1 Operationalisierung der Dimension strategische Flexibilität ... 271
4.3.1.3.2 Operationalisierung der Dimension strukturelle Flexibilität ... 273
4.3.1.3.3 Untersuchung des mehrdimensionalen Konstrukts Flexibilität ... 275
4.3.1.4 Überblick über die unabhängigen Konstrukte ... 278
4.3.2 Operationalisierung des abhängigen Konstrukts ... 280
4.3.3 Analyse des Strukturmodells ... 283

5. Zusammenfassung und Implikationen der Untersuchung ... 287

5.1 Zentrale Ergebnisse ... 287
5.2 Implikationen für die weiterführende betriebswirtschaftliche Forschung ... 291
5.3 Implikationen für die Unternehmens- und Verwaltungspraxis ... 295
5.3.1 Implikationen für die Unternehmenspraxis ... 295
5.3.2 Implikationen für die Verwaltungspraxis ... 298

Literaturverzeichnis ... 301

Abbildungsverzeichnis

Abbildung 1-1: IBM Survey 2012 ... 6

Abbildung 1-2: Anteile der Innovationskooperationen innovierender Unternehmen in Deutschland 2010 ... 7

Abbildung 1-3: Eingrenzung des Untersuchungsbereichs ... 15

Abbildung 1-4: Branchengruppen mit der höchsten Innovationsbeteiligung 2011 ... 17

Abbildung 1-5: Handlungsleitende Forschungsfragen der Untersuchung ... 19

Abbildung 1-6: Veranschaulichung der Untersuchungsfragestellungen ... 20

Abbildung 1-7: Gang der Untersuchung ... 22

Abbildung 2-1: Kapitel 2 der Untersuchung ... 23

Abbildung 2-2: Closed Innovation ... 30

Abbildung 2-3: Open Innovation ... 32

Abbildung 2-4: Kernprozesse der Open Innovation ... 37

Abbildung 2-5: Systematisierung des Forschungsüberblicks ... 39

Abbildung 2-6: Framework organisationaler Innovation ... 47

Abbildung 2-7: Einteilung des relevanten Schrifttums ... 69

Abbildung 2-8: Zusammenfassung des Literaturüberblicks ... 75

Abbildung 2-9: Vereinfachte Darstellung erkenntnistheoretischer Grundpositionen ... 77

Abbildung 2-10: Prinzipien des wissenschaftlichen Realismus und ableitbare Forschungsaufgaben ... 81

Abbildung 2-11: Abgrenzung des Wissensbegriffs ... 90

Abbildung 2-12: „Single-loop learning“ und „double-loop learning“ ... 93

Abbildung 2-13: Wissensbeschaffung im Unternehmen ... 95

Abbildung 2-14: Konzeptioneller Bezugsrahmen des KBV ... 97

Abbildung 2-15: Bezugsebenen zur Erklärung von Wettbewerbsvorteilen ... 101

Abbildung 2-16: Wissenskreislauf und Kompetenzebenen nach Zollo und Winter ... 107

Abbildung 2-17: DCV Ansatz nach Teece ... 109

Abbildung 2-18: Überblick über zentrale Absorptive Capacity-Konzeptionen ... 115

Abbildung 2-19: Theoretischer Bezugsrahmen der Untersuchung ... 121

Abbildung 3-1: Kapitel 3 der Untersuchung ... 123

Abbildung 3-2: Spezifizierung des theoretischen Bezugsrahmens ... 126

Abbildung 3-3: Ausgangssituation für die Konzeptionalisierung ... 128

Abbildung 3-4: Relevante Dimensionen des Bezugsrahmens ... 129

Abbildung 3-5: Überblick über den Erfolgsfaktor Openness ... 131

Abbildung 3-6: Dimensionen der Openness ... 136

Abbildung 3-7: Konkretisierung des Bezugsrahmens I ... 137

Abbildung 3-8: Relevante Dimensionen des Bezugsrahmens ... 140

Abbildung 3-9: Ableitung der potentiellen Absorptionsfähigkeit ... 143

Abbildung 3-10: Dimensionen der potentiellen Absorptionsfähigkeit ... 145

Abbildung 3-11: Ableitung der realisierten Absorptionsfähigkeit ... 148

Abbildung 3-12: Dimensionen der potentiellen Absorptionsfähigkeit ... 150

Abbildung 3-13: Erfolgswirkung der Absorptionsfähigkeit ... 153

Abbildung 3-14: Konkretisierung des Bezugsrahmens II ... 154

Abbildung 3-15: Relevante Dimensionen des Bezugsrahmens ... 156

Abbildung 3-16: Ableitung der Flexibilität ... 158

Abbildung 3-17: Dimensionen der Flexibilität ... 163

Abbildung 3-18: Konkretisierung des Bezugsrahmens III ... 164

Abbildung 4-1: Kapitel 4 der Untersuchung ... 168

Abbildung 4-2: Überblick über die Methoden der Strukturgleichungsanalyse ... 171

Abbildung 4-3: Beziehungen zwischen multivariaten Verfahren ... 172

Abbildung 4-4: Pfaddiagramm eines vollständigen Strukturgleichungsmodells ... 177

Abbildung 4-5: Darstellung der Zweisprachentheorie ... 179

Abbildung 4-6: Umsetzung der Zweisprachentheorie in der empirischen Forschung ... 181

Abbildung 4-7: Grundlegende Struktur reflektiver Messmodelle ... 183

Abbildung 4-8: Grundlegende Struktur formativer Messmodelle ... 185

Abbildung 4-9: Veranschaulichung formativer und reflektiver Operationalisierung 187

Abbildung 4-10: Konzeptionalisierung latenter Konstrukte mit unterschiedlichen Abstraktionsgraden 191

Abbildung 4-11: Korrespondenzbeziehungen mehrdimensionaler Konstrukte 193

Abbildung 4-12: Erscheinungsarten mehrdimensionaler Konstrukte 195

Abbildung 4-13: Reliabilität und Validität 199

Abbildung 4-14: Vorgehen bei der Untersuchung von Messmodellen 217

Abbildung 4-15: Prozess der Operationalisierung 226

Abbildung 4-16: Arten der Datentriangulation 231

Abbildung 4-17: Positionen der Informanten in den Unternehmen 234

Abbildung 4-18: Dienstalter und Selbsteinschätzung der Informanten 235

Abbildung 4-19: Verteilung externer Quellen zur Wissensbeschaffung 236

Abbildung 4-20: Relative Häufigkeit externer Quellen zur Wissensbeschaffung 237

Abbildung 4-21: Verteilung der Unternehmen nach Branchenzugehörigkeit 239

Abbildung 4-22: Konfirmatorische Faktorenanalyse des zweidimensionalen Modells Openness 254

Abbildung 4-23: Konfirmatorische Faktorenanalyse des zweidimensionalen Modells potentielle Absorptionsfähigkeit 262

Abbildung 4-24: Konfirmatorische Faktorenanalyse des zweidimensionalen Modells realisierte Absorptionsfähigkeit 269

Abbildung 4-25: Konfirmatorische Faktorenanalyse des zweidimensionalen Modells Flexibilität 277

Abbildung 4-26: Konfirmatorische Faktorenanalyse über alle Dimensionen 279

Abbildung 4-27: Strukturmodell zur Erfolgswirkung von Offenheit, Absorptionsfähigkeit und Flexibilität 284

Abbildung 4-28: Bedeutung der Faktoren für den Innovationserfolg 285

Abbildung 4-29: Mediierender Effekt der realisierten Absorptionsfähigkeit 286

Abbildung 5-1: Kapitel 5 der Untersuchung 287

Tabellenverzeichnis

Tabelle 2-1: Ausgewählte Definitionen des Innovationsbegriffs ... 25
Tabelle 2-2: Closed Innovation-Paradigma ... 29
Tabelle 2-3: Open Innovation-Paradigma ... 31
Tabelle 2-4: Jüngere Definitionen des Begriffs Open Innovation ... 33
Tabelle 2-5: Eigene Definition des Begriffs Open Innovation ... 34
Tabelle 2-6: Eigene Definition des Begriffs Inbound Open Innovation ... 38
Tabelle 2-7: Überblick über Innovationserfolgsfaktoren nach Balachandra/Friar (1997) ... 43
Tabelle 2-8: Überblick über Innovationserfolgsfaktoren bei Henard/Szymanski (2001) ... 44
Tabelle 2-9: Überblick über Innovationserfolgsfaktoren nach Ernst (2002) ... 45
Tabelle 2-10: Open Innovation-Framework nach Lichtenthaler/Lichtenthaler (2009) ... 57
Tabelle 2-11: Auswahl empirischer Arbeiten zur Inbound Open Innovation im Überblick ... 67
Tabelle 2-12: Analyse relevanter Arbeiten ... 72
Tabelle 2-13: Ausgewählte Definitionen des Fähigkeitenbegriffs ... 99
Tabelle 2-14: Ausgewählte Dynamic Capabilities-Definitionen ... 104
Tabelle 2-15: Ausgewählte Absorptive Capacity-Definitionen ... 110
Tabelle 3-1: Konstruktdefinition Openness ... 137
Tabelle 3-2: Konstruktdefinition Flexibilität ... 164
Tabelle 3-3: Hypothesensatz der Untersuchung ... 165
Tabelle 4-1: Zentrale Unterschiede zwischen der Kovarianz- und Varianzstrukturanalye. 174
Tabelle 4-2: Eigenschaften iterativer Schätzverfahren ... 176
Tabelle 4-3: Entscheidungsregeln zur Bestimmung der Konstruktart ... 186
Tabelle 4-4: Zentrale Reliabilitäts- und Validitätskriterien ... 200
Tabelle 4-5: Relevante Gütekriterien zur Prüfung reflektiver Messmodelle ... 201
Tabelle 4-6: Gütekriterien reflektiver Messmodelle ... 211
Tabelle 4-7: Gütekriterien des Strukturmodells ... 212
Tabelle 4-8: Gütekriterien mehrdimensionaler reflektiver Konstrukte ... 214

Tabelle 4-9: Grundgesamtheit der Untersuchung nach WZ 2008 Klassifikation 219

Tabelle 4-10: Anteil der Unternehmen nach Unternehmensgröße in der Stichprobe 241

Tabelle 4-11: Ergebnisse des Harman-Ein-Faktor-Tests 243

Tabelle 4-12: Ergebnisse der Datentriangulation 244

Tabelle 4-13: Gütemaße für das Messmodell der Dimension Offene Innovationskultur 249

Tabelle 4-14: Gütemaße für das Messmodell der Dimension Netzwerkfähigkeit 252

Tabelle 4-15: Exploratorische Faktorenanalyse über die Dimensionen der Openness 253

Tabelle 4-16: Fornell-Larcker-Kriterium für das Second-Order Modell Openness 255

Tabelle 4-17: Gütemaße für das Messmodell der Dimension Akquisitionsfähigkeit 257

Tabelle 4-18: Gütemaße für das Messmodell der Dimension Assimilationsfähigkeit 259

Tabelle 4-19: Exploratorische Faktorenanalyse über die Dimensionen der potentiellen Absorptionsfähigkeit 261

Tabelle 4-20: Fornell-Larcker-Kriterium für das Second-Order Modell potentielle Absorptionsfähigkeit 263

Tabelle 4-21: Gütemaße für das Messmodell der Dimension Transformationsfähigkeit 265

Tabelle 4-22: Gütemaße für das Messmodell der Dimension Exploitationsfähigkeit 267

Tabelle 4-23: Exploratorische Faktorenanalyse über die Dimensionen der realisierten Absorptionsfähigkeit 268

Tabelle 4-24: Fornell-Larcker-Kriterium für das Second-Order Modell realisierte Absorptionsfähigkeit 270

Tabelle 4-25: Gütemaße für das Messmodell der Dimension strategische Flexibilität 272

Tabelle 4-26: Gütemaße für das Messmodell der Dimension organisationsstrukturelle Flexibilität 274

Tabelle 4-27: Exploratorische Faktorenanalyse über die Dimensionen der Flexibilität 276

Tabelle 4-28: Fornell-Larcker-Kriterium für das Second-Order Modell Flexibilität 278

Tabelle 4-29: Fornell-Larcker-Kriterium über alle abhängigen Konstrukte 280

Tabelle 4-30: Gütemaße für das Messmodell des Innovationserfolgs 282

Tabelle 5-1: Ergebnisse der Hypothesenprüfung 291

Abkürzungsverzeichnis

ACAP	Absorptive Capacity
ADF	Asymptotic Distribution Free
AGFI	Adjusted Goodness of Fit Index
AIC	Akaike Information Criterion
AMOS	Analysis of Moment Structures
ANOVA	Analysis of Variance
BIC	Bayes Information Criterion
bspw.	beispielsweise
bzgl.	bezüglich
bzw.	beziehungsweise
CA	California, US-Bundesstaat
CBV	Competence-Based View
CEO	Chief Executive Officer
CFI	Comparative Fit-Index
CIS	Community Innovation Survey
CT	Connecticut, US-Bundesstaat
d.h.	das heißt
DACH	Deutschland, Österreich, Schweiz
DCV	Dynamic Capabilities View
DEV	Durchschnittlich erfasste Varianz
df	Degrees of Freedom (Freiheitsgrade)
DRUID	Danish Research Unit for Industrial Dynamics
et al.	et alii
etc.	et cetera
F&E	Forschung und Entwicklung
f.	folgende
ff.	fortfolgende
FR	Faktorreliabilität
GFI	Goodness of Fit-Index
GLS	Generalized Least Squares
H	Hypothese
Hrsg.	Herausgeber
ICC	Intraclass Correlation (Intra-Klassen-Korrelation)
IL	Illinois, US-Bundesstaat
IT	Informationstechnologie
ITK	Item to Total-Korrelation
Jg.	Jahrgang
KBV	Knowledge-Based View
KMO	Kaiser Meyer Olkin-Kriterium
KMU	Kleine und mittlere Unternehmen
LISREL	Linear Structural Relationships
M&A	Mergers and Acquisitions
MA	Massachusetts, US-Bundesstaat
MIMIC	Multiple Indicators Multiple Causes
ML	Maximum Likelihood
MN	Minnesota, US-Bundesstaat
MSA	Measure of Sampling Adequacy

NIH	Not-Invented-Here (Syndrom)
NJ	New Jersey, US-Bundesstaat
NNFI	Non Normed Fit-Index
Nr.	Nummer
NY	New York, US-Bundesstaat
OECD	Organisation for Economic Co-operation and Development
OH	Ohio, US-Bundesstaat
OI	Open Innovation
OLS	Ordinary Least Sqaures
PACAP	Potential Absorptive Capacity
PARC	Palo Alto Research Center
PLS	Partial-Least-Squares
Q-Q	Quantile-Quantile
R&D	Research and development (siehe auch F&E)
RACAP	Realized Absorptive Capacity
RBV	Resource-Based View
RMSEA	Root Mean Squared Error ofApproximation
S.	Seite
SEM	Structural Equation Modeling
SFLS	Scale Free Least Squares
SME	Small and Medium Enterprises
SPSS	Statistical Package for the Social Sciences
T	Target Koeffizient
TLI	Tucker Lewis-Index
TX	Texas, US-Bundesstaat
u.a.	unter anderem
UK	United Kingdom
ULS	Unweighted Least Squares
usw.	und so weiter
VA	Virginia, US-Bundesstaat
VCI	Verband der Chemischen Industrie
VDA	Verband der Automobilindustrie
VDMA	Verband Deutscher Maschinen- und Anlagenbau
vgl.	vergleiche
VRIN	Valuable, Rare, Imperfectly imitable, Non- substitutable
WLS	Weighted Least Squares
z.B.	zum Beispiel
ZEW	Zentrum für Europäische Wirtschaftsforschung
ZVEI	Zentralverband Elektrotechnik- und Elektronikindustrie

"When managers are freed from the conventional wisdom of innovation as a preserve of the manufacturer, they can assess their own firm's most efficient role in the innovation process."[1]

1. Einleitung

Innovation beziehungsweise die Fähigkeit zur Innovation[2] zählt zu den zentralen Erfolgsfaktoren für unternehmerisches Handeln.[3] In Zeiten stetig zunehmender Wettbewerbsdynamik und -intensität, bedingt durch Globalisierung, Deregulierung und einem nie dagewesenen Grad an wirtschaftlicher Verflechtung,[4] kommt der Innovation nochmals gestiegene Bedeutung zu. So gilt Innovationskraft heute nicht nur als zentraler Indikator für die Leistungs- und Wettbewerbsfähigkeit von Unternehmen, sondern auch ganzer Branchen oder Wirtschaftsräume bis hin zu Staaten und Staatenbünden.[5] Die Schaffung und Anwendung neuen Wissens bildet das zentrale Wachstumskonzept in einer verteilten Wissensgesellschaft.[6]

Lange Zeit galt Innovation im betriebswirtschaftlichen Kontext als ein Prozess, der vornehmlich im Unternehmen abläuft.[7] Dabei ist im Verlauf des vergangenen Jahrhunderts das Idealbild des forschenden und entwickelnden Unternehmens gereift, welches unter gewaltigem Ressourceneinsatz und der Bündelung dieser Ressourcen in zentralen Forschungszentren Innovationen hervorbringt. Und tatsächlich waren es vor allem diese Forschungszentren, die lange Zeit als Brutstätten neuen Wissens fungierten und sich für zahlreiche herausragende Inventionen und Innovationen verantwortlich zeigten.[8] Doch bereits gegen Ende des vergangenen Jahrhunderts erodierte das klassische Innovationsverständnis und die dominierende Sicht der Innovation begann sich maßgeblich zu wandeln. Diese Entwicklung gipfelte in dem heute anerkannten Konzept der Open Innovation.

1 Von Hippel (1988), S. 117.
2 Im Folgenden auch als Innovativität (im Englischen innovativeness) bezeichnet.
3 Vgl. Crossan/Apaydin (2010), S. 1154.
4 Vgl. Wirtz (2011), S. 3.
5 Vgl. OECD (2007), S. 3.
6 Vgl. OECD (1996), S. 7 ff; OECD (2013); S. 3 ff.
7 Vgl. von Hippel (1988), S. 3.
8 Vgl. Chesbrough (2003a), S. 27 ff. Zu den Begriffen Innovation und Invention siehe Abschnitt 2.1.1.

1.1 Ausgangssituation und Problemstellung

Für die Ursachen, die dem Wandel des klassischen Innovationsverständnisses zugrunde lagen, finden sich im Schrifttum zahlreiche Hinweise. Häufig genannte Einflussfaktoren, wie die stetig gestiegene Innovationsgeschwindigkeit und damit einhergehend kürzere Innovationszyklen, die zunehmende Verbreitung moderner Informations- und Kommunikationstechnologien, die gestiegene Produktkomplexität oder die Globalisierung der Innovation,[1] beschreiben die immens gestiegenen Herausforderungen, vor denen innovierende Unternehmen heute stehen. Oftmals sind diese Faktoren jedoch zu unspezifisch, um den Wandel zu einem offenen Innovationsverständnis zu erklären.[2] Henry Chesbrough, Begründer des Konzeptes der Open Innovation, beschreibt daher vier konkrete Erosionsfaktoren, die das Verständnis für diesen Wandel bis heute maßgeblich prägen.[3]

Als ersten Erosionsfaktor identifiziert der Autor die höhere Verfügbarkeit und gestiegene Mobilität von Fachkräften. Zum einen wuchs die Gruppe qualifizierter Personen stark an, zum anderen stieg die Bereitschaft dieser Gruppe, die als maßgeblicher „Produktionsfaktor" innovationsrelevanten Wissens bezeichnet werden kann, häufiger das Unternehmen zu wechseln. Damit ging eine Diffusion von Wissen zugunsten von Zulieferern, Kunden, Start-Ups oder Beratungsunternehmen einher, das vormals vor allem in großen F&E-Einrichtungen gebündelt war. Als zweiten Erosionsfaktor nennt Chesbrough die erhebliche Ausweitung des Risikokapitalmarktes (Venture Capital Market).[4] Dieser förderte nicht nur die Gründung von Start-Ups, sondern erhöhte auch deren Kapitalausstattung, so dass sie nun in der Lage waren, qualifiziertes Personal abzuwerben und die entsprechenden Entwicklungsressourcen bereitzustellen. Etablierten Organisationen erwuchsen damit neue, oftmals sehr flexible Wettbewerber, die trotz ihrer geringen Größe über erhebliche Innovationskraft verfügen.

Der dritte Erosionsfaktor ergibt sich aus den erstgenannten Erosionsfaktoren. Aufgrund der größeren Mobilität qualifizierten Personals sowie der Verfügbarkeit von Kapital öffneten sich neue Kanäle, auf denen Ideen aus dem Unternehmen abfließen konnten.[5] Im Gegensatz zu den den Paradigmen der geschlossenen Innovation konnten es sich Unternehmen nun nicht mehr

1 Vgl. u.a. Gassmann/Enkel (2004), S. 1; OECD (2008a), S. 9; Enkel (2010), S. 344.

2 Siehe Abschnitt 2.1.2.

3 Vgl. auch im Folgenden Chesbrough (2003a), S. 34 ff. Chesbrough bezieht sich in seinen Ausführungen vornehmlich auf Entwicklungen in den USA, die jedoch in hohem Maße auf andere Volkswirtschaften übertragbar sind.

4 Vgl. Chesbrough (2003a), S. 37 f.

5 Vgl. Chesbrough (2003a), S. 38.

erlauben, Ideen ungenutzt („on the shelf“[1]) zu lassen oder für eine eventuelle, spätere Nutzung zu verwahren. Als vierten Erosionsfaktor nennt Chesbrough die gestiegenen Fähigkeiten von Zulieferern.[2] Unternehmen waren hierdurch in der Lage, Teile ihrer Wertschöpfung auszulagern und sich auf ihr Kerngeschäft zu konzentrieren. Gleichzeitig wurde vormals gebundenes Wissen aber auch für andere Unternehmen verfügbar. Insgesamt, so Chesbrough, hat sich auf diese Weise eine verteilte Wissenslandschaft ergeben, welche Unternehmen, die in dieser Umgebung agieren, vor neue Herausforderungen stellt:

> *"More subtly, these erosion factors have rearranged the landscape of knowledge. The distribution of knowledge has shifted away from the large towers of R&D facilities, toward variegated pools of knowledge distributed across the landscape. [...] Companies must structure themselves to leverage these distributed pools, instead of ignoring them in the pursuit of their internal R&D agendas."*[3]

Um diesen Herausforderungen zu begegnen, müssen sich Unternehmen demnach selbst erneuern und im Zuge dessen Ressourcen beziehungsweise Fähigkeiten ausbilden, die sie zum Umgang mit verteiltem Wissen befähigen. Sie sind gezwungen, ihre Innovationsprozesse zu öffnen und somit die Möglichkeit zu schaffen, dass externes Wissen in das Unternehmen aufgenommen und internes Wissen extern kommerzialisiert werden kann. Eben diese neue Sicht- und Herangehensweise sowie die damit verbundenen Konsequenzen für Industrien, Unternehmen und das Management von Innovationen beschreibt die Open Innovation in der Lesart Chesbroughs.

Der hier beschriebene Wandel hat sich jedoch nicht abrupt, sondern schrittweise vollzogen, so dass sich die Unternehmen bestimmter Industrien diesen Herausforderungen bereits relativ früh stellen mussten. Zahlreiche Instrumente, die heute unter dem Begriff Open Innovation subsumiert werden, gehören damit auch schon länger zum Repertoire des praktischen Innovationsmanagements.[4] Insbesondere in Hochtechnologiebranchen, in denen Chesbrough den Paradigmenwechsel hin zu offener Innovation beobachten und illustrieren konnte, haben die Open Innovation und ihre Instrumente bereits früh Bedeutung und Verbreitung erlangt. Gassmann/Enkel/Chesbrough (2010) führen hierzu aus:

---

1 Chesbrough (2003a), S. 34.
2 Vgl. Chesbrough (2003a), S. 39 f.
3 Chesbrough (2003a), S. 40.
4 Vgl. van de Vrande/Vanhaverbeke/Gassmann (2010), S. 222; Lichtenthaler (2011b), S. 77.

"The opening up of the innovation process has become increasingly popular in leading industries. The principle of open innovation has, for example, penetrated pioneering industries such as software, electronics, telecom, pharma and biotech, while the software and electronics industries are progressively building on the open innovation trend (Chesbrough, 2003)."[1]

Doch auch im Schrifttum existierten bereits vor Aufkeimen des Forschungsfeldes der Open Innovation einige Studien, insbesondere aus dem Bereich der interorganisationalen Innovation, die ähnliche Phänomene beschrieben und untersucht haben.[2] Daneben wurden auch Kunden beziehungsweise Nutzer als wichtige externe Innovationspartner und Quellen externen Wissens erkannt.[3] Besondere Bedeutung kommt in diesem Zusammenhang der Forschergruppe um von Hippel zu, die bereits gegen Ende der 1970er Jahre die alleinige Rolle des herstellenden Unternehmens im Rahmen von Innovationsprozessen in Frage gestellt haben.[4]

Insgesamt ist jedoch zu konstatieren, dass sich erst mit der Open Innovation eine integrative Sicht etabliert hat, die interne und externe Innovation gleichwertig und gleichbedeutend gegenüberstellt.[5] Damit geht die Open Innovation deutlich weiter als bisherige Konzepte[6] und und bietet aus praktischer Sicht die Chance, vormals nur sporadisch und häufig unstrukturiert eingesetzte Instrumente unter einem gemeinsamen Dach zu vereinen. Zahlreiche Unternehmen haben diese Chance erkannt und die Open Innovation hat in den letzten Jahren zunehmend Einzug in die Innovationspraxis gehalten.

„Nun ist aber sehr interessant, dass in jüngster Zeit dieses Prinzip der Offenheit nicht erstmalig aber doch zunehmend, und immer breiter in industrielle und kommerzielle Forschungs- und Entwicklungs-, also Innovationsprozesse eingeführt wird, die bisher doch eher abgeschirmt stattgefunden haben."[7]

---

1 Gassmann/Enkel/Chesbrough (2010), S. 215 mit Verweis auf Chesbrough (2003b).

2 Siehe beispielhaft Teece (1986); Dyer/Singh (1998); Lorenzoni/Lipparini (1999); Hagedoorn (2002).

3 Vgl. Reichwald/Piller (2009), S. 5 f.

4 Vgl. u.a. von Hippel (1976); von Hippel (1978a); von Hippel (1988); von Hippel (2001). Von Hippel betont dabei insbesondere (aber nicht ausschließlich) die Rolle von Kunden im Innovationsprozess und setzt diese mit dem „customer-active paradigm" sogar ins Zentrum der Innovationsbetrachtung.

5 Vgl. van de Vrande/Vanhaverbeke/Gassmann (2010), S. 222.

6 Vgl. Chesbrough (2006b), S. 8 ff.; Ahonen/Antikainen/Mäkipää (2007), S. 1. Entsprechend wird die Open Innovation heute als eigenständiges Forschungsfeld betrachtet. Siehe hierzu Abschnitt 2.1.2.

7 Picot (2008), S. 2.

Damit lässt sich ein anhaltender Trend zu Open Innovation beobachten, der deutlich über die vielzitierten Pioniere[1] und oben genannten Branchen hinausgeht. Unternehmen vieler Industrien sehen sich heute auf breiter Basis mit den von Chesbrough (2003) thematisierten Herausforderungen konfrontiert.[2] Selbst Unternehmen, die ihre Innovationsprozesse schon lange externen Einflüssen geöffnet haben, zum Beispiel im Rahmen von Innovationskooperationen, sehen sich heute gezwungen, ihre Anstrengungen diesbezüglich zu intensivieren und zu systematisieren.

Ein weiterer Trend ist die zunehmende Verbreitung der Open Innovation in kleinen und mittelständischen Unternehmen (KMU).[3] In diesem Bereich kommt der Open Innovation auch auch deshalb verstärkt Bedeutung zu, da KMUs Wettbewerbsnachteile hinsichtlich ihrer Ressourcenausstattung in Forschung und Entwicklung durch die Nutzung externer Wissensquellen zumindest abschwächen können. Insgesamt ist zu erwarten, dass die Verbreitung der Open Innovation weiter andauert. War der Begriff „Open Innovation" noch vor einigen Jahren bestenfalls unbekannt und schlimmstenfalls als neues „Buzzword" des strategischen Managements verschrien, hat sich die Open Innovation im Bereich des Innovations- und Technologiemanagements auch sprachlich etabliert.

Die praktische Relevanz der Öffnung von Innovationsprozessen bestätigte sich nicht zuletzt in der von IBM durchgeführten CEO-Studie mit dem Titel „Leading Through Connections".[4] Für die Studie wurden weltweit mehr als 1.700 Manager zu verschiedenen Themen rund um die interne sowie externe Vernetzung von Organisationen befragt. Dabei wurde deutlich, dass der Zusammenarbeit mit anderen Organisationen, insbesondere im Bereich der Innovation, sowie der Öffnung von Innovationsprozessen von den Probanden eine übergeordnete Bedeutung zugesprochen wird.[5] Die Studie kommt zu dem Ergebnis, dass der Umfang der Zusammenarbeit mit Partnern von 2008 bis 2012 stark angestiegen ist.[6] Im Jahr 2012 gaben 69% (55% in 2008) der befragten Manager an, eine intensive Zusammenarbeit im Rahmen ihrer Strategie zu planen (Abbildung 1-1).

---

1 Vgl. Hagel/Brown (2008), S. 27. Einer dieser Pioniere ist Procter & Gamble. Das Unternehmen hat mit seiner Open Innovation-Strategie erhebliche Erfolge erzielt, wie Huston/Sakkab (2006), S. 58 eindrucksvoll darlegen: „Procter & Gamble's radical strategy of open innovation now produces more than 35% of the company's innovations and billions of dollars in revenue." Andere erfolgreiche Pioniere sind zum Beispiel IBM, Intel oder Cisco.

2 Vgl. Gassmann/Enkel/Chesbrough (2010), S. 215.

3 Vgl. Gassmann, S. 215 f.; Lee et al. (2010), S. 290 ff.

4 IBM Institute for Business Value (2012).

5 Vgl. IBM Institute for Business Value (2012), S. 46.

6 Vgl. IBM Institute for Business Value (2012), S. 44.

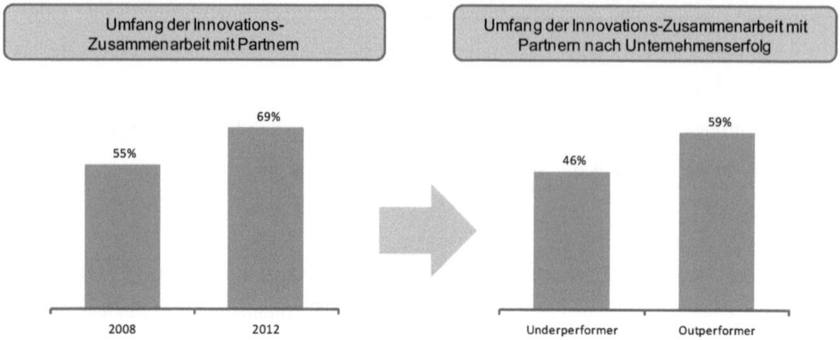

Abbildung 1-1: IBM Survey 2012[1]

Die Studie zeigt weiter, dass intensive Zusammenarbeit in der Innovation vor allem bei überdurchschnittlich erfolgreichen Unternehmen verbreitet ist.[2] Im Vergleich zu unterdurchschnittlich erfolgreichen Unternehmen engagieren sich überdurchschnittlich erfolgreiche Unternehmen mit einem Anteil von 59% deutlich häufiger in Innovationskooperationen. Obwohl diese Ergebnisse keinen Kausalitätsschluss zulassen, können sie als weiteres Indiz für die Erfolgsrelevanz von Open Innovation verstanden werden. Als Grund für die Ausweitung von Innovationskooperationen werden vor allem die Beschleunigung von Innovationsprozessen[3] sowie die steigende Komplexität angeführt:

> *„Confronted with growing complexity at every turn, organizations are finding it nearly impossible to be successful when executing entirely on their own. Consequently, only 4 percent of CEOs plan to do everything in-house."*[4]

Dabei ist zu beachten, dass die Kooperation nur eines von zahlreichen Instrumenten - obgleich das am meisten beachtete und verbreitete Instrument - darstellt. Daneben können beispielsweise auch M&A-Aktivitäten, Lizensierung und Lizenznahme von Patenten oder Innovationsplattformen[5] als Instrumente der Open Innovation angeführt werden. Im Hinblick auf die Kooperation kann nochmals zwischen einer Vielzahl von Kooperationspartnern

1 Datenquelle: IBM Institute for Business Value (2012) S. 44 f.
2 Vgl. IBM Institute for Business Value (2012), S. 45. Bezogen auf finanziellen Erfolg.
3 Vgl. IBM Institute for Business Value (2012), S. 44.
4 IBM Institute for Business Value (2012), S. 44.
5 Beispielsweise die Plattform InnoCentive (InnoCentive (2013)).

unterschieden werden. So können Unternehmen zum Beispiel mit Kunden, Zulieferern, Wettbewerbern oder Universitäten kooperieren.[1]

Im Rahmen der Community Innovation Survey (CIS)[2] werden zweijährig Daten unter anderem zu Innovationskooperation von Unternehmen verschiedener Branchen und Größenklassen erhoben. Die in Deutschland vom Zentrum für Europäische Wirtschaftsforschung (ZEW) durchgeführte Erhebung[3] ergab für das verarbeitende Gewerbe eine Kooperationsquote innovierender Unternehmen von 29% (Abbildung 1-2). Bei größeren Unternehmen mit mehr als 250 Mitarbeitern lag die Quote sogar bei 61%. Die Studie unterscheidet weiterhin nach verschiedenen Kooperationsarten, von denen hier beispielhaft drei Arten angeführt sind. Obwohl die Innovationskooperation nur ein mögliches Instrument darstellt, können diese Ergebnisse dennoch als Indikator für die Verbreitung von Open Innovation gesehen werden. So kooperieren heute bereits ein Viertel der kleinen (10-49 Mitarbeiter) und sogar ein Drittel der mittelgroßen (50-249 Mitarbeiter) Unternehmen in der Innovation.

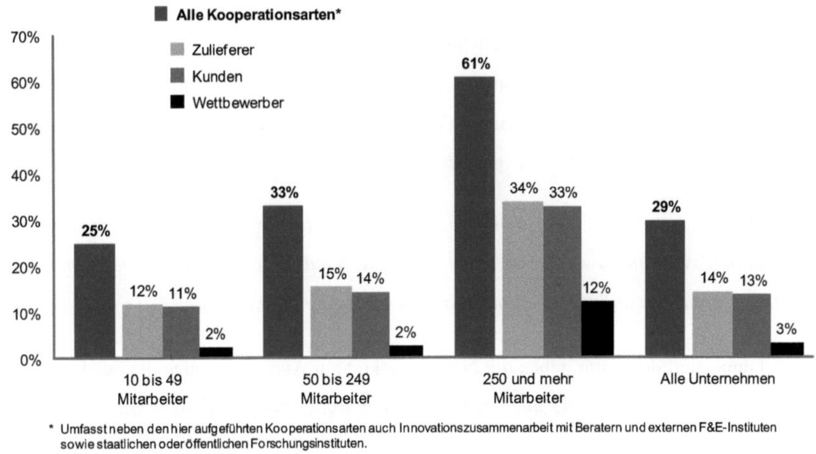

Abbildung 1-2: Anteile der Innovationskooperationen innovierender Unternehmen in Deutschland 2010[4]

Die wissenschaftliche Relevanz der Open Innovation manifestiert sich am deutlichsten in dem starken Anstieg wissenschaftlicher Publikationen in den vergangenen zehn Jahren.[1] Infolge

[1] Siehe hierzu auch Abschnitt 4.2.3.
[2] Unter der Koordination des Statistischen Amts der Europäischen Gemeinschaft (Eurostat).
[3] Vgl. Zentrum für Europäische Wirtschaftsforschung (2013).
[4] Datenquelle: Zentrum für Europäische Wirtschaftsforschung (2011) (Referenzperiode 2008-2010). Bezogen auf Unternehmen des verarbeitenden Gewerbes mit technologischen Innovationen.

des großen wissenschaftlichen Interesses an der Open Innovation haben einige Autoren Literatur- und Metastudien verfasst, um das aufstrebende Forschungsfeld der Open Innovation zu strukturieren und mögliche Entwicklungsperspektiven aufzuzeigen.[2] Wie diese Studien veranschaulichen, ist die Zahl der Beiträge in wissenschaftlichen Zeitschriften seit Aufkeimen des Open Innovation-Paradigmas[3] stetig gewachsen.[4] Dahlander und Gann (2010) identifizieren beispielsweise 150 wissenschaftliche Beiträge im Zeitraum von 2000 bis 2009, die von 244 Autoren verfasst wurden. Dabei bietet das junge Forschungsfeld der Open Innovation die Chance, verschiedenen Forschungsdisziplinen eine gemeinsame Basis zu geben:

> *„Since the seminal work of Chesbrough (2003), more and more scholars have framed their work under the open innovation umbrella to address the growing need for a comprehensive understanding of the simultaneous use of internal and external innovation."*[5]

Auch die große Zahl an Sonderausgaben renommierter wissenschaftlicher Zeitschriften, wie beispielsweise des „R&D Management" (2006, 2009) oder des „International Journal of Technology Management" (2010) ist ein Beleg für die Bedeutung der Open Innovation. Darüber hinaus wurden im Rahmen wichtiger Konferenzen, wie der „Academy of Management" (2004, 2005, 2006, 2008) oder der „DRUID Conference" (2005) Workshops und Symposien abgehalten.[6] Insgesamt hat die Open Innovation damit erhebliche Aufmerksamkeit erfahren, wie Lichtenthaler (2011) expliziert:

> *"The concept of open innovation has recently gained widespread attention. It is particularly relevant now because many firms are required to implement open innovation, despite the difficulties associated with managing these activities."*[7]

Damit thematisiert der Autor neben der Notwendigkeit zur Anpassung auch die Schwierigkeiten, denen Unternehmen im Rahmen der Implementierung und des Managements von Open

1 Vgl. Dahlander/Gann (2010), S. 700 f.
2 Siehe hierzu ausführlich Abschnitt 2.2.2.1.
3 „Unter einem Paradigma bzw. Erklärungs- und Erkenntnismuster wird ein empirisch ausgerichtetes und bis zum gegenwärtigen Zeitpunkt noch nicht widerlegtes wissenschaftliches Aussagensystem bzw. Satzsystem verstanden. Damit werden zugleich die Ausrichtung und der Inhalt einer Theorie festgelegt." Töpfer (2012), S. 118.
4 Vgl. Dahlander/Gann (2010), S. 700 f.
5 Van de Vrande/Vanhaverbeke/Gassmann (2010), S. 223.
6 Vgl. van de Vrande/Vanhaverbeke/Gassmann (2010), S. 223.
7 Lichtenthaler (2011b), S. 79.

Innovation gegenüberstehen.[1] Die große Anzahl verschiedener Instrumente beziehungsweise Management-Praktiken sowie die unterschiedlichen Gründe, die zur Auseinandersetzung der Unternehmen mit dem Thema Open Innovation führen,[2] sorgen für zusätzliche Unsicherheit. Es zeigt sich, dass es Unternehmen erhebliche Probleme bereitet, ein strukturiertes und unternehmensübergreifendes Open Innovation-Konzept zu implementieren.[3] Ein Manager der der Firma Philips resümiert:

> *"If you have traditionally done everything by yourself, it is not that easy to make a real step, not just a paper step, and embrace Open Innovation."*[4]

Obwohl zahlreiche Unternehmen schon lange einzelne Open Innovation-Instrumente einsetzen, fällt es ihnen dennoch schwer, einen ganzheitlichen Open Innovation-Ansatz zum Erfolg zu führen. Obwohl die Erfolgsrelevanz der Open Innovation weithin anerkannt ist, fällt es Unternehmen offensichtlich schwer, diese Effekte auch in der Realität zu generieren. Hagel und Brown (2008) beschreiben diese Kluft sogar als Paradoxon:

> *„But here's the paradox: despite such broad acceptance of the basic premise of open innovation, why are there so few examples of companies that systematically and successfully practice this approach?"*[5]

Im Rahmen einer betriebswirtschaftlichen Betrachtung impliziert dies die Frage nach den Erfolgsfaktoren der Open Innovation. Erst wenn bekannt ist, welche Einflussgrößen den Erfolg auf welche Weise beeinflussen, können die beschriebenen Schwierigkeiten mit Hilfe eines systematischen Open Innovation-Managements überwunden werden. Die Frage nach den Erfolgsfaktoren ist daher von besonderer Relevanz.

Die wissenschaftliche Diskussion der Open Innovation konnte bisher noch keine zufriedenstellende Antwort auf diese Frage hervorbringen. Hierfür lassen sich verschiedene Gründe identifizieren, wobei zunächst auf die relative Neuartigkeit des Forschungsfeldes verwiesen werden muss. Im Vergleich zu anderen Bereichen der Innovationsforschung, die bereits seit vielen Jahrzehnten Gegenstand betriebswirtschaftlicher Diskussionen sind und einen entsprechend hohen Reifegrad erreicht haben, steht die Open Innovation-Forschung noch am Anfang

---

1 In ähnlicher Weise konstatieren Rayna/Striukova (2010), S. 478:"Although open innovation has become both a necessity and a reality for many companies, this did not come without difficulties."
2 Vgl. Vanhaverbeke/Cloodt/van de Vrande (2007), S. 16.
3 Vgl. Piller (2010), S. 60.
4 Wierenga (2008), S. 26.
5 Hagel/Brown (2008), S. 27. Vgl. auch Rayna/Striukova (2010), 478.

ihrer Entwicklung. Nur wenige Beiträge haben theoriebildenden Charakter oder versuchen die Open Innovation in bestehenden Theorien zu verankern.[1]

> *„At the same time, this practice based approach has the disadvantage that thus far open innovation has only been loosely connected to the existing innovation management literature and its underlying management theories."*[2]

Bis heute wird die Open Innovation von exploratorischen, zumeist qualitativ empirischen, Studien dominiert.[3] Dabei behandeln viele Fallstudien zur Open Innovation immer wieder dieselben Unternehmen, von denen einige bereits von Chesbrough zur Illustration der Open Innovation-Prinzipien herangezogen wurden.[4] Obgleich exploratorische Studien zu einem besseren Verständnis der Open Innovation in der Praxis beitragen, lassen sich auf diese Weise nur eingeschränkt verallgemeinerbare Aussagen treffen.[5] Hierfür bedarf es hypothesentestender Verfahren und großzahlig-empirischer Studien, an denen jedoch ein erhebliches Defizit besteht. Im Rahmen einer Bestandsaufnahme des Schrifttums stellt Lichtenthaler (2011) daher ebenfalls fest:

> *"[...] an overview of the open innovation literature clearly shows a strong need for further theoretical and empirical work."*[6]

Aus inhaltlicher Sicht fokussierten die meisten Arbeiten bisher auf die verschiedenen Instrumente beziehungsweise Quellen externen Wissens, die im Rahmen der Open Innovation zum Einsatz kommen. Nur wenige Studien nehmen eine übergeordnete, von diesen Instrumenten abstrahierende Perspektive auf das Phänomen der Open Innovation ein. So besteht noch immer große Unklarheit hinsichtlich der organisationalen Voraussetzungen und des Managements von Open Innovation.[7] Dabei betonen einige Autoren die Bedeutung von Fähigkeiten für die Open Innovation, insbesondere im Zusammenhang mit den strategischen Ansätzen der Open Innovation.[8] Doch auch in diesem Zusammenhang ist noch nicht abschließend geklärt,

---

1 Vgl. Vanhaverbeke/Cloodt/van de Vrande (2007), S. 4; Fredberg/Elmquist/Ollila (2008), S. 46. Siehe hierzu auch Abschnitt 2.2.2.1.

2 Vanhaverbeke/Cloodt/van de Vrande (2007), S. 4.

3 Vgl. Bianchi et al. (2010), S. 23. Die Autoren stellen fest: "Mainly anecdotic and exploratory results have been produced so far on this topic."

4 Vgl. Hagel/Brown (2008), S. 27. Die Autoren führen aus: „Any discussion of open innovation will offer inspiring stories from Procter & Gamble, Cisco, and Eli Lilly, but these are the same stories told over and over again."

5 Vgl. Töpfer (2012), S. 31; S. 150 ff.

6 Lichtenthaler (2011b), S. 80.

7 Vgl. Bianchi et al. (2010), S. 23.

8 Vgl. Lichtenthaler/Ernst (2009), S. 51.

welche organisationalen Routinen das Unternehmen ausbilden muss, um in einer Umgebung verteilten Wissens erfolgreich zu agieren.[1]

Die Ausgangssituation der Studie lässt sich daher wie folgt zusammenfassen:

- Innovation wird heute als ein zentraler Treiber des Unternehmenserfolgs gesehen. Mit der zunehmenden Verteilung von Wissen haben sich die Voraussetzungen und Bedingungen für Innovation in vielen Industrien jedoch dramatisch verändert. Das neue Paradigma der Open Innovation trägt diesen Veränderungen Rechnung.
- Dabei stellt der Einbezug der Unternehmensumwelt in die Innovationsaktivitäten kein neues Phänomen dar. Eine ganzheitliche Betrachtungsweise etablierte sich jedoch erst mit dem von Chesbrough im Jahr 2003 proklamierten Open Innovation-Paradigma.
- Verbreitung und Umfang von Open Innovation haben in den letzten Jahren stark zugenommen und auch Unternehmen jenseits klassischer Hochtechnologiebranchen erfasst. Entsprechend ist auch das wissenschaftliche Interesse an dem Phänomen Open Innovation in den vergangenen Jahren stark angestiegen.
- Dennoch besteht sowohl in der Praxis als auch im Schrifttum Unklarheit hinsichtlich der systematischen Implementierung und des erfolgreichen Managements von Open Innovation.
- Weitere konzeptionelle und empirische Arbeiten sind notwendig, um diese Lücke zu schließen.

1.2 Abgrenzung des Untersuchungsrahmens und Zielsetzung

Im Folgenden soll auf Basis der zuvor dargelegten Ausgangssituation die Zielsetzung der vorliegenden Untersuchung dargelegt werden. Zunächst sollen jedoch Gegenstand und Reichweite der Untersuchung näher spezifiziert werden, um auf diese Weise eine sinnvolle Eingrenzung des Untersuchungsrahmens zu erreichen (1.2.1). Im Anschluss werden in Abschnitt 1.2.1 die handlungsleitenden Forschungsfragen formuliert und ein grobes Forschungsmodell skizziert.

---

[1] Vgl. Vanhaverbeke/Cloodt/van de Vrande (2007), S. 2. Die Autoren betonen dabei insbesondere die Bedeutung der Absorptionsfähigkeit (siehe auch Abschnitt 2.3.3.2).

1.2.1 Abgrenzung des Untersuchungsrahmens

Der Innovationserfolg im Rahmen der Open Innovation wird, wie auch der Innovationserfolg im Allgemeinen,[1] durch eine Vielzahl verschiedener Variablen beeinflusst.[2] Die Ausführungen zur Ausgangssituation der Untersuchung verdeutlichten die daraus resultierende Unsicherheit bei der Implementierung der Open Innovation und ihrer Instrumente.[3] Die Tatsache, dass der Open Innovation heute in den verschiedensten Forschungsdisziplinen eine große Bedeutung zukommt, erhöht die Anzahl möglicher Einflussfaktoren nochmals erheblich. Eine einzelne Untersuchung kann daher nicht den Anspruch erheben, eine vollständige Analyse aller Einflussfaktoren im Rahmen der Open Innovation zu leisten. Wolfe (1994) führt hierzu aus:

> *„Given the complex, context-sensitive, nature of innovation, it is incumbent upon the innovation researcher to minimize ambiguity in all aspects of hidher research".*[4]

Vor diesem Hintergrund erscheint es notwendig, verschiedene Eingrenzungen des Untersuchungsbereichs vorzunehmen, um auf eine bestimmte Gruppe von Einflussfaktoren zu fokussieren. Auch für die vorliegende Untersuchung wurde eine Reihe von Eingrenzungen vorgenommen, die im Folgenden näher beschrieben werden sollen. Zunächst werden hierfür zentrale inhaltliche Kriterien herausgegriffen, die für die gesamte Untersuchung von großer Bedeutung sind. Im Anschluss daran werden weitere Einschränkungen gemacht, die jedoch vor allem den empirischen Teil der Arbeit betreffen.

Eine erste inhaltliche Eingrenzung kann bereits auf Basis der Open Innovation selbst erfolgen. Open Innovation lässt sich in diesem Zusammenhang danach differenzieren, ob Wissen in ein Unternehmen (aus Sicht des Unternehmens) aufgenommen oder von einem Unternehmen abgegeben wird.[5] Daraus ergeben sich die zwei zentralen Prozesse der Inbound beziehungsweise Outbound Open Innovation. Obwohl diese Prozesse auch simultan verfolgt und sogar miteinander kombiniert werden können, soll im Folgenden ein Prozess fokussiert werden. Hierfür spricht vor allem die theoretische und konzeptionelle Eigenständigkeit der Prozesse. So konstatieren Chiaroni/Chiesa/Frattini (2011) im Hinblick auf die Entwicklung der Open Innovation:

---

1 Siehe hierzu die Ausführungen zur Innovationserfolgsfaktorenforschung in Abschnitt 2.2.1.
2 Siehe Abschnitt 2.2.2.
3 Siehe Abschnitt 1.1.
4 Wolfe (1994), S. 406. Gleichzeitig nennt der Autor eine Reihe von Kriterien zur Konkretisierung eines Forschungsvorhabens, die auch in der vorliegenden Studie Berücksichtigung finden sollen.
5 Siehe Abschnitt 2.1.3 für eine ausführliche Darstellung der Open Innovation-Prozesse.

„Therefore, in order to investigate the characteristics of the journey from Closed to Open Innovation, these two dimensions should be kept theoretically and empirically separate."[1]

Diese Einschätzung lässt sich auch auf die Erfolgsmessung im Rahmen der Open Innovation übertragen. Entsprechend können, ungeachtet zahlreicher Gemeinsamkeiten zwischen den Prozessen, für jeden der beiden Prozesse eine Vielzahl spezieller Erfolgsfaktoren identifiziert werden. Eine gemeinsame Betrachtung in einem geschlossenen Modell könnte daher nur schwerlich in der gleichen Tiefe erfolgen, wie sie für die vorliegende Untersuchung angestrebt wird. Auch im Open Innovation-Schrifttum wurden empirische Analysen bisher in der Regel prozessspezifisch durchgeführt.[2]

Das Augenmerk der vorliegenden Untersuchung gilt dabei der Inbound Open Innovation, also dem Prozess der Aufnahme neuen Wissens und Verwertung dieses Wissens im Unternehmen.[3] Neben dem reinen Forschungsinteresse lassen sich für diese Fokussierung auch forschungspraktische Überlegungen anführen. Die externe Kommerzialisierung eigener Ideen (Outbound Open Innovation) wurde im Open Innovation-Schrifttum bisher in geringerem Umfang untersucht und befindet sich konzeptionell daher in einem relativ frühen Entwicklungsstadium.[4] Darüber hinaus hat die Inbound Open Innovation beziehungsweise ihre Instrumente heute in die Innovationspraxis zahlreicher Unternehmen Einzug gehalten, wodurch die empirische Basis für eine großzahlige Studie (wie sie hier angestrebt wird) gegeben zu sein scheint.

Ein weiteres Kriterium stellt die zu betrachtende Untersuchungsebene dar. Prinzipiell können in diesem Kontext zahlreiche verschiedene Ebenen unterschieden werden. Denkbar sind zum Beispiel Betrachtungen auf der Ebene einzelner Individuen, eines bestimmten Open Innovation-Projekts[5], eines Unternehmens oder einer ganzen Industrie. Aus betriebswirtschaftlicher Perspektive sind insbesondere die beiden Betrachtungsebenen des spezifischen Open Innovation-Projekts und des Unternehmens von Interesse. Diese unterscheiden sich jedoch erheblich

1 Chiaroni/Chiesa/Frattini (2011), S. 35.

2 Dennoch wird im Open Innovation-Schrifttum immer wieder die Forderung nach einer gemeinsamen Betrachtung der Open Innovation-Prozesse laut. In Anbetracht der bisherigen Durchdringung des Forschungsfeldes erscheint es jedoch zweckdienlich, zunächst den Erfolg der Einzelprozesse zu klären, bevor Inbound und Outbound Open Innovation in ein Gesamtmodell der Open Innovation integriert werden können.

3 Siehe Abschnitt 2.1.3.

4 Vgl. Lichtenthaler (2011b), S. 78.

5 Als Open Innovation-Projekt soll hier eine spezielle Austauschbeziehung, z.B. eine Innovationskooperation zwischen einem Zulieferer und seinem Kunden, verstanden werden.

hinsichtlich der relevanten Erfolgsfaktoren und Erklärungsziele. So steht bei einer projektspezifischen Betrachtung die konkrete Ausgestaltung der Austauschbeziehung im Vordergrund. Es könnte beispielsweise untersucht werden, welche Faktoren für ein bestimmtes Open Innovation-Projekt erfolgskritisch sind, oder ob eine bestimmte Austauschbeziehung einer anderen überlegen ist.[1]

Die vorliegende Untersuchung verfolgt jedoch das Ziel, Leistungsunterschiede zwischen Unternehmen zu erklären und fokussiert daher die Ebene des Gesamtunternehmens, welches wiederum verschiedene Open Innovation-Projekte verfolgen kann. Auf dieser Ebene stehen nicht die konkreten Austauschbeziehungen, sondern die organisationalen Eigenschaften des fokalen Unternehmens im Vordergrund, welche als Faktoren zur Erklärung des Unternehmenserfolgs beziehungsweise Misserfolgs herangezogen werden können. Dabei haben organisationale Fähigkeiten in den letzten Jahren besondere Bedeutung zur Erklärung von Leistungsunterschieden zwischen Unternehmen erlangt.[2]

Organisationale Fähigkeiten sollen auch den Fokus der vorliegenden Analyse bilden, zumal ihnen im Rahmen der Innovation besondere Bedeutung zukommt.[3] (Dynamische) Fähigkeiten gelten heute als einer der zentralen Treiber für den Innovationserfolg.[4] Innovationsfähigkeit („Innovative Capability“ oder auch „Innovativeness“) stellt wiederum eine zentrale Fähigkeit zur Erzielung nachhaltiger Wettbewerbsvorteile dar.[5] Die theoretische Grundlage hierfür liefert der Dynamic Capabilities View, der eine Weiterentwicklung des Resource-Based View darstellt[6] und heute als einer der dominierenden Theorieansätze in der Innovationsforschung gilt.[7] Crossan/Apaydin (2010) fassen dies in ihrer Literaturstudie wie folgt zusammen:

> *„Scholars have suggested that an organization's propensity to innovate or to adopt innovations is a type of dynamic capability which contributes to competitive advantage (Helfat et al., 2007). For example, dynamic innovation capabilities of continually preempting competitors by introducing new products and technologies*

---

1 Denkbar ist zum Beispiel ein Vergleich zwischen dyadischer Innovationskooperation oder Kooperation in einem Netzwerk.

2 Vgl. Wang/Ahmed (2007), S. 34 f.; Helfat/Peteraf (2009), S. 98 f.

3 Vgl. Teece/Pisano (1994), S. 6. Eine detaillierte Vorstellung organisationaler Fähigkeiten und ihrer Bedeutung im Kontext der Open Innovation findet sich in den Abschnitten 2.3.3.1.3, 2.3.3.1.4, 2.3.4 und 3.1.

4 Vgl. Crossan/Apaydin (2010), S. 1171.

5 Vgl. Wang/Ahmed (2007), S. 38 f.

6 Zum Resource-Based-View und seiner Weiterentwicklung siehe Abschnitt 2.3.3.1.

7 Vgl. Crossan/Apaydin (2010), S. 1171.

helped Intel and Rubbermaid sustain their 'evolutionary fitness' in the market for many years (Helfat et al., 2007, pp. 12, 49)."[1]

Wie bereits einleitend erörtert, stellen die vorgenommenen Einschränkungen nur einen von zahlreichen Pfaden dar, sich dem Innovationserfolg zu nähern. Sie sind jedoch notwendig, um die Vielzahl vorstellbarer Faktoren auf eine aus forschungspraktischen Gesichtspunkten sinnvolle Menge zu reduzieren und ein Phänomen damit theoretisch und konzeptionell erfassbar zu machen. Dabei ergeben sich innerhalb der vorgenommenen Fokussierung organisationaler Fähigkeiten zur Erklärung von Wettbewerbsvorteilen durch Innovationserfolg noch immer erhebliche Handlungsspielräume, innerhalb derer die vorliegende Untersuchung sich dem beschriebenen Phänomen konzeptionell zu nähern versucht. Abbildung 1-3 stellt die bisher beschriebenen inhaltlichen Eingrenzungen des Untersuchungsbereichs dar.

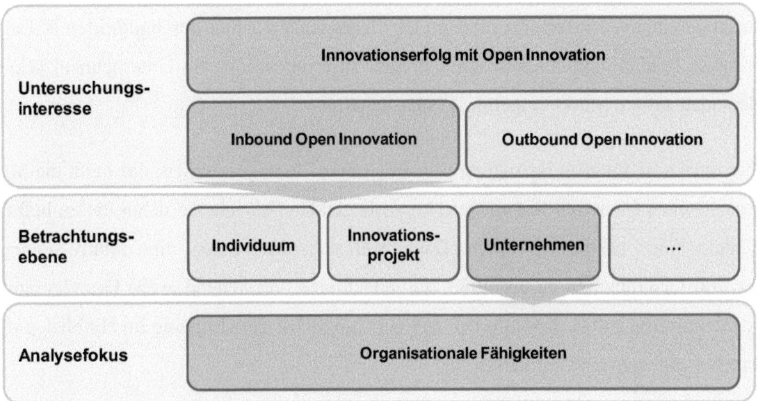

Abbildung 1-3: Eingrenzung des Untersuchungsbereichs

Neben diesen grundlegenden inhaltlichen Eingrenzungen sollen im Folgenden weitere Präzisierungen vorgenommen werden, die jedoch vornehmlich für die empirische Analyse der vorliegenden Untersuchung relevant sind. Eine erste Eingrenzung betrifft nochmals den Untersuchungsgegenstand, diese ist jedoch vor allem den Eigenheiten des empirischen Verfahrens geschuldet. Die weiteren Eingrenzungen beziehen sich direkt auf die Grundgesamtheit der Untersuchung.

[1] Crossan/Apaydin (2010), S. 1171; mit Verweisen auf Helfat et al. (2007).

Im Rahmen von Studien mit dem Themenschwerpunkt Innovation ist es üblich und zumeist auch notwendig, vorab eine Festlegung der inhaltlichen Dimension vorzunehmen. Die inhaltliche Dimension der Innovation beschäftigt sich dabei mit der Frage, was den Gegenstand der Erneuerung bildet.[1] Hier wird beispielsweise zwischen Prozess-, Produkt-, Geschäftsmodell oder Management-Innovation unterschieden. Die vermeintlich eindeutige Differenzierbarkeit der verschiedenen Innovationsinhalte stellt sich in der Praxis jedoch problematisch dar, da zwischen diesen häufig starke Interdependenzen bestehen.[2] Aufgrund dessen und angesichts des relativ hohen Abstraktionsgrades der Forschungsfragen erscheint eine grundlegende Eingrenzung auf eine Innovationsart in der vorliegenden Studie als nicht zweckmäßig.

Im Hinblick auf den empirischen Teil der Untersuchung und das Instrument einer großzahligen, fragebogengestützen Befragung soll der Innovationsgegenstand jedoch klar benannt werden. Dies ist notwendig, um Missverständnissen und einem uneinheitlichen Konstruktverständnis durch die Probanden vorzubeugen,[3] welches insbesondere für das Konstrukt des Innovationserfolgs relevant ist. Gegenstand der hier durchgeführten Befragung sollen daher Produktinnovationen sein.[4] Fragen zu Innovationen im Unternehmen beziehen sich demnach auf am Markt eingeführte Neuprodukte.

Darüber hinaus ist für eine Befragung prinzipiell eine Grundgesamtheit, das heißt die Menge aller statistischen Einheiten festzulegen. Im vorliegenden Fall müssen daher die zu befragenden Unternehmen bestimmt werden. Dabei soll versucht werden, eine relativ homogene Gruppe von Unternehmen zu ermitteln, die jedoch eine ausreichend große Grundgesamtheit liefert. Gleichzeitig sollen die Unternehmen eine möglichst gute Eignung im Hinblick auf den Untersuchungsgegenstand aufweisen.

Wichtigste Entscheidungsparameter sind hierbei die geographische Lage sowie die Branchenzugehörigkeit der Unternehmen. In der vorliegenden Untersuchung sollen Unternehmen des verarbeitenden Gewerbes in Deutschland befragt werden. Das verarbeitende Gewerbe erweist sich in diesem Kontext als besonders geeignet, da es sich zum einen durch eine hohe Innovationsquote und Innovationsintensität auszeichnet[5] und die Unternehmen (im Allgemeinen)

---

1 Siehe auch im Folgenden Abschnitt 2.1.1.

2 Vgl. Hauschildt/Salomo (2011), S. 8.

3 Vgl. hierzu Hurrle/Kieser (2005), S. 594 ff.

4 Dabei folgt die Untersuchung einem substantiellen Produktverständnis, so dass Dienstleistungs- und Prozessinnovationen nicht Gegenstand der Untersuchung sein sollen; vgl. hierzu Sammerl (2006), S. 27. In diesem Zusammenhang spielt auch der Begriff „Technologie“ eine wichtige Rolle, der hier in Anlehnung an Trott (2008), S. 17 als Wissen verstanden werden soll, das auf ein Produkt angewendet wurde.

5 Vgl. Rammer et al. (2012), S. 2 ff.

Angaben zu Produktinnovationen machen können. Die Innovations-orientierung[1] einer Branche spielt im Kontext der Open Innovation eine besondere Rolle, da die entsprechenden Konzepte und Instrumente in innovations- beziehungsweise forschungsintensiven Branchen bisher die größte Verbreitung gefunden haben.[2]

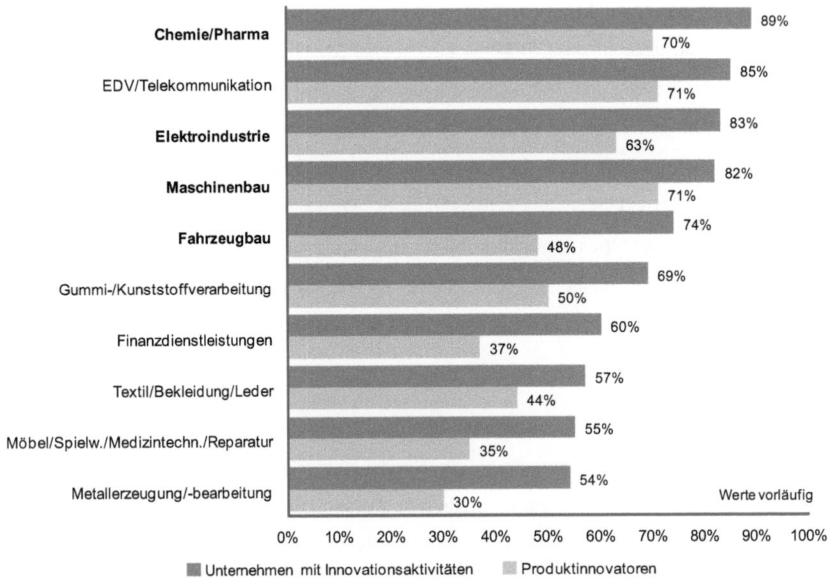

Abbildung 1-4: Branchengruppen mit der höchsten Innovationsbeteiligung 2011[3]

Die Untersuchungsobjekte der vorliegenden Studie zur Open Innovation sollten vor dem Hintergrund einer möglichst umfangreichen Befragung daher in Branchen mit großer Innovationsorientierung beheimatet sein. Jedoch bestehen auch im verarbeitenden Gewerbe große Unterschiede hinsichtlich Innovationsquote (Abbildung 1-4) und Innovationsintensität[4] zwischen den einzelnen Branchen. Als besonders geeignete Branchen konnten in diesem Zusammenhang die Automobilindustrie, die Chemie- und Pharmaindustrie, die Elektro-

[1] Der Begriff soll hier übergreifend für Branchen mit traditionell hoher Innovationsquote und Innovationsintensität stehen.
[2] Vgl. Gassmann/Enkel/Chesbrough (2010), S. 215.
[3] Datenquelle: Rammer et al. (2012), S. 3.
[4] Vgl. Rammer et al. (2012), S. 3.

industrie sowie der allgemeine Maschinenbau identifiziert werden.[1] Die empirische Untersuchung soll sich daher auf diese vier Branchen konzentrieren.

1.2.2 Zielsetzung und Forschungsfragen der Untersuchung

Das Phänomen der Open Innovation hat in den vergangenen Jahren erhebliche Bedeutung erlangt und damit gezeigt, dass es keine kurzfristige Management-Mode darstellt,[2] sondern einen wichtigen Beitrag zur Innovationsforschung leisten kann.[3] Die Erfolgsrelevanz der Open Innovation und ihrer Instrumente ist heute weitgehend anerkannt.[4] Dennoch besteht sowohl in der Praxis als auch dem wissenschaftlichen Schrifttum erhebliche Unklarheit hinsichtlich der zugrundeliegenden Erfolgsfaktoren.[5] Ferner ist zu konstatieren, dass auch die Zusammensetzung der Open Innovation bisher nur wenig analysiert wurde. Die vorliegende Untersuchung verfolgt daher das Ziel, einen theoriegeleiteten und hypothesentestenden Beitrag zur Identifikation von Erfolgsfaktoren im Rahmen von Inbound Open Innovation zu leisten.

Hieraus lassen sich zwei Forschungsfragen ableiten. Die erste und gleichzeitig auch maßgeblich handlungsleitende Forschungsfrage der Untersuchung bezieht sich auf die Erfolgswirkung der Inbound Open Innovation. In diesem Zusammenhang ist zu klären, auf welche Weise die Inbound Open Innovation zum Unternehmenserfolg beitragen kann und welche Ergebnisgrößen zur Bestimmung dieses Erfolgs relevant sind. Wie noch zu zeigen sein wird, existiert mit dem Innovationserfolg eine zentrale Größe zur Erfolgsmessung in der Innovationsforschung, die auch für die vorliegende Untersuchung herangezogen wird. Zusammenfassend soll zur Beantwortung der ersten Untersuchungsfragestellung die Auswirkung zentraler Komponenten der Inbound Open Innovation auf den Innovationserfolg des Unternehmens untersucht werden (Abbildung 1-5).

Daraus leitet sich unmittelbar die zweite Forschungsfrage ab, die sich auf die in diesem Kontext geeigneten Erfolgsfaktoren bezieht. Wie im vorangegangenen Abschnitt dargelegt wurde, konzentriert sich die vorliegende Untersuchung auf organisationale Fähigkeiten zur Erklärung der Erfolgswirkung der Inbound Open Innovation. Dabei soll die Inbound Open

1 Siehe Abschnitt 1.2.
2 Vgl. Lichtenthaler (2011b), S. 75.
3 Vgl. Lichtenthaler (2011a), S. 2 f. Damit tritt der Autor auch dem Vorwurf entgegen, Open Innovation sei „old wine in new bottles"(Trott/Hartman (2009), S. 715).
4 Siehe Abschnitt 1.1.
5 Siehe hierzu Abschnitt 2.2.2.1.

Innovation selbst als komplexe Fähigkeit aufgefasst werden, deren verschiedene Komponenten als Faktoren für den Innovationserfolg begriffen werden können. Diese Komponenten zunächst theoretisch zu deduzieren, wird eine der Hauptaufgaben der vorliegenden Untersuchung darstellen. Wie im weiteren Verlauf der Untersuchung zu zeigen sein wird, stellen die Komponenten der Inbound Open Innovation wiederum hochkomplexe Konstrukte dar, deren Messung ebenfalls der Beantwortung der zweiten Forschungsfrage dient. Zusammenfassend beschäftigt sich die zweite Forschungsfrage daher mit der Konzeptionalisierung und Operationalisierung der Erfolgsfaktoren der Inbound Open Innovation (Abbildung 1-5).

Zentrale Forschungsfragen der Untersuchung

Forschungsfrage 1:

Auf welche Weise trägt die Inbound Open Innovation zum Innovationserfolg bei?

Forschungsfrage 2:

Wie können die Erfolgsfaktoren der Inbound Open Innovation konzeptionalisiert und operationalisiert werden?

Abbildung 1-5: Handlungsleitende Forschungsfragen der Untersuchung

Zur Beantwortung der Untersuchungsfragestellungen soll ein quantitativer Ansatz verfolgt werden. In diesem Zusammenhang kann zwischen zwei Forschungsströmungen, dem „Substantive Stream“ und dem „Measurement Stream“, unterschieden werden.[1] Die erste Forschungsfrage, die den Schwerpunkt der vorliegenden Untersuchung bilden soll, ist dem „Substantive Stream“ zuzuordnen. Diese Strömung konzentriert sich auf die theoretischen Zusammenhänge zwischen unabhängigen und abhängigen Variablen.[2] Dabei wird jedoch häufig kritisiert, dass die Messung der Variablen in der empirischen Strategieforschung oftmals vernachlässigt wird:

> *“Strategic management researchers have emphasized concept development but generally have ignored construct measurement issues.”*[3]

Daher widmet sich die zweite Forschungsfrage der vorliegenden Untersuchung der Messung der Konstrukte und ist somit dem „Measurement Stream“ zuzuordnen. Dies beinhaltet die

1 Vgl. auch im FolgendenVenkatraman/Grant (1986), S. 71.

2 Vgl. Eikelenboom (2005), S. 102. Siehe weiterführend Abschnitt 4.1.

3 Venkatraman/Grant (1986), S. 71. Diese Einschätzung hat, wie z.B. Boyd/Gove/Hitt (2005) zeigen, auch in der jüngeren strategischen Management-Forschung Gültigkeit.

theoretische Verankerung und Definition der Konstrukte im Rahmen der Konzeptionalisierung sowie die Messbarmachung der Konstrukte im Rahmen der Operationalisierung.[1] In diesem Zusammenhang erstrecken sich Konzeptionalisierung und Operationalisierung sowohl über die Erfolgsfaktoren als auch die Ergebnisgröße des Modells, wobei der Fokus klar auf den Komponenten der Inbound Open Innovation liegt. Zusammenfassend lässt sich damit das in Abbildung 1-6 dargestellte Grundmodell der Untersuchung konstruieren, in dem die Fragestellungen anschaulich dargestellt sind.

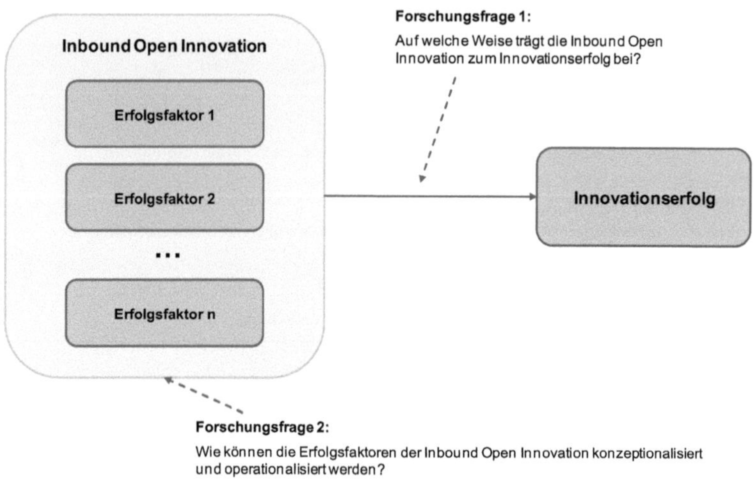

Abbildung 1-6: Veranschaulichung der Untersuchungsfragestellungen

1.3 Vorgehen und Aufbau der Untersuchung

Nachdem in den vorangegangenen Ausführungen die Ausgangssituation und Zielsetzung der Untersuchung beschrieben sowie eine erste Abgrenzung des Untersuchungsbereichs vorgenommen wurde, sollen in Kapitel 2 die Grundlagen der Untersuchung erörtert werden. Damit sind die Ziele verbunden, die Forschungslücke aufzuzeigen und die theoretische Basis für die anschließende Konzeptionalisierung zu legen. Hierzu werden in Abschnitt 2.1 zunächst zentrale Termini diskutiert und definiert. Anschließend wird in Abschnitt 2.2 die Forschungslücke anhand eines detaillierten Überblicks über das Schrifttum aufgezeigt. Abschnitt 2.3

[1] Siehe hierzu die Kapitel 3 und 4.

widmet sich den theoretischen Grundlagen der Untersuchung. Hierzu wird zunächst die methodologische Leitidee dargelegt sowie das grundlegende Forschungsdesign erklärt. Verschiedene ressourcentheoretische Ansätze werden erörtert und weitere relevante Begriffe geklärt. Der Abschnitt schließt mit einer Zusammenfassung der theoretischen Bezugspunkte, die den theoretischen Bezugsrahmen der Untersuchung darstellen.

Auf Basis dieses grundlegenden theoretischen Bezugsrahmens wird in Kapitel 3 das Untersuchungsmodell entwickelt. Hierzu wird in Abschnitt 3.1 zunächst eine Spezifizierung des Bezugsrahmens vorgenommen sowie die Erfolgsrelevanz der Inbound Open Innovation abgeleitet. Daran schließt die Konzeptionalisierung der zentralen Erfolgskonstrukte Openness (Abschnitt 3.2), Absorptionsfähigkeit (Abschnitt 3.3) und Flexibilität (Abschnitt 3.4) an, die wiederum mehrdimensionale Konstrukte darstellen. Daher erfolgt in den Abschnitten 3.2 bis 3.4 auch eine Darstellung der Zusammensetzung des jeweiligen Erfolgsfaktors. Abschließend werden die auf diese Weise gewonnenen Untersuchungshypothesen in Abschnitt 3.5 zu einem Hypothesensatz zusammengefasst.

Dieser Hypothesensatz sowie das dazugehörige Untersuchungsmodell sollen in Kapitel 4 der Untersuchung einer empirischen Überprüfung unterzogen werden. Zunächst erfolgt in Abschnitt 4.1 jedoch ein methodischer Exkurs, um das multivariate Analyseverfahren der Untersuchung, die Strukturgleichungsanalyse, in ihren Grundzügen zu erläutern. Darüber hinaus wird die Motivation zur Wahl des Verfahrens dargelegt. In Abschnitt 4.2 werden die Datengrundlage und das Erhebungsinstrument dargestellt. Hierzu wird das Vorgehen der Datengewinnung detailliert beschrieben und die Charakteristika der erhobenen Daten erörtert. Daran anknüpfend wird in Abschnitt 4.3 des Kapitels die empirische Untersuchung des hypothesengeleiteten Modells vorgenommen und die Untersuchungsergebnisse dargestellt. Hierzu erfolgt zunächst die Analyse der ein- und mehrdimensionalen Messmodelle (Abschnitte 4.3.1 und 4.3.2). Im Zuge dessen werden auch die deskriptiven Hypothesen zur Zusammensetzung der Erfolgsfaktoren überprüft. Die Forschungsfragen der Untersuchung, und damit auch die explikativen Hypothesen, werden abschließend durch die Analyse des Strukturmodells (Abschnitt 4.3.3) beantwortet.

In Kapitel 5 der Untersuchung werden die zentralen Ergebnisse und die sich daraus ableitenden Implikationen vorgestellt. Zunächst wird hierzu in Abschnitt 5.1 ein abschließender Überblick über die zentralen Ergebnisse der Untersuchung gegeben. Im Anschluss daran wird in Abschnitt 5.2 auf die möglichen Implikationen für die betriebswirtschaftliche Forschung eingegangen, die sich aus den Untersuchungsergebnissen ergeben. Abschließend soll in Abschnitt 5.3 der Versuch unternommen werden, Implikationen für die Unternehmens- beziehungsweise Verwaltungspraxis abzuleiten und gegebenenfalls Handlungsempfehlungen abzugeben.

Abbildung 1-7: Gang der Untersuchung

2. Grundlagen der Untersuchung

In Kapitel 2 sollen die Grundlagen der Untersuchung erörtert werden. Hierzu werden in Abschnitt 2.1 zunächst die in diesem Kontext zentralen Termini diskutiert und definiert. Anschließend soll in Abschnitt 2.2 die Forschungslücke anhand eines detaillierten Überblicks über das Schrifttum näher dargelegt werden. Abschnitt 2.3 widmet sich den theoretischen Grundlagen der Untersuchung. Hierzu wird zunächst die methodologische Leitidee dargelegt sowie das grundlegende Forschungsdesign erklärt. Anschließend sollen die theoretischen Bezugspunkte erörtert und abschließend zu einem theoretischen Bezugsrahmen integriert werden. Abbildung 2-1 stellt das Vorgehen in Kapitel 2 dar.

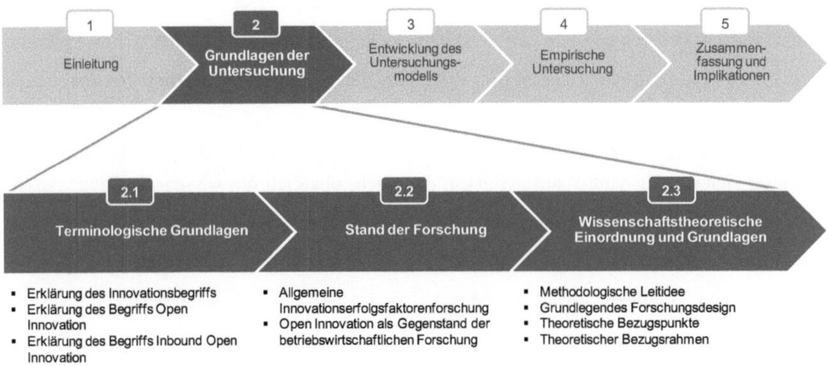

Abbildung 2-1: Kapitel 2 der Untersuchung

2.1 Terminologische Grundlagen

Wie eingangs dargelegt wurde, fokussiert die vorliegende Untersuchung das Konzept der Inbound Open Innovation. Die nachfolgenden Abschnitte sollen dazu dienen, den Begriff der Inbound Open Innovation zu präzisieren. Zum Verständnis dieses zusammengesetzten Terminus ist es jedoch zunächst notwendig, einige grundlegende Begrifflichkeiten zu erörtern. In Abschnitt 2.1.1 soll daher zunächst auf den Innovationsbegriff eingegangen werden. Abschnitt 2.1.2 widmet sich dem Begriff und Konzept der Open Innovation. Abschließend werden die

Prozesse der Inbound beziehungsweise Outbound Open Innovation erklärt und gegeneinander abgegrenzt (Abschnitt 2.1.3).

2.1.1 Innovation

„Innovation ist ein schillernder, ein modischer Begriff"[1]

Kaum ein Begriff hat sowohl in der Praxis als auch dem wissenschaftlichen Schrifttum eine solche Verbreitung gefunden wie der der Innovation. Im allgemeinen Sprachgebrauch hat die Verwendung des Innovationsbegriffs beziehungsweise des dazugehörigen Adjektivs „innovativ" heute inflationäre Formen angenommen.[2] Nur wenige politische Reden, Unternehmenspräsentationen oder Geschäftsberichte kommen heute noch ohne den Verweis auf die vermeintliche Innovation aus. Dabei ist zu beobachten, dass der Begriff je nach Kontext sehr unterschiedlich verstanden wird. Dies ist jedoch kein ausschließlich praktisches Problem. Auch im wissenschaftlichen Schrifttum lässt sich diese uneinheitliche Begriffsverwendung konstatieren.[3]

Dies lässt sich primär darauf zurückführen, dass sich, obgleich die wissenschaftliche Auseinandersetzung mit der Innovation auf eine lange Tradition zurückblickt,[4] bis heute kein einheitliches Konzept und damit auch keine allgemein akzeptierte Begriffsdefinition herauskristallisiert hat.[5] Vielmehr variiert das Verständnis dessen, was Innovation beschreibt, sowohl mit dem konkreten Untersuchungsgegenstand als auch mit dem individuellen Betrachtungswinkel des Forschers.[6] Entsprechend viele verschiedene definitorische Ansätze existieren im Schrifttum. Diese Definitionsvielfalt spiegelt sich in Tabelle 2-1 wider, die einen Überblick über verschiedene Definitionen der letzten 60 Jahre geben soll. In Anlehnung an Hauschildt/Salomo (2011) wurde bei der Auswahl der Definitionen darauf geachtet, ein möglichst breites Spektrum der semantischen Vielfalt darzustellen.

---

1 Hauschildt/Salomo (2011), S. 3.
2 Vgl. Trier (2011), S. 248.
3 Vgl. Heesen (2009), S. 17; Piening (2010), S. 25.
4 Der Innovationsbegriff in der wirtschaftswissenschaftlichen Betrachtung lässt sich bis auf Schumpeter zurückführen. Vgl. Granig/Perusch (2012), S. 21.
5 Vgl. Möhrle/Specht.
6 Das Innovationskonzept spielt in vielen verschiedenen wissenschaftlichen Disziplinen (Wirtschafts- und Sozialwissenschaften, Naturwissenschaften, Politikwissenschaften etc.) eine zentrale Rolle.

Autor	Definition
Kieser (1969), S. 742.	„Als Innovationen sollen alle Änderungsprozesse bezeichnet werden, die die Organisation zum ersten Mal durchführt."
Goldhar (1980), S. 284.	"Innovation from idea generation to problem-solving to commercialization is a sequence of organizational and individual behavior patterns connected by formal resource allocation decision points."
Damanpour (1991), S. 556.	„Thus, innovation is defined as adoption of an internally generated or purchased device, system, policy, program, process, product or service that is new to the adopting organization."
Brockhoff (1999), S. 37.	"Liegt eine Erfindung vor und verspricht sie wirtschaftlichen Erfolg, so werden Investitionen für die Fertigungsvorbereitung und die Markterschließung erforderlich, Produktion und Marketing müssen in Gang gesetzt werden. Kann damit die Einführung auf dem Markt erreicht werden oder ein neues Verfahren eingesetzt werden, so spricht man von einer Produktinnovation oder einer Prozeßinnovation."
Europäische Kommission (1995), S. 1.	„Schematisch ausgedrückt bedeutet Innovation: • Umstellung und Ausweitung des Produkt- und Dienstleistungsangebots und der entsprechenden Märkte; • Umstellung der Produktions-, Zulieferungs- und Vertriebsmethoden; • Einführung von Änderungen im Management, in der Arbeitsorganisation sowie bei den Arbeitsbedingungen und Qualifikationen der Arbeitnehmer."
Crossan/Apaydin (2010), S. 1155.	"Innovation is: production or adoption, assimilation, and exploitation of a value-added novelty in economic and social spheres; renewal and enlargement of products, services, and markets; development of new methods of production; and establishment of new management systems. It is both a process and an outcome."
Hauschildt/Salomo (2011), S. 4.	„Innovationen sind qualitativ neuartige produkte oder Verfahren, die sich gegenüber einem Vergleichszustand „merklich" – wie auch immer das zu bestimmen ist – unterscheiden."

Tabelle 2-1: Ausgewählte Definitionen des Innovationsbegriffs

Die Definitionen verdeutlichen das vielfältige Verständnis der Innovation. Lediglich der Aspekt der Neuheit taucht in allen Definitionen auf und kann daher als das zentrale verbindende Element bezeichnet werden. Dabei stellt eine Innovation nicht nur etwas „Neues", sondern vielmehr etwas „Neuartiges" dar,[1] und bedeutet demzufolge „eine Änderung der Art, nicht nur dem Grade nach"[2]. Jede der Definitionen repräsentiert dabei einen anderen Fokus:

[1] Der eigentliche Begriff Innovation leitet sich vom lateinischen Verb innovare (erneuern) ab. Vgl. auch Granig/Perusch (2012), S. 21.

[2] Hauschildt/Salomo (2011), S. 3.

Das Ausmaß der Neuartigkeit, die Erstmaligkeit, die Wahrnehmung der Neuartigkeit, die Innovation als Zweck-Mittel-Kombination, die Innovationsverwertung, Innovation als Prozess und Innovation als neuartige Dienstleistung.[1] Daraus lassen sich eine ganze Reihe verschiedener Dimensionen der Innovation ableiten, von denen vier kurz diskutiert werden sollen:[2]

Die inhaltliche Dimension beschäftigt sich mit der Frage, was der Gegenstand der Erneuerung ist. Häufig wird hier lediglich zwischen Prozess- und Produktinnovation unterschieden. Diese Einteilung ist aus zwei Gründen problematisch: Zum einen suggeriert sie eine klare Trennung von Prozess- und Produktinnovation, die in der Realität häufig nicht haltbar ist.[3] Zum anderen greift sie, insbesondere vor dem Hintergrund eines Schumpeter'schen Innovationsverständnisses,[4] deutlich zu kurz. Beide Innovationsarten können unter dem Begriff der technischen Innovation subsummiert werden. Daneben lassen sich jedoch noch organisationale Innovationen, die strukturelle, kulturelle, systemische oder Management Innovationen umfassen,[5] sowie Business Model-Innovationen,[6] die das Geschäftsmodell eines Unternehmens oder sogar die Gestalt eines ganzen Marktes erneuern können, identifizieren.[7]

Heute lässt sich jedoch eine zunehmende Konvergenz der verschiedenen Innovationsarten beobachten. So stellen einige Vertreter des relativ jungen Forschungsfeldes der Business Model-Innovation heraus, dass eine technische Innovation nur dann zum nachhaltigen Unternehmenserfolg beitragen kann, wenn mit ihr auch eine Innovation des Geschäftsmodells einhergeht.[8] Eine Business Model-Innovation lässt sich ihrerseits kaum ohne tiefe Eingriffe in in die Struktur und Management-Praktiken des Unternehmens realisieren, so dass hier auch eine organisationale Innovation vollzogen wird.[9] Eine strikte Trennung erscheint aufgrund der der zahlreichen Interdependenzen zwischen den Innovationsarten daher problematisch. Sie soll in der vorliegenden Untersuchung nur eingeschränkt vorgenommen werden. So ist es für die empirische Untersuchung notwendig, den Innovationsgegenstand klar zu benennen, um

---

1 Vgl. Hauschildt/Salomo (2011), S .6 f.

2 Vgl. auch im Folgenden Hauschildt/Salomo (2011), S .5 ff. Weitere Dimensionen der Innovation finden sich ebenfalls bei Hauschildt/Salomo (2011), S. 20 ff.

3 In der Regel gehen mit Produktinnovationen auch Prozessinnovationen einher. Im Fall von Dienstleistungsinnovationen ist eine Trennung der Innovationsarten sogar unmöglich. Vgl. Hauschildt/Salomo (2011), S. 8.

4 Schumpeters Innovationsverständnis geht weiter über die heute dominante technische Interpretation hinaus, indem explizit organisatorische und wettbewerbliche Probleme berücksichtigt werden. Vgl. Schumpeter (1997), S. 100 f.

5 Vgl. Birkinshaw/Hamel/Mol (2008), S. 825 ff.

6 Vgl. Johnson/Christensen/Kagermann (2008), S. 50 ff.; Gambardella/McGahan (2010), S. 262 ff.; Wirtz (2011), S. 194 ff.

7 Daneben finden sich im Schrifttum auch noch weitere Innovationsarten, wie z.B. soziale oder ökologische Innovation; vgl. Welsch (2005), S. 47.

8 Vgl. Chesbrough (2010), S. 354 ff.

9 Vgl. Wirtz (2011), S. 218.

Missverständnissen und einem uneinheitlichen Konstruktverständnis durch die Probanden vorzubeugen.[1] Gegenstand der Befragung sollen demnach Produktinnovationen sein.[2]

Die Intensitätsdimension setzt sich mit dem Ausmaß beziehungsweise dem Grad der Neuartigkeit auseinander. Hinsichtlich des Neuheitsgrades von Innovation finden sich im Schrifttum zahlreiche Bewertungssysteme, bei denen diverse Skalen zum Einsatz kommen.[3] Häufig wird das Ausmaß der Innovation lediglich anhand von Dichotomien angegeben. Es wird beispielsweise danach unterschieden, ob eine Innovation radikaler oder inkrementeller beziehungsweise revolutionärer oder evolutionärer Natur ist.[4] Für die vorliegende Untersuchung soll keine genauere Aufschlüsselung der Innovationsintensität erfolgen, sondern in Anlehnung an Hauschildt/Salomo (2011) lediglich von einer „merklichen" Neuerung gesprochen werden.

Ein Grund hierfür ist die Subjektivität der Einschätzung einer Innovation durch einen Probanden. Die Frage danach, für wen die Innovation eine Neuerung darstellt, ist daher ebenfalls von großer Bedeutung.[5] Mögliche Ausprägungen sind hier Neuheit aus Sicht eines Individuums, eines Unternehmens, einer ganzen Industrie oder sogar der gesamten Menschheit.[6] Für die vorliegende Untersuchung wird gefordert, dass für eine Innovation zumindest eine Neuerung aus Sicht des untersuchten Unternehmens bestehen muss.

Darüber hinaus lässt sich die Innovation auch hinsichtlich ihrer prozessualen und damit zeitbezogenen Dimension analysieren. Die prozessuale Sicht und Abkehr vom Verständnis der Innnovation als Einzelereignis[7] hat insbesondere im Innovationsmanagement eine erhebliche Bedeutung erlangt und spielt sowohl im Schrifttum als auch in der praktischen Anwendung eine wichtige Rolle.[8] Heute existiert eine Vielzahl verschiedener Innovationsprozesse, die den den Innovationsprozess zumeist in verschiedene Phasen unterteilen.[9] Obwohl sich die Prozesse in Abhängigkeit des jeweiligen Untersuchungsfokus hinsichtlich Anzahl und Umfang

---

1 Vgl. hierzu Hurrle/Kieser (2005), S. 594 ff. In der vorliegenden Untersuchung spielt dies vor allem für das Konstrukt des Innovationserfolgs eine zentrale Rolle.

2 Dabei folgt die Untersuchung einem substantiellen Produktverständnis, so dass Dienstleistungs- und Prozessinnovationen nicht Gegenstand der Untersuchung sein sollen; vgl. hierzu Sammerl (2006), S. 27. Die Produktinnovation umfasst daher u.a. die Gestaltungsbereiche der Produkttechnologien, -funktionen, -aufbau und -qualität; vgl. Sabisch (1991). In diesem Zusammenhang spielt auch der Begriff „Technologie" eine wichtige Rolle, der hier in Anlehnung an Trott (2008) als Wissen verstanden werden soll, das auf ein Produkt angewendet wurde.

3 Vgl. zu den verschiedenen Skalenniveaus Hauschildt/Salomo (2011), S. 11 ff.

4 Vgl. zur Messung des Innovationsgrades Salomo (2003), S. 399 ff.

5 Vgl. Garcia/Calantone (2002), S. 110 ff; Billing (2003), S. 18 ff.

6 Vgl. Hauschildt/Salomo (2011), S. 18 f.

7 Vgl. Welsch (2005), S. 47.

8 Vgl. Verworn/Herstatt (2000), S. 1.

9 Vgl. u.a. Cooper (1983a); Albach (1994); Cooper (1996); Pleschak/Sabisch (1996); Song/Montoya-Weiss (1998); Billing (2003).

der Phasen unterscheiden, weisen sie eine sehr ähnliche Grundstruktur auf. In der Regel beinhaltet der Innovationsprozess zumindest die Ideengenerierung, Entwicklung und Kommerzialisierung.

Auch die vorliegende Untersuchung folgt einem prozessualen Innovationsverständnis. Wichtiger als die Frage nach den einzelnen Stufen des Innovationsprozesses ist hierbei jedoch die Frage nach den Grenzen der Innovation. Es wird deutlich, dass die Innovation mehr als die Invention ist, mit der sie im allgemeinen Sprachgebrauch häufig gleichgesetzt wird.[1] Vielmehr mehr lässt sich erst dann von einer Innovation sprechen, wenn die im Rahmen der Invention hervorgegangene Neuerung auch am Markt verwertet, das heißt kommerzialisiert wurde. Die vorliegende Untersuchung folgt diesem Verständnis und es gilt:

> *„innovation = invention + exploitation“*[2]

Damit wird auch deutlich, dass Forschung und Entwicklung nur Teil einer Innovation sein können. Die Marktdurchsetzung und laufende Verwertung einer Innovation, welche in einigen Prozessmodellen ebenfalls der Innovation zugeordnet werden,[3] sollen an dieser Stelle nicht mehr dem Innovationsprozess zugeschrieben werden.

2.1.2 Open Innovation

Der Begriff Open Innovation geht auf Henry Chesbrough zurück.[4] In seinem gleichnamigen Buch verwendet Chesbrough (2003a), Leiter eines Forschungszentrums an der Universität Berkley,[5] den Begriff vor allem zur Abgrenzung gegen das, wie er es nennt, vorherrschende Paradigma der Closed Innovation:

> *„[...] a new approach, which I call Open Innovation, is emerging in place of Closed Innovation.“*[6]

Chesbrough entwickelt beide Begriffe aus einer Analyse der Forschungs-, Entwicklungs- und Innovationsaktivitäten großer amerikanischer Konzerne heraus und folgt damit einer stark

1 Vgl. Reichwald/Piller (2009), S. 119.
2 Roberts (1987), S. 3.
3 Vgl. Brockhoff (1999), S. 37 ff.; Gerpott (2005), S. 50 f.
4 Vgl. Jong et al. (2008), S. 11; Jusko (2009), S. 51; Lichtenthaler (2010), S. 373; Lichtenthaler/Lichtenthaler (2010), S. 167; Grönlund/Rönnberg Sjödin/Frishammar (2010), S. 106; Wolfert et al. (2010), S. 395.
5 Vgl. Reichwald/Piller (2009), S. 146.
6 Chesbrough (2003a), S. xxiv.

praktisch orientierten Sichtweise.[1] Insbesondere vergleicht er den Ansatz großer isolierter Forschungslaboratorien wie dem Xerox PARC oder den Lucent Bell Labs mit weniger zentralisierten und isolierten Innovationsansätzen, zum Beispiel bei Cisco oder Intel. Es wird ersichtlich, dass der Open Innovation-Begriff nicht ohne Verständnis der Closed Innovation präzisiert werden kann. Im Folgenden soll daher zunächst Chesbroughs Vorstellung vom Closed Innovation-Paradigma skizziert werden.

Autor	Definition
Chesbrough (2003a), S. xx	"It is a view that says *successful innovation requires control.* Companies must generate their own ideas and then develop them, build them, market them, distribute them, service them, finance them and support them on their own. This paradigm counsels firms to be strongly self-reliant, because one cannot be sure of the quality, availability, and capability of others' ideas: [...]"[2]

Tabelle 2-2: Closed Innovation-Paradigma

Closed Innovation beschreibt nach Chesbrough demnach ein von Kontrolle und Isolation geprägtes Innovationsverständnis. Alle Schritte des Innovationsprozesses, von der Idee bis hin zur Vermarktung, erfolgen durch das Unternehmen selbst. Dieses Innovationsverständnis manifestiert sich für Chesbrough in den großen Forschungs- und Entwicklungszentren des zwanzigsten Jahrhunderts, insbesondere den Bell Labs[3] und dem Xerox PARC[4]. Closed Innovation, so Chesbrough, war dabei weniger eine explizit formulierte Innovationsstrategie, als vielmehr implizite Logik erfolgreichen Handelns, der bestimmte Annahmen zugrunde lagen.[5] Hierzu gehört zum Beispiel die Annahme, dass hohe F&E-Investitionen zwangsläufig zu mehr Innovationsoutput führen oder dass Produkte und Dienstleistungen für eine erfolgreiche Vermarktung intern entdeckt und entwickelt werden müssen. Daraus ergibt sich das in Abbildung 2-2 dargestellte geschlossene Innovationsmodell:

1 Vgl. auch im Folgenden Chesbrough (2003a), S. xvii ff.

2 Hervorhebungen im Original.

3 Die heute zu Lucent Technologies gehörigen Bell Labs (Bell Laboratories) sind eines der größten und renommiertesten Forschungszentren weltweit und Ursprung einer ganzen Reihe zentraler kommunikationstechnologischer Entwicklungen; vgl. Chesbrough (2003b), S. 35 f.

4 Das Xerox Palo Alto Research Center (Xerox PARC) war und ist eines der zentralen Forschungs- und Entwicklungszentren für Computer Hard- und Software; vgl. Chesbrough (2004), S. 23.

5 Vgl. Chesbrough (2003a).

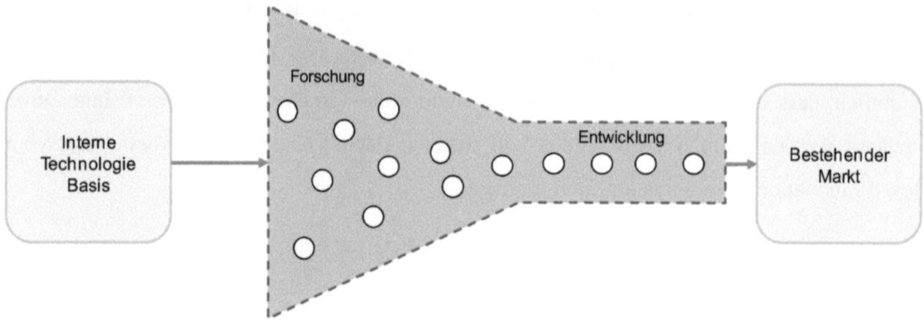

Abbildung 2-2: Closed Innovation[1]

Trotz der erheblichen Erfolge der von Chesbrough beschriebenen Forschungszentren und des damit verbundenen Innovationsansatzes konstatiert der Autor die Erosion des geschlossenen Innovationsmodells, die gegen Ende des zwanzigsten Jahrhunderts einsetzte.[2] Als einen zentralen Faktor identifiziert Chesbrough eine stetig gestiegene Mobilität von Mitarbeitern, und damit auch dem Wissen und der Erfahrung, die diese Mitarbeiter innehaben. Die steigende Bedeutung von Risikokapital (Venture Capital), das es auch kleinen Unternehmen (Start-Ups) erlaubt, externe Forschung zu kommerzialisieren, wird als weiterer Erosionsfaktor angeführt. Diese und weitere Faktoren[3] führten dazu, dass offenere Ansätze der Innovation, die zu diesem Zeitpunkt keineswegs neu waren, sich vielfach gegen die geschlossene Herangehensweise durchsetzten.

Chesbrough illustriert dies anhand des Vergleichs der Innovationsansätze von Lucent und Cisco, die im Telekommunikationsmarkt in direktem Wettbewerb zueinander standen.[4] Obwohl Cisco bei weitem nicht über die „deep research capabilities“[5] der Lucent Bell Labs verfügte, schaffte es das Unternehmen, mit Lucent Schritt zu halten. Chesbrough führt dies auf den offenen Innovationsansatz Ciscos zurück, das statt aufwendiger eigener F&E-Aktivitäten sehr aktiv in Start-Ups investiert beziehungsweise diese akquiriert hat.[6] Ähnliche Erfolge erzielten die Unternehmen Intel und Microsoft im Computermarkt, insbesondere

1 In Anlehnung an Chesbrough (2006b), S. 3.
2 Vgl. auch im Folgenden Chesbrough (2003a), S. xxii ff.
3 Vgl. Abschnitt 1.1.
4 Vgl. Chesbrough (2003a), S. xviii.
5 Chesbrough (2003a), S. xviii.
6 Darunter auch Unternehmen ehemaliger Lucent Mitarbeiter, die dort keine Chance zur Realisierung ihrer Ideen sahen, vgl. Chesbrough (2003a), S. xviii.

durch eine enge Zusammenarbeit mit Universitäten.[1] Etablierter Konkurrent in diesem Segment war vor allem IBM, das wie Lucent einen eher geschlossenen Innovationsansatz verfolgte.

Das Beispiel IBM dient Chesbrough aber auch dazu, den gedanklichen Wandel zu beschreiben, der sich im Innovationsmanagement etablierter, traditionell eher geschlossen innovierender Unternehmen um die Jahrtausendwende vollzog. Hierzu legt Chesbrough dar, wie die Transformation bei IBM vom geschlossenen zum offenen Innovationsansatz vollzogen wurde und dazu geführt hat, dass das Unternehmen vielfach als Vorbild für offenes Innovationsmanagement herangezogen wird.[2] Chesbrough wählt zur Beschreibung der von ihm beobachteten veränderten Innovationsauffassung den Terminus Open Innovation:

Autor	Definition
Chesbrough (2003a), S. xxiv	"Open Innovation is a paradigm that assumes that firms can and should use external ideas as well as internal ideas, and internal and external paths to market, as the firms look to advance their technology. Open Innovation combines internal and external ideas into architectures and systems whose requirements are defined by a business model."

Tabelle 2-3: Open Innovation-Paradigma

Chesbrough beschreibt Open Innovation demnach als ein Paradigma, nach dem Firmen sowohl externe Ideen als auch externe Kommerzialisierungsmöglichkeiten in ihre Innovationsaktivitäten einbeziehen können und sollten. Dabei sieht Chesbrough in der Open Innovation keine radikale Abkehr von internen Innovationsaktivitäten (beispielsweise Forschung und Entwicklung), sondern betont vielmehr die Koexistenz interner und externer Einflüsse. In diesem Zusammenhang lässt sich sogar von Komplementarität interner und externer Innovationsaktivitäten sprechen.[3] So weist auch Chesbrough auf die Notwendigkeit zur Kombination interner und externer Ideen (Wissens) sowie dem Vorhandensein eines entsprechenden Geschäftsmodells hin. Aus Chesbroughs Definition und weiteren Ausführungen zur Open Innovation lässt sich das in Abbildung 2-3 dargestellte offene Innovationsmodell ableiten:

1 Vgl. Chesbrough (2003a), S. 122.
2 Vgl. u.a. Gassmann/Enkel (2004), S. 3 ff.; Lichtenthaler/Ernst (2006), S. 375; Spaeth/Stuermer/Von Krogh (2010), S. 413 ff.
3 Vgl. Cassiman/Veugelers (2006), S. 68 ff.; Reichwald/Piller (2009), S. 156; Lichtenthaler (2011b), S. 78.

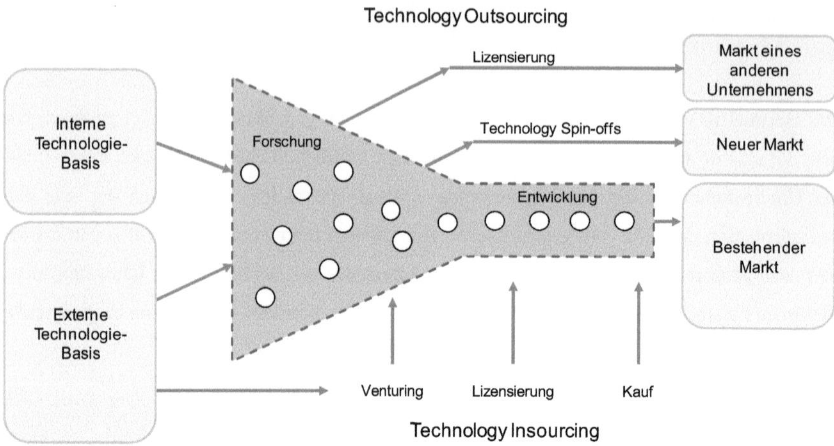

Abbildung 2-3: Open Innovation[1]

Beim Vergleich der Chesbrough-Definitionen für Closed und Open Innovation wird sofort ersichtlich, dass es sich um zwei Extrema handelt. In der Realität fand und findet sich daher kaum ein Unternehmen, das sich eindeutig dem offenen oder dem geschlossenen Innovationsmodell zuordnen lässt. Nach Chesbrough bilden Open und Closed Innovation ein Kontinuum, auf dem sich eine Industrie je nach vorherrschendem Paradigma verorten lässt.[2] Zahlreiche Industrien wie beispielsweise die Automobilindustrie, Pharmaindustrie oder Rüstungsindustrie befinden sich laut Chesbrough in einer Phase des Übergangs hin zu einem offenen Innovationsverständnis.

Neben der ursprünglichen Begriffsdefinition von Chesbrough findet sich im Schrifttum noch eine Reihe weiterer Definitionsansätze zur Open Innovation. Dennoch kann konstatiert werden, dass trotz nunmehr zehn Jahren Open Innovation-Forschung[3] nur relativ wenige Versuche unternommen wurden, den Begriff Open Innovation erneut zu definieren beziehungsweise weiter zu präzisieren. Dies lässt sich vor allem auf die große Akzeptanz der Definitionen von Chesbrough zurückführen.[4] Insbesondere die Definition aus dem Jahr 2006 hat sowohl im Open Innovation-Schrifttum als auch in zahlreichen praktischen Beiträgen eine

[1] In Anlehnung an Chesbrough (2006b), S. 3.
[2] Vgl. Chesbrough (2003a), S. xxvii.
[3] Vgl. hierzu auch Abschnitt 2.2.2.1.
[4] Vgl.Dahlander/Gann (2010), S. 699.

erhebliche Verbreitung erfahren.[1] Dabei kann dieser präferierte Definitionsansatz als eine Weiterentwicklung der initialen Definition aus dem Jahr 2003 interpretiert werden.[2] Tabelle 2-4 gibt einen Überblick über verschiedene Definitionen des Begriffs Open Innovation.

Autor	Definition
Chesbrough/ Vanhaverbeke/West (2006), S. 1	"Open innovation is the use of purposive inflows and outflows of knowledge to accelerate internal innovation, and expand the markets for external use of innovation, respectively. Open Innovation is a paradigm that assumes that firms can and should use external ideas as well as internal ideas, and internal and external paths to market, as they look to advance their technology."
West (2007)	"Open innovation means treating innovation like anything else — something that can be bought and sold on the open market, not just produced and used within the boundaries of the firm."
Reichwald/Piller (2009), S. 153	„Open Innovation beschreibt den Innovationsprozess als einen vielschichtigen offenen Such- und Lösungsprozess, der zwischen mehreren Akteuren über die Unternehmensgrenzen hinweg abläuft. Statt sich nur auf die internen Fähigkeiten der eigenen Forscher und Entwickler zu verlassen, werden externe Problemlöser in den Innovationsprozess integriert. Als Strategie stellt Open Innovation neue Methoden und Ansätze zur Verfügung, um besseren Zugang zu Bedürfnis- und Lösungsinformationen zu erhalten und so die Effizienz und Effektivität im Innovationsprozess zu steigern."
Lichtenthaler (2011b), S. 77	„Open innovation is defined as systematically performing knowledge exploration, retention, and exploitation inside and outside an organization's boundaries throughout the innovation process."

Tabelle 2-4: Jüngere Definitionen des Begriffs Open Innovation

Der Vergleich der beiden Chesbrough-Definitionen verdeutlicht eine Evolution des Open Innovation-Verständnisses. Während die ursprüngliche Definition von Chesbrough noch sehr auf die Open Innovation als firmenspezifisches beziehungsweise industrieweites Paradigma fokussierte, tritt in der 2006 formulierten Definition das Verständnis der Open Innovation als Management-Aufgabe deutlich stärker in den Vordergrund.[3] Insbesondere der Verweis auf das aktive und zielgerichtete Handeln stützt diese Interpretation.

Es wird weiter ersichtlich, dass die jüngeren Definitionen wesentliche Elemente von Chesbroughs Ansatz aufgreifen. Allen Definitionen ist gemeinsam, dass der Austausch mit der Umwelt zentrale Eigenschaft der Open Innovation ist. Die jüngeren Definitionen explizieren diesen Sachverhalt durch den Verweis auf die Grenzen des Unternehmens, die im Rahmen der

1 Zur Verwendung vgl. u.a. Huang/Rice (2009b), S. 202; Poot/Faems/Vanhaverbeke (2009), S. 178; Verbano/Crema/Venturini (2011), S. 1106.
2 Vgl. Open Innovation Community (2013).
3 Vgl. Chesbrough (2006b), S. 1.

Open Innovation überwunden werden. Auch der Management-Aspekt findet sich (in verschieden starker Ausprägung) in den dargestellten Definitionen wieder. So beschreibt Lichtenthaler (2011b) Open Innovation als eine systematische Tätigkeit im Rahmen von Innovationsprozessen. Reichwald/Piller (2009) nennen die Integration externer Problemlöser als wichtige Open Innovation-Aktion. Weiterhin bezeichnen die Autoren Open Innovation als eine Strategie, die „neue Methoden und Ansätze zur Verfügung“[1] stellt.

Insgesamt folgt die Definition von Reichwald/Piller (2009), die insbesondere im deutschsprachigen Schrifttum einige Bedeutung erlangt hat, jedoch einem engeren Open Innovation-Verständnis.[2] Die Autoren integrieren Open Innovation in ihr Konzept der interaktiven Wert-Wertschöpfung und fokussieren dabei vor allem Kunden als Wertschöpfungspartner.[3] Die externe Verwertung spielt in diesem Kontext keine Rolle, so dass der Ansatz die Dualität aus externer Wissensbeschaffung und externer Kommerzialisierung, die den anderen Definitionen gemeinsam ist, vermissen lässt. Die vorliegende Untersuchung folgt einem deutlich weiter gefassten Verständnis von Innovation und definiert Open Innovation in enger Anlehnung an Chesbrough/Vanhaverbeke/West (2006) und Lichtenthaler (2011b):

Open Innovation
Open Innovation bezeichnet die Summe aller Maßnahmen, die darauf abzielen, innovationsrelevantes Wissen in das Unternehmen aufzunehmen und/oder außerhalb des Unternehmens zu verwerten.

Tabelle 2-5: Eigene Definition des Begriffs Open Innovation

In der Open Innovation stehen externes und internes Wissen einander gleichbedeutend gegenüber. Dieses (innovationsrelevante) Wissen kann sowohl innerhalb als auch außerhalb des Unternehmens geschaffen oder zur Verwendung gebracht werden. Damit wird auch deutlich, dass Open Innovation weit über vorangegangene Konzepte zur Integration externen Wissens hinaus geht.[4] Bezugnehmend auf zentrale Arbeiten, die die Bedeutung externer Wissensquellen schon früh betonten,[5] stellen van de Vrande/Vanhaverbeke/Gassmann (2010) fest:

---

1 Vgl. Reichwald/Piller (2009), S. 153.

2 Dies findet in der ersten Definition von Reichwald und Piller aus dem Jahr 2006 noch deutlich stärker Ausdruck; vgl. Reichwald/Piller (2006), S. 132.

3 Vgl. Reichwald/Piller (2009), deren Ansatz wesentlich durch die Arbeiten von Hippels (vgl. u.a. von Hippel (1988); von Hippel (2005); von Hippel (2007)) geprägt ist.

4 Vgl. van de Vrande/Vanhaverbeke/Gassmann (2010), S. 222 f.

5 Die Autoren führen exemplarisch folgende Arbeiten an: Penrose (1959); Nelson/Winter (1982); von Hippel (1988); Cohen/Levinthal (1990); Dyer/Singh (1998).

„[...] there is an implicit assumption in these works that external knowledge is not more than just an addition to internal innovation, which constitutes the core of firms' innovation performance. The open innovation paradigm, on the other hand, explicitly focuses on both internal and external innovation and balances the role of external and internal sources of knowledge."[1]

Demzufolge kann die Open Innovation als eine Art Dachkonzept zur aktiven Interaktion mit der Umwelt im Rahmen aller innovationsrelevanten Aktivitäten verstanden werden. Konzepte wie zum Beispiel Kundenintegration (beziehungsweise Lead-User-Integration),[2] Lieferantenintegration,[3] Co-Creation[4] oder Innovationsnetzwerke[5] lassen sich unter diesem Dach als Methoden des Wissensaustauschs vereinen. Gleichzeitig spielen aber auch zahleiche Ansätze zur Kommerzialisierung von Wissen eine wichtige Rolle.[6] In der Open Innovation fließen daher zahlreiche Forschungsströme zusammen.[7]

2.1.3 Open Innovation-Prozesse

Open Innovation lässt sich in verschiedene Prozesse unterteilen.[8] Die Analyse des Open Innovation-Begriffs zeigt, dass auch die Mehrzahl der Definitionen zwischen mindestens zwei verschiedenen Arten der Open Innovation unterscheiden. Bereits in seiner ersten Definition aus dem Jahr 2003 differenziert Chesbrough zwischen der Nutzung externer Ideen und externer Marktpfade.[9] In der weiter verbreiteten Definition aus dem Jahr 2006 unterscheidet Chesbrough sogar explizit zwischen „inflows" und „outflows" von Wissen im Rahmen der Open Innovation.[10] Lichtenthaler sucht in seiner Definition aus dem Jahr 2011 den Anschluss

---

1 Van de Vrande/Vanhaverbeke/Gassmann (2010), S. 222 f.

2 Vgl. u.a. von Hippel (1976), S. 212 ff.; von Hippel (1978a), S. 240 ff.; von Hippel (1978b), S. 39 ff.; Urban/von Hippel (1988), S. 569 ff.; Herstatt/von Hippel (1992), S. 213 ff.; von Hippel (2001), S. 247 ff.; Jacob (2003), S. 83 ff.; Enkel/Kausch/Gassmann (2005), S. 203 ff.; Jacob (2006), S. 45 ff.; Bruhn/Stauss (2009), S. 3 ff. Vgl. weiterführend auch Kleinaltenkamp/Fließ/Jacob (1996).

3 Vgl. u.a. Ragatz/Handfield/Scannell (1997), S. 190 ff.; Handfield et al. (1999), S. 59 ff.; Petersen/Handfield/Ragatz (2003), S. 284 ff.; Cousins/Lawson (2007), S. 311 ff.

4 Vgl. Prahalad/Ramaswamy (2004), S. 5 ff.

5 Vgl. u.a. Dyer (1996), S. 271 ff.; Powell/Koput/Smith-Doerr (1996), S. 116 ff.; Ahuja (2000), S. 425 ff.; Pittaway et al. (2004), S. 137 ff.

6 Vgl. u.a. Grindley/Teece (1997), S. 8 ff.; Lichtenthaler/Ernst/Lichtenthaler (2007), S. 221 ff.; Lichtenthaler (2009b), S. 317 ff.

7 Vgl. van de Vrande/Vanhaverbeke/Gassmann (2010), S. 223.

8 Vgl. Gassmann/Enkel/Chesbrough (2010), S. 214.

9 Vgl. Chesbrough (2003a), S. xxiv.

10 Chesbrough/Vanhaverbeke/West (2006), S. 1.

an die Theorie des organisationalen Lernens und unterscheidet zwischen interner sowie externer Exploration, Retention und Exploitation.[1]

Gassmann/Enkel (2004) identifizieren auf Basis einer Datenbankanalyse drei Kernprozesse der Open Innovation:[2] Den Outside-in-Prozess, den Inside-out-Prozess sowie den Coupled-Prozess als eine Kombination der beiden erstgenannten, die die Autoren anhand des Unternehmensbeispiels IBM[3] illustrieren. Demnach beschreibt der Outside-in-Prozess die Aufnahme externen Wissens und Anreicherung des internen Wissens durch das innovierende Unternehmen. Dabei spielen sowohl die Identifikation und Evaluation potentieller Wissensquellen als auch die Integration dieser Quellen, beispielsweise in Form von Kooperationen oder Kundenintegration, eine entscheidende Rolle.[4] Eine zentrale Erkenntnis des Beitrags von von Gassmann/Enkel (2004) (und gleichzeitig wichtige Voraussetzung der Open Innovation) ist, dass der Ort der Innovation im Rahmen von Open Innovation-Prozessen nicht mit dem Ort der „Wissensentwicklung (Erfindung)“[5] zusammen fallen muss.

Ähnliches gilt auch im Inside-out-Prozess: Der Ort der Innovation fällt hierbei nicht mit dem Ort der „Kommerzialisierung (Produktentwicklung und Vermarktung)“[6] zusammen. Der Inside-out-Prozess beschreibt daher die Exploitation beziehungsweise Verwertung von Wissen außerhalb der Unternehmensgrenzen und dem bewussten Abfluss von Wissen. Hierzu gehört beispielsweise die Lizensierung oder der Verkauf von Technologien (Patenten) oder auch die Ausgründung von Unternehmen (Spin-Offs).[7] Die Kombination beider Prozesse bezeichnen Gassmann/Enkel (2004) als Coupled-Prozess, der zum Beispiel in Innovationsnetzwerken eine wichtige Rolle spielt. Wissen wird im Coupled-Prozess fortwährend integriert und externalisiert.[8] Abbildung 2-4 stellt die drei Kernprozesse der Open Innovation dar.

---

1 Vgl. Lichtenthaler (2011b), S. 77.

2 Vgl. auch im Folgenden Gassmann/Enkel (2004), S. 1 ff.

3 Gassmann/Enkel (2004) beziehen sich hierbei auf das IBM „industry solution laboratory“ (ISL) in Zürich Rüschlikon. Vgl. auch Gassmann/Enkel (2006), S. 132 ff.

4 Vgl. Gassmann/Enkel (2006), S. 1.

5 Gassmann/Enkel (2006), S. 6.

6 Gassmann/Enkel (2006), S. 6.

7 Vgl. Bianchi et al. (2010), S. 24. Zur externen Exploitation von Innovationen vgl. u.a. Gassmann/Bader (2007); Lichtenthaler (2009b); Chesbrough/Garman (2009); Lichtenthaler/Lichtenthaler (2010); Lichtenthaler/Ernst (2012).

8 Vgl. Gassmann/Enkel (2006), S. 7.

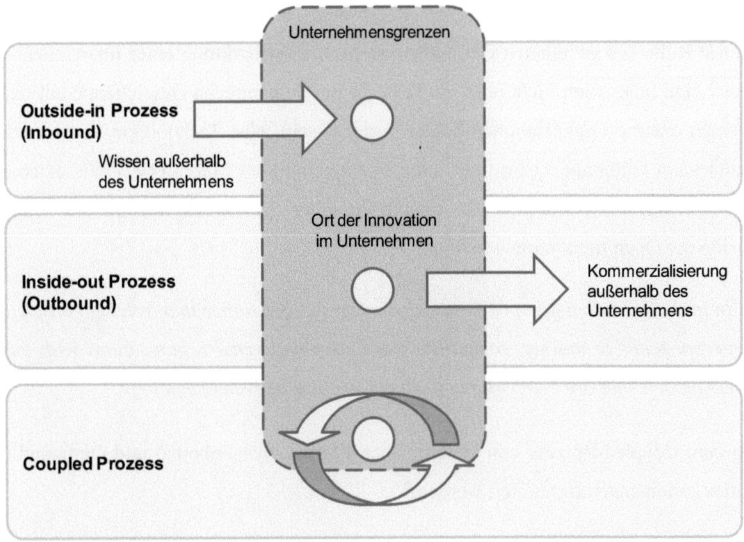

Abbildung 2-4: Kernprozesse der Open Innovation[1]

Analog zum Outside-in- und Inside-out-Prozess unterscheidet Chesbrough/Crowther (2006) zwischen den beiden Dimensionen Inbound und Outbound Open Innovation. Dabei beschreibt Inbound Open Innovation die Nutzung externen Wissens und alle Aktivitäten, die damit einhergehen. Hierzu gehört beispielsweise die Etablierung interorganisationaler Beziehungen, um auf technologische Kompetenzen zugreifen zu können.[2] Auch das stetige „Scannen" der Umwelt nach potentiell relevantem Wissen ist der Inbound Open Innovation zuzuordnen.[3] Chesbrough/Crowther (2006) präzisieren weiter, dass sich Unternehmen im Sinne der Inbound Open Innovation nicht ausschließlich auf ihre interne F&E-Tätigkeit verlassen können und sollten. Sie definieren Inbound Open Innovation daher wie folgt:

> *„At the heart of this model is the recognition that today, competitive advantage often comes from inbound open innovation, which is the practice of leveraging the discoveries of others: companies need not and indeed should not rely exclusively on their own R&D."*[4]

1 In Anlehnung an Gassmann/Enkel (2004), S. 6.
2 Vgl. Bianchi et al. (2010), S. 23.
3 Vgl. Chesbrough/Crowther (2006), S. 233 f.
4 Chesbrough/Crowther (2006), S. 229.

Dagegen beschreibt Outbound Open Innovation, analog zum Inside-out-Prozess, die externe Kommerzialisierung von Innovationen.[1] Chesbrough betont dabei insbesondere die entscheidende Rolle des geeigneten Geschäftsmodells zur Vermarktung einer Innovation.[2] Lässt Lässt sich eine Innovation nicht oder nur schlecht mit dem eigenen Geschäftsmodell realisieren, können externe Organisationen besser geeignet sein, eine Technologie zu vermarkten.[3] Insgesamt kann Outbound Open Innovation in Anlehnung an March (1991) als externe Exploitation verstanden werden.[4] Chesbrough/Crowther (2006) definieren die Outbound Dimension der Open Innovation wie folgt:

> *"In addition, outbound open innovation suggests that rather than relying entirely on internal paths to market, companies can look for external organizations with business models that are better suited to commercialize a given technology."*[5]

Analog zum Coupled-Prozess von Unternehmen können auch Inbound und Outbound Open Innovation miteinander kombiniert werden.[6]

Zusammenfassend kann konstatiert werden, dass die Unterschiede zwischen den Typologien von Gassmann/Enkel (2004) und Chesbrough/Crowther (2006) lediglich begrifflicher Natur sind. In der vorliegenden Untersuchung soll auf die Terminologie von Chesbrough abgestellt und im Folgenden von Inbound beziehungsweise Outbound Open Innovation gesprochen werden. Da die beiden Dimensionen jedoch theoretisch und empirisch separat betrachtet werden sollten,[7] fokussiert die vorliegende Untersuchung, wie in Abschnitt 1.2.1 dargelegt wurde, auf den Prozess der Inbound Open Innovation. Dabei stellt Inbound Open Innovation einen Spezialfall der Open Innovation dar und soll für die vorliegende Untersuchung wie folgt definiert werden:

Inbound Open Innovation
Inbound Open Innovation bezeichnet die Summe aller Maßnahmen, die darauf abzielen, innovationsrelevantes Wissen in das Unternehmen aufzunehmen.

Tabelle 2-6: Eigene Definition des Begriffs Inbound Open Innovation

1 Methoden sind hier z.B. Lizensierung oder Ausgründung; vgl. Bianchi et al. (2010), S. 24. Siehe auch Inside-Out Prozess.

2 Vgl. weiterführend Chesbrough (2006a).

3 Vgl. Spithoven/Clarysse/Knockaert (2010), S. 130.

4 Vgl. Bianchi et al. (2010), S. 23; Lichtenthaler (2011b), S. 76.

5 Chesbrough/Crowther (2006), S. 229.

6 Vgl. Lichtenthaler (2011b), S. 76.

7 Vgl. Chiaroni/Chiesa/Frattini (2011), S. 35.

2.2 Stand der Forschung

In den folgenden Abschnitten werden die für die vorliegende Arbeit relevanten Forschungsbeiträge vorgestellt. Auf diese Weise soll die einleitend bereits identifizierte Forschungslücke aufgezeigt und weiter präzisiert werden. Darüber hinaus können im Rahmen einer Literaturanalyse Erkenntnisse für eine mögliche theoretische und konzeptionelle Basis der Untersuchung gewonnen werden.

Grundsätzlich lässt sich die vorliegende Arbeit im Komplex der Innovationsforschung verorten. Da es sich bei der Innovationsforschung um eines der am umfangreichsten behandelten Themengebiete in vielen verschiedenen Forschungsdisziplinen handelt,[1] muss der Literaturüberblick auf besonders relevante Aspekte fokussiert werden. Prinzipiell nimmt die vorliegende Untersuchung hierbei eine betriebswirtschaftliche Innovationsperspektive ein, da sie der zentralen Frage nach den Ursachen des Innovationserfolgs von Unternehmen nachgeht.[2] Abbildung 2-5 stellt die Systematisierung des Forschungsüberblicks dar.

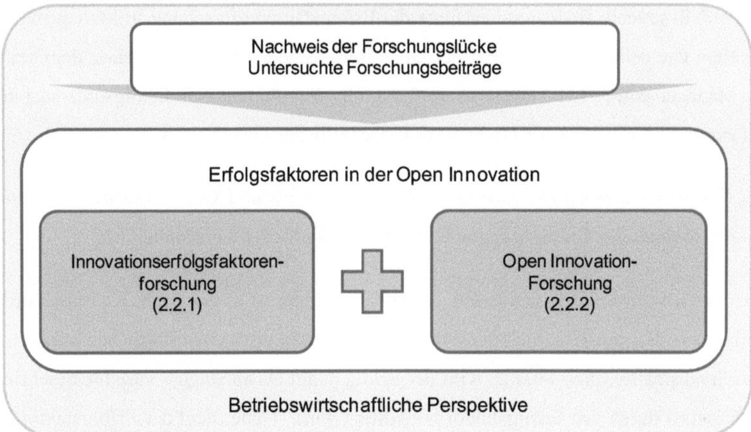

Abbildung 2-5:Systematisierung des Forschungsüberblicks

1 Die Innovationsforschung erstreckt sich über eine Vielzahl verschiedener Forschungsdisziplinen, die jeweils eigene Sichtweisen auf das Phänomen Innovation einnehmen. So lässt sich nach einer naturwissenschaftlich-technischen, einer sozialwissenschaftlichen, einer politikwissenschaftlichen, einer Volks- und einer betriebswirtschaftlichen Sichtweise differenzieren. Vgl. Hauschildt/Salomo (2011), S. 31.

2 Vgl. Hauschildt/Salomo (2011), S. 31.

In Abschnitt 2.2.1 soll daher zunächst ein Überblick über die empirische Innovationserfolgsfaktorenforschung gegeben werden. Da es sich trotz dieser ersten Eingrenzung noch immer um ein sehr umfangreiches Themenfeld handelt, erfolgt die Darstellung anhand ausgewählter Metastudien. Den zweiten Teil des Literaturüberblicks (Abschnitt 2.2.2) bildet die Analyse relevanter Arbeiten der Open Innovation-Forschung. Im Rahmen dessen werden sowohl konzeptionelle als auch empirische Arbeiten untersucht. Abschließend sollen in Abschnitt 2.2.3 die Ergebnisse des Forschungsüberblicks zusammengefasst und die Forschungslücke expliziert werden.

2.2.1 Empirische Innovationserfolgsfaktorenforschung

Die Erfolgsfaktorenforschung hat in der betriebswirtschaftlichen Forschung eine lange Tradition.[1] Ursprünglich in der Praxis verankert, lässt sich das Konzept kritischer Erfolgsfaktoren maßgeblich auf Rockart (1979) zurückführen.[2] In der Folge hat die Erfolgsfaktorenforschung Einzug in zahlreiche Disziplinen der Betriebswirtschaftslehre gehalten und so eine sehr große Verbreitung gefunden, die sich auch in der erheblichen Anzahl an entsprechenden Studien ausdrückt.[3] Besondere Bedeutung erlangte die Erfolgsfaktorenforschung in Managementwissenschaften wie dem Marketing oder der Organisationstheorie beziehungsweise dem strategischen Management.[4] Fritz (1993) führt die große Popularität von Erfolgsuntersuchungen darauf zurück, dass diese den Kern betriebswirtschaftlicher Forschung widerspiegeln:

> *„Der Wunsch, den Erfolg des betrieblichen Handels und seine Ursachen zu ermitteln, zählt zu den Grundanliegen betriebswirtschaftlicher Forschung."*[5]

Ziel der betriebswirtschaftlichen Erfolgsfaktorenforschung ist es demnach, Kausalfaktoren zu identifizieren, die den Unternehmenserfolg (beziehungsweise Misserfolg) beeinflussen.[6] In empirisch anspruchsvollen Studien wird der Erfolg damit als abhängige Variable beschrieben, welcher kausal durch den Erfolgsfaktor beeinflusst wird.[7] Dabei liegt der Erfolgsfaktorenforschung die Annahme zu Grunde, dass bestimmte Schlüsselfaktoren, oftmals auch als „kritische" beziehungsweise „strategische" Erfolgsfaktoren bezeichnet, existieren, die den Erfolg

[1] Die allgemeine Erfolgsfaktorenforschung soll im Rahmen der vorliegenden Untersuchung nur kurz umrissen werden. Weiterführend vgl. Grimm (1983); Fritz (1990); Fritz (1993).

[2] Vgl. Nicolai/Kieser (2002), S. 580.

[3] Vgl. Fritz (1993), S. 1; Homburg (2000), S. 25.

[4] Vgl. Nicolai/Kieser (2002), S. 580.

[5] Fritz (1993), S. 1.

[6] Vgl. Fritz (1993), S. 1.

[7] Vgl. hierzu auch Abschnitt 4.1.

des Gesamtunternehmens maßgeblich prägen.[1] Solche Faktoren sollten sich weiterhin dadurch auszeichnen, dass sie vom Management beeinflussbar sind. Die Forschungsansätze zur empirischen Analyse von Erfolgsfaktoren sind sehr heterogen und umfassen sowohl exploratorisch-datenorientierte Arbeiten als auch konfirmatorisch hypothesentestende Untersuchungen.[2]

Dennoch wird der Erfolgsfaktorenforschung von manchen Autoren ein Defizit an theoretisch fundierten Arbeiten attestiert.[3] Weitere Kritik richtet sich gegen methodische Schwächen der Erfolgsfaktorenforschung, wie zum Beispiel eine mangelnde Berücksichtigung des Key Informant Bias oder der Repräsentativität, die Kopierbarkeit und damit mangelnde Wirksamkeit bekannter Erfolgsfaktoren, sowie letztlich eine Unvereinbarkeit des wissenschaftlichen und praktischen Nutzens der Erfolgsfaktorenforschung.[4] Obgleich auch die Befürworter der Erfolgsfaktorenforschung für ein sorgfältiges wissenschaftliches Arbeiten plädieren,[5] weisen sie die generelle Kritik an dem Ansatz entschieden zurück.[6]

Neben globalen, den Erfolg des gesamten Unternehmens beinflussenden Faktoren, werden in der Erfolgsfaktorenforschung vielfach Teilbereiche betriebswirtschaftlichen Handelns fokussiert.[7] Einer der bedeutendsten Teilbereiche ist dabei die Innovationserfolgsfaktorenforschung, der auch die vorliegende Studie zuzuordnen ist. Ernst (2002) stellt hierzu fest:

> *"Because of its direct practical relevance as well as its inherent appeal to researchers, it is not surprising that NPD research has retained a high level of popularity over the last 30 years."*[8]

Im Rahmen der Innovationserfolgsfaktorenforschung bildet der Innovationserfolg die abhängige Variable. Analog zur zuvor beschriebenen Erfolgsfaktorenforschung verfolgen Studien der Innovationserfolgsfaktorenforschung das Ziel, Faktoren zu identifizieren, die einen besonderen Einfluss auf den Innovationserfolg besitzen. Hier offenbart sich jedoch bereits die große Heterogenität der Innovationserfolgsfaktorenforschung. Die Definition des Innovati-

1 Vgl. Leidecker/Bruno (1984), S. 24; Hoffmann (1986), S. 832 f.;Fritz (1993), S. 2.
2 Vgl. Fritz (1993), S. 3.
3 Vgl. Fritz (1990), S. 103; Göttgens (1996), S. 40 f.
4 Vgl. Nicolai/Kieser (2002), S. 584 ff.
5 Vgl. Homburg/Krohmer (2004), S. 23.
6 Die interessante und sehr vitale Grundsatzdiskussion zur Erfolgsfaktorenforschung soll hier nur erwähnt werden. Vgl. weiterführend March/Sutton (1997); Nicolai/Kieser (2002); Homburg/Krohmer (2004); Nicolai/ Kieser (2004); Fritz (2004).
7 Vgl. Fritz (1993), S. 2.
8 Ernst (2002), S. 1.

onserfolgs und damit auch seine Operationalisierung hängen maßgeblich vom Untersuchungsgegenstand der jeweiligen Studie ab.[1] So können Studien beispielsweise Produkt- oder Prozessinnovationen betrachten und damit hinsichtlich der Innovationsart differieren.

Insgesamt weist die Innovationserfolgsfaktorenforschung einen bemerkenswerten Umfang auf. So kommt Ernst (2002) zu dem Ergebnis, dass allein in den Jahren 1994 bis 1999 mehr als 250 Beiträge zu Erfolgsfaktoren von Produktinnovationen in referierten internationalen Zeitschriften erschienen sind.[2] Der Umfang der Innovationserfolgsfaktorenforschung manifestiert sich darüber hinaus in der großen Zahl an Meta-Analysen zu dem Thema.[3] Sammerl (2006) identifiziert in diesem Zusammenhang 20 Meta-Studien zur empirischen Innovationserfolgsfaktorenforschung zwischen den Jahren 1977 und 2002.[4] Eine Analyse des gesamten Schrifttums der empirischen Innovationserfolgsfaktorenforschung scheint vor diesem Hintergrund wenig zielführend. Stattdessen sollen im Folgenden einige der umfassendsten Metastudien herausgegriffen werden, um einen Überblick über die empirische Innovationserfolgsfaktorenforschung zu geben:

- Balachandra/Friar (1997) identifizieren in ihrer Untersuchung über 19 Innovationserfolgsstudien 72 verschiedene Erfolgsfaktoren.[5] Dabei fokussieren sie auf empirische Studien zum Erfolg beziehungsweise Misserfolg von F&E-Projekten sowie Neuprodukteinführungen. Die Autoren gliedern diese nach ihrer Bezugsebene, wobei sie auch einige übergreifende Faktoren finden. Mit ihrer Studie verdeutlichen Balachandra/ Friar (1997) eindrucksvoll die Menge verschiedener Innovationserfolgsfaktoren im Schrifttum. Kernergebnis der Studie ist, dass selbst der Einfluss ähnlicher Faktoren stark differiert, was sich nach Ansicht der Autoren vor allem auf Kontext-Variablen zurückführen lässt.[6] Zum anderen bemängeln die Autoren jedoch auch die erheblichen methodischen Schwächen einiger betrachteter Studien.[7] Tabelle 2-7 gibt einen Überblick über die von Balachandra/Friar (1997) im Rahmen ihrer Metastudie identifizierten Innovationserfolgsfaktoren.

---

1 Vgl. Hauschildt (1991), S. 451 ff.
2 Vgl. Ernst (2002), S. 2.
3 Vgl. Ernst (2002), S. 2.
4 Vgl. Sammerl (2006), S. 48.
5 Vgl. Balachandra/Friar (1997), S. 277.
6 Zur Erklärung entwickeln die Autoren ein „contingency framework“; Balachandra/Friar (1997), S. 284.
7 Vgl. Balachandra/Friar (1997), S. 285.

Organisationsbezug	Marktbezug	Technologiebezug	Umweltbezug
• **Commitment of project workers** • Communication • Correct distribution channels • **Create, make, market interface** • Demand for quick results • Effectiveness of project manager • Effects on other business • **Emphasize marketing** • Error free production • **High level management support** • Inexpensive development • Internal competition • Managament and other skills • Meeting cost shedules • **Marketing and techs. are strength** • Monitoring and feedback • Newness to firm • Organization plans • Potential interest of tech. staff • Project mission • Project shedule • Proj. mgr. as project champion • Qualified project manager • Quantitative project selection • **R&D process well planned** • Source of project ideas • Staff of professionals • Strong sales force • **Technology tied to business strategy** • Tech. Background of managers • **Timing** • **Training and experience of own people** • Trouble shooting • Understanding market • Use outside communication	• **Competitive enviroment** • Competitor analysis • Early analysis of mkt. And profit • Early to market • Few competitors • High contribution margin • Life cycle of product • **Lower cost** • Market analysis • **Market existence** • Meets customer needs/wants • Number of end users • Percived value • Prob. Of commercial success • Rate of new product introduction • Response to growing mkts. • Sales/profit potential • Slow growth market • Strength of market	• Demand pull vs tech. Push • Directions for scientific development • High perf. /cost • Incremental product • Innovative product • Patents • Problem definition • **Prob. of technical success** • Utility • Technological route	• **Av. of ressources/raw materials** • Govt. Regulations • Industry restructure opportunity • Political/social factors • Public interest in product
	• Risk distribution		
		• Product liability	
	• Client acceptance		
• Technology route			

Tabelle 2-7: Überblick über Innovationserfolgsfaktoren nach Balachandra/Friar (1997)[1]

- Henard/Szymanski (2001) analysieren die Ergebnisse von 60 empirischen Neuprodukt-Erfolgsfaktorenstudien quantitativ.[2] Hierzu identifizieren die Autoren 24 zentrale Innovationserfolgsfaktoren, die in mehr als 10 Untersuchungen zur Anwendung kamen. In Anlehnung an Cooper/Kleinschmidt (1987a) und Montoya-Weiss/Calantone (1994) ordnen sie die Faktoren den vier Kategorien Produkt (Product Characteristics), Strategie (Firm Strategy Characteristics), Prozess (Firm Process Characteristics) und Markt (Marketplace

1 Häufig genannte Faktoren sind hervorgehoben, vgl. Balachandra/Friar (1997), S. 282.

2 Vgl. Henard/Szymanski (2001), S. 362 ff. Von den 60 Arbeiten lagen jedoch nur für 41 hinreichende Daten vor.

Characteristics) zu und führen eine Korrelationsanalyse über alle Faktoren durch.[1] Henard/Szymanski (2001) finden heraus, dass die Faktoren „[…] product advantage, market potential, meeting customer needs, predevelopment task proficiencies, and dedicated resources, on average, have the most significant impact on new product performance."[2] Die Autoren konstatieren weiterhin eine starke Heterogenität hinsichtlich Messmethode und Kontext der verschiedenen Studien, was sich in großen Abweichungen einzelner Faktoren niederschlägt.[3] Tabelle 2-8 gibt einen Überblick über die von Henard/Szymanski (2001) untersuchten Faktoren.

Produkt	Strategy	Prozess	Markt
• Product advantage • Product meets customer needs • Product price • Product technological sophistication • Product innovativeness	• Marketing synergy • Technological synergy • Order of entry • Dedicated human resources • Dedicated R&D resources	• Structured approach • Predevelopment task proficiency • Marketing task proficiency • Technological proficiency • Launch proficiency • Reduced cycle time • Market orientation • Customer input • Cross-functional integration • Cross-functional communication • Senior management support	• Likelihood of competitive response (-) • Competitive response intensity (-) • Market potential

Tabelle 2-8: Überblick über Innovationserfolgsfaktoren bei Henard/Szymanski (2001)

- Ernst (2002) gliedert seinen Überblick über Innovationserfolgsfaktoren in die fünf Kategorien Neuproduktentwicklungsprozess (NPD process), Organisation (organizational aspects of NPD), Kultur (cultural aspects), Managementeinfluss (role and commitment of senior management) und Strategie (NPD strategy).[4] Damit knüpft der Autor direkt an die Ergebnisse der Studie von Cooper/Kleinschmidt (1995b) an.[5] Ernst (2002) identifiziert ei-

[1] Vgl. Henard/Szymanski (2001), S. 364 ff.
[2] Henard/Szymanski (2001), S. 362.
[3] Vgl. Henard/Szymanski (2001), S. 365.
[4] Vgl. Ernst (2002), S. 1 ff. Der Artikel basiert auf der zuvor verfassten Habilitationsschrift von Ernst (2001). Die betrachteten Arbeiten liegen im Zeitraum zwischen 1974 und 1999.
[5] Für seine Analyse dient Ernst (2002) das Werk von Cooper und Kleinschmidt (vgl. u.a. Cooper (1982); Cooper (1983b); Cooper (1984a); Cooper (1984b); Cooper/Kleinschmidt (1986); Cooper/Kleinschmidt (1987b); Cooper/Kleinschmidt (1987a); Cooper (1988); Kleinschmidt/Cooper (1991); Cooper (1992); Cooper/Kleinschmidt (1993a); Cooper/Kleinschmidt (1993b); Cooper/Kleinschmidt (1994); Cooper/Kleinschmidt (1995b); Cooper/Kleinschmidt (1995a); Cooper/Kleinschmidt (1996)) als Ausgangssituation. Eine weitere kritische Analyse der Arbeiten von Cooper und Kleinschmidt findet sich bei Rüdiger/Cooper/Kleinschmidt (1997).

ne Reihe zentraler Erfolgsfaktoren für die Neuproduktentwicklung, wie das Vorhandensein formaler und informaler Innovationsprozesse und dedizierte Projektorganisation.[1] Die Integration von Kunden als ein weiterer Faktor ist vor dem Hintergrund der vorliegenden Untersuchung von besonderem Interesse. Hinsichtlich der Methodik der untersuchten Arbeiten konstatiert Ernst (2002) zum Teil erhebliche Schwächen.[2] Tabelle 2-9 gibt einen Überblick über die identifizierten Erfolgsfaktoren.

Prozess	Organisation	Kultur	Management commitment	Strategie
• Quality of planning before entry into the development phase • Continuous commercial assessment • Orientation of the NPD process to the needs of the market • Market orientation • Customer integration	• Cross-functional project teams • Project leader qualification • autonomy for the NPD team • Commitment of the project leader and the team members • Intensive communication and interactive relationships • Form of project organization	• Systematic scheme for suggesting new products • Innovation-friendly climate • Risk-taking behaviour • Entrepreneurial climate	• Overall project/company resource (R&D, marketing, sales, production) • Top-management support • Incentives for management	• Goals or objectives defined for NPD programme • Clearly communicated company goals • Clearly defined strategic focus • Long-term thrust and focus

Tabelle 2-9: Überblick über Innovationserfolgsfaktoren nach Ernst (2002)[3]

- Garcia/Calantone (2002) legen den Fokus ihrer Metastudie auf die Konstrukte der „innovation" beziehungsweise „innovativeness".[4] Hierzu analysieren die Autoren 21 empirische Arbeiten aus den Jahren 1979 bis 2000, in denen sie 15 verschiedene Konstrukte mit 51 unterschiedlichen Indikatoren identifizieren. Garcia/Calantone (2002) stellen fest, dass die beiden Begriffe uneinheitlich und bisweilen sogar austauschbar verwendet werden. Insbesondere der Begriff „innovativeness" bereitet dabei Schwierigkeiten, da er verschiedene Arten der Neuartigkeit beschreiben kann. Garcia/Calantone (2002) stellen fest, dass „ [...] the innovativeness of a product that a firm markets or adopts is not a measure of organizational innovativeness."[5] Insgesamt plädieren die Autoren für eine einheitlichere Begriffs-

1 Vgl. Ernst (2002), S. 31.
2 Vgl. Ernst (2002), S. 32 f.
3 Verkürzte Darstellung. Für eine detaillierte Aufstellung der Erfolgsfaktoren vgl. Ernst (2002), S. 3 ff.
4 Vgl. auch im Folgenden Garcia/Calantone (2002), S. 110 ff.
5 Garcia/Calantone (2002), S. 113 ff. Dabei stellen die Autoren fest, dass zumeist die Neuartigkeit von Produkten beschrieben wird.

verwendung und Konstruktoperationalisierung und schlagen hierzu eine Operationalisierung der „product innovativeness vor.[1]

- Crossan/Apaydin (2010) stellen in ihrer Metastudie allgemein auf organisationale Innovation („firm, group, and individual levels of analysis") ab und verfolgen damit den bisher umfangreichsten Ansatz zur Analyse der Innovationsliteratur.[2] Auf Basis der Social Sciences Citation Index (SSCI) Datenbank bestimmen die Autoren 525 relevante Artikel aus der Zeit von 1981 bis 2008, die in die weitere Auswertung eingehen. Zunächst nehmen Crossan/Apaydin (2010) eine deskriptive Auswertung der Arbeiten vor, in der sie, neben der Bestimmung der Analyseebene und des untersuchten Innovationstyps, insbesondere die theoretische Basis der Arbeiten bestimmen. Die Autoren führen aus, dass es im Schrifttum, obwohl sich mit dem Resource-Based View, dem Knowledge-Based View, dem Organizational Learning und der Network Theory einige dominante Theorieströmungen identifizieren lassen, an expliziter und kohärenter theoretischer Fundierung mangelt.[3]

  Auf Basis dieser Erkenntnisse entwickeln Crossan/Apaydin (2010) ein umfassendes Framework organisationaler Innovation, indem sie Innovation sowohl als Prozess als auch als Ergebnis betrachten und diese Sichtweisen zusammen mit einer Führungsperspektive integrieren.[4] Hierzu konsolidieren die Autoren Determinanten der Innovation zu den drei übergeordneten Konstrukten „leadership, managerial levers, and business processes".[5] Diese Einteilung ist für die vorliegende Untersuchung von besonderem Interesse, da sie wichtige Einblicke in die Erfolgswirkung und theoretische Basis möglicher Erfolgsfaktoren bietet. Auf der organisationalen Betrachtungsebene identifizieren die Autoren fünf Cluster von Erfolgsfaktoren. Weiterhin betrachten sie die verschiedenen Dimensionen der Innovation, differenziert nach Prozess- und Ergebnissicht. Das mehrdimensionale Framework von Crossan/Apaydin (2010), aus dem die Autoren auch Implikationen für die Innovations-Forschung und die Management-Praxis ableiten, ist in Abbildung 2-6 dargestellt.

---

1 Vgl. Garcia/Calantone (2002), S. 124.

2 Vgl. auch im Folgenden Crossan/Apaydin (2010), S. 1154 ff. Die Autoren stellen in diesem Zusammenhang fest, dass bisherige Studien zumeist einen engen Fokus hinsichtlich der Analyseebene oder des Innovationsgegenstands gewählt haben.

3 Vgl. Crossan/Apaydin (2010), S. 1164.

4 Vgl. Crossan/Apaydin (2010), S. 1165 ff.

5 Crossan/Apaydin (2010), S. 1165.

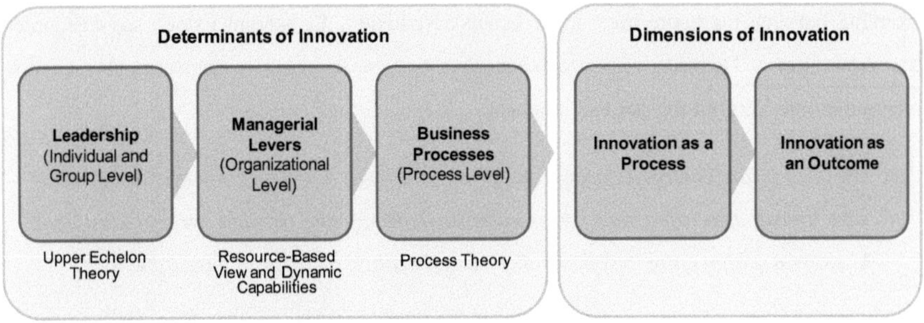

Abbildung 2-6: Framework organisationaler Innovation[1]

Die vorgestellten Meta-Studien verschaffen einen Überblick über das umfangreiche Feld der Innovationserfolgsfaktorenforschung. Allein anhand der hier betrachteten Studien[2] konnte eine sehr große Anzahl erfolgsrelevanter Faktoren aufgezeigt werden. Obwohl sich über die verschiedenen Studien hinweg durchaus wiederkehrende Faktoren identifizieren lassen, kommen die Meta-Analysen dennoch zu unterschiedlichen Ergebnissen hinsichtlich Art und Bedeutung der Innovationserfolgsfaktoren. Weitgehende Einigkeit besteht bei den Autoren der Meta-Analysen hingegen hinsichtlich der methodischen und konzeptionellen Unzulänglichkeit zahlreicher Beiträge der Innovationserfolgsfaktorenforschung. Bereits Brown/Eisenhardt (1995) führen aus:

> *“To use a colloquialism, it is often difficult to observe the "new product development" forest amid myriad "results" trees. The findings of many studies read like a "fishing expedition"—too many variables and too much factor analysis. [...] Most important, the research in this stream often presents results without relying on well-defined constructs.”*[3]

Diese Aussage erfährt durch Ernst (2002) und Hauschildt/Salomo (2011) erneut Bestätigung.[4] Zahlreiche Arbeiten weisen ein exploratorisches Vorgehen auf und es scheint insgesamt ein Mangel an theoretisch fundierten Arbeiten zu bestehen. Es zeigt sich weiter, dass das theoretisch fundierte Schrifttum in der Innovationserfolgsfaktorenforschung durch eine sehr große

---

1 Vgl. Crossan/Apaydin (2010), S. 1167.

2 Im Rahmen der vorliegenden Untersuchung kann nur eine Auswahl an Arbeiten vorgestellt werden. Weitere Meta-Studien finden sich u.a. bei Rothwell (1977); Johne/Snelson (1988); Lilien/Yoon (1989); Schewe (1994); Hauschildt (1993); Köhler (1993); Brown/Eisenhardt (1995); Adams/Bessant/Phelps (2006).

3 Brown/Eisenhardt (1995), S. 353.

4 Vgl. Ernst (2002), S. 33; Hauschildt/Salomo (2011), S. 34.

Heterogenität hinsichtlich der verwendeten Theorien geprägt ist.[1] Eine dominante Theorieströmung hat sich bis heute noch nicht herauskristallisiert. Es scheint jedoch so, dass unter den verwendeten Theorien ressourcentheoretische Ansätze sowie organisationales Lernen noch die größte Verbreitung gefunden haben:

> *"Several issues emerged during our review. Although a few theories (resource-based view, knowledge-based view, organizational learning, and network theory) were used by several authors, the lack of a coherent and explicit theoretical base prevails."*[2]

Kritik richtet sich auch gegen die verwendeten Erhebungs- sowie Analysemethoden. Erhebungen weisen oftmals eine niedrige Rücklaufquote auf und vernachlässigen die Kontrolle zentraler Verzerrungen, insbesondere des Key-Informant-Bias.[3] Die empirischen Arbeiten stützen sich zumeist auf Regressionsanalysen, die nur eingeschränkt zur Analyse komplexer Kausalstrukturen, wie sie in der Innovationsforschung häufig anzutreffen sind, geeignet sind.[4] Interdependenzen zwischen Erfolgsfaktoren werden daher ebenso vernachlässigt wie situative Einflüsse.[5]

Diese methodischen Schwächen erschweren die Aggregation der Ergebnisse und können als ein Grund dafür gewertet werden, dass die Meta-Analysen zu unterschiedlichen Ergebnissen kommen. Hauschildt/Salomo (2011) sprechen in diesem Zusammenhang von inhaltlichen Defiziten, die sich im Rahmen der Meta-Studien zur Innovationserfolgsfaktorenforschung offenbaren. Als ein zentrales inhaltliches Defizit führen die Autoren an:

> *„Völlig unverständlich ist dabei, dass der Kooperation mit Marktpartnern eine so geringe Aufmerksamkeit zuteil wurde."*[6]

Insgesamt lässt sich konstatieren, dass die Interaktion von Unternehmen mit der Umwelt in der klassischen Innovationserfolgsfaktorenforschung eine untergeordnete Rolle spielt. Genau hier setzt die Open Innovation an.

---

1 Vgl. Crossan/Apaydin (2010), S. 1164.
2 Crossan/Apaydin (2010), S. 1164.
3 Vgl. Hauschildt/Salomo (2011), S. 33. Zu Verzerrungen siehe Abschnitt 4.2.
4 Vgl. Sammerl (2006), S. 69 f.
5 Vgl. Balachandra/Friar (1997), S. 284.
6 Hauschildt/Salomo (2011), S. 33.

2.2.2 Open Innovation als Gegenstand der betriebswirtschaftlichen Forschung

Da die vorliegende Untersuchung den Innovationserfolg im besonderen Kontext der Open Innovation betrachtet, soll im Folgenden der Stand der betriebswirtschaftlichen Open Innovation-Forschung dargelegt werden. Obwohl die Open Innovation ein vergleichsweise junges Forschungsfeld darstellt, hat das Phänomen Open Innovation in den vergangenen Jahren große Aufmerksamkeit im Schrifttum erfahren.[1]

Zunächst soll daher in Abschnitt 2.2.2.1 ein allgemeiner Überblick über das Open Innovation-Schrifttum gegeben und weitere Fokussierungen vorgenommen werden. Anhand dessen sollen im Anschluss (Abschnitt 2.2.2.2) konzeptionelle Arbeiten vorgestellt werden, die von besonderer Relevanz für die vorliegende Untersuchungsfragestellung sind. Abschließend erfolgt in Abschnitt 2.2.2.3 die Analyse des relevanten empirischen Schrifttums.

2.2.2.1 Überblick über die Open Innovation-Forschung

Seit der Veröffentlichung von Chesbroughs Buch „Open Innovation: The New Imperative for Creating and Profiting From Technology“[2] im Jahr 2003 hat sich das Forschungsfeld der Open Innovation sehr dynamisch entwickelt.[3] Im Themenfeld der Open Innovation beziehungsweise allgemeiner der Öffnung von Innovationsprozessen finden sich heute eine Vielzahl an Forschungsbeiträgen.[4] Im Zuge dessen sind in den vergangenen Jahren einige Sonderausgaben renommierter Zeitschriften aus Bereichen des Innovations- und Technologiemanagements erschienen, unter anderem des „R&D Management“ (2006, 2009), der „Zeitschrift für Betriebswirtschaft“ (2007), des „International Journal of Technology Management“ (2010) sowie einer 2014 erschienen Sonderausgabe von „Research Policy“.

Darüber hinaus wurden im Rahmen wichtiger Konferenzen, wie der „Academy of Management” (2004, 2005, 2006, 2008) oder der „DRUID Conference” (2005), Workshops und Symposien abgehalten.[5] Open Innovation zählt daher zu einem wichtigen und vieldiskutierten ten Themenkomplex des strategischen Managements. Zuletzt wurden auch einige Meta- und Literaturstudien zum Thema Open Innovation verfasst, was als sicheres Indiz für die Reife

1 Vgl. Dahlander/Gann (2010), S. 701.
2 Vgl.Chesbrough (2003a); siehe auch Abschnitt 2.1.2.
3 Vgl. Lichtenthaler (2011b), S. 75 ff.
4 Vgl. Dahlander/Gann (2010), S. 700.
5 Vgl. van de Vrande/Vanhaverbeke/Gassmann (2010), S. 223.

und den steigenden Umfang des Forschungsfeldes gewertet werden kann. Vor diesem Hintergrund erscheint es sinnvoll, zunächst einen grundlegenden Überblick über das Open Innovation-Schrifttum und die relevanten Forschungsströmungen zu gewinnen. Hierzu sollen im Folgenden eine Reihe jüngerer Metastudien beziehungsweise Literaturüberblicke vorgestellt werden:

- Im Rahmen der Einleitung zur Special Issue „The Future of Open Innovation" des Journals „R&D Management" präsentieren Gassmann/Enkel/Chesbrough (2010) einen Überblick über das bisherige Open Innovation-Schrifttum.[1] Hierzu identifizieren die Autoren neun zentrale Forschungsperspektiven in der Open Innovation: Die „spatial perspective" beschäftigt sich mit der Globalisierung der Innovation. Die „structural perspektive" wirft einen Blick auf die Veränderung der Innovationsstrukturen hin zu neuen Formen wie Outsourcing oder Allianzen. Die „user perspective" und die „supplier perspective" fokussieren jeweils auf einen Innovationspartner am Anfang beziehungsweise Ende der Wertschöpfungskette (aus Sicht des Unternehmens). Die „leveraging perspective" beschäftigt sich mit der externen Kommerzialisierung von Wissen. Die „process perspective" umfasst Beiträge zu den drei Kernprozessen der Open Innovation, wohingegen die „tool perspektive" deren Instrumente beschreibt. Die „institutional perspective" wirft einen eher volkswirtschaftlichen Blick auf die Open innovation, während die „cultural perspective" den Zusammenhang zwischen Unternehmenskultur und Open Innovation fokussiert.

  Darüber hinaus identifizieren Gassmann/Enkel/Chesbrough (2010) neun zukünftige Entwicklungsfelder der Open Innovation. Hier fordern die Autoren insbesondere eine Ausweitung der Forschung auf bislang weniger untersuchte Bereiche der Open Innovation, wie „Low-tech" Industrien oder kleine und mittelständische Unternehmen. Gassmann et al. führen weiter aus, dass Open Innovation heute nicht mehr nur bei wenigen Pionierfirmen wie IBM zu beobachten ist, sondern sich auf breiter Basis durchgesetzt hat. Als weitere wichtige Entwicklungsfelder nennen sie Allianzen, Intellectual Property und die Weiterentwicklung von Innovationsprozessen. Außerdem verweisen Gassmann et al. auf die Bedeutung von Universitäten als Wissensquellen beziehungsweise „knowledge broker".[2]

- Dahlander/Gann (2010) verfolgen das Ziel, Trends in der Open Innovation-Forschung aufzudecken und das Verständnis der Open Innovation zu präzisieren.[3] Anhand der ISI-Datenbank identifizieren die Autoren im Rahmen einer breit angelegten Suche mit an-

1 Vgl. auch im Folgenden Gassmann/Enkel/Chesbrough (2010), S. 213 ff.
2 Gassmann/Enkel/Chesbrough (2010), S. 216.
3 Vgl. auch im Folgenden Dahlander/Gann (2010), S. 699 ff.

schließender Filterung 150 relevante Arbeiten zum Thema Open Innovation. Dahlander/Gann (2010) finden heraus, dass die Publikationen in diesem Bereich in den letzten Jahren kontinuierlich angestiegen sind.[1] In diesem Zusammenhang konstatieren die Autoren jedoch, dass es im Open Innovation Schrifttum insgesamt an fundierten komplexempirischen Arbeiten mangelt.[2] Anhand einer Netzwerk-Analyse über alle Autoren des identifizierten Open Innovation-Schrifttums finden die Autoren weiterhin heraus, dass die bisherige Forschung sehr isoliert stattgefunden hat und bislang kaum Forschernetzwerke existieren. Auf Basis der Literaturanalyse unterscheiden und beschreiben die Autoren vier verschiedene Formen der Open Innovation, je nachdem ob es sich um Inbound- oder Outbound-Prozesse handelt und ob die Austauschbeziehung monetärer oder nicht-monetärer Natur ist.[3]

- Van de Vrande/Vanhaverbeke/Gassmann (2010) blicken im Rahmen einer Special Issue des „International Journal of Technology Management" auf die Open Innovation-Forschung zurück und zeigen den aktuellen Stand sowie zukünftige Entwicklungspfade auf.[4] Ebenfalls auf Basis der ISI-Datenbank, ergänzt durch Beiträge aus führenden Management-Journals, die auf Chesbrough verweisen, identifizieren die Autoren 88 Open Innovation-Arbeiten. In ihrer Analyse finden van de Vrande/Vanhaverbeke/Gassmann (2010) ebenfalls heraus, dass die Zahl der Beiträge seit 2004 stark angestiegen ist. Schwerpunkte der Studien liegen im Bereich technologieintensiver Branchen, auf Inbound-Prozessen und der Verbindung zur Open Source Software. Die mit Abstand wichtigste Analyseebene ist das Unternehmen. Quantitativ empirische Arbeiten bilden mit 21 Beiträgen die am seltensten verwendete Untersuchungsform. Im Rahmen von Empfehlungen für die weitere Open Innovation-Forschung weisen die Autoren unter anderem auf die Verknüpfung von Open Innovation mit anderen Bereichen des strategischen Managements hin.[5] Van de Vrande et al. fassen zusammen:

  „In addition, our understanding of open innovation could be improved if the recently developed insights could be related to the existing management theories."[6]

---

1 Dahlander/Gann (2010), S. 701 identifizieren darüber hinaus die Journals, in denen die meisten Arbeiten zum Thema Open Innovation erschienen sind.
2 Vgl. Dahlander/Gann (2010), S. 701.
3 Vgl. Dahlander/Gann (2010), S. 702 ff.
4 Vgl. auch im Folgenden van de Vrande/Vanhaverbeke/Gassmann (2010), S. 221.
5 Vgl. van de Vrande/Vanhaverbeke/Gassmann (2010), S. 232 f.
6 van de Vrande/Vanhaverbeke/Gassmann (2010), S. 221.

- Lichtenthaler (2011b) stellt in seinem Überblick über das Open Innovation-Schrifttum zunächst ebenfalls fest, dass das Konzept in den vergangenen Jahren großes Interesse erfahren hat.[1] Sowohl die Exploration externen Wissens als auch die externe Exploitation internen Wissens hat, so der Autor, heute Verbreitung in vielen verschiedenen Industrien gefunden. Nach einer genaueren Begriffsbestimmung nimmt Lichtenthaler eine Analyse der im Schrifttum vorherrschenden Forschungsströmungen und die Konzeptionalisierung eines Open Innovation Frameworks vor.[2] Hierzu identifiziert er drei Charakteristika der Open Innovation: Die Integration externer Exploration, Speicherung und Exploitation von Wissen, die Integration komplementärer interner und externer Innovationsprozesse sowie die Integration von Technologie- und Innovationsmanagement.[3]

  Lichtenthaler nimmt darüber hinaus eine Systematisierung des Open Innovation-Schrifttums vor. Er identifiziert in diesem Kontext die vier zentralen Forschungsströmungen „technology transactions, user innovation, business models, and innovation markets“[4], kets“[4], die er jeweils nutzt, um die beschriebenen Charakteristika zu illustrieren. Abschließend nennt der Autor sechs Felder der Open Innovation, in denen er besonderen Forschungsbedarf sieht:[5] Die allgemeinen Charakteristika von Open Innovation-Prozessen Prozessen sowie die dazugehörigen Aktivitäten und Instrumente (1), die Entwicklung einer Typologisierung von Open Innovation-Aktivitäten (2), Erfolgswirkung der Open Innovation (3), Determinanten erfolgreicher Open Innovation (4), Ausbau der oben genannten Forschungsströmungen (5) und bessere theoretische Fundierung (6). Von besonderem Interesse sind in diesem Zusammenhang die Punkte (3), (4) und (6), da sie durch das vorliegende Forschungsvorhaben adressiert werden.[6] Abschließend konstatiert Lichtenthaler, dass Open Innovation ein eigenes Forschungsfeld darstellt und die Implementierung spezielle Anforderungen an Unternehmen stellt:

  > *„In particular, academics and managers should not oversimplify the implementation of open innovation strategies. Besides establishing open innovation strategies, firms*

---

[1] Vgl. auch im Folgenden Lichtenthaler (2011b), S. 75 ff.
[2] Zum Framework siehe Abschnitt 2.2.2.2.
[3] Vgl. auch im Folgenden Lichtenthaler (2011b), S. 77 f.
[4] Lichtenthaler, S. 78. Dabei weist der Autor jedoch darauf hin, dass diese Kategorien weder überschneidungsfrei noch vollständig sind.
[5] Vgl. auch im Folgenden Lichtenthaler (2011b), S. 85 ff.
[6] Siehe Abschnitt 1.2.

need particular managerial capabilities, which differ substantially from internal innovation capabilities."[1]

Zusammenfassend kann daher festgestellt werden, dass die Open Innovation nach nunmehr zehn Jahren steigender praktischer Verbreitung und wissenschaftlicher Auseinandersetzung ein bedeutsames Forschungsfeld innerhalb der betriebswirtschaftlichen Innovationsforschung bildet und nicht nur eine kurzlebige Management-Mode darstellt.[2] Der Überblick über das Open Innovation-Schrifttum anhand verschiedener Meta-Studien hat darüber hinaus gezeigt, dass sich das Forschungsfeld der Open Innovation in verschiedene Strömungen unterteilen lässt und daher als relativ stark fragmentiert bezeichnet werden kann.

Es ist im Rahmen einer Open Innovation-Studie daher unabdingbar, das im besonderen Kontext relevante Schrifttum zu fokussieren. Darüber hinaus bestätigen die Literaturstudien die eingangs dargelegte Einschätzung,[3] dass im Schrifttum immer noch Unklarheit hinsichtlich der Zusammensetzung der Open Innovation, ihrer Erfolgsfaktoren sowie ihrer Erfolgsbedeutung besteht. Um das relevante Open Innovation-Schrifttum dahingehend weiter zu analysieren, ist es im Rahmen der vorliegenden Untersuchung erforderlich, zentrale konzeptionelle Ansätze der Open Innovation-Forschung darzulegen und sie hinsichtlich ihrer Bedeutung für die formulierten Untersuchungsfragestellungen zu untersuchen.

2.2.2.2 Vorstellung zentraler konzeptioneller Beiträge

Wie in den bisherigen Ausführungen zum Open Innovation-Schrifttum deutlich wurde, mangelt es trotz nunmehr zehnjähriger wissenschaftlicher Auseinandersetzung mit dem Thema insgesamt an theoretisch fundierten beziehungsweise konzeptionellen Analysen. Die Open Innovation-Forschung präsentiert sich relativ fragmentiert und nur wenige Beiträge verfolgen das Ziel, die Theoriebildung im Themenkomplex der Open Innovation voranzutreiben oder das Konzept der Open Innovation in bestehende Management-Theorien, insbesondere im Kontext des existierenden Innovationsmanagements, zu integrieren[4] – notwendige Schritte, um zu einem kohärenten Verständnis der Open Innovation zu gelangen. Jaspers/van den Ende (2010) führen aus:

[1] Lichtenthaler (2011b), S. 90.
[2] Vgl. Lichtenthaler (2011b), S. 88 f.
[3] Siehe Abschnitt 1.1.
[4] Vgl. Vanhaverbeke/Cloodt/van de Vrande (2007), S. 4.

„Although the various erosion factors help to explain the emergence of open innovation over time, the development of 'an open innovation theory' to explain firm performance is still in its infancy."[1]

Dennoch finden sich bereits im frühen Open Innovation Schrifttum vereinzelt, zuletzt sogar vermehrt, Studien, die das ursprüngliche Konzept der Open Innovation, wie es von Chesbrough vorgelegt wurde, erweitern und konkretisieren.[2] Umso bedeutender ist es, die wenigen konzeptionellen und theoriebildenden Arbeiten zu analysieren. Für die vorliegende Untersuchung sind dabei vor allem solche Studien von Interesse, die die Komponenten und Prozesse der Open Innovation spezifizieren sowie Studien, die die Erfolgswirkung der Open Innovation präzisieren. Im Folgenden sollen daher zentrale konzeptionelle Beiträge der Open Innovation-Forschung näher vorgestellt und auf ihre Bedeutung für die formulierten Untersuchungsfragestellungen hin untersucht werden:

- Eine zentrale Arbeit für die Theoriebildung im Rahmen von Open Innovation stammt von Gassmann und Enkel (2004).[3] Mit ihrem aus einer Datenbankanalyse und Fallbetrachtung abgeleiteten Framework, bestehend aus den drei Kernprozessen der Open Innovation,[4] beeinflussen die Autoren das Open Innovation-Verständnis bis heute nachhaltig. Ihre Kategorisierung ist auch für die vorliegende Untersuchung maßgeblich.[5] Zunächst geben die Autoren einen Überblick über das Konzept der Open Innovation und suchen hierbei auch den Anschluss an das verwandte Forschungsfeld der Open Source, dem sie eine Pionierfunktion für die Open Innovation zuschreiben. Weiterhin gehen Gassmann und Enkel auf die besondere Bedeutung von Fähigkeiten für die verschiedenen Open Innovation-Prozesse ein:

  "[...] to enable integration of external knowledge, to exploit ideas outside the firm or to co-operate within joined innovation processes, the company needs certain capability to apply the open innovation approach effectively."[6]

  Im Rahmen von Inbound beziehungsweise Outside-in-Prozessen nennen die Autoren die Fähigkeit zur Wissensabsorption als zentrale Fähigkeit und betonen, in Anlehnung an die

1 Jaspers/van den Ende (2010), S. 276.

2 Besondere Bedeutung kommt in diesem Zusammenhang dem Herausgeberband „Open innovation - Researching a new paradigm" der Autoren Chesbrough/Vanhaverbeke/West (2006) zu, in dem zahlreiche Aspekte des Phänomens Open Innovation präzisiert wurden.

3 Vgl. auch im Folgenden Gassmann/Enkel (2004), S. 1 ff.

4 Für eine ausführliche Darstellung der verschiedenen Kernprozesse siehe Abschnitt 2.1.3.

5 Der Fokus liegt hierbei auf der Inbound Open Innovation, siehe Abschnitt 1.2.1.

6 Gassmann/Enkel (2004), S. 13.

Absorptive Capacity-Literatur, die Bedeutung von Aufnahme und Anwendung externen Wissens.[1] Die Autoren identifizieren darüber hinaus hochgradig modulare Produkte, Industriedynamik, Wissensintensität, Schnittstellenkomplexität und positive externe Effekte als wichtige Determinanten im Open Innovation-Ansatz.[2] Zusammenfassend nehmen Gassmann und Enkel keine theoretische Fundierung des Konzeptes anhand bestehender Managementtheorien vor, liefern aber die Basis für die Kategorisierung und eine eigene Theoriebildung. Die Autoren sehen weiteren Bedarf zur Bildung eines Open Innovation Frameworks und insbesondere der Überprüfung mittels großzahliger empirischer Untersuchungen.[3]

- Laursen und Salter (2006) stellen fest, dass immer mehr Firmen außerhalb der eigenen Organisationsgrenzen nach innovativen Ideen Ausschau halten.[4] Im Zuge dessen, so die Autoren, hat sich der Suchprozess von Unternehmen, der in diesem Kontext als hochgradig erfolgsrelevant angesehen wird, erheblich verändert :

  „[...] open search strategies that involve the use of a wide range of external actors and sources to help them achieve and sustain innovation"[5]

  Laursen und Salter führen mit Breite und Tiefe zwei verschiedene Dimensionen offener Suchprozesse ein, zu deren Einfluss auf inkrementellen und radikalen Innovationserfolg sie verschiedene Hypothesen formulieren.[6] Externe Suchbreite beschreibt dabei die Anzahl verschiedener Wissensquellen, während externe Suchtiefe die Intensität der Suche in den einzelnen Kanälen darstellt. Als Basis dienen den Autoren vorangegangene Erkenntnisse zur Bedeutung von externer Interaktion und interner Suche aus dem klassischen Innovationsschrifttum sowie Einsichten der Evolutionsökonomie.[7] Damit leisten die Autoren ren einen maßgeblichen Beitrag zum Verständnis der Openness im Rahmen von Innovation.

- Vanhaverbeke/Cloodt/van de Vrande (2007) setzen sich mit der Frage auseinander, wie die Konzepte der Absorptionsfähigkeit und der Inbound Open Innovation miteinander verknüpft werden können.[8] Die Autoren konstatieren, dass die Zusammenhänge bisher nur

---

1 Vgl. Gassmann/Enkel (2004), S. 13.
2 Vgl. Gassmann/Enkel (2004), S. 14 f.
3 Vgl. Gassmann/Enkel (2004), S. 15.
4 Vgl. auch im Folgenden Laursen/Salter (2006), S. 131 ff.
5 Laursen/Salter (2006), S. 131.
6 Der empirische Teil der Studie wird in Abschnitt 2.2.2.3 näher betrachtet.
7 Vgl. Laursen/Salter (2006), S. 132 f.
8 Vgl. auch im Folgenden Vanhaverbeke/Cloodt/van de Vrande (2007), S. 1 ff.

unzureichend untersucht wurden, obgleich sowohl Open Innovation als auch Absorptionsfähigkeit die gleichen Management-Praktiken fokussieren. Bei beiden Konzepten steht nach Ansicht von Vanhaverbeke/Cloodt/van de Vrande (2007) die Beschaffung extern entwickelten Wissens im Vordergrund.[1]

Ausgehend von den vier Dimensionen des Open Innovation-Modells von Chesbrough (2003a) – „value creation and capturing via the business model, transactions / networks with innovation partners, capabilities or competencies, and coping with technological and market uncertainty"[2] – wählen die Autoren verschiedene Ansätze der Managementforschung, um Open Innovation und Absorptionsfähigkeit zu verbinden. Hierzu zählen unter anderem die Transaktionskostentheorie, der Resource-Based View, organisationales Lernen und die Real-Optionen-Theorie. Die Autoren zeigen, dass sowohl das Open Innovation-Konzept als auch die Absorptionsfähigkeit durch die gemeinsame Betrachtung profitieren. Der Ansatz zeichnet sich weiterhin durch seine breite theoretische Betrachtung aus und gibt zahlreiche Hinweise für weiterführende Konzeptionen.

- Die Autoren Lichtenthaler/Lichtenthaler (2009) stellen erstmals ein integriertes Framework der Open Innovation vor, welches auf Erkenntnissen aus der Dynamic Capabilities-Forschung, der Absorptive Capacity-Forschung sowie dem Knowledge Management beruht.[3] Basierend auf den Wissensprozessen der Exploration, Retention und Exploitation, die hier auf Campbell (1960) zurückgeführt werden, und der Differenzierung zwischen einer internen und einer externen Perspektive, identifizieren die Autoren sechs „knowledge capacities"[4]. „Inventive, absorptive, transformative, connective, innovative, and desorptive capacity"[5] bilden das Open Innovation Framework, das nach Ansicht der Autoren unter anderem dazu geeignet ist, den Innovationserfolg von Unternehmen zu erklären. Die Fähigkeiten werden von einer dynamischen Knowledge Management-Fähigkeit (im Sinne des Dynamic Capabilities View) umspannt, durch die die anderen Fähigkeiten angepasst und rekonfiguriert werden können.

  Der Ansatz von Lichtenthaler/Lichtenthaler (2009) zeichnet sich vor allem dadurch aus, dass er zentrale Konzepte zu einem geschlossenen Open Innovation Framework integriert. Dabei umfasst das Framework sowohl die Inbound- als auch die Outbound-Perspektive der Open Innovation. Kritisch ist hingegen die Überschneidung einiger Konzepte zu wer-

[1] Vgl. Vanhaverbeke/Cloodt/van de Vrande (2007), S. 16.
[2] Vanhaverbeke/Cloodt/van de Vrande (2007), S. 4.
[3] Vgl. auch im Folgenden Lichtenthaler/Lichtenthaler (2009), S. 1315 ff.
[4] Lichtenthaler/Lichtenthaler (2009), S. 1318.
[5] Lichtenthaler/Lichtenthaler (2009), S. 1315.

ten. So führt die relativ enge Sichtweise der Absorptionsfähigkeit dazu, dass diese hier nur zur Erklärung externer Wissensexploration herangezogen wird, obgleich die Transformation von Wissen als eine Dimension der Absorptionsfähigkeit angesehen werden kann.[1] Gleichzeitig wird das Open Innovation-Framework jedoch als Komplement zur Absorptionsfähigkeit gesehen.[2] Tabelle 2-10 zeigt das Open Innovation-Framework nach Lichtenthaler/Lichtenthaler (2009).

	Knowledge exploration	Knowledge retention	Knowledge exploitation
Internal (Intrafirm)	Inventive Capacity	Transformative Capacity	Innovative Capacity
External (Interfirm)	Absorptive Capacity	Connective Capacity	Desorptive Capacity

Tabelle 2-10: Open Innovation-Framework nach Lichtenthaler/Lichtenthaler (2009)[3]

- In seinem Beitrag aus dem Jahr 2011 entwickelt Lichtenthaler das zuvor gezeigte Framework der Open Innovation weiter.[4] Darüber hinaus gibt er einen Überblick über die Open Innovation-Forschung und zeigt zukünftige Forschungsfelder auf.[5] Fokussierte das 2009 präsentierte Framework noch ausschließlich die Ebene der gesamten Organisation, erweitert Lichtenthaler dieses nun zu einem Multi-Level-Framework weiter, indem der Autor sowohl eine projektbezogene als auch eine individuelle Betrachtungsweise integriert. Darüber hinaus analysiert Lichtenthaler die Zusammenhänge und Interdependenzen zwischen den verschiedenen Ebenen und Handlungsalternativen. Auf Projektebene muss demnach in Abhängigkeit des jeweiligen Wissensprozesses eine Make-or-Buy-, Integrate-or-Relate- und Keep-or-Sell-Entscheidung getroffen werden.[6] Dabei konstatiert der Autor, tor, dass diese Handlungsalternativen auf Ebene der Gesamtorganisation in der Regel parallel verfolgt werden, da interne und externe Prozesse hier oftmals komplementär sind. In diesem Zusammenhang verweist er auch auf die Notwendigkeit eines integrierten Innovationsmanagements:

[1] Vgl. Zahra/George (2002), S. 189.
[2] Vgl. Lichtenthaler/Lichtenthaler (2009), S.1335.
[3] In Anlehnung an Lichtenthaler/Lichtenthaler (2009), S. 1318.
[4] Vgl. auch im Folgenden Lichtenthaler (2011b), S. 75 ff.
[5] Siehe Abschnitt 2.2.2.1.
[6] Vgl. Lichtenthaler (2011b), S. 80 ff.

„The interfaces and interactions that derive from the assumed complementary relationships underscore the firm-level coordination requirements, which call for an integrative innovation management [...]"[1]

Auf individueller Ebene differenziert Lichtenthaler verschiedene Einstellungen von Organisationsmitgliedern bezüglich interner und externer Wissensprozesse. Der Autor argumentiert, dass die individuelle Einstellung der Organisationsmitglieder einen signifikanten Einfluss auf die verschiedenen Prozesse ausüben kann. Daher verknüpft er mit jedem Wissensprozess eine positive (Buy-in-attitude) und negative (z.B. Not-invented-here-attitude) Haltung, die die Organisationsmitglieder einnehmen können. Je nachdem, auf welcher Hierarchiestufe diese Einstellungen zu Tage treten, lässt sich zwischen Top-down und Bottom-up Effekten unterscheiden.[2] Zusammenfassend nimmt Lichtenthaler damit erstmals eine integrierte Sichtweise verschiedener Betrachtungsebenen der Open Innovation ein. Dabei stützt sich der Autor jedoch vor allem auf das theoretische Open Innovation-Schrifttum und nimmt keine, über die zuvor vorgestellte Konzeptionalisierung hinausgehende, basistheoretische Fundierung vor.

- Im selben Jahr unternimmt Ridder (2011) den Versuch, aktuelle Erkenntnisse aus der Dynamic Capabilities-Forschung mit dem Konzept der Open Innovation zu verbinden und auf diese Weise zu erklären, mit Hilfe welcher Prozesse und Fähigkeiten Unternehmen sowohl externe Wissensquellen als auch externe Kommerzialisierungsmöglichkeiten erfolgreich nutzen können.[3] Die Autorin stellt eingangs fest, dass trotz der Bedeutung der Open Innovation mangelnde Erkenntnisse darüber vorliegen, wie Unternehmen eine offenere Form der Innovation erreichen und diese auch zum Erfolg führen können. Auf Basis einer Analyse verschiedener Dynamic Capablities-Ansätze argumentiert Ridder, dass der Ansatz dynamischer Fähigkeiten geeignet ist, diese Lücke zu schließen. Die Autorin identifiziert Sensing und Seizing als geeignete Dimensionen. Ridder präsentiert ein vorläufiges Modell, bestehend aus den drei Kernprozessen „External Sensing", „Inward Seizing" und „Outward Seizing", die wiederum von verschiedenen Prozessen unterlegt sind.[4] Im Rahmen verschiedener Fallstudien nimmt die Autorin eine weitere Verfeinerung dieses Modells vor, welche in einem späteren Beitrag einer komplexempirischen Überprüfung unterzogen wird.

1 Lichtenthaler (2011b), S. 82.
2 Vgl. Lichtenthaler (2011b), S. 84.
3 Vgl. auch im Folgenden Ridder (2011), S. 1 ff.
4 Vgl. Ridder (2011), S. 18.

Der Ansatz von Ridder zeichnet sich insbesondere durch seine theoretische Fundierung aus. Basierend auf der Feststellung, dass dynamische Fähigkeiten einer internen sowie externen Perspektive zugeordnet werden können,[1] nutzt die Autorin das Konzept der Dynamic Capabilities von Teece (2007), um zentrale Prozesse der Open Innovation zu deduzieren. Auf diese Weise gelingt es ihr, wichtige Zusammenhänge zwischen dem Dynamic Capabilities-Ansatz und dem Konzept der Open Innovation herauszuarbeiten. Dabei verzichtet sie jedoch darauf, die dritte von Teece vorgeschlagene Komponente der Transformation zu berücksichtigen.[2] Ridder wählt eine umfassende Open Innovation-Perspektive, indem sie sowohl Inside-Out als auch Outside-in-Prozesse betrachtet.

- In seinem Konferenzbeitrag zur DRUID Acadamy Conference verfolgt Albesher (2012) das Ziel, ein Framework zur Erklärung des Einflusses von IT-Ressourcen auf den Innovationserfolg kleiner und mittelständischer Unternehmen zu konzeptionalisieren.[3] Der Autor geht jedoch davon aus, dass IT-Ressourcen keinen direkten Einfluss auf den Erfolg haben, sondern ihre Erfolgswirkung durch Fähigkeiten höherer Ordnung mediiert werden. Der Dynamic Capabilities Ansatz bildet demnach die theoretische Basis für die Ableitung direkter Erfolgsfaktoren. Albesher stützt sich dabei ebenfalls auf die von Teece (2007) vorgeschlagene Konzeption,[4] integriert dabei jedoch alle drei Dimensionen.

  Auf diese Weise deduziert Albesher (2012) mit der „Connective Capacity“, der „Absorptive Capacity“ sowie der „Ambidextourus Capacity“ drei zentrale Faktoren des Innovationserfolgs,[5] welche der Autor wiederum mehrdimensional konzeptionalisiert. Die zu untersuchenden IT-Ressourcen integriert der Autor als Determinanten der Erfolgsfaktoren in das Modell. Obgleich der Fokus von Albeshers Beitrag nicht explizit auf der Open Innovation liegt, findet das Inbound Open Innovation-Konzept aufgrund der besonderen Berücksichtigung externer Einflüsse im Modell implizit Berücksichtigung. In Teilen kann das Modell daher wichtige Erkenntnisse für die Analyse von Erfolgsfaktoren im Rahmen von Open Innovation liefern, insbesondere vor dem Hintergrund der theoretisch fundierten Vorgehensweise der Untersuchung.

Zusammenfassend kann demnach konstatiert werden, dass sich bereits einige Autoren konzeptionell mit der Zusammensetzung und Wirkung der Open Innovation auseinandergesetzt haben. Hierzu wählen die vorgestellten Studien jedoch zum Teil sehr unterschiedliche Heran-

---

1 Hierbei stützt sich Ridder auf Di Stefano/Peteraf/Verona (2010).
2 Siehe hierzu auch Abschnitt 2.3.3.1.4.
3 Vgl. auch im Folgenden Albesher (2012), S. 1 ff.
4 Vgl. Teece (2007); siehe Abschnitt 2.3.3.1.4.
5 Vgl. Albesher (2012), S. 20.

gehensweisen und nicht alle konzeptionellen Arbeiten können auch als theoretisch fundiert bezeichnet werden. Dennoch lassen sich, insbesondere in den jüngeren Beiträgen, einige wiederkehrende Aspekte identifizieren, aus denen sich interessante Erkenntnisse für das hier verfolgte Forschungsvorhaben ableiten lassen.

Bereits Gassmann und Enkel betonen in diesem Zusammenhang die Bedeutung von Fähigkeiten und nehmen eine Ressourcen- beziehungsweise Kompetenzperspektive der Open Innovation ein.[1] Darüber hinaus betonen die Autoren die Bedeutung von implizitem und explizitem Wissen für die Open Innovation. Vanhaverbeke et al. fordern explizit eine stärkere theoretische Fundierung und berücksichtigen dabei ebenfalls vornehmlich ressourcentheoretische Ansätze.[2] Ein erstes integriertes und theoretisch fundiertes Framework (Tabelle 2-10) der Open Innovation konzeptionalisieren Lichtenthaler/Lichtenthaler (2009).[3] Als Basis dienen den Autoren evolutionstheoretische sowie ressourcentheoretische Überlegungen. Ein ressourcentheoretisches Verständnis der Open Innovation ist demzufolge bereits fest im Schrifttum verankert.

Die jüngeren Arbeiten von Ridder (2011) und Albesher (2012) explizieren diesen Zusammenhang, indem sie Open Innovation als dynamische Fähigkeit modellieren.[4] Dabei ist die Verknüpfung von Open Innovation und dem Konzept dynamischer Fähigkeiten keinesfalls neu, es wurde jedoch zuvor nur am Rande beziehungsweise implizit erwähnt, indem die Inbound Open Innovation mit der Absorptionsfähigkeit, anerkanntermaßen einer dynamischen Fähigkeit,[5] in Verbindung gebracht wurde.[6] So findet die Absorptionsfähigkeit bei nahezu allen vorgestellten Konzeptionen große Beachtung. Dass das Konzept der Inbound Open Innovation jedoch über die reine Fähigkeit zur Absorption externen Wissens hinausgeht,[7] wird durch die Analyse theoretischer Beiträge ebenfalls deutlich.[8]

2.2.2.3 Vorstellung empirischer Beiträge

Nachdem zuvor zentrale konzeptionelle Arbeiten der (Inbound) Open Innovation vorgestellt wurden, soll im Folgenden das relevante empirische Schrifttum dieses Themenkomplexes

1 Vgl. Gassmann/Enkel (2004), S. 13 f.
2 Vgl. Vanhaverbeke/Cloodt/van de Vrande (2007), S. 4 ff.
3 Vgl. Lichtenthaler/Lichtenthaler (2009), S. 1317 ff.
4 Vgl. Ridder (2011); Albesher (2012).
5 Siehe Abschnitt 2.3.3.2.
6 Vgl. u.a. Gassmann/Enkel (2004); Vanhaverbeke/Cloodt/van de Vrande (2007).
7 Siehe zur Absorptionsfähigkeit Abschnitt 2.3.3.2.
8 Vgl. u.a. Lichtenthaler/Lichtenthaler (2009), Albesher (2012).

analysiert werden. Dabei ist zunächst zu konstatieren, dass das empirische Open Innovation-Schrifttum von explorativen Studien, die zumeist qualitativer Natur sind, dominiert wird. Dies ist in Anbetracht der relativen Neuartigkeit des Forschungsfeldes nicht weiter verwunderlich, da explorative Studien prinzipiell geeignet sind, neue Phänomene zu untersuchen.

Insbesondere für die frühe Open Innovation-Forschung kommt sowohl qualitativen als auch quantitativen Fallstudien damit eine große Bedeutung zu, die nicht zuletzt darin begründet liegt, dass das Forschungsfeld der Open Innovation durch Chesbroughs Fallstudie großer US-amerikanischer Technologiekonzerne begründet wurde.[1] Es folgte eine Vielzahl weiterer, vornehmlich qualitativer Fallstudien, die bis heute die große Mehrheit der empirischen Open Innovation-Forschung repräsentieren.[2] Immer wieder werden dabei dieselben, im Rahmen offener Innovationsaktivitäten scheinbar führenden, Unternehmen zu Analysen und Vergleichen herangezogen.[3]

Zuletzt erfolgte jedoch auch eine verstärkte Ausweitung auf andere, zuvor vernachlässigte Industrien, wie beispielsweise technologiefernere Branchen, und kleinere Unternehmen.[4] Dabei liefern die exploratorischen Fallstudien wichtige Erkenntnisse über die praktische Bedeutung des Phänomens Open Innovation, die auch für die vorliegende Erfolgsfaktorenstudie von Relevanz sind. Zahlreiche Fallstudien kommen dabei zu dem Ergebnis, dass Open Innovation heute in vielen Industrien einen wichtigen Erfolgsfaktor für den Innovations- und Unternehmenserfolg darstellt.[5] Für den Nachweis der Forschungslücke im Hinblick auf die vorliegende konfirmatorische Studie spielen diese Arbeiten hingegen keine Rolle und sollen daher von der weiteren Analyse ausgeklammert werden.

In diesem Zusammenhang wird der starke Überhang an Fallstudien von einigen Autoren kritisiert und zunehmend großzahlige empirische Studien[6] sowie eine stärkere konfirmatorische Auseinandersetzung mit der Open Innovation gefordert.[7] Solche Untersuchungen sind

---

1 Vgl. Chesbrough (2003a); siehe auch Abschnitt 2.1.2.

2 Vgl. u.a. Enkel/Perez-Freije/Gassmann (2005); Christensen (2006); O'Connor (2006); Chesbrough/Appleyard (2007); Dittrich/Duysters (2007); Fuglsang (2008); Janssen/Dankanbaar (2008); Fichter (2009); Holmes/Smart (2009); Rohrbeck/Hölzle/Gemünden (2009); Chiaroni/Chiesa/Frattini (2010); Igartua/Garrigos/Hervas-Oliver (2010); Lim/Chesbrough/Ruan (2010); Sieg/Wallin/Krogh (2010); Chiaroni/Chiesa/Frattini (2011); Conboy/Morgan (2011); Hopkins et al. (2011).

3 Besonders häufig werden international führende Unternehmen wie IBM, Procter & Gamble oder Siemens genannt, denen ohne Zweifel eine Vorreiterrolle im Rahmen der Open Innovation zukommt.

4 Vgl. u.a. Lecocq/Demil (2006); van de Vrande et al. (2009); Lee et al. (2010); Kim/Park (2010); Spithoven/Clarysse/Knockaert (2010); Verbano/Crema/Venturini (2011).

5 Vgl. u.a. Gassmann/Enkel (2004);Christensen (2006); Chesbrough/Garman (2009); Wallin/Krogh (2010). Siehe hierzu auch Abschnitt 1.1.

6 Vgl. Lichtenthaler (2008), S. 149; Hung/Chiang (2010), S. 259.

7 Vgl. Huang/Rice (2009a), S. 204; van de Vrande et al. (2009), S. 436; Lichtenthaler (2011b), S. 80.

nicht nur im Hinblick auf den zu führenden Nachweis der Forschungslücke, sondern auch hinsichtlich ihres konzeptionellen und empirischen Vorgehens von übergeordneter Bedeutung für die vorliegende Untersuchung. Ihnen soll in der folgenden Analyse daher besondere Beachtung geschenkt werden. Da bisher nur wenige konfirmatorische Studien im Inbound Open Innovation-Schrifttum existieren, soll die Analyse auch exploratorische Studien mit quantitativ-empirischem Vorgehen umfassen. Die nachfolgende Tabelle 2-11 gibt einen Überblick über ausgewählte empirische Arbeiten aus dem Inbound Open Innovation-Schrifttum.

Autoren	Titel/Fokus	Empirie	Zentrale Ergebnisse
Chesbrough/ Crowther (2006)	Beyond high tech: Early adopters of open innovation in other industries	▪ Tiefeninterviews mit 12 Managern von Unternehmen, die Open Innovation früh adoptiert haben	Open Innovation-Erfolgsfaktoren: ▪ Management Support (Top-down) ▪ Strategische Fokussierung ▪ Networking ▪ Innovationen einbringen, die nah an F&E sind ▪ Exklusivrechte für bedeutende Technologien ▪ Klare Kompetenzen ▪ Bestehende Systeme integrieren ▪ Anreize ▪ Kommunikation
Laursen/ Salter (2006)	Open for innovation: The role of openness in explaining innovation performance among U.K. manufacturing firms	▪ Daten der „UK innovation survey" aus dem Jahr 2001, basierend auf der „Eurostat Community Innovation Survey (CIS)" ▪ Regressions-analyse	▪ Suche ist immer Trade-Off aus Suchtiefe und Suchbreite ▪ Aufmerksames Management externer Wissensquellen notwendig ▪ Suchtiefe assoziiert mit radikaler Innovation (neue Technologie/Mark) ▪ Suchbreite assoziiert mit inkrementeller Innovation (reife Technologie/Markt) ▪ Vermutlich Substitutionseffekt zwischen interner und externer R&D
Müller (2006)	Die Wirkung innovations-orientierter Kooperations-netzwerke auf den Innovations-erfolg	▪ Sample: 293 Unternehmen des verarbeitenden Gewerbes in Deutschland ▪ Multivariate Regres-sions-analyse	▪ Innovationsorientiertes Kooperations-netzwerk (vertikal) und Forschungsinstitute haben einen positiven Einfluss auf den Innovationserfolg ▪ Kooperationen mit anderen Unternehmen außerhalb des Wertschöpfungs-netzwerk (horizontal) haben keine positiven Auswirkungen auf den Innovationserfolg ▪ Positiver Einfluss der technologischen Absorptionskompetenz auf den Innovationserfolg

Autoren	Titel/Fokus	Empirie	Zentrale Ergebnisse
Lichtenthaler (2008)	Open Innovation in Practice: An Analysis of Strategic Approaches to Technology Transactions	▪ Sample: 154 mittlere bis große Unternehmen ▪ Mitglieder der „Licensing Executives Society" in DACH ▪ Cluster und Regressionsanalyse	▪ Positiver Zusammenhang zwischen externer Technologiebeschaffung (Exploration) und -verwertung (Exploitation) ▪ Die meisten Firmen verfolgen noch relativ geschlossene Innovationsansätze und befinden sich im Prozess der Transition hin zur Open Innovation ▪ Beibehaltung geschlossener Innovationspraktiken gefährdet die Wettbewerbsfähigkeit
Huang/Rice (2009b)	The Role of Absorptive Capacity in Facilitating 'Open Innovation' Outcomes: A Study of Australian SMEs in the Manufacturing Sector	▪ Longitudinale Analyse von 292 australischen SMEs des verarbeitenden Gewerbes ▪ OLS Regressionsanalyse	▪ Effektive Absorptionsfähigkeit maßgeblich für Innovationseffizienz ▪ Geringer Einfluss von Networking ▪ Negativer Zusammenhang zwischen „technology buy-in" und Innovationserfolg
Kang/Kang (2009)	How do firms source external knowledge for innovation? Analysing effects of different knowledge sourcing methods	▪ Daten von 1353 Unternehmen des produzierenden Gewerbes aus der „Korean Innovation Survey 2005" ▪ Regressionsanalyse	Positiver Zusammenhang zwischen Innovationserfolg und ▪ informalem Wissenstransfer ▪ Technologiebeschaffung F&E-Kooperationen haben einen nichtlinearen, U-förmigen Zusammenhang mit Innovationserfolg → Der Effekt externen Wissens auf den Innovationserfolg variiert in Abhängigkeit der Beschaffungsmethode
Lichtenthaler/ Ernst (2009)	Opening up the innovation process:The role of technology aggressiveness	▪ Sample: 154 mittlere bis große Unternehmen ▪ Mitglieder der „Licensing Executives Society" in DACH ▪ Cluster- und Regressionsanalyse	▪ Technologieaggressivität determiniert die Öffnung von Innovationsprozessen ▪ Die meisten Firmen verfolgen noch relativ geschlossene Innovationsansätze und befinden sich im Prozess der Transition hin zur Open Innovation ▪ Unternehmensgröße hat einen positiven Effekt auf den Grad der Offenheit ▪ Grad der Offenheit jedoch vornehmlich abhängig von der individuellen Unternehmenscharakteristik

Autoren	Titel/Fokus	Empirie	Zentrale Ergebnisse
van de Vrande et al. (2009)	Open innovation in SMEs: Trends, motives and management challenges	▪ Datenbank über 605 innovative niederländische SMEs ▪ Clusteranalyse	▪ SMEs haben zahlreiche Open Innovation Praktiken implementiert ▪ Unternehmen des verarbeitenden Gewerbes deutlich stärker in Open Innovation involviert als solche des Dienstleistungsgewerbes ▪ Unternehmen mittlerer Größe sind stärker in Open Innovation involviert als kleine Unternehmen ▪ SMEs verfolgen Open Innovation vor allem zur stärkeren Marktorientierung (z.B. Kundenwünsche aufgreifen) ▪ Herausforderungen in der Open Innovation vor allem kultureller und organisationaler Natur
van de Vrande/ Vanhaverbeke/ Duysters (2009)	External technology sourcing: The effect of uncertainty on governance mode choice	▪ Daten zu Allianzen (equity und non-equity), M&A-Aktivitäten und Venture-Capital-Investitionen der 153 größten Pharma-unternehmen zwischen 1990 und 2000 ▪ Regressionsanalyse	▪ Hohe Umfelddynamik führt zu flexiblen, geringer integrierten Verwaltungsmodellen (M&As am Geringsten präferiert) ▪ Technologische Neuheit führt nur teilweise zu geringer integrierten Verwaltungsmodellen ▪ Technologische Unterschiede und vorangegangene Kooperation haben sowohl negative als auch positive Einflüsse auf die Wahl des Modells
Asakawa/ Nakamura/ Sawada (2010)	Firms' open innovation policies, laboratories' external collaborations, and laboratories' R&D performance	▪ Daten von 203 Laboren japanischer Unternehmen in Japan ▪ SEM	▪ Open Innovation hat einen signifikant positiven Einfluss auf die Zusammenarbeit zwischen Laboratorien und Universitäten/Organisationen. ▪ Open Innovation kann positiven Einfluss auf die F&E-Performance haben
Bianchi et al. (2010)	Organisational modes for Open Innovation in the bio-pharmaceutical industry: An exploratory analysis	▪ Longitudinale Analyse von Open Innovation-Daten der weltweiten Top 20 Unternehmen der Biopharmazie ▪ 2000 bis 2007	▪ Unternehmen verwenden verschiedene Organisationsformen im Rahmen der Open Innovation ▪ Firmen erweitern ihr Innovationsnetzwerk in der Open Innovation auch durch Partner außerhalb der eigenen Kernbranche ▪ Allianzen spielen sowohl in der Inbound als auch der Outbound Open Innovation eine wichtige Rolle

Autoren	Titel/Fokus	Empirie	Zentrale Ergebnisse
Chiang/Hung (2010)	Exploring open search strategies and perceived innovation performance from the perspective of inter-organizational knowledge flows	▪ Sample: 184 taiwanesische Unternehmen der Elektrotechnik ▪ OLS Regressionsanalyse	▪ Suchtiefe hat einen positiven Zusammenhang mit inkrementellem Innovationserfolg ▪ Suchbreite hat einen positiven Zusammenhang mit radikalem Innovationserfolg
Zeng/Xie/Tam (2010)	Relationship between cooperation networks and innovation performance of SMEs	▪ Sample: 137 chinesische Unternehmen des verarbeitenden Gewerbes ▪ SEM	▪ Positiver Einfluss von inter-firm cooperation", „cooperation with intermediary institutions" und „cooperation with research organizations" auf den Innovationserfolg ▪ „Inter-firm cooperation" weist den stärksten Einfluss auf ▪ Kein signifikanter Einfluss von „linkage and cooperation with government agencies" ▪ Vertikale Kooperationen spielen eine größere Rolle als horizontale Kooperationen
Herzog/Leker (2010)	Open and closed innovation: Different innovation cultures for different strategies	▪ Erhebung in drei Abteilungen eines führenden Unternehmens der Spezialchemie ▪ 109 Rückläufer ▪ Expl. Faktorenanalyse ▪ Regressionsanalyse	▪ Open Innovation-Geschäftseinheiten sind weniger vom NIH-Syndrom betroffen als Closed Innovation- Geschäftseinheiten ▪ Open Innovation-Geschäftseinheiten sind risikofreudiger ▪ Strategischer Management-Support spielt keine Rolle
Hung/Chiang (2010)	Open innovation proclivity, entrepreneurial orientation, and perceived firm performance	▪ Sample: 122 taiwanesische Unternehmen der Elektroindustrie ▪ Regressionsanalyse	▪ Die „proclivity to open innovation" eines Unternehmens hat positiven Einfluss auf den Unternehmenserfolg ▪ Die „entrepreneurial orientation" eines Unternehmens moderiert diesen Zusammenhang positiv
Kim/Park (2010)	The effects of open innovation activity on performance of SMEs: The case of Korea	▪ Daten der „Korean Innovation Survey" ▪ 1.384 Beobachtungen, davon 1.140 SMEs und 244 Großunternehmen ▪ logistic regression ▪ Bayesian network method	▪ Nicht alle Open Innovation-Aktivitäten von SMEs haben einen positiven Effekt auf den Innovationsoutput: ▪ Externe F&E hat einen positiven Effekt auf den Innovationsoutput ▪ Externe Ideen haben einen negativen Effekt ▪ Externes Wissen hat keinen Effekt ▪ Im Vergleich dazu sind Großunternehmen erfolgreicher mit der Akquisition und Integration externer Technologien

Autoren	Titel/Fokus	Empirie	Zentrale Ergebnisse
Spithoven/ Clarysse/ Knockaert (2010)	Building absorptive capacity to organise inbound open innovation in traditional industries	▪ Daten von 12 belgischen „collective research centres" ▪ Befragung von Mitarbeitern ▪ Interviews mit CEOs ▪ Häufigkeits-auswertungen	▪ Absorptionsfähigkeit ist eine Voraussetzung für Open Innovation ▪ Dennoch spielt Open Innovation auch in Industrien mit geringer ACAP eine wichtige Rolle ▪ Im Rahmen von „collective research centres" ergeben sich auch für Unternehmen mit mangelnder Absorptionsfähigkeit Möglichkeiten zur OI
Spithoven/ Frantzen/ Clarysse (2010)	Heterogeneous firm-level effects of knowledge exchanges on product innovation: Differences between dynamic and lagging product innovators	▪ Daten der „Community Innovation Survey (CIS3)" aus dem Jahr 2002 von 1.987 belgischen Unternehmen ▪ Regressionsanalyse	▪ Forschungsintensität ist positiv beeinflusst von externem Wissen, Forschungskooperationen und Appropriability ▪ Forschungsintensität beeinflusst den Innovationsumsatz
Camisón/ Forés (2011)	Knowledge creation and absorptive capacity: The effect of intra-district shared competences	▪ Daten von 952 spanischen Unternehmen und 35 Industrieclustern (districts) ▪ SEM	▪ Positiver Zusammenhang zwischen „shared competences in an industrial district" und Absorptionsfähigkeit ▪ Positiver Zusammenhang zwischen „shared competences in an industrial district" und „internal knowledge creation" ▪ Positiver Zusammenhang zwischen „internal knowledge creation" und Absorptionsfähigkeit
Gastes/Gaul (2011)	Gestaltung offener Innovationsstrukturen als Schlüssel zu mehr Innovationserfolg	▪ Sample: 73 Innovations-experten aus Unternehmen und Forschungs-einrichtungen im deutschsprachigen Raum ▪ Regressionsanalyse	▪ Unternehmen interagieren hauptsächlich vertikal ▪ Aber hohes Potential horizontaler Interaktion ▪ Identifikation relevanter Fähigkeiten in Abhängigkeit der Innovationsphase
Verbano/ Crema/ Venturini (2011)	Integration and selectivity in open innovation: An empirical analysis in SMEs	▪ Sample: 105 italienische Unternehmen ▪ Faktoranalyse ▪ Clusteranalyse	▪ Identifikation von drei Open Innovation-Modellen: „selective low open, unselective open upstream, and mid-partners integrated open". ▪ Identifikation von Erfolgsdeterminanten, Motivationen für die OI Implementierung und Barrieren ▪ Ressourcen/Kompetenzen spielen in allen drei Clustern eine wichtige Rolle

Autoren	Titel/Fokus	Empirie	Zentrale Ergebnisse
Ridder (2012)	External dynamic capabilities: Creating competitive advantage in innovation via external resource renewal	▪ Sample: 119 Unternehmen verschiedener Industrien ▪ SEM	▪ „external sensing" ermöglicht den Zugang zu neuen technologischen Ressourcen ▪ Unternehmen brauchen „external DC for seizing", um von solchen Ressourcen profitieren zu können ▪ Besitzt ein Unternehmen starke „external seizing DC", so hat der Zugang zu externen Ressourcen einen positiven Effekt auf "technological capabilities" ▪ „external reconfiguring DC" hat einen starken direkten Einfluss auf den Innovationserfolg
Garriga/ Krogh/Spaeth (2013)	How constraints and knowledge impact open innovation	▪ Daten der „Swiss Innovation Survey" (basierend auf der CIS aus dem Jahr 2008, ▪ 5.937 Unternehmen ▪ Regressionsanalyse	▪ „constraints on the application of firm resources" haben einen negativen Einfluss auf den Innovationserfolg ▪ „abundance of external knowledge" hat einen positiven Einfluss auf den Innovationserfolg ▪ U-förmiger Zusammenhang zwischen Suchtiefe/-breite und externem Wissen

Tabelle 2-11: Auswahl empirischer Arbeiten zur Inbound Open Innovation im Überblick

Insgesamt konnten 23 relevante empirische Arbeiten identifiziert werden, die hinsichtlich ihrer theoretischen Fundierung, ihrer empirischen beziehungsweise methodischen Herangehensweise und zentraler Untersuchungsergebnisse untersucht wurden. Die Arbeiten stammen aus den Jahren 2006 bis 2013, wobei mit der Reifung des Forschungsfeldes der Inbound Open Innovation auch ein deutlicher Anstieg großzahliger[1] empirischer Studien zu verzeichnen ist. Stellten solche Studien bis 2009 noch eine Ausnahme dar,[2] setzte sich das Open Innovation-Schrifttum in der Folgezeit auch verstärkt auf diese Weise mit dem Phänomen der Open Innovation auseinander. Dennoch ist zu konstatieren, dass insgesamt nur verhältnismäßig wenige großzahlige empirische Studien existieren.[3]

1 Dabei ist zu beachten, dass der Begriff „großzahlige" nicht eindeutig definiert ist. In diesem Kontext sollen darunter solche Studien verstanden werden, die eine ausreichende Anzahl systematisch gewonnener Daten mit Hilfe quantitativer Methoden auswerten. Der notwendige Umfang des Datenmaterials wird dabei maßgeblich durch die Methode bestimmt. An dieser Stelle sollen jedoch zumindest 100 verwertbare Datensätze gefordert werden.

2 Vgl. Lichtenthaler (2008), S. 148 f.

3 Zu relevanten Arten empirischer Forschung siehe auch Abschnitt 2.3.2.

Die Studien aus der obigen Tabelle lassen sich trotz ihrer geringen Anzahl weiter differenzieren. Hierbei ist zum einen danach zu unterscheiden, ob die Studien exploratorischer oder konfirmatorischer Natur sind. Letzteres verlangt ein hypothesengeleitetes Vorgehen und eine erkennbare theoretische Fundierung. Insgesamt lassen sich neun Studien als konfirmatorisch bezeichnen. Die verbleibenden Studien weisen keine erkennbare theoretische Fundierung auf. Das zweite Differenzierungsmerkmal quantitativer empirischer Studien stellt die verwendete Analysemethode dar. Regressionsanalysen überwiegen hier deutlich, wobei zu beachten ist, dass hier viele verschiedene Arten der Regressionsanalyse zum Einsatz kommen. Darüber hinaus finden sich (exploratorische) Faktorenanalysen sowie Clusteranalysen unter den Arbeiten. Sechs Arbeiten verwenden die Methode der Strukturgleichungsmodellierung beziehungsweise des „Structural Equation Modeling" (SEM).[1]

Durch die Integration dieser Erkenntnisse mit den Ergebnissen aus der Vorstellung zentraler konzeptioneller und theoretischer Beiträge lässt sich die in Abbildung 2-7 dargestellte Matrix generieren. Dabei werden die Arbeiten zum einen nach ihrer theoretischen Fundierung beziehungswese ihrem Beitrag zur Theoriebildung in der Inbound Open Innovation differenziert, zum anderen findet eine Bewertung der empirischen Relevanz für die vorliegende Untersuchung statt. Arbeiten ohne erkennbare theoretische Fundierung oder Theoriebeitrag und fehlender beziehungsweise wenig relevanter Empirie[2] finden sich in Quadrant I.[3] Arbeiten, die ebenfalls keine relevante Empirie aufweisen, sich aber durch ihre theoretische Fundierung und/oder ihren Theoriebeitrag auszeichnen,[4] sind in Quadrant II dargestellt.

Die Quadranten III und IV enthalten das empirisch relevante Schrifttum differenziert nach seiner theoretischen Fundierung. Dabei repräsentiert der Quadrant III die exploratorischen Studien sowie Studien mit mangelnder oder nicht erkennbarer Theoriefundierung. Quadrant IV umfasst die Studien, die aufgrund ihres konfirmatorischen Vorgehens sowie ihrer quantitativen Methodenwahl von besonderer Bedeutung für die vorliegende Untersuchung sind. Diese Studien sollen im Folgenden nochmals näher analysiert werden. Arbeiten, die sich der Methode der Strukturgleichungsmodellierung bedienen, sind in Abbildung 2-7 besonders hervorgehoben.

1 Siehe hierzu Abschnitt 4.1.
2 Hierzu werden in der vorliegenden Untersuchung auch Fallstudien gezählt.
3 Aufgrund der großen Zahl solcher Arbeiten und ihrer geringen Relevanz für den Nachweis der Forschungslücke erfolgt hier nur eine exemplarische Darstellung.
4 Siehe Abschnitt 2.2.2.2.

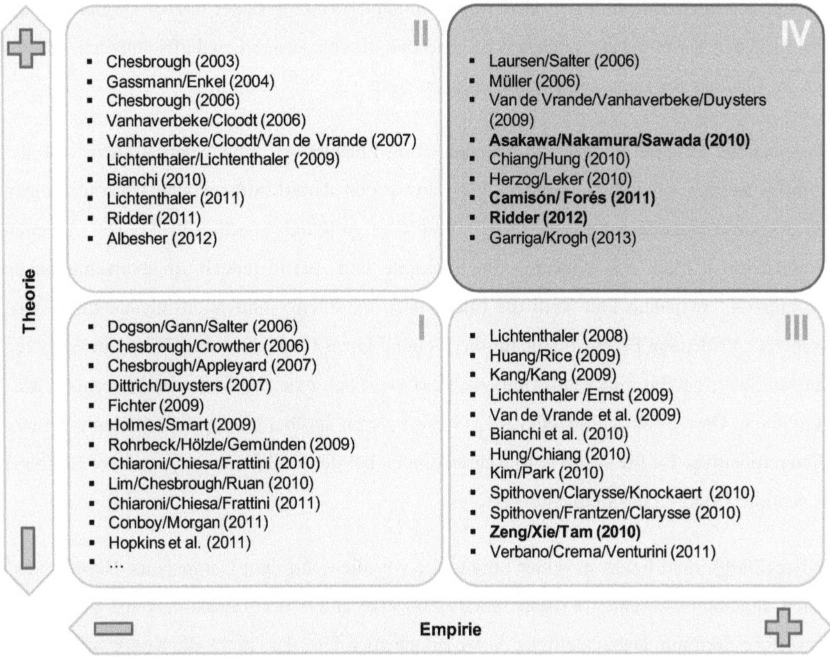

Abbildung 2-7: Einteilung des relevanten Schrifttums

Ungeachtet der Eingrenzung des Überblicks auf das Inbound Open Innovation-Schrifttum, offenbart die nähere Analyse (Tabelle 2-12) der empirisch relevanten, hypothesengeleiteten Arbeiten, obgleich hier nur neun Studien identifiziert werden konnten, eine verhältnismäßig große inhaltliche Vielfalt. Die Arbeiten nehmen verschiedene Perspektiven auf die Inbound Open Innovation und ihre Bedeutung für den Innovationserfolg ein. Einige Arbeiten fokussieren, wie die vorliegende Untersuchung, auf die Inbound Open Innovation, andere wählen einen integrierten Ansatz und versuchen Inbound und Outbound Open Innovation in einem Modell zu erklären.

Die geringste Bedeutung für die Bewertung der Forschungslücke kommt dabei den Arbeiten von van de Vrande/Vanhaverbeke/Duysters (2009), Herzog/Leker (2010) und Camisón/Forés (2011) zu, da sich die Autoren nicht (explizit) mit der Erfolgswirkung der Inbound Open Innovation auseinandersetzen. Während van de Vrande/Vanhaverbeke/Duysters (2009) die Eignung verschiedener Kooperationsarten in Abhängigkeit der Umfeldsituation analysieren, beschäftigen sich Camisón/Forés (2011) mit dem Zusammenhang zwischen internen und externen Kompetenzen und der Absorptionsfähigkeit.[1] Herzog/Leker (2010) vergleichen die verschiedenen Kulturen in tendenziell offenen und geschlossenen Geschäftseinheiten, woraus sich ein Einfluss der Innovationskultur ableiten lässt.

Eine weitere Gruppe bilden die Arbeiten zum Einfluss externer Suchroutinen, mit der intitialen Studie von Laursen/Salter (2006) sowie den darauf aufbauenden Untersuchungen von Asakawa/Nakamura/Sawada (2010) und Garriga/Krogh/Spaeth (2013). Die Arbeiten kommen hinsichtlich der Wirkung von Suchtiefe und -breite jedoch zu unterschiedlichen Ergebnissen.[2] In jedem Fall stellt die Suche nach externem, innovationsrelevantem Wissen einen entscheidenden Erfolgsfaktor für die Inbound Open Innovation dar. Weiterhin vermuten Laursen/Salter (2006) einen Substitutionseffekt zwischen externer Suche und internen F&E-Aktivitäten. Garriga/Krogh/Spaeth (2013) identifizieren darüber hinaus die Fülle an externem Wissen (positiver Einfluss) sowie Einschränkungen bei der Kollaboration (negativer Einfluss) als zentrale Faktoren des Innovationserfolgs.

Müller (2006) identifiziert in seiner Studie, die vor allem auf dem Competence-Based View[3] basiert, innovationsorientierte Kooperationsnetzwerke und Absorptionskompetenz als Innovationserfolgsfaktoren. Dabei stellt der Autor jedoch auch fest, dass nicht alle Kooperationsarten gleichermaßen erfolgsrelevant sind.[4] In ähnlicher Weise, obgleich theoretisch anders fundiert, untersucht Asakawa/Nakamura/Sawada (2010) die Auswirkungen von Kooperationen auf F&E-Performance im Rahmen der Open Innovation. Beide Arbeiten betrachten damit nur Teilaspekte der Inbound Open Innovation.

Die größte Relevanz für die vorliegende Untersuchung weist die Studie von Ridder (2012) auf. Die Autorin bedient sich des Dynamic-Capabilities View und unterstellt einen direkten beziehungsweise indirekten Einfluss der Komponenten „external sensing“, „external seizing“ und „external reconfiguring“ auf den Innovationserfolg. Für Sensing und Reconfiguring kann sie diesen Einfluss nachweisen, für Seizing lediglich eine moderierende Wirkung auf den Einfluss des Zugangs zu externen Ressourcen auf die Bildung technologischer Kompetenzen zeigen. Als Analysemethode dient der Autorin die Kausalanalyse. Aufgrund des verhältnismäßig kleinen Samples verwendet Ridder (2012) jedoch ein varianzbasiertes Verfahren (PLS).[5]

1 Siehe auch Tabelle 2-11.
2 Siehe auch Tabelle 2-11.
3 Siehe Abschnitt 2.3.3.1.3.
4 Siehe auch Tabelle 2-11.
5 Siehe Abschnitt 4.1.1.

Weiterhin verzichtet sie auf die explizite Einbeziehung der Absorptionsfähigkeit als zentrales Konstrukt der Open Innovation.

Insgesamt verwenden damit nur drei der relevanten Studien die Methode der Strukturgleichungsmodellierung. Nur eine Studie stellt direkt auf den DCV als theoretische Basis ab, obwohl dem Ansatz im theoretischen und konzeptionellen Schrifttum die größte Bedeutung zugesprochen wird. Vier der betrachteten Studien bedienen sich jedoch anderer ressourcentheoretischer Ansätze wie dem Knowledge-Based View oder dem Competence-Based View. Davon beziehen drei Arbeiten das organisationale Lernen explizit oder implizit in ihre Untersuchung ein. Nach näherer Untersuchung (Tabelle 2-12) der theoretisch fundierten sowie großzahligen empirischen Arbeiten kann konstatiert werden, dass keine entsprechende Arbeit identifiziert werden konnte, die die Fragestellungen der vorliegenden Untersuchung zufriedenstellend beantwortet.

Studie	Erfolgswirkung		Erfolgsfaktoren (negativ)				Theorie		Empirie
	Messung	Konstrukt	Nennungen	Sensing	Seizing	Trans-forming	DCV (RBV)	Orga. Learn.	SEM
Laursen/Salter (2006)	✓	Innovationserfolg (radikal u. inkrementell)	▪ Suchbreite ▪ Suchtiefe ▪ (Interne R&D)	✓	✓				
Müller (2006)	✓	Innovationserfolg	▪ Inno.-orient. Kooperationsnetzw. ▪ Absorptionskompetenz	✓	✓		(✓)	(✓)	
Van de Vrande/ Vanhaverbeke/Duysters (2009)									
Asakawa/Nakamura/ Sawada (2010)	✓	F&E-Labor Performance	▪ Kooperationen mit „local business orga." ▪ Kooperation mit Universitäten ▪ „Firm's open innovation policy vis-à-vis local universities "	✓				✓	✓
Chiang/Hung (2010)	✓	Innovationserfolg (radikal u. inkrementell)	▪ Suchbreite ▪ Suchtiefe	✓					
Herzog/Leker (2010)			▪ Innovationskultur ▪ NIH-Syndrom				(✓)		
Camisón/ Forés (2011)							(✓)	✓	✓
Ridder (2012)	✓	Wettbewerbs-vorteile in der Innovation, Technolog. Ressourcen	▪ „External Sensing" ▪ „External Reconfiguring"	✓	✓	✓	✓		✓
Garriga/Krogh (2013)	✓	Innovationserfolg (radikal u. inkrementell)	▪ Suchtiefe ▪ „Abundance of external knowledge" ▪ ("constraints on resource collab.")	✓	✓		(✓)	✓	

Tabelle 2-12: Analyse relevanter Arbeiten

2.2.3 Zusammenfassung und Forschungslücke

Die vorangegangenen Abschnitte dienten der eingehenden Analyse des für die Untersuchung relevanten Schrifttums. Hierzu wurde zunächst der Stand der allgemeinen Innovationserfolgsfaktorenforschung anhand ausgewählter Metastudien beleuchtet. Es konnte gezeigt werden, dass sowohl die wissenschaftliche Auseinandersetzung mit den Faktoren des Innovationserfolgs als auch seine Messung weit zurück reichen und eine sehr große Zahl an Studien hervorgebracht haben. Daraus resultiert heute eine erhebliche Vielfalt verschiedener Erfolgsfaktoren, die die vorgestellten Studien zu ordnen und bewerten versuchen.

Dabei konstatieren die Autoren verschiedener Metastudien uneinheitliche Ergebnisse des Schrifttums und betonen die große Bedeutung des Kontexts für Betrachtungen. Gleiches gilt auch für die Messung des Innovationserfolgs. Weiterhin konnten die Metastudien zeigen, dass die Innovationserfolgsfaktorenforschung trotz ihrer Reife von exploratorischen Studien und Studien mit empirischen Schwächen dominiert wird. Hierin sehen die Autoren die Hauptgründe für die Heterogenität und fordern eine stärkere theoretische Fundierung zukünftiger Arbeiten. Obgleich eine Vielzahl theoretischer Ansatzpunkte denkbar ist, finden sich zahlreiche Hinweise auf eine hohe Bedeutung ressourcentheoretischer Herangehensweisen.

Der Überblick über das Innovationserfolgsfaktorenschrifttum bestätigt, dass für die weitere Analyse des Schrifttums eine Fokussierung auf den konkreten Untersuchungsgegenstand der Open Innovation vonnöten ist. Hierzu wurde zunächst ebenfalls anhand von Metastudien ein Überblick über die Vielfalt des Themengebiets gegeben. Es konnte dargelegt werden, dass die Open Innovation sich vor allem nach zwei Prozessen differenzieren lässt. In der vorliegenden Studie soll der Prozess der Inbound Open Innovation betrachtet werden. Aber auch die Betrachtungsebene (Individuum, Organisation, interorganisational, etc.) sowie vielfältige Forschungsrichtungen[1] stellen Differenzierungsmerkmale dar. In Anbetracht der Untersuchungsfragestellung wurden insbesondere organisationale beziehungsweise interorganisationale Studien mit dem Schwerpunkt Erfolgsfaktoren, Erfolgswirkung und Zusammensetzung der Inbound Open Innovation fokussiert.

Dabei ergab die Analyse relevanter konzeptioneller und theoriebildender Arbeiten, dass die Open Innovation in den letzten Jahren als eigenständiges Forschungsfeld gereift ist und sich heute einige vielversprechende Ansätze zur Erklärung der Open Innovation und ihrer Er-

[1] Siehe hierzu die Ausführungen in Abschnitt 2.2.2.1.

folgswirkung finden lassen. Obwohl dabei, wie einigen Autoren kritisieren,[1] die Einbettung in bestehende Management-Theorien vernachlässigt wird, konnten im theoretischen und konzeptionellen Schrifttum einige wertvolle Hinweise für die Untersuchung von Erfolgsfaktoren, Erfolgswirkung und Zusammensetzung der Inbound Open Innovation identifiziert werden. Besondere Bedeutung erfahren in diesem Zusammenhang ressourcen- und lerntheoretische Betrachtungen. Vor allem die Absorptionsfähigkeit wird häufig als elementarer Bestandteil der Inbound Open Innovation genannt.

Die Bestandsaufnahme des empirischen Inbound Open Innovation-Schrifttums ergab, dass der überwiegende Teil empirischer Arbeiten aus qualitativen oder kleinzahligen exploratorischen Analysen besteht. Hieraus kann vor dem Hintergrund des relativ jungen Forschungsfeldes der Open Innovation jedoch nicht auf einen grundlegenden Qualitätsmangel geschlossen werden, zumal sich das Open Innovation-Schrifttum traditionell sehr praxis- und fallstudienorientiert präsentiert. Dennoch treten einige Autoren vehement für mehr empirische Fundierung der Open Innovation ein und bemängeln dabei vor allem, dass bisher nur wenige großzahlige empirische Studien existieren:

> *„In sum, we find the extant literature contains no study providing large-sample evidence to systematically verify the positive performance consequence of the open innovation approach."*[2]

Zu einem ähnlichen Ergebnis kommen Huang/Rice (2009a). Die Autoren führen aus, dass sich einige Arbeiten zwar konzeptionell mit dem Phänomen Open Innovation auseinandersetzen,[3] die wenigen existenten empirischen Studien jedoch auf verschiedene theoretische Modelle zurückgreifen und daher differierende Determinanten und Erfolgsmessungen aufweisen.[4] Die durchgeführte Analyse des relevanten empirischen Schrifttums bestätigt diese Sicht.[5] Es konnte gezeigt werden, dass nur sehr wenige großzahlige komplexempirische Arbeiten mit der entsprechenden theoretischen Fundierung existieren.

Eine weiterführende Betrachtung dieser Arbeiten bestätigte die große Heterogenität des Schrifttums und den Mangel an integrierten Ansätzen.[6] Zudem existieren nur sehr wenige Strukturgleichungsanalysen. Zusammenfassend kann daher festgestellt werden, dass bisher

---

1 Vgl. Vanhaverbeke/Cloodt/van de Vrande (2007), S. 4.
2 Hung/Chiang (2010), S. 260.
3 Vgl. Huang/Rice (2009a), S. 204.
4 Vgl. Huang/Rice (2009a), S. 205.
5 Siehe Tabelle 2-11 sowie Abbildung 2-7.
6 Siehe Tabelle 2-12.

keine großzahlige komplexempirische Überprüfung eines holistischen Ansatzes zur Erklärung des Innovationserfolgs im Rahmen der Inbound Open Innovation vorgenommen wurde. Die Forschungslücke kann somit bestätigt werden.

Hinsichtlich der Erfolgsmessung zeigt sich, dass die große Mehrheit der untersuchten Arbeiten den Innovationserfolg als zentrales Erfolgskonstrukt heranzieht. Eine Neukonzeptionalisierung des Innovationserfolgs scheint vor diesem Hintergrund wenig zielführend. Auch in der vorliegenden Untersuchung soll auf ein etabliertes Konstrukt als abhängige Variable abgestellt werden. Dabei kann und soll nicht nur im Hinblick auf die Erfolgsmessung, sondern auch im Hinblick auf die Erfolgsfaktoren auf das umfangreiche Innovationsschrifttum zurückgegriffen werden. Abbildung 2-8 stellt die Ergebnisse des Forschungsüberblicks nochmals aggregiert dar.

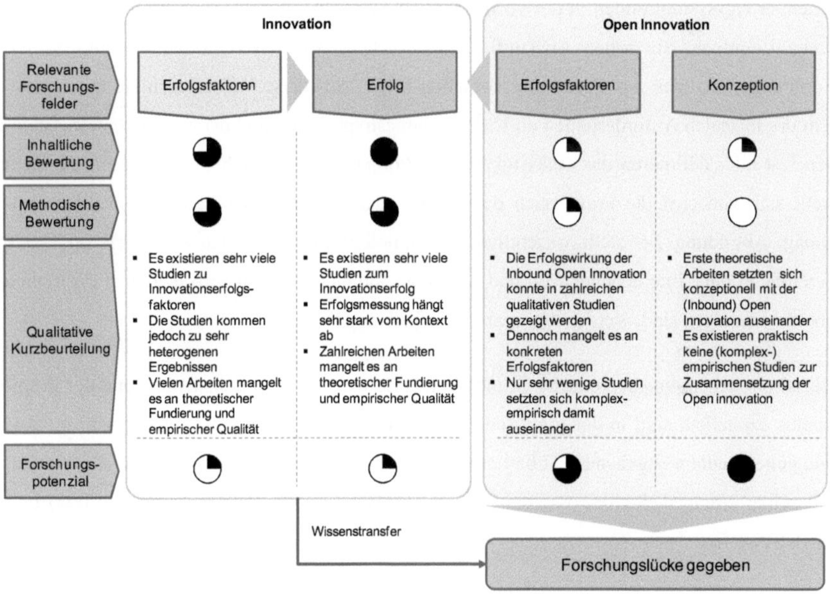

Abbildung 2-8: Zusammenfassung des Literaturüberblicks

2.3 Wissenschaftstheoretische Einordnung und Grundlagen

In den folgenden Abschnitten soll eine kurze wissenschaftstheoretische Einordnung der vorliegenden Untersuchung vorgenommen werden. Hierzu wird in Abschnitt 2.3.1 zunächst die methodologische Leitidee der Untersuchung dargelegt und anschließend (2.3.2) das grundlegende Forschungsdesign überblicksartig dargestellt. Abschnitt 2.3.3 widmet sich den theoretischen Bezugspunkten der Untersuchung. Die relevanten Theorien werden kurz erörtert und abschließend in einen theoretischen Bezugsrahmen integriert (2.3.4).

2.3.1 Methodologische Leitideen

Realwissenschaftliche Forschung folgt in der Regel epistemologischen Grundsätzen, die als Orientierungssystem des wissenschaftlichen Handelns verstanden werden können.[1] Dieses Orientierungssystem bilden in der vorliegenden Untersuchung die sogenannten methodologischen Leitideen. Sie sollen Auskunft darüber geben, welchen zentralen Erkenntnis- und Erklärungsprinzipien das Forschungsvorhaben folgt.[2] Auf diese Weise legen sie unter anderem die formalen Anforderungen an Untersuchungshypothesen und daraus abgeleitete Aussagen fest oder definieren die Zulässigkeit von Problemlösungsverfahren.[3] In diesem Kontext stellt sich zunächst die Frage nach der wissenschaftstheoretischen Leitidee einer Untersuchung. Abbildung 2-9 stellt wesentliche epistemologische Positionen aggregiert und stark vereinfacht dar.[4] Interdependenzen und Überschneidungen, die den verschiedenen Positionen überdies zu eigen sind, werden hier nicht berücksichtigt.

Klassische erkenntnistheoretische Grundpositionen, wie sie der Rationalismus und der Empirismus darstellen, sind in der praktischen Sozialforschung jedoch nur eingeschränkt nutzbar und gelten heute weitgehend als überholt.[5] Im Hinblick auf den klassischen Rationalismus mit mit seiner streng deduktiv-nomologischen Erklärungsmethode stellt Kornmeier (2007) beispielsweise fest: [6]

[1] Vgl. Bohnen (1975), S. 4 f.; Abel (1983), S. 1.
[2] Vgl. Schilke (2007), S. 28.
[3] Vgl. Fritz (1984), S. 73.
[4] Vgl. Kornmeier (2007), S. 29 ff. Eine eingehendere Auseinandersetzung mit den verschiedenen erkenntnistheoretischen Positionen soll im Rahmen dieser Arbeit nicht stattfinden.
[5] Vgl. Kornmeier (2007), S. 38.
[6] Vgl. Kornmeier (2007), S. 31 ff.

„Der konkrete Nutzen dieser Erklärungsmethode zur Lösung betriebswirtschaftlicher Probleme ist allerdings vergleichsweise begrenzt (vgl. Raffée 1989, S.21), da es in den Wirtschaftswissenschaften allgemeingültige Gesetzesaussagen nicht gibt und „vermutlich nie geben wird“ (Schneider 1987, S.583).“[1]

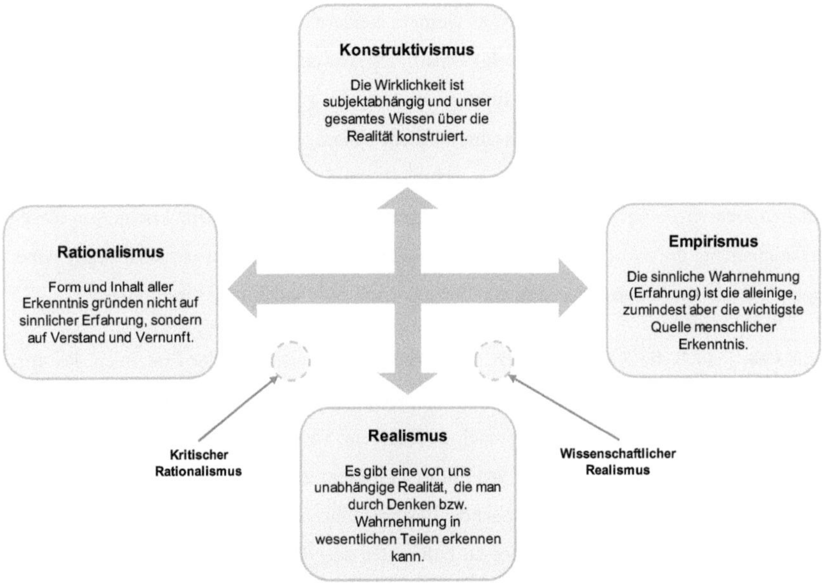

Abbildung 2-9: Vereinfachte Darstellung erkenntnistheoretischer Grundpositionen[2]

Ziel der vorliegenden Untersuchung ist die theoretisch fundierte Konzeptionalisierung und Operationalisierung zentraler Innovationserfolgsfaktoren im Kontext der Open Innovation sowie deren empirische Überprüfung. Damit lässt die vorliegende Untersuchung die grundsätzliche forschungstheoretische Orientierung des kritischen Rationalismus erkennen,[3] die in der empirischen betriebswirtschaftlichen Forschung eine weite Verbreitung gefunden hat und als dominierender Ansatz gilt.[4] Der wesentlich von Popper geprägten erkenntnistheoretischen Position des kritischen Rationalismus liegt das Prinzip zugrunde, deduktiv gewonnene Hypo-

1 Kornmeier (2007), S. 36.
2 In Anlehnung an Kornmeier (2007), S. 31 und Töpfer (2012), S. 108.
3 Der kritische Rationalismus ist seinerseits im Positivismus (auf Comte zurückgehend) beziehungsweise dem Neopositivismus verankert. Dem Positivismus liegt wiederum die epistemologische Haltung zugrunde, dass sich Erkenntnisse maßgeblich auf Beobachtungen und Erfahrungen zurückführen lassen, eine Sichtweise, die sich immer noch in der empirischen Forschung manifestiert; vgl. Homburg (2000), S. 62.
4 Vgl. Homburg (2000), S. 62; Kornmeier (2007), S. 40.

thesen einer kritisch rationalen Überprüfung zu unterziehen.[1] Der Ansatz des kritischen Rationalismus lehnt die Möglichkeit ab, auf induktivem Wege zu gesicherten Erkenntnissen zu gelangen.[2]

Dabei zeichnet sich der kritische Rationalismus insbesondere durch das Falsifikationsprinzip[3] aus, das an die Stelle des Verifikationsprinzips tritt.[4] Demnach kann eine wissenschaftliche Aussage oder Theorie niemals verifiziert werden, sondern besitzt nur so lange Gültigkeit, bis sie durch Erfahrungstatsachen widerlegt/falsifiziert wurde.[5] Hier ist auch der wesentliche Unterschied zum logischen Positivismus zu suchen, der von einer Verifizierbarkeit wissenschaftlicher Aussagen ausgeht.[6] Wissenschaftliche Aussagen werden im Rahmen des kritischen Realismus daher zunächst logisch deduziert, um dann fortwährend kritischen Untersuchungen unterzogen und mit der Realität konfrontiert zu werden.[7] Schanz kritisiert in diesem Zusammenhang die mangelnde theoretische Fundierung vieler betriebswirtschaftlicher Arbeiten und fordert die konsequentere Anwendung kritisch-rationalistischer Grundsätze.[8]

Dem steht jedoch die Kritik entgegen, dass die strikte Anwendung der Prinzipien des kritischen Rationalismus im Rahmen sozialwissenschaftlicher Forschung realitätsfremd sei.[9] Insbesondere die strenge Forderung nach deduktivem Vorgehen wird in den Sozialwissenschaften kritisch gesehen.[10] Witte (1981) führt in diesem Zusammenhang an, dass als Folge einer zu strengen kritisch-rationalistischen Position eine „forschungsstrategisch unheilvolle Wirkung" auf junge Forschungsfelder zu befürchten sei, da sich (junge) Forscher aufgrund überzogener theoretischer Ansprüche von diesen abwenden könnten.[11]

Ein weiterer zentraler Kritikpunkt am kritischen Rationalismus im Rahmen sozialwissenschaftlicher Forschung bezieht sich auf den starken naturwissenschaftlichen Bezug der

---

1 Vgl. Popper (1965); für eine ausführliche Diskussion des kritischen Rationalismus vgl. Raffée (1974), S. 18 ff.; Fritz (1984), 77 ff.; Schanz (1988), S. 56 ff.

2 Der kritische Realismus ist nach Kern (1979) nicht nur im klassischen Rationalismus, sondern auch im klassischen Empirismus zu verorten.

3 Daher wird der kritische Rationalismus vielfach auch als Falsifikationismus beschrieben; Anderson (1983), S. 19.

4 Vgl. Klammer (2005), S. 56 f.

5 Vgl. Kromrey (1994), S. 30; Raab/Unger/Unger (2009), S. 13 ff. Die Falsifizierbarkeit setzt jedoch auch voraus, dass wissenschaftliche Thesen überprüfbar, das heißt nicht dogmatischer Natur sind. Vgl. Kromrey (1994), S. 29.

6 Vgl. Homburg (2000), S. 62.

7 Vgl. Popper (1965), S. 42 ff.

8 Vgl Schanz (1975b); Schanz (1975a).

9 Vgl. Witte/Grün/Bronner (1975), S. 797.

10 Vgl. Töpfer (2012), S. 116.

11 Witte (1981), S. 21.

Grundüberlegungen.[1] So setzt das Falsifikationsprinzip voraus, dass die Überprüfungen wissenschaftlicher Thesen unter Kontrolle aller relevanten Einflussfaktoren geschehen. Kann dieser Forderung in den Naturwissenschaften zumindest teilweise entsprochen werden,[2] so sind Beziehungen zwischen Konstrukten in den Sozialwissenschaften üblicherweise durch einen situativen Kontext geprägt.[3] Die Kontrolle aller Kontextfaktoren und damit eine zweifelsfreie Falsifikation einer Hypothese gestalten sich in der betriebswirtschaftlichen Forschung daher als schwierig.

Dem ist auch geschuldet, dass Hypothesen in Sozialwissenschaften in der Regel nicht deterministischer Art sind und eine Falsifikation auch diesbezüglich als schwierig angesehen wird.[4] wird.[4] Schließlich bezieht sich die Kritik am kritischen Rationalismus noch auf die mangelnde de Berücksichtigung der Messfehlerproblematik, die bei der Messung sozialwissenschaftlicher Phänomene immer eine Rolle spielt.[5] Ist ein Hypothesentest durch Messfehler verzerrt, so die Kritik, kann eine Hypothese auch nicht zweifelsfrei falsifiziert werden.[6]

Vor diesem Hintergrund hat der wissenschaftliche Realismus, der auch der vorliegenden Untersuchung als wissenschaftliche Leitidee zugrunde liegt, in der Wissenschaftstheorie stetig an Bedeutung gewonnen.[7] Der wissenschaftliche Realismus folgt der epistemologischen Leitidee des Realismus, der von einer Realität außerhalb des Bewusstseins ausgeht, ohne jedoch die naiv-realistische Sichtweise einer vom Menschen vollständig erfassbaren Realität zu akzeptieren.[8] Für den wissenschaftlichen Realismus lassen sich eine Reihe von Grundannahmen treffen, die auch für die vorliegende Untersuchung von großer Bedeutung sind:

- „Annahme der realen Existenz unbeobachtbarer theoretischer Basiseinheiten.
- Rückführbarkeit theoretischer Terme auf diese Basiseinheiten, somit also ebenfalls über das rein Beobachtbare hinausgehend.

---

1 Vgl. Homburg (2000), S. 64. An dieser Stelle wird die stark naturwissenschaftlich mathematische Prägung des Ansatzes, basierend auf dem logischen Positivismus, deutlich.

2 Vgl. Töpfer (2012), S. 115.

3 Vgl. Witte (1981), S. 18.

4 Vgl. Witte (1981), S. 19 f.; Martin (1989), S. 19 ff.; Popper hat dieses Problem jedoch erkannt und infolgedessen den Propensitätsansatz (vgl. Popper (1979), S. 312) entwickelt, der hier jedoch nicht weiter thematisiert werden soll.

5 Vgl. Homburg (2000), S. 65.

6 Vgl. Anderson (1983), S. 21; Martin (1989), S. 23 ff.

7 Vgl. Causey (1979), S. 192; Bartels (2007), S. 199 f.; Töpfer (2012), S. 127. Da sich für das Konzept noch keine einheitliche Terminologie etabliert hat, findet sich im Schrifttum zum Beispiel auch die Bezeichnung „modern empiricism". (Vgl. Hunt (1984)).

8 Vgl. auch im Folgenden Töpfer (2012), S. 128 f.

- Korrespondenztheoretische Wahrheitsauffassung; Theorien sind wahr oder falsch in Abhängigkeit davon, ob sie eine korrekte Beschreibung/ Erklärung der Wirklichkeit liefern oder nicht.
- Hieraus weitergeführt die Konvergenzannahme, dass Theorienreihen mit wachsender Wahrheitsähnlichkeit gegen „eine wahre" Gesamttheorie streben.
- Als Schlussfolgerung schließlich die Auffassung: Der Erfolg wissenschaftlicher Theorien ist empirisch überprüfbar und damit auch erklärbar."[1]

Hieraus lassen sich die wesentlichen Unterschiede, aber auch Parallelitäten zwischen dem wissenschaftlichen Realismus und dem kritischen Realismus erkennen. Dabei zeichnet sich der wissenschaftliche Realismus gegenüber dem kritischen Rationalismus in erster Linie durch die Akzeptanz einer induktiven Vorgehensweise aus.[2] Insbesondere erkennt der wissenschaftliche Realismus das Verifikationsprinzip an. Hypothesen können demnach nicht nur durch Falsifikation widerlegt, sondern bei hinreichender Übereinstimmung von Hypothese und empirischer Beobachtung auch bestätigt werden.[3] Infolgedessen wird auch in der vorliegenden Untersuchung von der „Bestätigung" einer Hypothese gesprochen.[4] Mit Blick auf das berühmte Beispiel zum Induktionsproblem der weißen und schwarzen Schwäne, nach dem die Hypothese „alle Schwäne sind weiß" auch nach noch so vielen Beobachtungen weißer Schwäne nicht verifiziert werden kann, stellt Töpfer (2012) fest:

> *„Diese Strenge der Falsifikation bei der induktiven Methode, die aus dem Schwäne-Beispiel von POPPER deutlich wird, ist von der wissenschaftstheoretischen Programmatik des Wissenschaftlichen Realismus dadurch abgeschwächt worden, dass explizit auch Bestätigungsgrade von Hypothesen respektive Ursachen- Wirkungs-Beziehungen in Theorien zum Ausdruck gebracht werden und damit zu einer vorläufigen Annahme der Theorie führen."*[5]

Ein weiterer Unterschied des wissenschaftlichen Realismus zum kritischen Realismus, dem in der empirischen sozialwissenschaftlichen Forschung eine große Bedeutung zukommt, ist die

---

1 Töpfer (2012), S. 128.

2 Vgl. Homburg (2000), S. 62 ff.

3 Vgl. Homburg (2000), S. 67. Den beiden Ansätzen ist jedoch gemein, dass sie grundsätzlich von der Widerlegbarkeit wissenschaftlicher Aussagen durch kritische Überprüfung ausgehen (Fallibilismus). Der wissenschaftliche Realismus unterstellt in diesem Zusammenhang lediglich eine Annäherung der wissenschaftlichen Arbeit an die absolute Realität. Vgl. Hunt (1990); Hunt (1992).

4 Vgl. Abschnitt 4.3.

5 Töpfer (2012), S. 65.

Anerkennung von Messfehlern und deren expliziter Einbezug.[1] Der wissenschaftliche Realismus weist hierbei „eine hohe Affinität zur Methodik der Kausalanalyse auf, die ja die explizite Berücksichtigung von Messfehlern ermöglicht“[2]. Weiterhin erkennt der wissenschaftliche Realismus die hohe Komplexität des situativen Kontexts in den Wirtschafts- und Sozialwissenschaften an, die in der Regel verhindert, dass Phänomene vollständig erfasst werden können.[3]

Gemeinsam ist den beiden Ansätzen ihre Grundannahme einer objektiven Wirklichkeit, die über die menschlich wahrnehmbare Wirklichkeit hinaus geht.[4] Darüber hinaus nimmt das Falsifikationsprinzip im wissenschaftlichen Realismus ebenfalls eine zentrale Rolle ein. Es steht jedoch (gleichberechtigt) neben dem Verifikationsprinzip und verliert damit seine dogmatische Natur.[5] Zusammenfassend kann dem wissenschaftliche Realismus ein hoher Realitätsbezug und damit eine große Eignung für die sozialwissenschaftliche Forschung attestiert werden.[6] Insbesondere seine Ausgewogenheit zwischen verschiedenen Extrempositionen der Wissenschaftstheorie wird immer wieder betont.[7]

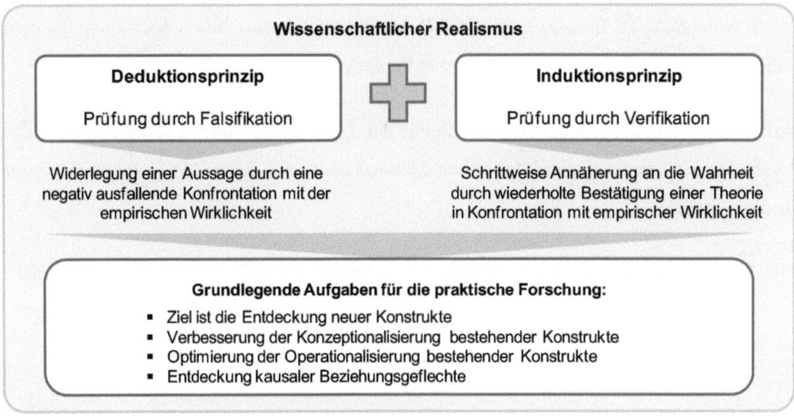

Abbildung 2-10: Prinzipien des wissenschaftlichen Realismus und ableitbare Forschungsaufgaben[8]

1 Vgl. Hunt (1990), S. 9.
2 Homburg (2000), S. 67 f.
3 Vgl. Töpfer (2012), S. 128 f.
4 Vgl. Töpfer (2012), S. 128.
5 Vgl. Töpfer (2012), S. 130.
6 Vgl. Homburg (2000), S. 68.
7 Vgl. Hunt (1991), S. 393. Vgl. hierzu auch Abbildung 2-9.
8 In Anlehnung an Töpfer (2012), S. 131. Vgl. auch Töpfer (2012), S. 130.

Weiterhin stützt sich die vorliegende Untersuchung auf die Leitidee des theoretischen Pluralismus, der eine Berücksichtigung verschiedener Theoriealternativen zur Erklärung eines Phänomens vorsieht.[1] Neben einer von Konkurrenz zwischen den Theorieansätzen geprägten Sichtweise („Ideenkonkurrenz“[2]) findet sich im Schrifttum auch ein komplementäres Verständnis.[3] Nach diesem Pluralismusverständnis, dem auch die vorliegende Arbeit folgt, können verschiedene Theorien bei der Erklärung eines Sachverhalts dienlich sein.[4] Dabei ist jedoch zu beachten, dass verschiedene Theorien nicht immer problemlos ineinander überführt werden können.[5] Demzufolge soll in der vorliegenden Untersuchung auf eine zentrale Theorieströmung fokussiert und alternative Theorieansätze lediglich ergänzend einbezogen werden.[6]

Ein weiteres Merkmal der wissenschaftstheoretischen Ausrichtung der vorliegenden Untersuchung ist der Einbezug des situativen Ansatzes (bzw. contingency approach[7]). Wie bereits im Rahmen der Auseinandersetzung mit dem wissenschaftlichen Realismus deutlich wurde, unterliegen sozialwissenschaftliche Phänomene in hohem Maße situativen Einflüssen.[8] Daraus folgt nach dem situativen Ansatz, dass es keine bestmögliche Handlungsweise, sondern verschiedene, dem jeweiligen situativen Kontext entsprechende Handlungsalternativen gibt.[9] In Anlehnung an Homburg (2000) soll der situative Ansatz hier jedoch nicht als eigenständige Theorie, sondern als „übergeordnete Perspektive“[10] verstanden werden.

Letztlich folgt die vorliegende Untersuchung der Leitidee des liberalen methodologischen Individualismus. Dieser methodologischen Leitidee liegt nach Fritz (1995) folgender Grundgedanke zugrunde:

> *„Den methodologischen Individualismus kennzeichnet jene Überzeugung, nach der soziale Phänomene mit Hilfe von Aussagen über individuelles Verhalten erklärt werden können.“*[11]

---

1 Vgl. hierzu Fritz (1984), S. 116 ff.; Töpfer (2012), S. 122.
2 Schanz (1973), S. 136.
3 Vgl. Fritz (1995), S. 26 f.
4 Vgl. Homburg (2000), S. 69.
5 Vgl. Freiling (2001b), S. 16 ff.
6 Vgl. zu diesem Vorgehen Schilke (2007), S. 29.
7 Vgl. zum Beispiel Zeithaml/Varadarajan/Zeithaml (1988). Für eine ausführliche Diskussion des situativen Ansatzes in der Organisationstheorie vgl. Kieser/Ebers (2006); Kieser/Walgenbach (2007).
8 Vgl. Witte (1981), S. 18.
9 Vgl. Staehle (1981), S. 215.
10 Homburg (2000), S. 70.
11 Fritz (1995), S. 28. Vgl. weiterführend auch Opp (1979); Diekmann (1995).

Organisationen können demnach als „Quasi-Handlungsträger“ verstanden werden, die sich durch ein „Quasi-Verhalten“ auszeichnen.[1] Damit stellt der liberale Individualismus den methodologischen Rahmen zur Verfügung, der es der vorliegenden Untersuchung erlaubt, Erfolgsfaktoren von Organisationen zu untersuchen, die sich im Kern auf das individuelle Verhalten der Organisationsmitglieder zurückführen lassen.[2]

Nach der methodologischen Leitidee des liberalen Individualismus können Kollektivaussagen in unternehmensbezogenen Untersuchungen (im Gegensatz zum radikalen Individualismus) jedoch auch dann anerkannt werden, wenn ihre Ableitung nicht direkt aus Individualaussagen erfolgt.[3] Der liberale methodologische Individualismus hat in diesem Zusammenhang eine große Verbreitung in der betriebswirtschaftlichen Forschung erlangt.[4]

2.3.2 Grundlegendes Forschungsdesign

In Anlehnung an Fritz (1995) lässt sich hinsichtlich des grundlegenden Forschungsdesigns nach zwei Kriterien differenzieren:[5]

- Untersuchungsziel: exploratorisch/konfirmatorisch
- Aussagenart: deskriptiv/explikativ/instrumentell

Im Bezug auf das Untersuchungsziel lässt sich zwischen exploratorischem, das sich auf das Erkunden beziehungsweise Entdecken wissenschaftlicher Zusammenhänge bezieht, und konfirmatorischem Vorgehen, das das Bestätigen von zuvor aufgestellten Hypothesen zum Ziel hat, unterscheiden. Da im Rahmen der vorliegenden Untersuchung zunächst theoriegeleitet Hypothesen deduziert werden, die im Anschluss durch empirische Tests untersucht werden, wird hier ein konfirmatorisches Untersuchungsziel verfolgt. Dabei fußt die Untersuchung des relativ jungen Forschungsfeldes der Open Innovation in der allgemeinen Innovations- und Innovationserfolgsfaktorenforschung, womit eine gute theoretische Basis für ein konfirmatorisches Vorgehen angenommen werden kann.[6]

---

1 Vgl. auch im Folgenden Fritz (1995), S. 28 ff.
2 Vgl. Janz (2004), S. 19.
3 Vgl. Goldstein (1978), S. 49 ff.
4 Vgl. Kirsch (1977), S. 96 ff.; Janz (2004), S. 18.
5 Vgl. im Folgenden Fritz (1995), S. 59 ff.
6 Vgl. hierzu auch Abschnitt 2.3.3.

Bezüglich der Aussagenart ist zu konstatieren, dass in der vorliegenden Untersuchung vor allem explikative und deskriptive, eingeschränkt jedoch auch instrumentelle, Aussagen getroffen werden. Die explikativen Hypothesen beziehen sich dabei insbesondere auf die Erklärung der Erfolgswirkung sowie den Einfluss situativer Faktoren. Die deskriptiven Aussagen beziehen sich auf die Zusammensetzung der komplexen Erfolgsfaktorenkonstrukte. Schließlich sollen in diesem Kontext auch instrumentelle Aussagen dergestalt getroffen werden, dass auf Basis der explikativ sowie deskriptiv gewonnen Erkenntnisse Handlungs- und Gestaltungsempfehlungen für die Managementpraxis abgeleitet werden.[1] Insgesamt stellt die Erklärung des Innovationserfolgs im Rahmen offener Innovation jedoch das primäre Ziel der vorliegenden Untersuchung dar. Demnach lässt sich das Forschungsdesign übergreifend als konfirmatorisch-explikativ beschreiben.

2.3.3 Theoretische Bezugspunkte

Im Open Innovation Schrifttum wurden bis heute diverse theoretische Ansätze herangezogen, um den Innovationserfolg von Unternehmen zu erklären.[2] Dabei ist jedoch zu beachten, dass keiner der Ansätze in der Lage ist, den Innovationserfolg vollständig zu erklären. Jeder Ansatz nimmt vielmehr eine spezielle Perspektive auf das Phänomen ein und es gilt dabei denjenigen Ansatz zu identifizieren, der den größten Erkenntnisbeitrag im Kontext der Open Innovation liefern kann.

Obgleich die Open Innovation ein vergleichsweise junges Feld der Management Forschung darstellt, haben mit der Ressourcentheorie (Resource-Based View) und dem organisationalen Lernen (Organizational Learning) zwei theoretische Basisansätze in den vergangenen Jahren besondere Beachtung erlangt.[3] In diesem Zusammenhang scheinen insbesondere der Ansatz dynamischer Fähigkeiten (Dynamic Capabilities View) und die Absorptionsfähigkeit (Absorptive Capacity) besonders geeignet, das Phänomen Open Innovation und seiner Erfolgswirkung zu beleuchten. Sowohl der Dynamic Capabilities View (2.3.3.1.4) als auch die Absorptive Capacity (2.3.3.2) sollen daher im Folgenden dargelegt und auf ihre Eignung für die Beantwortung der hier zugrunde gelegten Forschungsfragen hin untersucht werden. Zunächst soll jedoch allgemein auf den Resource-Based View und seine Weiterentwicklungen eingegangen werden (2.3.3.1).

1 Vgl. zu dieser Argumentation Giere (2007), S. 37.
2 Siehe hierzu Abschnitt 2.2.1.
3 Siehe hierzu Abschnitt 2.2.

2.3.3.1 Ressourcentheoretische Ansätze

Ressourcentheoretische Ansätze haben sowohl in der allgemeinen Innovationsforschung als auch in der Open Innovation-Forschung erhebliche Bedeutung erlangt.[1] Die Gründe hierfür sind vielfältig und sollen im Folgenden sowohl übergreifend als auch speziell für die verschiedenen Ausprägungen der ressourcentheoretischen Ansätze erläutert werden. Zunächst werden im Folgenden jedoch kurz die Ursprünge der Ressourcentheorie dargestellt.

Den ressourcentheoretischen Ansätzen ist gemein, dass sie unternehmensspezifische Ressourcen beziehungsweise Fähigkeiten zur Erklärung von Erfolgsunterschieden zwischen Unternehmen heranziehen und diesen einen zentralen Einfluss auf den nachhaltigen Unternehmenserfolg unterstellen.[2] Im Gegensatz zu anderen einflussreichen Ansätzen der betriebswirtschaftlichen Forschung, die den Unternehmenserfolg vor allem auf externe Einflüsse zurückführen,[3] rückt die Ressourcentheorie damit eine interne Sichtweise in den Betrachtungsfokus.[4] Diese unternehmensinterne Perspektive wird heute maßgeblich auf die Ausführungen zur Wachstumstheorie von Penrose (1959) zurückgeführt.[5]

Nach Ansicht von Penrose konstituiert sich ein Unternehmen aus verschiedenen Ressourcenarten.[6] Es unterscheidet sich von anderen Unternehmen sowohl durch die ihm eigenen Ressourcen als auch durch den Einsatz dieser Ressourcen (Productive Services). Penrose konstatiert hinsichtlich der Productive Services:

> *„Unused productive services are, for the enterprising firm, at the same time a challenge to innovate, an incentive to expand, and a source of competitive advantage. They facilitate the introduction of new combinations of resources - innovation - within the firm."*[7]

Damit betont die Autorin zu diesem frühen Zeitpunkt nicht nur die Bedeutung von Ressourcen, sondern auch bereits die später in den ressourcentheoretischen Ansätzen herausgestellte

1 Vgl. u.a. Leonard-Barton (1992); Iansiti/Clark (1994); Kusunoki/Nonaka/Nagata (1998); Verona (1999); Subramaniam/Venkatraman (2001); Lichtenthaler/Ernst/Lichtenthaler (2007); Vanhaverbeke/Cloodt/van de Vrande (2007); Herzog/Leker (2010).

2 Vgl. Bea/Haas (1997), S. 28. Henry (2008), S. 126.

3 Hier ist insbesondere der Market-Based View beziehungsweise Porters Five Forces-Modell zu nennen; vgl. Porter (1980).

4 Vgl. Barney (1986b), S. 1231 ff.; Barney (1991), S. 99 ff.; Peteraf (1993), S. 179 ff.; Barney/Ketchen/Wright (2011), S. 2 f.

5 Vgl. Wernerfelt (1984), S. 171; Killen et al. (2012), S. 526.

6 Vgl. Penrose (1959).

7 Penrose (1959), S. 85.

Fähigkeit zur Rekombination dieser Ressourcen.[1] Ebenfalls finden sich hier bereits Hinweise auf die Bedeutung der Innovation im Kontext der Rekombination von unternehmensspezifischen Ressourcen.

Eine erneute Fokussierung auf unternehmensinterne Ressourcen erfolgte jedoch erst Mitte der 1980er Jahre mit der Begründung der eigentlichen Ressourcentheorie, dem sogenannten Resource-Based View.[2] Infolge dessen gewann die ressourcenorientierte Denkweise in der Managementforschung stetig an Bedeutung, was sich auch in einem kontinuierlichen Anstieg der konzeptionellen Arbeiten auf Basis des Resource-Based View manifestierte.[3] Ab 1990 erfuhr der klassische Resource-Based View verschiedene Weiterentwicklungen, in denen insbesondere die Bedeutung von Fähigkeiten erneut herausgestellt wurde.[4] Als zentrale Ansätze sind hier der Capability- beziehungsweise Dynamic-Capability-View sowie der Kompetence-Based-View zu nennen.

2.3.3.1.1 Die klassische Ressourcentheorie

Wie bereits dargelegt, finden sich einige Ideen des Resource-Based View (RBV), vermehrt auch als Resource-Based Theory bezeichnet[5], bereits im klassischen Werk von Penrose über das Wachstum von Unternehmen.[6] Der eigentliche RBV, wie er heute verstanden wird, nahm jedoch erst seit den 1980er Jahren Gestalt an.[7] Als wegweisende Arbeiten sind hier insbesondere die Beiträge von Lippman/Rumelt (1982) sowie Rumelt (1984) zu nennen, die unter anderem das für den Ansatz wichtige Konzept der Isolationsmechanismen[8] wie zum Beispiel Unimitierbarkeit und kausale Ambiguität von Ressourcen beschrieben.[9] Als einer der Begründer des RBV gilt auch Wernerfelt (1984), der nicht nur den Fokus auf die internen Ressourcen von Unternehmen richtete, sondern auch den Terminus Resource-Based View ein-

---

1 Vgl. Mahoney/Pandian (1992), S. 365.

2 Vgl. Wernerfelt (1984), S. 171 ff; vgl. hierzu auch Wernerfelt (1995), S. 171 ff; Barney/Ketchen/Wright (2011), S. 2.

3 Vgl. Barney/Ketchen/Wright (2011), S. 2 ff.

4 Vgl. Prahalad/Hamel (1990), S. 79 ff. Anklänge hierzu finden sich bereits bei Penrose; vgl. Mahoney/Pandian (1992), S. 365.

5 Vgl. Barney/Ketchen/Wright (2011), S. 1304.

6 Vgl. Penrose (1959).

7 Vgl. Barney/Ketchen/Wright (2011), S. 1300.

8 Isolationsmechanismen begründen im Rahmen des RBV die Nachhaltigkeit des Wettbewerbsvorteils: "The importance of isolating mechanisms in business strategy is that they are the phenomena that make competitive positions stable and defensible" Rumelt (1997), S. 141. Das Schrifttum identifiziert eine ganze Reihe verschiedener Isolationsmechanismen. Häufig genannt werden beispielsweise Pfadabhängigkeit, kausale Ambiguität, Akkumulationseffekte und soziale Komplexität. Vgl. hierzu Lippman/Rumelt (1982); Rumelt (1984); Barney (1991); Freiling (2001a).

9 Vgl. Lippman/Rumelt (1982); Rumelt (1984).

führte[1]. In der Folge wurde der Resource-Based View insbesondere durch Barney (1991) weiter verfeinert und vorangetrieben.[2] Entsprechend soll der vorliegenden Arbeit auch die Definition von Barney zugrundegelegt werden, die Ressourcen wie folgt beschreibt:

> „...*resources include all assets, capabilities, organizational processes, firm attributes, information, knowledge, etc. controlled by a firm that enable the firm to conceive of and implement strategies that improve efficiency and effectiveness.*"[3]

Der RBV versteht eine Organisation beziehungsweise ein Unternehmen als Ressourcenbündel.[4] Diese Ressourcen können sowohl tangibler als auch intangibler Natur sein. Dabei geht der RBV davon aus, dass Ressourcen und Fähigkeiten nicht gleichmäßig über konkurrierende Organisationen verteilt sind, und nutzt diese Heterogenität, um Erfolgsunterschiede der Organisationen über ihre idiosynkratische Ressourcenausstattung zu erklären.[5] Ressourcen, die im Sinne des RBV geeignet sind, die Basis für nachhaltige Wettbewerbsvorteile zu bilden, zeichnen sich nach Barney durch vier Eigenschaften (VRIN-Attribute) aus:[6]

- Wertvoll (valuable)
- Selten (rare)
- Begrenzt imitierbar (imperfectly imitable)
- Nicht substituierbar (non-substitutable)

Als weitere Eigenschaften wettbewerbsrelevanter Ressourcen nennen einige Autoren die begrenzte Transferierbarkeit („perfect immobility" beziehungsweise „imperfect mobility"[7]) wettbewerbsrelevanter Ressourcen.[8] Allerdings treffen diese Eigenschaften primär auf intangible Ressourcen zu. Infolgedessen hat sich im RBV-Schrifttum die Sichtweise etabliert, dass intangible Ressourcen deutlich stärker als tangible Ressourcen zum Wettbewerbsvorteil beitragen können.[9] Solche Ressourcen konstituieren sich insbesondere durch explizites und

---

1 Vgl. Wernerfelt (1984).
2 Für eine ausführliche Darstellung der Entwicklung des RBV sei an dieser Stelle auf Barney/Ketchen/Wright (2011) verwiesen.
3 Barney (1991), S. 101.
4 Vgl. Wernerfelt (1984), S. 171 f.; Eisenhardt/Martin (2000), S. 1105.
5 Vgl. Wernerfelt (1984), S. 171 ff.; Barney (1991); S. 99 ff.
6 Vgl. Barney (1991), S. 105 ff. Für eine weiterführende Darstellung des Ressourcenbegriffs im RBV vgl. Henry (2008), S. 127 ff.
7 Peteraf (1993), S. 183.
8 Vgl. Grant (1991), Peteraf (1993), S. 183 f.; Freiling (2001b), S. 99 ff.
9 Vgl. Ray/Barney/Muhanna (2004), S. 26.

implizites Wissen, das sich wiederum in den Fähigkeiten des Unternehmens ausdrückt.[1] Die Bedeutung von Wissen und Fähigkeiten findet in der weiteren Entwicklung des RBV nochmals stärkere Beachtung.[2] Im Folgenden sollen die Weiterentwicklungen des RBV daher gesondert betrachtet werden. Dabei ist jedoch zu beachten, dass die Weiterentwicklungen des RBV verschieden stark aufeinander aufbauen[3] und sich daher Interdependenzen zwischen den den Ansätzen beobachten lassen.[4]

Insbesondere der Wissensbegriff und das organisationale Lernen finden sich in allen drei Ansätzen wieder. Daher wird hier zunächst der Knowledge-Based View betrachtet, der sich vollständig dem Wissensaspekt im Rahmen des RBV widmet, und aus dem wichtige Erkenntnisse für die im Anschluss beschriebenen Ansätze, insbesondere für den Dynamic-Capabilities View, abgeleitet werden können.

2.3.3.1.2 Die Bedeutung von Wissen in der Ressourcentheorie

Wissen als erfolgsrelevante Ressource hat in den letzten zwei Jahrzehnten stetig an Bedeutung gewonnen. Für zahlreiche Autoren des ressourcentheoretischen Schrifttums stellt Wissen demnach die bedeutendste aller Unternehmensressourcen dar.[5] Im Zuge dessen hat sich der Begriff des Knowledge-Based View (KBV) herausgebildet,[6] der die Bedeutung des Wissens für die ressourcenorientierte Theoriebildung auch terminologisch unterstreicht. Das Unternehmen kann im Rahmen des KBV nach Kogut und Zander wie folgt beschrieben werden:

> *„A firm is a repository of knowledge that consists of how information is coded and action coordinated"*[7]

Der Knowledge-Based View beschäftigt sich demzufolge mit der Ressource Wissen und wie diese Ressource in Lernprozessen kreiert sowie verändert werden und zum nachhaltigen

---

1 Vgl. Rumelt/Schendel D.E./Teece D.J (1994), S. 9 ff; Killen et al. (2012), S. 526.
2 Vgl. hierzu die folgenden Abschnitte 2.3.3.1.2 bis 2.3.3.1.4.
3 Vgl. Coombs/Metcalfe (2000), S. 219.
4 Vgl. Sammerl (2006), S. 160. Teilweise haben sich die Ansätze jedoch auch parallel weiterentwickelt, so dass eine trennscharfe Abgrenzung der ressourcentheoretischen Ansätze kaum möglich erscheint. Die nachfolgende Einteilung dient daher zentral der Übersichtlichkeit und erhebt keinen Anspruch auf eine vollständige Ausdifferenzierung der verschiedenen Strömungen innerhalb des RBVs.
5 Vgl. Teece (1998), S. 75; DeCarolis/Deeds (1999), S. 954.
6 Vgl. Grant (1997), S. 450 ff. Eingeführt wurde der Begriff von Spender/Grant (1996) im Rahmen eines Special Issues des Strategic Management Journals; vgl. Al-Laham (2003), S. 132.
7 Kogut/Zander (1993), S. 626.

Wettbewerbsvorteil beitragen kann.[1] Zunächst soll im Folgenden daher auf Wissen als zentrale Unternehmensressource und anschließend auf das organisationale Lernen im Rahmen des KBV eingegangen werden. Dabei ist festzustellen, dass der Wissensbegriff insgesamt sehr heterogen verwendet wird.[2] Dies ist nicht zuletzt darauf zurückzuführen, dass Wissen in unterschiedlichen wissenschaftlichen Disziplinen, wie zum Beispiel der Psychologie oder der Informatik, zum Teil sehr unterschiedlich konnotiert ist.[3] Doch auch in der Betriebswirtschaftlehre wird der Wissensbegriff heterogen verwendet und nur selten präzise erfasst.[4] Die vorliegende Untersuchung folgt der Auffassung von Al-Laham, der einen möglichst breiten Wissensansatz verfolgt:

> *„Wissen als unternehmungsspezifische Ressource umfasst all diejenigen Informationen, Kenntnisse und Fähigkeiten, die dem jeweiligen Akteur zur Verfügung stehen und die er bewusst oder unbewusst zur Lösung von Aufgaben und Problemen verwendet.“*[5]

Wissen kann demnach vor allem als das Vermögen von Wissensträgern (individuell oder organisatorisch) verstanden werden, Probleme zu lösen.[6] Darüber hinaus wird im Schrifttum oft betont, dass Wissen das Resultat von Lernprozessen darstellt.[7] Es zeigt sich weiter, dass zur Erklärung des Wissensbegriffs häufig auf den Begriff der Information zurückgegriffen wird. Dieser Rekurs hat in der betriebswirtschaftlichen Forschung eine lange Tradition.[8] In der vorliegenden Untersuchung sollen Informationen in Anlehnung an Erkenntnisse aus der Semiotik[9] als eine Voraussetzung zur Wissensbildung verstanden werden.

Weiterhin hat sich im Schrifttum die Sichtweise etabliert, dass es verschiedene Wissensarten gibt.[10] Hierzu existiert eine Vielzahl von Systematisierungsansätzen, von denen im Folgenden jedoch nur drei für die Untersuchung besonders relevante herausgestellt werden sollen. Zunächst kann Wissen in diesem Kontext nach seiner Handlungsorientierung differenziert

---

1 Vgl. Grant (1996), S. 375 ff.; Spender (1996), S. 45 ff,;Subramaniam/Venkatraman (2001), S. 371. Dabei ist zu beachten, dass der KBV aufgrund der Berücksichtigung von implizit dynamischen - da zeitabhängigen - Lernprozessen wie auch der an anderer Stelle (2.3.3.1.4) beschriebene Dynamic-Capabilities View zu den dynamischen ressourcentheoretischen Ansätzen gezählt werden kann. Vgl. Burmann (2002), S. 184 f.

2 Vgl. Grant (1997), 450 ff.; Spender/Marr (2005), S. 183 ff.

3 Vgl. Al-Laham (2003), S. 23 f.

4 Vgl. Burmann (2002), S. 188 f.

5 Al-Laham (2003), S. 43.

6 Vgl. hierzu auch Gries (1997), S. 29.

7 Vgl. hierzu beispielsweise Güldenberg (2003), S. 165.

8 Vgl. Al-Laham (2003), S. 27.

9 Hier wird zwischen Zeichen, Daten, Informationen und Wissen differenziert, vgl. Rehäuser/Krcmar (1996), S. 5 ff.

10 Vgl. Gupta/Sharma (2004), S. 3 ff.

werden.[1] Im Schrifttum finden sich diesbezüglich die Begriffe „knowing-that“ und „knowing-„knowing-how“.[2] „Knowing-that“ wird dabei als Beschreibung für theoretisches Wissen aufgefasst, das sich wiederum in Wissen über kausale Zusammenhänge („knowing-why“) und reines Faktenwissen („knowing-what“) unterteilen lässt.[3] Demgegenüber zeichnet sich „knowing-how“ durch seinen Handlungsbezug aus. Handlungsbezogenem Wissen kommt im Rahmen des KBV eine besondere Bedeutung zu, da es den Wissensträger befähigt, theoretisches Wissen intentional anzuwenden, wodurch letztlich erst ein Beitrag zur Zielerreichung erbracht werden kann.[4] Abbildung 2-11 verdeutlicht die Zusammenhänge zwischen den oben genannten Wissensarten.

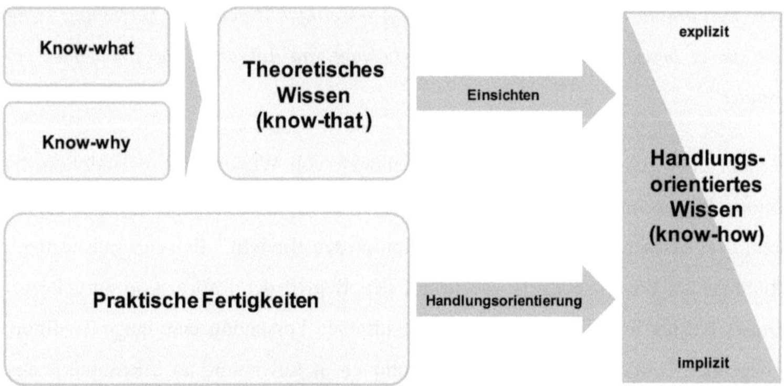

Abbildung 2-11: Abgrenzung des Wissensbegriffs[5]

Wie ebenfalls in Abbildung 2-11 dargestellt, kann Wissen nach Nonaka/Takeuchi (1995) in impliziter oder expliziter Form vorliegen.[6] Während explizites Wissen artikulierbar und damit damit auch dokumentationsfähig ist, kann implizites Wissen nicht in Worte gefasst und entsprechend schlecht transferiert werden.[7] Implizites Wissen wird vor allem in Lernprozessen akkumuliert und entspricht besonders den im Rahmen des RBV geforderten VRIN-

[1] Vgl. auch im Folgenden Burmann (2002), S. 192 ff.
[2] Die Bezeichnungen gehen bereits auf Ryle (1949), S. 25 ff. zurück.
[3] Vgl. Loasby (1998), S. 165.
[4] Vgl. Burmann (2002), S. 197 f.
[5] In Anlehnung an Burmann (2002), S. 198; ähnlich Sammerl (2006), S. 182.
[6] Vgl. Nonaka/Takeuchi (1995). Diese Wisseneinteilung lässt sich jedoch schon auf Polanyi (1967) zurückführen. Für implizites Wissen ist in der angloamerikanischen Forschung auch der Begriff tacit knowledge gebräuchlich. Vgl. Nonaka/Takeuchi (1995), S. 8; Nonaka/Toyama/Nagata (2000), S. 5.
[7] Vgl. Al-Laham (2003), S. 32 f.

Eigenschaften für erfolgsrelevante Ressourcen.[1] Nach dem KBV sind es jedoch weniger die Ressourcen selbst, die den Wettbewerbsvorteil ermöglichen, sondern vielmehr die sich in Lernprozessen manifestierenden Fähigkeiten zur Anpassung der Ressourcenbasis.[2]

Darüber hinaus kann nach der Art des Wissensträgers differenziert werden.[3] Im Kontext der vorliegenden Untersuchung ist dabei insbesondere festzustellen, dass Wissen nicht nur als individuelles Wissen, sondern auch als kollektives Wissen vorliegen kann.[4] Obgleich die Begriffe des kollektiven und organisationalen Wissens in der Literatur oftmals synonym verwendet werden,[5] lässt sich kollektives Wissen danach unterscheiden, ob es von bestimmten ten Gruppen beziehungsweise Wissensgemeinschaften geteilt wird, oder ob alle Mitglieder einer Organisation darauf Zugriff haben.[6] Letzteres Begriffsverständnis soll in der vorliegenden Untersuchung als organisationales Wissen verstanden werden. Organisationales Wissen stellt in diesem Zusammenhang institutionalisiertes Wissen dar, welches sich in gemeinsamen Wirklichkeitsinterpretationen, „overlapping information" [7], Routinen und Handlungstheorien manifestiert.[8] Allen Arten kollektiven Wissens liegt die Vorstellung zugrunde, dass das Ge- Gemeinschaftswissen über die Summe des individuellen Wissens hinaus geht.[9]

Im Rahmen des KBV gilt individuelles sowie organisationales Wissen und dessen Anwendung als Grundstein organisationaler Fähigkeiten.[10] Dabei gilt, dass der Umfang des integrierten Wissens maßgeblich von der Komplexität der Fähigkeit beeinflusst wird.[11] Beispielsweise ist für organisationale Innovationsfähigkeit eine sehr große Bandbreite individuellen sowie organisationalen Wissens notwendig.[12] Mit dem Ausmaß des Wissens, das in einer Fähigkeit integriert ist, steigt gleichzeitig auch ihre Bedeutung als einzigartige Ressource.[13] Dabei stellt Individualwissen den Kern des organisationalen Wissens dar,[14] indem es in Akkumulations- und Integrationsprozessen zu organisationalem Wissen und Fähigkeiten kombiniert wird.

1 Siehe hierzu die Ausführungen in Abschnitt 2.3.3.1.1.
2 Vgl. Al-Laham (2003), S. 161 ff.
3 Vgl. auch im Folgenden Güldenberg (2003), S. 195 ff.
4 Aufgrund des hier gewählten Untersuchungsfokus soll sich der Wissensbegriff, sofern nicht anders spezifiziert, im Folgenden auf kollektives (hier im Sinne von organisatorischem) Wissen, beziehen.
5 Vgl. Güldenberg (2003), S. 198.
6 Vgl. Güldenberg (2003), S. 199.
7 Nonaka (1994), S. 28.
8 Vgl. Argyris/Schön (1974), S. 6 ff; Nelson/Winter (1982), S. 128 ff.; Nonaka (1994), S. 28 ff.
9 Vgl. Amelingmeyer (2004), S. 65.
10 Vgl. Iansiti/Clark (1994), S. 559 f.; Sánchez/Heene (1997), S. 8 f.; Teece (1998), S. 75; Kusunoki/Nonaka/Nagata (1997), S. 700. Siehe zu Fähigkeiten auch Abschnitt 2.3.3.1.3.
11 Vgl. auch im Folgenden Grant (1996), S. 377 ff.
12 Vgl. Sammerl (2006), S. 183.
13 Dies lässt sich u.a. auf erhöhte kausale Ambiguität zurückführen, vgl. Dierickx/Cool (1989), S. 1508 f.
14 Vgl. Burmann (2002), S. 198 ff.

Lernprozesse stellen damit die zweite zentrale Komponente des KBV dar. Dabei hat sich im Schrifttum die Sichtweise etabliert, dass die Prozesse zum Aufbau, zum Erhalt und zur Restrukturierung der organisationalen Wissensbasis noch erfolgsrelevanter sind als die Ressource Wissen selbst.[1] Damit beinhaltet der KBV explizit eine dynamische prozessuale Komponente.[2] Erst der Aufbau und die Anpassung von wissensbasierten Ressourcen in oftmals langfristigen Lernprozessen, die, wie die vorangegangenen Ausführungen verdeutlicht haben, nicht beziehungsweise kaum handelbar sind, führen demnach zu Unternehmensheterogenität und nicht substituierbaren Wettbewerbsvorteilen.[3] Entscheidend ist dabei jedoch auch die Handlungsschnelligkeit des Unternehmens, die bestimmt, wie zeitnah das Unternehmen die Wissensbasis verändern oder ausbauen kann.[4] March (1991) verdeutlicht die Bedeutung organisationalen Lernens wie folgt:

> *„Organizations store knowledge in their procedures, norms, rules, and forms. They accumulate such knowledge over time learning from their members. At the same time, individuals in an organization are socialized to organizational beliefs.“*[5]

Dies wirft insbesondere die Frage auf, wie organisationales Wissen akkumuliert werden kann. Analog zur Unterscheidung verschiedener Wissensarten anhand des Wissensträgers kann im Rahmen von Lernprozessen differenziert werden, auf welcher Ebene das Lernen stattfindet. Mögliche Ebenen des Lernens sind das individuelle Lernen, das kollektive Lernen sowie das organisationale Lernen.[6] Für die vorliegende Untersuchung ist vor allem das organisationale Lernen (organizational Learning) von Bedeutung, welches jedoch maßgeblich durch individuelle Lernprozesse geprägt ist.[7] Das Schrifttum zum organisationales Lernen lässt sich in Anlehnung an Shrivastava (1983) wiederum in verschiedene Forschungsströmungen unterteilen:[8]

- Adaptive Learning – Organisationales Lernen als Anpassungsprozesse
- Assumption Sharing – Organisationales Lernen auf Basis geteilter Annahmen

---

1 Vgl. Dierickx/Cool (1989),S. 1508 ff.; Al-Laham (2003), S. 161.

2 Siehe hierzu auch Abschnitt 2.3.3.1.4.

3 Vgl. Dierickx/Cool (1989), S. 1510.

4 Vgl. Al-Laham (2003), S. 161.

5 March (1991), S. 73.

6 Vgl. Al-Laham (2003), S. 52 ff.

7 Vgl. Argyris/Schön (1978), S. 20. Im Rahmen der vorliegenden Untersuchung kann auf das Konzept des organisationalen Lernens nur überblickartig eingegangen werden. Für eine umfassendere Darstellung vgl. Pautzke (1989); Easterby-Smith/Araujo/Burgoyne (1999); Argyris (1999); Dierkes et al. (2003).

8 Vgl. auch im Folgenden Shrivastava (1983), S. 9 ff. Der Autor nennt mit „institutionalized experience“ noch eine vierte Strömung, die hier aber nicht näher ausgeführt werden soll.

- Development of Knowledge Base – Organisationales Lernen als Erweiterung der Wissensbasis

Unter „Adaptive Learning“ lassen sich vor allem die Ansätze von March[1] sowie Nelson und Winter[2] subsumieren, die auf Umweltveränderungen als Auslöser für Lernprozesse abstellen. Dabei gilt der Ansatz von March als einer der ersten organisationstheoretisch basierten Konzepte organisationalen Lernens.[3] Darauf aufbauend haben Nelson und Winter insbesondere das Konzept organisatorischer Routinen, das auch im Rahmen ressourcentheoretischer Forschung eine große Rolle spielt, weiter vorangetrieben. Individuelles Verhalten spielt bei den Ansätzen des „Adaptive Learning“ nur eine untergeordnete Rolle.[4]

Der Ansatz des „Assumption Sharing“ (Abbildung 2-12), der maßgeblich durch die Arbeiten von Argyris geprägt wurde, geht davon aus, dass organisationale Lernprozesse auf Basis gemeinsamer Annahmen hinsichtlich sogenannter Handlungstheorien darstellbar sind.[5] Entsteht eine Diskrepanz zwischen dem Ergebnis von Handlungen und der zugrundeliegenden Handlungstheorie, setzen nach Ansicht der Autoren Lernprozesse ein.[6]

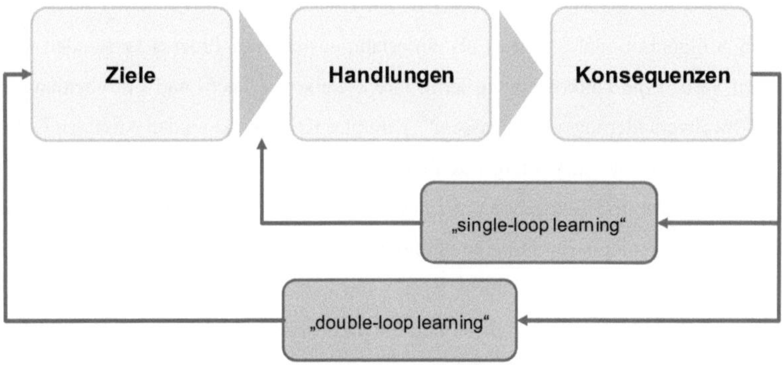

Abbildung 2-12: „Single-loop learning“und „double-loop learning“[7]

1 Vgl. Cyert/March (1963); March/Olsen (1975); Levitt/March (1999).
2 Vgl. Nelson/Winter (1982).
3 Vgl. Al-Laham (2003), S. 59.
4 Dies gilt auch als einer der zentralen Kritikpunkte der Ansätze. Vgl. Al-Laham (2003), S. 65.
5 Vgl. Argyris/Schön (1978), S. 18 ff; Argyris (1999), S. 31 ff.
6 Vgl. Argyris (1999), S. 31.
7 In Anlehnung an Argyris (1999), S. 68.

Dabei unterscheidet Argyris (1999) je nach Tragweite zwischen zwei verschiedenen Arten organisationalen Lernens.[1] Das sogenannte „single-loop learning“ läuft weitgehend automatisiert ab und beinhaltet die „einfache“ Anpassung von Handlungen. Hingegen bezeichnet „double-loop learning“ die Anpassung der Handlungstheorie selbst.

Der Ansatz des Lernens als „development of Knowledge Base”[2] nimmt an, dass eine organisationale Wissensbasis besteht, die im Rahmen organisationalen Lernens erweitert oder verändert werden kann. Ein wichtiger konzeptioneller Ansatz hierzu stammt von Pautzke, der seinen Ansatz der evolutionären Führungslehre von Kirsch entlehnt.[3] Pautzke legt ein Schichtenmodell vor, in dem Wissen je nach seiner Bedeutung für organisatorische Entscheidungsprozesse angeordnet ist und aus dem sich verschiedene Arten organisationalen Lernens ableiten lassen.[4]

Obgleich die vorgestellten Strömungen und die daraus hervorgegangen Ansätze sehr heterogener Natur sind, lassen sich daraus zentrale Erkenntnisse ableiten, die für die vorliegende Untersuchung von hoher Relevanz sind.[5] Demnach stellt organisationales Lernen einen unternehmensspezifischen Prozess dar, der sich zwar durch individuelles Lernen konstituiert, aber auf übergeordneter sozialer Ebene abläuft.

Weiter kann organisationales Lernen als ein erfahrungsbasierter Prozess verstanden werden, „in dessen Verlauf die Unternehmung lernt, ihre Ziele sowie Such- und Entscheidungsroutinen an Umweltveränderungen anzupassen.“[6] Zentraler Kritikpunkt an den Ansätzen ist hingehingegen die mangelnde Erklärung des Zusammenwirkens der verschiedenen Lernebenen. Hier setzten Nonaka und Takeuchi an, die den Prozess der „organizational knowledge creation“[7] in eine epistemologische und eine ontologische Dimension zerlegen (Abbildung 2-13).[8] Im Modell von Nonaka und Takeuchi wird Wissen in die Unternehmung aufgenommen, indem es in einer Abfolge aus Sozialisierung, Externalisierung, Kombination und Internalisierung im Unternehmen eingebettet wird.

1 Vgl. im Folgenden Argyris (1999), S. 31 ff.
2 Shrivastava (1983), S. 10.
3 Vgl. Pautzke (1989).
4 Vgl. auch weiterführend Pautzke (1989), S. 76 ff.
5 Vgl. auch im Folgenden Al-Laham (2003), S. 76.
6 Al-Laham (2003), S. 76.
7 Nonaka (1994), S. 14.
8 Vgl. Nonaka (1994), S. 14 ff.; Nonaka/Takeuchi (1997), S. 62 ff.

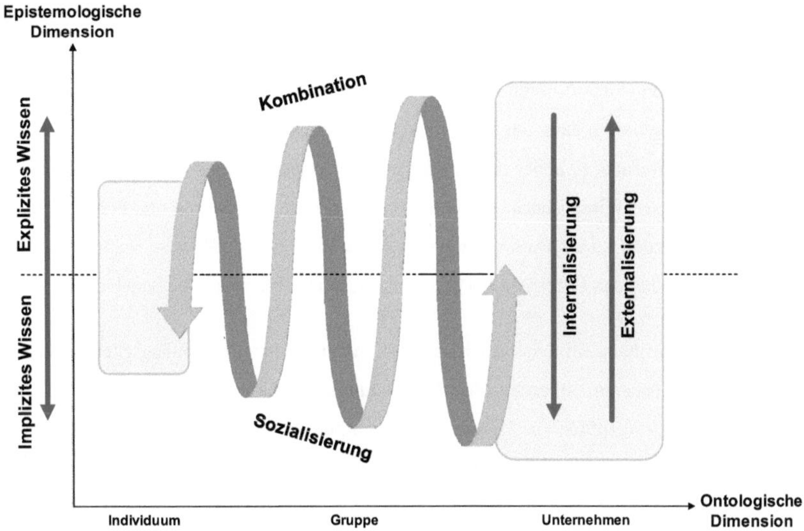

Abbildung 2-13: Wissensbeschaffung im Unternehmen[1]

Hinsichtlich der epistemologischen Dimension findet eine ständige Umwandlung von implizitem zu explizitem Wissen und umgekehrt statt. Implizites Wissen wird durch Sozialisierung, explizites Wissen durch Kombination mit vorhandenem Wissen auf der nächsthöheren Wissensebene verankert. Die Vermehrung des individuellen Wissens gelingt demnach „über die Verknüpfung und Anreicherung mit dem Wissen anderer Mitarbeiter auf derselben und vor allem höheren organisationalen Ebenen.“[2] Die Autoren betonen weiterhin die für die vorliegende Untersuchung besonders bedeutsame Erkenntnis, dass neues Wissen oftmals nur durch Kombination mit Wissen außerhalb des Unternehmens geschaffen werden kann.[3] Der Ansatz von Nonaka und Takeuchi verdeutlicht damit in besonderem Maße die Relevanz der Fähigkeit zur Absorption internen und externen Wissens als Voraussetzung zum Aufbau organisationalen Wissens.[4]

1 In Anlehnung an Nonaka/Takeuchi (1997), S. 87.

2 Burmann (2002), S. 256. Ein ähnlich umfassender Ansatz findet sich bei Burmann (2002). Der Autor bezeichnet die Sozialisierung impliziten Wissens durch Anhäufung von Erfahrungen und persönlichen Kontakten auch als Wissenstransfer, die Kombination expliziten Wissens auch als Wissenskombination.

3 Vgl. Nonaka/Takeuchi (1997), S. 20.

4 Auch Kogut/Zander (1992), S. 385 weisen explizit auf die Bedeutung internen sowie externen Lernens für das Unternehmen hin.

Eine Konzeption der organisationalen Fähigkeit zur Absorption von Wissen findet sich bereits bei Cohen/Levinthal (1990).[1] Die Kernaussage des Ansatzes liegt darin, dass die Fähigkeit zur Aufnahme neuen Wissens maßgeblich vom im Unternehmen bestehenden Wissen beeinflusst wird. Der Ansatz von Cohen/Levinthal (1990) basiert damit stark auf Theorien des individuellen Lernens. Analog hierzu kann das Unternehmen neues Wissen umso effizienter aufnehmen beziehungsweise erlernen, je näher das Wissen an dem vorhandenen liegt. Demzufolge führt eine möglichst breite Wissensbasis auch dazu, dass neues Wissen aus anderen Bereichen leichter erlernt werden kann. Damit hängt die Absorption neuen Wissens maßgeblich von Pfaden ab, auf die sich das Unternehmen beim Aufbau seiner Wissensbasis begeben hat.

In diesem Zusammenhang sei daher nochmals das Phänomen der Pfadabhängigkeit aufgegriffen.[2] Im Rahmen ressourcentheoretischer Überlegungen wurde immer wieder betont, dass zukünftige Entwicklungspfade von Unternehmen sich nur innerhalb gewisser Grenzen abspielen können.[3] Diese Grenzen sind durch die historischen Entwicklungspfade des Unternehmens determiniert. Bezogen auf die Lernfähigkeit von Unternehmen bedeutet dies, dass die Historie, in diesem Zusammenhang vor allem das in der Vergangenheit akkumulierte Wissen und die historischen Lernpfade, einen Bereich effektiven organisationalen Lernens vorgibt. Lernprozesse im Allgemeinen und Absorptive Capacity im Speziellen sind damit in höchstem Maße unternehmensspezifisch und im Sinne des RBV ein entscheidender Erfolgsfaktor.

Ebenfalls von großer Bedeutung für die vorliegende Untersuchung ist der Ansatz von March (1991), der hier in engem Zusammenhang mit der Absorptionsfähigkeit zu sehen ist.[4] Der Autor unterscheidet in seinem vielbeachteten Ansatz zwischen exploitativem und explorativem Lernen.[5] Unter Exploitation ist demnach die Ausschöpfung der im Unternehmen beziehungsweise dem direktem Unternehmensumfeld bestehenden Wissens- und Kompetenzbasis zu verstehen. Exploration beschreibt hingegen die radikale Abkehr von der bestehenden Wissensbasis und die Entwicklung neuer, innovativer Problemlösungsansätze.[6] Um Explora-

[1] Eine ausführliche Betrachtung der Absorptionsfähigkeit und ihrer verschiedenen Konzeptionen beziehungsweise Operationalisierungen findet sich in Abschnitt 2.3.3.2.

[2] Vgl. Abschnitt 2.3.3.1.1.

[3] Vgl. Dierickx/Cool (1989), S. 1506 f.; Barney (1991), S. 108; Mahoney/Pandian (1992), S. 369.

[4] Vgl. hierzu auch Lichtenthaler (2009a), S. 824 ff.

[5] Vgl. auch im Folgenden March (1991), S. 71 ff.

[6] Die Fähigkeit Exploration und Exploitation auszubalancieren (Trade-off) wird im Schrifttum meist als „Ambidexterity“ bezeichnet. Vgl. u.a. Tushman/O'Reilly (1996), S. 8 ff.; Gibson/Birkinshaw (2004), S. 209 f.; Raisch/Birkinshaw (2008), S. 375 ff.; Jansen et al. (2009), S. 797.

tion zu realisieren, müssen Umweltinformationen einbezogen und somit externe Wissensquellen erschlossen werden.[1]

Weiterhin sind Lernprozesse, wie die vorangegangenen Ausführungen verdeutlicht haben, von so hoher Komplexität, dass der kausale Zusammenhang zwischen der Ressourcenbasis und dem erzielten Wettbewerbsvorteil zumeist nicht zweifelsfrei identifiziert werden kann.[2] Organisationale Lern- und Akkumulationsprozesse sind in der Regel so intransparent, dass das betreffende Unternehmen selbst nicht in der Lage ist, sie abzubilden. Dieses als kausale Ambiguität (causal ambiguity) bezeichnete Phänomen führt dazu, dass diese Prozesse nicht durch Wettbewerber imitierbar sind. Die dargestellte inhaltliche sowie prozessuale Dimension von Wissen lässt sich in Anlehnung an Al-Laham abschließend zu einem konzeptionellen Bezugsrahmen des KBV integrieren (Abbildung 2-14).

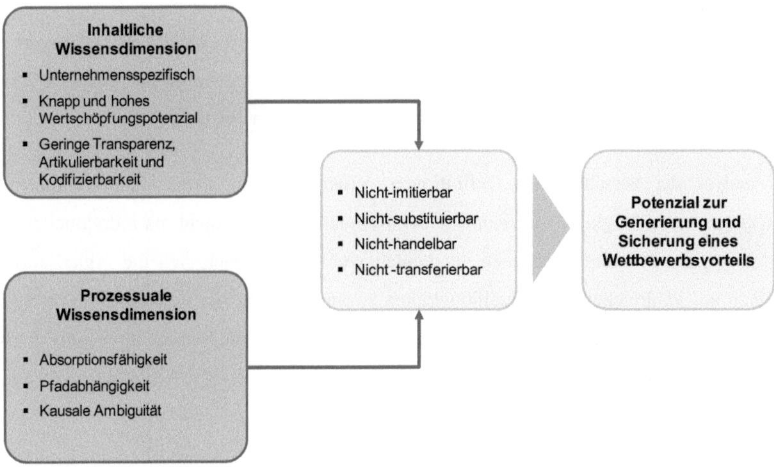

Abbildung 2-14: Konzeptioneller Bezugsrahmen des KBV[3]

2.3.3.1.3 Die Bedeutung von Kompetenzen und Fähigkeiten in der Ressourcentheorie

Der Competence-Based View (CBV) beziehungsweise kompetenzorientierte Ansatz entwickelte sich Anfang der 1990er Jahre aus dem klassischen RBV.[1] Standen im RBV noch

[1] Vgl. Vogel (2011), S. 3 ff.

[2] Vgl. auch im Folgenden Lippman/Rumelt (1982), S. 419 ff.; Dierickx/Cool (1989), S. 1508 f.; Al-Laham (2003), S. 163.

[3] In Anlehnung an Al-Laham (2003), S. 170.

firmenspezifische Ressourcen im Fokus, stellt der CBV primär auf firmenspezifische Kompetenzen ab.[2] Unternehmen werden demzufolge als Bündel ihrer spezifischen Kompetenzen betrachtet, die wiederum die langfristigen Erfolgsaussichten der Organisation determinieren.[3] Die Bedeutung von Kompetenzen im Rahmen der ressourcenorientierten Sichtweise von Unternehmen und ihre Erfolgsrelevanz wurden insbesondere von den Autoren Prahalad und Hamel herausgestellt.[4]

Dabei ergeben sich im Rahmen des CBV terminologische Schwierigkeiten.[5] Insbesondere im englischsprachigen Schrifttum finden sich zahlreiche Begriffe,[6] die bei näherer Betrachtung den gleichen oder einen ähnlichen Sachverhalt beschreiben sollen. Tabelle 2–13 enthält eine Auswahl verschiedener Kompetenzdefinitionen und soll Aufschluss über das Verständnis im Schrifttum liefern.

Die vorliegende Untersuchung soll der Definition von Makadok (2001) folgen:

> *„[...] a 'capability' is defined as a special type of resource—specifically, an organizationally embedded nontransferable firm-specific resource whose purpose is to improve the productivity of the other resources possessed by the firm.“*[7]

Die Analyse der verschiedenen Definitionen verdeutlicht vor allem, dass Kompetenzen beziehungsweise Fähigkeiten im Kontext der Ressourcentheorie nicht als individuelles sondern als organisationales Phänomen verstanden werden. Obgleich sich die organisationale Fähigkeit aus zahlreichen Individualfähigkeiten zusammensetzt,[8] ist sie aufgrund von Synergien, Komplementaritäten und kollektivem Handeln größer als die Summe ihrer individuellen Komponenten.[9] Chandler stellt hierzu fest:

---

1 Besondere Bedeutung kommt dabei der Publikation von Prahalad/Hamel (1990) zu.

2 Vgl. Prahalad/Hamel (1990), S. 82 ff; Amit/Schoemaker (1993), S. 39. Im ressourcentheoretischen Schrifttum wird zur Beschreibung organisationaler Fähigkeiten der Begriff Kompetenz bisweilen synonym verwendet; vgl. Burmann (2002), S. 157. Diesem Begriffsverständnis soll auch in der vorliegenden Untersuchung gefolgt werden und die Begriffe synonym Verwendung finden. Ein ähnliches Vorgehen findet sich auch im englischsprachigen Schrifttum, bspw. bei Lavie (2006), S. 153, der die Begriffe „capability“ und „competence“ synonym verwendet.

3 Vgl. Amit/Schoemaker (1993), S. 36 f.; Foss (1996), S. 1. Die Bedeutung von Fähigkeiten wird bereits von Penrose (1959), S. 24 ff. herausgestellt.

4 Vgl. Prahalad/Hamel (1990).

5 Vgl. Collis (1994), S. 144 f.; Freiling (2001b), S. 88 ff.; Rasche (1994), S. 398.

6 Vgl. Sammerl (2006), S. 161. Die Autorin nennt als Beispiele u.a. die Begriffe „capabilities“, „skills“ und „competences“ oder „core competences“.

7 Makadok (2001), S. 389.

8 Vgl. Kogut/Zander (1996), S. 503. Vgl. hierzu auch Abschnitt 2.3.3.1.2.

9 Vgl. Mahoney (1995), S. 96.

„[...] organizational capabilities permit the entire enterprise to be more than the sum of its parts. They give it a life of its own above and beyond those of the individuals involved. The individuals come and go, the organization remains."[1]

Autor	Definition
Grant (1991), S. 122	„[...] capabilities involve complex patterns of coordination between people and people and other resources. [...] A capability is, in essence, a routine, or a number of interacting routines."
Amit/Schoemaker (1993), S. 35	„Capabilities, in contrast, refer to a firm's capacity to deploy Resources, usually in combination, using organizational processes, to effect a desired end."
Collis (1994), S. 145	„[...] this paper will define organizational capabilities as the socially complex routines that determine the efficiency with which firms physically transform inputs into outputs."
Day (1994), S. 38	„Capabilities are complex bundles of skills and collective learning, exercised through organizational processes, that ensure superior coordination of functional activities."
Sanchez/Heene/ Thomas (1996), S. 8	„Competence is an ability to sustain the coordinated deployment of assets in a way that helps a firm achieve its goals. Here we use the word ability in the ordinary language meaning of a "power to do something".
Dosi/Teece (1998), S. 284	„By "organizational capabilities" we mean the capabilities of an enterprise to organize, manage, coordinate, or govern specific sets of activities."
Lieberman/Montgomery (1998), S. 1112	„'Capabilities' or 'competencies' represent the organization's collective capacity for undertaking a specific type of activity."
Winter (2000), S. 983	„An organizational capability is a high-level routine (or collection of routines) that, together with its implementing input flows, confers upon an organization's management a set of decision options for producing significant outputs of a particular type."
Freiling (2001a), S. 27	„Kompetenzen kennzeichnen die wiederholbare, nicht auf Zufälligkeiten basierende Möglichkeit zum kollektiven Handeln in einer Unternehmung, welches darauf beruht, verfügbare Inputgüter in auf Marktforderungen ausgerichteten Prozessen so zu kombinieren, dass dadurch ein Sich-bewähren-können gegenüber der Marktseite gewährleistet wird."
Dutta/Narasimhan/Rajiv (2005), S. 278	"One can think of capabilities as the efficiency with which a firm uses the inputs available to it (i.e., its resources, such as R&D expenditure), and converts them into whatever output(s) it desires (i.e., its objectives, such as developing innovative technologies). This reasoning suggests that capabilities are clearly an 'intermediate transformation ability' between resources (i.e., inputs) and objectives."

Tabelle 2-13: Ausgewählte Definitionen des Fähigkeitenbegriffs

Als zweite wichtige Erkenntnis aus den oben aufgeführten Definitionen kann die Bedeutung kollektiver und erfahrungsbasierter Lernprozesse für die Bildung organisationaler Fähigkeiten

[1] Chandler (1992), S. 86 f. Vgl. hierzu auch die Ausführungen von Teece (2010), S. 303 ff.

abgeleitet werden.[1] Im Rahmen dieser komplexen Lernprozesse bilden sich „Regeln gemeinschaftlichen Handelns“[2] heraus, die ebenfalls nicht mehr auf das Individuum reduziert werden können. In diesem Zusammenhang spielt auch der Begriff der „Routinen“, die nach Burmann (2002) als Ausdruck organisationaler Fähigkeiten verstanden werden können, eine wichtige Rolle:

> *„Alle Regelmäßigkeiten bei der Entscheidungsfindung und Durchführung von Aktivitäten im Unternehmen basieren aus ressourcentheoretischer Perspektive auf Routinen, die insoweit als Basiskomponenten jeder Unternehmensfähigkeit und damit letztlich jedes Wettbewerbsvorteils interpretiert werden können.“*[3]

Routinen sind den organisationalen Fähigkeiten demnach vorgelagert und dienen dem Unternehmen als Leitlinien bei der Bearbeitung regelmäßig wiederkehrender Aufgaben.[4] Diese Perspektive korrespondiert mit der Sicht der evolutionären ökonomischen Theorie, in der das Unternehmen als Bündel von Routinen aufgefasst wird.[5] Routinen können dabei einerseits quasi automatisierte Handlungsabläufe darstellen, andererseits aber auch als eine Sammlung von konkreten Verhaltensregeln verstanden werden, die situations- und bedarfsgerecht eingesetzt werden.[6] Der Einbezug von organisationalen Fähigkeiten und Routinen erlaubt eine hierarchische Betrachtung von Ressourcen im Unternehmen, wie sie in Abbildung 2-15 dargestellt ist.

Die Abbildung verdeutlicht, dass die verschiedenen Ressourcenkategorien zur Erklärung von Wettbewerbsvorteilen aufeinander aufbauen.[7] Dabei führt eine bessere Ausstattung mit Ressourcen niedrigerer Ordnung nicht zwangsläufig zu größeren Wettbewerbsvorteilen, da dieser Nachteil (in gewissen Grenzen) auf der nächsthöheren Stufe kompensiert werden kann. Auf niedrigster Stufe befinden sich demzufolge die im klassischen RBV beschrieben Ressourcen, die zunächst im Rahmen von Routinen und schließlich organisationalen Kompetenzen kombiniert und angewendet werden.

---

[1] Vgl. hierzu auch Burmann (2002), S. 155 f.
[2] Burmann (2002), S. 156.
[3] Burmann (2002), S. 170; auf Basis von Nelson/Winter (1982); March/Simon (1993); Gersick/Hackman (1990).
[4] Vgl. Cohen et al. (1996), S. 653 ff.; Burmann (2002), S. 159 ff.
[5] Vgl. Nelson/Winter (1982), S. 14; Burmann (2002), S. 158.
[6] Vgl. Pentland/Rueter (1994), S. 484 ff.; Freiling (2001b), S. 122 ff.
[7] Vgl. zum hierarchischen Kompetenzverständnis auch Brumagim (1994); Coombs/Metcalfe (2000); Henderson/Cockburn (1994); Yeoh/Roth (1999).

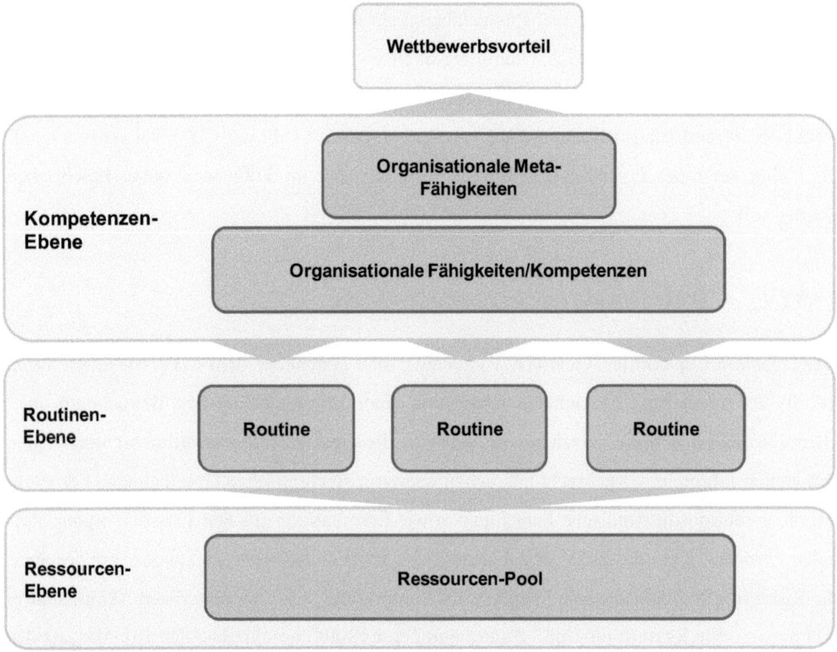

Abbildung 2-15: Bezugsebenen zur Erklärung von Wettbewerbsvorteilen[1]

Eine Differenzierung zwischen Kompetenzen im Sinne funktionaler Fähigkeiten erster Ordnung und Kernkompetenzen höherer Ordnung wird in dieser Untersuchung nicht vorgenommen. Stattdessen soll im Folgenden auf den Begriff der Meta-Fähigkeit abgestellt werden, wenn Kompetenzen höherer Ordnung explizit als solche zu beschreiben sind.[2] Diese Kompetenzen zeichnen sich unter anderem durch die Berücksichtigung einer zeitlichen Komponente aus und sind daher Gegenstand des nächsten Abschnitts, der sich mit der Dynamisierung von Kompetenzen auseinandersetzt.[3]

Zusammenfassend ergeben sich Wettbewerbsvorteile aus der Sicht des CBV nicht per se aus firmenspezifischen Ressourcen, sondern vielmehr aus deren Anwendung sowie der Kombination zu neuen Ressourcen. Diese kollektiven Prozesse zielgerichteter Ressourcenverwendung und -transformation, die ebenfalls stark von Lernprozessen geprägt sind, werden im CBV als

[1] In Anlehnung an Burmann (2002), S. 163.
[2] Vgl. Klein/Edge/Kass (1991), S. 4 ff; Klein/Hiscocks (1994), S. 186 f. Vgl. hierzu auch den Begriff „meta-learning“ bei Lei/Hitt/Bettis (1996), S. 549 ff.
[3] Siehe Abschnitt 2.3.3.1.4.

Fähigkeiten oder Kompetenzen bezeichnet.[1] Dabei zeichnen sich Kompetenzen unter anderem durch eine hohe Komplexität und Pfadabhängigkeit aus, so dass sie insbesondere der Forderung des klassischen RBV nach Unimitierbarkeit entsprechen.[2] Jedoch behält der CBV die statische Sichtweise des RBV bei. Erklärungen hinsichtlich des Aufbaus, der Entwicklung sowie der Veränderung und Anpassung von Kompetenzen bleibt der CBV weitgehend schuldig.[3] Hier setzt der Dynamic-Capabilities View an, der im Folgenden näher beschrieben werden soll.

2.3.3.1.4 Die Dynamisierung der Ressourcentheorie

Der Dynamic Capabilities View (DCV) zeichnet sich gegenüber dem CBV vor allem durch die als Dynamisierung bezeichnete Integration einer zeitraumbezogenen Betrachtung aus.[4] Hierzu beziehen sich die verschiedenen Ansätze, die die Dynamic Capabilities-Forschung in den letzten Jahren hervorgebracht hat, neben ressourcentheoretischen Überlegungen vor allem auf die evolutionsökonomische Forschung[5] sowie Erkenntnisse aus den Theorien organisationalen Lernens.[6] Kern des DCV ist dabei stets eine prozessorientierte Sichtweise, bei der nicht die Ressource beziehungsweise Fähigkeit im Vordergrund steht, sondern deren Akkumulation und dynamische Rekonfiguration.[7] Augier und Teece (2004) beschreiben den Grundansatz des des DCV, bezugnehmend auf den RBV und seine Wurzeln, daher wie folgt:

> „*Whereas Penrose and the resource-based scholars recognize the competitive importance of firm-specific capabilities, researchers of the dynamic capabilities approach attempt to outline specifically how organizations develop and renew internal competencies. Thus, the latter approach is concerned with a subset of a firm's overall*

[1] Vgl. u.a. Sanchez/Heene/Thomas (1996), S. 8; Dutta/Narasimhan/Rajiv (2005), S. 278.
[2] Vgl. Amit/Schoemaker (1993), S. 35; Grant (1991), S. 122.
[3] Vgl. Priem/Butler (2001), S. 33 ff.
[4] Vgl. Sammerl (2006), S. 168.
[5] Vgl. Teece/Pisano/Shuen (1997), S.510, 515. Die vor allem auf Schumpeter zurückzuführende (vgl. Schumpeter (1934); Schumpeter (1942)) Evolutionsökonomik stellt eine Forschungsrichtung dar, die auf den Wandel von und in Märkten fokussiert ist. Sie stellt damit eine Alternative zur neoklassischen Theorie bereit, die vor allem von Gleichgewichtszuständen auf Märkten ausgeht. Nach dem Verständnis der Evolutionsökonomik herrscht auf Märkten hingegen permanenter Wettbewerb, der dazu führt, dass das Bestehen von Akteuren in diesem Wettbewerbsumfeld maßgeblich von ihrer Fähigkeit zur Anpassung (ähnlich der Evolutionstheorie in der Biologie) abhängt. Dem Management wird in diesem Umfeld die Aufgabe zuteil, stetig nach passenderen Ressourcenkombinationen zu streben. Vgl. auch weiterführend Nelson/Winter (1982).
[6] Vgl. Zollo/Winter (2002), S. 339 ff. Vgl. hierzu auch Abschnitt 2.3.3.1.2.
[7] Vgl. Eisenhardt/Martin (2000), S. 1107.

> *capabilities, namely, those that allow firms to create new knowledge and to disseminate it throughout the organization."*[1]

Wettbewerbsvorteile entstehen in der Sicht des DCV demnach maßgeblich durch die Anpassung der Ressourcen und Kompetenzbasis des Unternehmens. Hierzu versuchen die Ansätze des DCVs zu erklären, wie Wettbewerbsvorteile in einem dynamischen Marktumfeld entstehen können.[2] Eine hohe Umfelddynamik drückt sich in diesem Kontext insbesondere durch kurze Innovationszyklen aus,[3] die zu häufigen Technologiewechseln und damit einem hohen Druck zur Anpassung der Ressourcen und Kompetenzbasis führen. Damit spielt die Innovation in den Ansätzen des DCV eine übergeordnete Rolle.

Je besser sich ein Unternehmen an die es umgebenden dynamischen Marktbedingungen anpassen kann, desto größer sind nach Einschätzung des DCV-Ansatz seine Erfolgsaussichten.[4] Hierzu werden Ressourcen und Fähigkeiten im Rahmen dynamischer Meta-Fähigkeiten ständig neu aufgebaut, externe Ressourcen beschafft und integriert sowie bestehende Ressourcen rekonfiguriert.[5] Der DCV sieht darin eine vorrangige Aufgabe des strategischen Managements.

> *"Dynamic capabilities must be well-targeted and deployed in order to achieve strategic goals. Therefore, the management of these capabilities is critical in gaining organizational performance-related benefits."*[6]

Die DCV Forschung hat in den vergangenen Jahren verschiedene Ansätze hervorgebracht, die von der Forschungsgemeinschaft verschieden rezipiert wurden. Im Rahmen der vorliegenden Untersuchung soll die Entwicklung dynamischer Fähigkeiten anhand von Ansätzen vorgestellt werden, die die größte Verbreitung im Schrifttum zum strategischen Management erfahren haben. Zunächst soll jedoch der Begriff der dynamischen Fähigkeiten weiter spezifiziert werden. Die folgende Tabelle gibt einen Überblick über die am weitesten verbreiteten Definitionen für dynamische Fähigkeiten. Die dazugehörigen Konzepte sollen im Anschluss näher dargestellt werden.

---

1 Augier/Teece (2004), S. 13 f.
2 Vgl Eisenhardt/Martin (2000), S. 1106.
3 Vgl. Teece et al., 1997, S. 515.
4 Vgl. Collis (1996), S. 149 f.; Teece/Pisano/Shuen (1997), S. 515.
5 Vgl. Teece/Pisano (1994), S. 541; Teece/Pisano/Shuen (1997), S. 515.
6 Zahra/Sapienza/Davidsson (2006), S. 924.

Autor	Definition
Iansiti/Clark (1994), S. 563	„Dynamic capability is the capacity of an organization to consistently nurture, adapt, and regenerate its knowledge base, and to develop and retain the organizational capabilities that translate that knowledge base into useful actions."
Teece/Pisano (1994), S. 541	„Dynamic capabilities are the subset of the competences/capabilities which allow the firm to create new products and processes, and respond to changing market circumstances."
Teece/Pisano/Shuen (1997), S. 516	„We define dynamic capabilities as the firm's ability to integrate, build, and reconfigure internal and external competences to address rapidly changing environments."
Eisenhardt/Martin (2000), S. 1107	„The firm's processes that use resources—specifically the processes to integrate, reconfigure, gain and release resources—to match and even create market change. Dynamic capabilities thus are the organizational and strategic routines by which firms achieve new resource configurations as markets emerge, collide, split, evolve, and die."
Zollo/Winter (2002), S. 340	„A dynamic capability is a learned and stable pattern of collective activity through which the organization systematically generates and modifies its operating routines in pursuit of improved effectiveness."
Winter (2003), S. 991	„[...] one can define dynamic capabilities as those that operate to extend, modify or create ordinary capabilities."
Zahra/Sapienza/ Davidsson (2006), S. 918	„[...] the abilities to reconfigure a firm's resources and routines in the manner envisioned and deemed appropriate by its principal decision-maker(s)"
Helfat et al. (2007), S. 4	„A dynamic capability is the capacity of an organization to purposefully create, extend or modify its resource base"
Wang/Ahmed (2007), S. 35	„We define dynamic capabilities as a firm's behavioural orientation constantly to integrate, reconfigure, renew and recreate its resources and capabilities and, most importantly, upgrade and reconstruct its core capabilities in response to the changing environment to attain and sustain competitive advantage."
Teece (2007), S. 1319	„[...] dynamic capabilities can be disaggregated into the capacity (1) to sense and shape opportunities and threats, (2) to seize opportunities, and (3) to maintain competitiveness through enhancing, combining, protecting, and, when necessary, reconfiguring the business enterprise's intangible and tangible assets."

Tabelle 2-14: Ausgewählte Dynamic Capabilities-Definitionen

Einer der ersten umfassenden Ansätze zur Erklärung dynamischer Fähigkeiten, der auch im Schrifttum besondere Verbreitung gefunden hat, wurde von Teece/Pisano/Shuen (1997) vorgelegt.[1] Die Autoren verfolgen einen integrierten Ansatz, der auf der Beobachtung fußt, dass überdurchschnittlich erfolgreiche Unternehmen sich durch eine besondere Innovations-

[1] Vgl. Schreyögg/Kliesch (2005), S. 15.

fähigkeit auszeichnen.[1] Dynamik ist hierbei als flexible Entwicklung und Veränderung der Ressourcenbasis zu verstehen. Wettbewerbsvorteile erklären die Autoren, ähnlich dem kompetenzbasierten Ansatz, durch idiosynkratische organisationale Kompetenzen, die im Rahmen des integrierten Verständnisses von Teece/Pisano/Shuen (1997) jedoch Lern- und Rekonfigurationsprozessen ausgesetzt sind.[2]

Teece/Pisano/Shuen (1997) unterscheiden in ihrem Ansatz drei zentrale Dimensionen:[3]

- Positionen: Positionen beschreiben die Ressourcenausstattung des Unternehmens, die, in enger Anlehnung an den klassischen RBV, die Basis bildet, organisationale Routinen und Fähigkeiten aufzubauen, die wiederum hochgradig wettbewerbsrelevant sein können. Die Autoren unterscheiden zwischen internen Positionen, die vor allem die idiosynkratrische Ressourcenausstattung des Unternehmens umfassen, und der externe Position des Unternehmens im Wettbewerbsumfeld.
- Pfade: Pfade beschreiben die Abhängigkeit des Unternehmens von seiner historischen Entwicklung. Gemäß dem Konzept der Pfadabhängigkeit schränken in der Vergangenheit getroffene Entscheidungen den zukünftigen strategischen Handlungsspielraum des Unternehmens ein.[4] Dies trifft insbesondere auf Lernprozesse zu.
- Prozesse: Prozesse bilden hier den Kern des Konzepts dynamischer Kompetenzen. Die Autoren nennen hier die Prozesse Koordination und Integration, Organisationales Lernen sowie Rekonfiguration. Während die erste Prozessdimension als statisch zu beschreiben ist, stellen die beiden letztgenannten Prozesse die dynamische Dimension des Ansatzes dar.

Auf dem Konzept von Teece et al. aufbauend, beschreiben Eisenhardt/Martin (2000) dynamische Fähigkeiten als Prozesse, die das Unternehmen nutzen kann, um neue Ressourcenkonfigurationen (analog zu den Positionen bei Teece) zu erhalten, zu integrieren und zu rekonfigurieren.[5] Dynamische Fähigkeiten haben auch hier einen direkten Einfluss auf den Unternehmenserfolg, obgleich Eisenhardt/Martin (2000) es als schwieriger erachten, Wettbewerbsvorteile mittels dynamischer Fähigkeiten zu generieren.[6] Im Gegensatz zum Ansatz von Teece et al. erweitern die Autoren das DCV-Verständnis jedoch zusätzlich um die Betrachtung

---

1 Vgl. Eberl (2009), S. 159; Schreyögg/Kliesch (2005), S. 15.
2 Siehe hierzu auch Abschnitt 2.3.3.1.2.
3 Vgl. im Folgenden Teece/Pisano/Shuen (1997), S. 518 ff.
4 Siehe hierzu auch die Ausführungen zur Pfadabhängigkeit in Abschnitt 2.3.3.1.2.
5 Vgl. auch im Folgenden Eisenhardt/Martin (2000), S. 1106 ff.
6 Vgl. Helfat/Peteraf (2009), S. 97.

von dynamischen Fähigkeiten im Rahmen moderat dynamischer Märkte („moderately dynamic markets“[1]). Auf solchen Märkten, so Eisenhardt/Martin (2000), ähneln dynamische Fähigkeiten eher vorhersagbaren organisationalen Routinen, die mehr evolutionären denn revolutionären Veränderungen unterliegen.[2]

Einen anderen Ansatz verfolgen unter anderem Zollo/Winter (2002). Die Dynamisierung erfolgt hier nicht integrativ, sondern wird durch separate Innovationsroutinen realisiert.[3] Damit unterscheiden Zollo/Winter (2002) zwischen „operating routines“[4], die als organisationale Kompetenzen verstanden werden können, und dynamischen Fähigkeiten.[5] Letztere untergliedern die Autoren in die drei (Innovations)-Prozesse „Process R&D“, „Restructuring, re-engeneering“ und „Post-acquisition Integration“.[6] Dynamische Fähigkeiten stellen demnach Routinen höherer Ordnung dar, durch die Routinen niedrigerer Ordnung modifiziert werden.[7]

Darüber hinaus spielen Lernmechanismen im Ansatz von Zollo/Winter (2002) eine übergeordnete Rolle. Diese stellen nicht nur die Voraussetzung für operative Routinen, sondern auch für dynamische Innovationsroutinen dar. Zollo/Winter (2002) konzeptionalisieren die Dynamisierung organisationaler Kompetenzen daher in Form eines Wissenskreislaufs,[8] der insgesamt vier Phasen umfasst (vgl. Abbildung 2-16). Auslöser des Prozesses sind externe Stimuli, wie zum Beispiel veränderte Marktbedingungen oder Erfindungen.

In Anlehnung an March (1991) ist der Prozess durch einen ständigen Wechsel zwischen explorativem (neue Lösungsansätze entdecken) und exploitativem (Lösungsansätze aus der bestehenden Wissens- und Fähigkeitenbasis generieren) Lernen geprägt.[9] Der Ansatz von Zollo/Winter (2002) verankert das Konzept des organisationalen Lernens demnach nochmals stärker im DCV. Abbildung 2-16 stellt den Wissenskreislauf nach Zollo/Winter (2002) dar und verdeutlicht das Verständnis dynamischer Fähigkeiten der Autoren.

---

1 Eisenhardt/Martin (2000), S. 1105.
2 Vgl. Eisenhardt/Martin (2000), S. 1113.
3 Vgl. Eberl (2009), S. 171 f.
4 Zollo/Winter (2002), S. 340 f.
5 Vgl. Helfat et al. (2007), S. 3.
6 Vgl. Zollo/Winter (2002), S. 340 ff.
7 Vgl. hierzu auch Abbildung 2-15.
8 Dabei beziehen sich die Autoren stark auf lerntheoretische Überlegungen sowie den klassischen Evolutionsprozess bestehend aus Selektion, Variation und Retention. Vgl. Eberl (2009), S. 176.
9 Vgl. March (1991), S. 71 ff. Siehe hierzu auch Abschnitt 2.3.3.1.2.

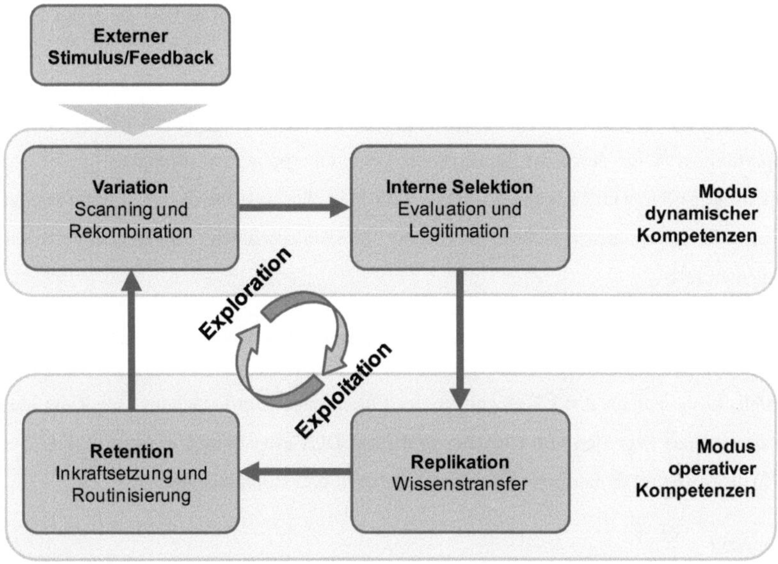

Abbildung 2-16: Wissenskreislauf und Kompetenzebenen nach Zollo und Winter[1]

Einen ähnlichen Grundansatz, nämlich die Trennung organisationaler Routinen und dynamischer Kompetenzen, verfolgt Teece (2007). Darüber hinaus strebt der Autor das Ziel an, die zum Teil stark fragmentierten Forschungsansätze zu einem Konzept zu integrieren:

> *"The effort here is not designed to be comprehensive, but to integrate the strategy and innovation literature and provide an umbrella framework that highlights the most critical capabilities management needs to sustain the evolutionary and entrepreneurial fitness of the business enterprise."*[2]

Teece (2007) bezieht sich hierbei explizit auf die Evolutionsökonomik sowie die klassische Entrepreneurship-Forschung.[3] Im Mittelpunkt der Überlegungen steht dabei stets die Innovation beziehungsweise allgemein die Schaffung von Neuem.[4] Durch die Verknüpfung von DCV und klassischer Entrepreneurship-Forschung kommt der Innovation im Ansatz von

1 In Anlehnung an Eberl (2009), S. 176, auf Basis von Zollo/Winter (2002), S. 340, 343.
2 Teece (2007), S. 1322.
3 Vgl. Teece (2007), S. 1321 ff.
4 Dabei ist der Begriff des Neuen weiter zu fassen, da es sich in diesem Verständnis nicht zwangsläufig um Innovationen im eigentlichen Sinne handeln muss, sondern beispielsweise auch der Aufbau von Wissen über neue Kundenbedürfnisse umfassen kann. Vgl. Eberl (2009). Vgl. zum Innovationsbegriff Abschnitt 2.1.1.

Teece (2007) daher eine noch größere Bedeutung zu, als es bereits bei den vorangegangenen Ansätzen dynamischer Fähigkeiten zu beobachten war. Innovation ist hier als zentraler Ausdruck für Dynamik am Markt und im Unternehmen zu verstehen.

Am Markt ergeben sich der entrepreneuristischen Vorstellung nach ständig Chancen („opportunities“[1]), die durch den Entrepreneur oder „entrepreneurial managers“[2] eines Unternehmens ergriffen werden können. Teece (2007) stellt hinsichtlich des Zusammenhangs zwischen der entrepreneuristischen Ausrichtung eines Unternehmens und seinen dynamischen Fähigkeiten fest:

„Enterprises with strong dynamic capabilities are intensely entrepreneurial“[3].

Ebenfalls basierend auf den Überlegungen der Entrepreneurship-Forschung, spielt die Identifikation und das Ergreifen von Chancen in diesem DCV-Ansatz eine zentrale Rolle.[4] Teece (2007) disaggregiert dynamische Fähigkeiten daher in drei Komponenten:[5]

- Sensing
- Seizing
- Managing Threats/Transforming

Die Erhaltung dynamischer Fähigkeiten, so der Autor, verlangt nach entrepreneuristischem Management. Damit wird der starke Management-Bezug des Ansatzes von Teece (2007) deutlich. Dynamische Fähigkeiten sind demnach Top-Management Prozesse von besonderer strategischer Relevanz. Der Autor betont weiter, dass die drei Komponenten dynamischer Fähigkeiten keine individuellen, sondern im Top-Management-Team verankerten Fähigkeiten darstellen.[6] Managementaufgabe ist es nach Teece, sich auf genau diese dynamischen Fähigkeiten und ihre Komponenten beziehungsweise Klassen („three classes of capabilities“[7]) zu konzentrieren.

---

1 Teece (2007), S. 1319.
2 Teece (2007), S. 1347.
3 Teece (2007), S. 1319.
4 Vgl. zur Bedeutung des Ergreifens von Chancen/Gelegenheiten (opportunities) im Rahmen des Entrepreneurships auch Drucker (2007).
5 Vgl. im Folgenden Teece (2007), S. 1343. Eine eingehendere Analyse der einzelnen Komponenten erfolgt im Rahmen der Modellherleitung in Kapitel 3.
6 Vgl. Teece (2007), S. 1346 f.
7 Teece (2007), S. 1347.

Eine Konkretisierung erfahren die Klassen dynamischer Fähigkeiten bei Teece (2007) durch ihre Mikrofundierung. Sogenannte „Microfoundations“ umfassen bestimmte Fertigkeiten, Prozesse, Prozeduren, organisationale Strukturen, Entscheidungsregeln und Regelungen.[1] Teece weist explizit darauf hin, dass die Trennung der Mikrofundierung von der dynamischen Fähigkeit selbst eine Weiterentwicklung der zuvor dargestellten integrierten Sichtweisen darstellt.[2] Dabei kann die Identifikation von Mikrofundierungen lediglich unvollständig und ihre Implementierung nur sehr schwer gelingen, da auf ihrer Basis sonst kein nachhaltiger Wettbewerbsvorteil generiert werden könnte.[3] Abbildung 2-17 veranschaulicht den Ansatz von Teece mit seinen drei Säulen „Sensing“, „Seizing“ und „Transforming“ und beispielhaften Microfundierungen.[4]

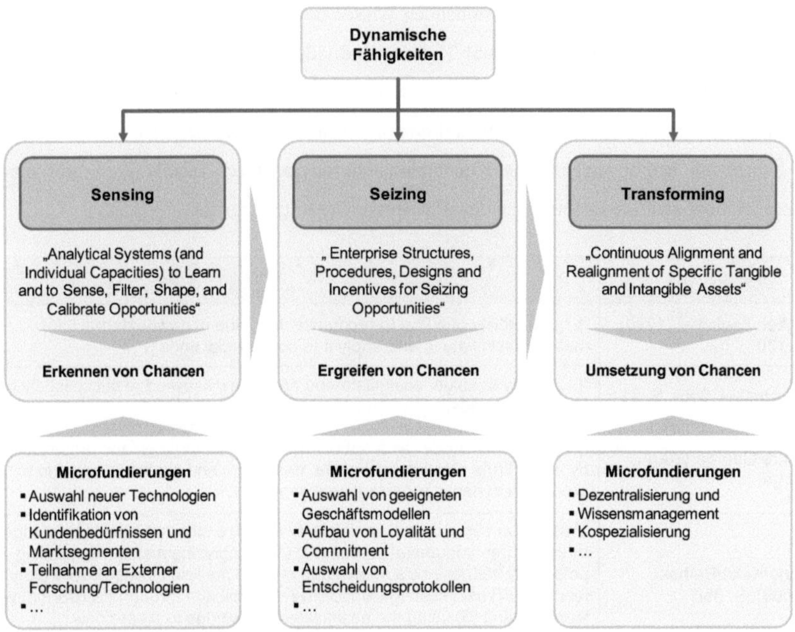

Abbildung 2-17: DCV-Ansatz nach Teece[5]

---

[1] Vgl. Teece (2007), S. 1319.

[2] Vgl. Teece (2007), S. 1321. Der Autor bezieht sich dabei insbesondere auf Teece/Pisano/Shuen (1997).

[3] Vgl. Teece (2007), S. 1321. Vgl. hierzu auch die Sicht des klassischen RBV zu VRIN-Ressourcen (Abschnitt 2.3.3.1.1).

[4] Vgl. Teece (2007), S. 1343.

[5] In Anlehnung an Teece (2007), S. 1342 und Eberl (2009), S. 180.

2.3.3.2 Absorptive Capacity

Die Absorptive Capacity (Absorptionsfähigkeit) stellt ein weiteres theoretisches Konzept dar, das im Rahmen der Innovations- beziehungsweise Open Innovation-Forschung eine hohe Bedeutung erlangt hat.[1] Dies ist nicht zuletzt darauf zurückzuführen, dass das Konzept der Absorptionsfähigkeit zahlreiche Überschneidungen mit anderen relevanten Theoriefeldern, wie beispielsweise dem organisationalen Lernen, dem Wissensmanagement oder dem RBV, aufweist.[2] Daher wurde die Absorptionsfähigkeit in der vorliegenden Untersuchung bereits im Rahmen des KBV und DCV thematisiert. Im Folgenden soll diese jedoch ausführlicher dargestellt werden.

Die Kernaussage des Ansatzes liegt darin, dass die Fähigkeit zur Aufnahme neuen Wissens maßgeblich vom im Unternehmen bestehenden Wissen beeinflusst wird. Dieses heute verbreitete Verständnis basiert maßgeblich auf Theorien individuellen Lernens, nach denen Wissen leichter erlernt werden kann, je näher es an bereits vorhandenem Wissen liegt.[3] Die Absorptionsfähigkeit überträgt diese Erkenntnis auf den organisationalen Kontext. Dennoch existieren im Schrifttum heute verschiedene Konzeptionalisierungsansätze. Tabelle 2-15 gibt einen Überblick über zentrale Definitionen des Absorptive Capacity-Begriffs.

Autor	Definition
Cohen/Levinthal (1990), S. 128	"[...] the ability of a firm to recognize the value of new, external information, assimilate it, and apply it to commercial ends [...]"
Szulanski (1996), S. 31	"[...] ability to value, assimilate and apply new knowledge successfully to commercial ends."
Zahra/George (2002), S. 186	"[...] we define ACAP as a set of organizational routines and processes by which firms acquire, assimilate, transform, and exploit knowledge to produce a dynamic organizational capability."
Lane/Koka/Pathak (2006), S. 856	"Absorptive capacity is a firm's ability to utilize externally held knowledge through three sequential processes: (1) recognizing and understanding potentially valuable new knowledge outside the firm through exploratory learning, (2) assimilating valuable new knowledge through transformative learning, and (3) using the assimilated knowledge to create new knowledge and commercial outputs through exploitative learning."
Todorova/Durisin (2007), S. 776 f.	"We conceptualize that firms recognize the value, acquire, transform or assimilate, and exploit knowledge."

Tabelle 2-15: Ausgewählte Absorptive Capacity-Definitionen

[1] Siehe Abschnitt 2.3.3.1.
[2] Vgl. Lane/Koka/Pathak (2006), S. 833.
[3] Vgl. Cohen/Levinthal (1990), S. 129.

Das heute verbreitete Verständnis der Absorptionsfähigkeit kann maßgeblich auf die Autoren Cohen und Levinthal zurückgeführt werden, die ihr Absorptionsfähigkeitskonstrukt in einer Reihe von Arbeiten Ende der 1980er beziehungsweise Anfang der 1990er Jahre entwickelten.[1] Bis zum Erscheinen des ersten Artikels „Innovation and Learning: The Two Faces of R&D" im Jahr 1989 wurde dem Zusammenhang zwischen F&E und organisationalem Lernen nur wenig Beachtung geschenkt.[2] Cohen/Levinthal (1989) stellen fest, dass technisches Wissen bisher als öffentliches Gut bewertet wurde, das relativ einfach und kostengünstig aufgenommen werden kann.[3]

Dem setzen die Autoren auf Basis früherer Beobachtungen aus dem Schrifttum entgegen, dass die Aufwendungen zum Erlernen neuen Wissens in einem bestimmten Themengebiet maßgeblich vom bereits bestehenden Wissen in diesem Bereich abhängen.[4] F&E-Aktivitäten sind demnach nicht nur dazu geeignet, Innovationen hervorzubringen, sondern auch die Fähigkeit zum Erlernen neuen Wissens zu entwickeln. Anreize zu Investitionen in F&E und damit auch die in Absorptionsfähigkeit werden nach Cohen/Levinthal (1989) durch eine Reihe externer Faktoren, wie zum Beispiel der Menge verfügbaren Wissens, geschaffen, die ihrerseits von situativen Einflüssen, wie beispielsweise der Komplexität des zu erlernenden Wissens, abhängen.[5] Cohen/Levinthal (1989) unterziehen ihr Modell einer empirischen Überprüfung, wobei sie Absorptionsfähigkeit lediglich als F&E-Investitionen operationalisieren.[6]

Während Cohen und Levinthals erster Artikel vor allem auf eine volkswirtschaftliche Betrachtung der Absorptionsfähigkeit abstellt, widmen sich die Autoren in ihrem zweiten Artikel „Absorptive capacity: A new perspective on learning and innovation", dem auch die obige Definition entnommen ist, stärker den der Absorption zugrundeliegenden Lernprozessen.[7] Dabei basieren die Überlegungen von Cohen/Levinthal (1990) auf Erkenntnissen aus der Kognitionsforschung und dem individuellen Lernen:

> *„The premise of the notion of absorptive capacity is that the organization needs prior related knowledge to assimilate and use new knowledge. Studies in the area of cogni-*

---

1 Vgl. Cohen/Levinthal (1989); Cohen/Levinthal (1990); Cohen/Levinthal (1994).
2 Vgl. Lane/Koka/Pathak (2006), S. 836.
3 Vgl. Cohen/Levinthal (1989), S. 570.
4 Vgl. auch im Folgenden Cohen/Levinthal (1989), S. 569.
5 Vgl. hierzu auch Lane/Koka/Pathak (2006), S. 836 f.
6 Vgl. Cohen/Levinthal (1989), S. 578 ff.
7 Vgl. Cohen/Levinthal (1990), S. 128 ff.; vgl. auch Lane/Koka/Pathak (2006), S. 838.

tive and behavioral sciences at the individual level both justify and enrich this observation."[1]

Die organisationale Absorptionsfähigkeit basiert demnach auf der individuellen Absorptionsfähigkeit der einzelnen Organisationsmitglieder.[2] Absorptionsfähigkeit entwickelt sich kumulativ und ist pfadabhängig. Versäumte ein Unternehmen in der Vergangenheit Investitionen auf einem bestimmten Wissensgebiet, kann dies zu einem Ausschluss von zukünftigen Entwicklungen auf diesem Gebiet führen. Darüber hinaus hängt die Entwicklung der Absorptionsfähigkeit maßgeblich von der Fähigkeit des Unternehmens ab, Wissen intern zu kommunizieren und damit in der gesamten Organisation zu verbreiten.[3]

In dem Artikel „Fortune Favors the Prepared Firm" analysieren Cohen/Levinthal (1994) das Konzept der Absorptionsfähigkeit erneut aus ökonomischer Perspektive. Dabei fokussieren die Autoren vor allem darauf, wie Unternehmen technologische Entwicklungen mit Hilfe von Absorptionsfähigkeit besser vorhersagen und damit auch besser nutzbar machen können.[4] Entsprechend erweitern die Autoren ihre Absorptionsfähigkeitsdefinition erneut. Dabei wird ersichtlich, dass das Verständnis der Absorptionsfähigkeit über die drei Veröffentlichungen von Cohen und Levinthal eine Evolution erfahren hat.[5] Das so geschaffene Gesamtverständnis nis der Absorptionsfähigkeit hat in seinen Grundzügen bis heute Bestand und diente verschiedenen Arbeiten in der Folge als Basis für weiterführende konzeptionelle Überlegungen.[6]

Eine vielbeachtete Rekonzeptionalisierung der Absorptionsfähigkeit haben Zahra/George (2002) vorgelegt. Dabei zeichnet sich der Ansatz von Zahra/George (2002) insbesondere dadurch aus, dass die Autoren Absorptionsfähigkeit auf Basis des DCV als dynamische Fähigkeit konzeptionalisieren.[7] Hieraus leiten sie auch die Relevanz der Absorptionsfähigkeit für den nachhaltigen Wettbewerbsvorteil ab.[8] Anhand eines Überblicks über vorangegangene Konzeptionen und Operationalisierungen der Absorptionsfähigkeit identifizieren Zahra/George (2002) die vier distinkten und komplementären Dimensionen (beziehungsweise

1 Cohen/Levinthal (1990), S. 129.
2 Sie ist dabei jedoch mehr als deren Summe; vgl. Cohen/Levinthal (1990), S. 131.
3 Vgl. Lane/Koka/Pathak (2006), S. 838.
4 Vgl. Cohen/Levinthal (1994), S. 227.
5 Vgl. Lane/Koka/Pathak (2006), S. 838 f.
6 Vgl. u.a. Szulanski (1996); Lane/Lubatkin (1998); van den Bosch/Volberda/Boer (1999). Ein Überblick über zentrale Arbeiten findet sich bei Lane/Koka/Pathak (2006); Burkhart (2010).
7 Vgl. Zahra/George (2002), S. 185.
8 Vgl. Zahra/George (2002), S. 185 f.

Fähigkeiten) „Acquisition“, „Assimilation“, „Transformation“ und „Exploitation“.[1] Dabei stützen sich die Autoren vor allem auf die Erkenntnisse von Cohen/Levinthal (1990).[2]

Eine weitere Novität des Ansatz von Zahra/George (2002) ist die Trennung der Absorptionsfähigkeit in potentielle Absorptionsfähigkeit (PACAP), die die beiden Dimensionen der Akquisitions- und Assimilationsfähigkeit umfasst, und realisierte Absorptionsfähigkeit (RACAP), bestehend aus den Dimensionen Transformations- und Exploitationsfähigkeit. Dabei erfüllt die potentielle Absorptionsfähigkeit die bereits bei Cohen/Levinthal (1994) beschriebenen Funktionen des Erkennens und Bewertens externen Wissens, wohingegen realisierte Absorptionsfähigkeit die Verwertung des aufgenommenen Wissens umfasst.[3] Die beiden Komponenten können nicht getrennt voneinander betrachtet werden:

> *"PACAP and RACAP have separate but complementary roles. Both subsets of ACAP coexist at all times and fulfill a necessary but insufficient condition to improve firm performance. For example, firms cannot possibly exploit knowledge without first acquiring it. Similarly, firms can acquire and assimilate knowledge but might not have the capability to transform and exploit the knowledge for profit generation. Therefore, a high PACAP does not necessarily imply enhanced performance. RACAP involves transforming and exploiting the assimilated knowledge by incorporating it into the firm's operations, thereby improving its performance."*[4]

Die prozessuale Sicht der Absorptionsfähigkeit findet bei Zahra/George (2002) daher besonders starke Betonung.[5] Da nur die RACAP direkten Einfluss auf den Unternehmens- beziehungsweise Innovationserfolg haben kann, entwickeln die Autoren einen „efficency factor“[6]. Dieser beschreibt das Verhältnis zwischen PACAP und RACAP und hat ebenfalls maßgeblichen Einfluss auf den Unternehmenserfolg.[7] Zahra/George (2002) argumentieren, dass erst die die Trennung zwischen den beiden Komponenten die Analyse ihrer spezifischen Einflüsse auf den Unternehmenserfolg ermöglicht und es erlaubt, die Entwicklung von Kompetenzen im Unternehmen zu erklären. Sowohl die Konzeptionalisierung als dynamische Fähigkeit als

---

1 Vgl. Zahra/George (2002), S. 189. Eine nähere Beschreibung der Einzeldimensionen erfolgt im Rahmen der Konzeption der vorliegenden Untersuchung (Abschnitt 3.3).

2 Vgl. Todorova/Durisin (2007), S. 774.

3 Vgl. Zahra/George (2002), S. 190.

4 Zahra/George (2002), S. 191.

5 Vgl. Lane/Koka/Pathak (2006), S. 855 f.

6 Zahra/George (2002), S. 191.

7 Vgl. auch im Folgenden Zahra/George (2002), S. 191.

auch die Prozesskette aus potentieller und realisierter Absorptionsfähigkeit sind für die vorliegende Untersuchung von besonderer Bedeutung.[1]

Lane/Koka/Pathak (2006) führen einen kritischen Rückblick auf das Absorptive Capacity-Schrifttum durch. Dabei konstatieren die Autoren die vermehrte Reifizierung des Konzepts, die sich unter anderem in einer starken Fragmentierung ausdrückt.[2] Gleichzeitig betonen Lane/Koka/Pathak (2006) das große Potential der Absorptive Capacity für die Organisationsforschung und verweisen auf die Notwendigkeit der fundierten Weiterentwicklung des Konzepts.[3] Die Autoren identifizieren zentrale Aspekte des Konzepts und nehmen auf Basis dessen eine Rekonzeptionalisierung vor. Dabei stellen sie insbesondere auf die Erkenntnisse von Cohen/Levinthal (1990), Zahra/George (2002), van den Bosch/Volberda/Boer (1999) sowie ihrer vorangegangen Untersuchung aus dem Jahr 1998 ab.[4] Lane/Koka/Pathak (2006) konzeptionalisieren die Absorptive Capacity als drei sequentielle Lernprozesse: exploratorisches Lernen, transformatives Lernen und exploitatives Lernen. Dieses Absorptive Capacity-Konstrukt betten die Autoren in ein komplexes Modell aus Antezendenz- und Dependenzvariablen ein.[5]

Todorova/Durisin (2007) nehmen eine weitere Rekonzeptionalisierung der Absorptionsfähigkeit vor. Als Ausgangspunkt für ihre Betrachtungen dient ihnen der Ansatz von Zahra/George (2002), der, wie die Autoren betonen, die Absorptive Capacity-Forschung zwar maßgeblich weiterentwickelt hat, wichtige Erkenntnisse aber außer Acht lässt.[6] Die Autoren fordern insbesondere eine stärkere Rückbesinnung auf die konzeptionellen Grundlagen von Cohen/Levinthal (1990).[7] Zum einen plädieren die Autoren für eine separate Betrachtung der Dimension „recognizing the value“, die bei Zahra/George (2002) einen Aspekt der „Acqusition“ darstellt. Zum anderen nehmen die Autoren eine Neuordnung und Neudefinition der Dimensionen Assimilation und Transformation vor. Todorova/Durisin (2007) argumentieren auf Basis kognitionstheoretischer Überlegungen, dass Wissen in Abhängigkeit dessen, wie gut es zu den bestehenden Wissensstrukturen passt, entweder assimiliert (Aufnahme „passen-

[1] Siehe Abschnitt 2.3.4.
[2] Vgl. Lane/Koka/Pathak (2006), S. 833 ff.
[3] Vgl. Lane/Koka/Pathak (2006), S. 859.
[4] Vgl. Lane/Lubatkin (1998).
[5] Vgl. Lane/Koka/Pathak (2006), S. 856.
[6] Vgl. Todorova/Durisin (2007), S. 738.
[7] Vgl. Todorova/Durisin (2007), S. 774.

den" Wissens) oder transformiert (Aufnahme neuen Wissens) wird.[1] Abbildung 2-18 gibt einen Überblick über zentrale Absorptive Capacity-Konzeptionalisierungen.

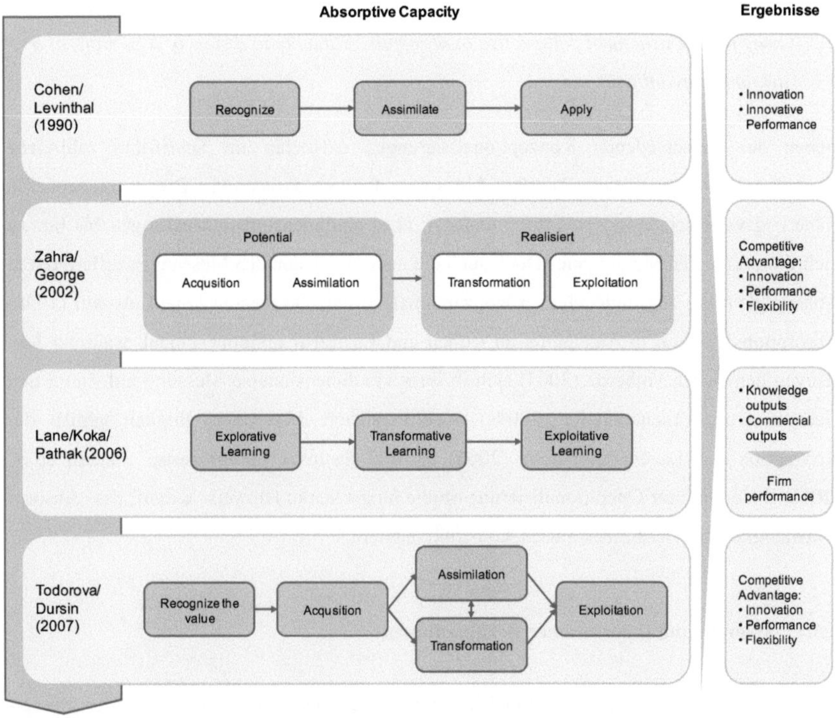

Abbildung 2-18: Überblick über zentrale Absorptive Capacity-Konzeptionen[2]

Den Konzeptionalisierungen ist gemein, dass sie die Absorptionsfähigkeit als mehrdimensionales Konstrukt verstehen. Während die ursprüngliche Konzeption von Cohen/Levinthal (1990) Absorptionsfähigkeit noch als dreidimensionales Konstrukt beschreibt, besteht die Absorptionsfähigkeit nach Zahra/George (2002) aus vier und nach Todorova/Durisin (2007) sogar aus fünf Dimensionen. Die Dimensionen bauen jeweils aufeinander auf und bilden damit Phasen eines Prozesses.[3] Dabei ist zu beachten, dass alle hier vorgestellten Absorptive Capacity-Prozesse mit dem Erkennen neuen Wissens beginnen und mit dessen Verwendung

[1] Vgl. Todorova/Durisin (2007), S. 777 f.

[2] In Anlehnung an Zahra/George (2002), S. 192; Lane/Koka/Pathak (2006), S. 856; Todorova/Durisin (2007), S. 775 ff. Die Ansätze sind aus Gründen der Übersichtlichkeit auf die wesentlichen Komponenten reduziert.

[3] Vgl. auch im Folgenden Burkhart (2010), S. 35.

enden. Zudem hat die von Zahra/George (2002) dargelegte Sichtweise der Absorptive Capacity als dynamische Fähigkeit auch in jüngeren Ansätzen Einzug gehalten.[1] Entsprechend fordern Lane/Koka/Pathak (2006):

> *„Critical to the advancement of the absorptive capacity literature is the need to move away from a structural perspective of absorptive capacity to a view of it as more of a dynamic capability."*[2]

Neben den verschiedenen Konzeptionalisierungen existieren im Schrifttum zahlreiche Operationalisierungsansätze für das Absorptionsfähigkeitskonstrukt. Diese reichen von Näherungsvariablen, wie z.B. F&E Intensität, über eindimensionale Messungen bis hin zu mehrdimensionalen Messungen.[3] Doch auch die mehrdimensionalen Messungen differieren in Abhängigkeit der zugrundegelegten Konzeptionalisierung. So messen Lane/Lubatkin (1998) Absorptionsfähigkeit in Anlehnung an Cohen und Levinthal dreidimensional, während Jansen/van den Bosch/Volberda (2005) sich in ihrer vierdimensionalen Messung auf Zahra und George stützen. Lichtenthaler (2009a) operationalisiert Absorptionsfähigkeit gemäß der Konzeption von Lane/Koka/Pathak (2006) als drei distinkte Lernprozesse.[4] Flatten et al. (2011) finden in ihrer Operationalisierungsstudie jüngst starke Hinweise darauf, dass Absorptionsfähigkeit ein vierdimensionales Konstrukt darstellt.[5]

2.3.4 Synopse und theoretischer Bezugsrahmen

Der RBV hat in den vergangenen drei Jahrzehnten eine erhebliche Verbreitung in der strategischen Forschung erlangt.[6] Dabei zeichnet er sich gegenüber den bis dato vorherrschenden Paradigmen vor allem dadurch aus, dass das Unternehmen selbst, und nicht das Marktumfeld, im Fokus steht. Wettbewerbsvorteile werden im RBV durch die Heterogenität der Ressourcenausstattung von Unternehmen erklärt und können durch die Kombination von Ressourcen und Kompetenzen generiert werden.[7] Auf diese Weise hat der RBV sehr großen Einfluss auf das Strategic Management-Schrifttum der vergangenen drei Jahrzehnte ausgeübt und kann

---

[1] Vgl. Lane/Koka/Pathak (2006), S. 857; Lichtenthaler (2009a), S. 823 f.

[2] Lane/Koka/Pathak (2006), S. 857.

[3] Vgl. Lane/Koka/Pathak (2006), S. 844 f.; Burkhart (2010), S. 19 f.; Flatten et al. (2011), S. 98 ff.

[4] Diese Lernprozesse stellen wiederum mehrdimensionale Konstrukte mit zwei Subdimensionen dar, vgl. Lichtenthaler (2009a), S. 824 f.

[5] Vgl. Flatten et al. (2011), S. 110 ff.

[6] Vgl. Verona (1999), S. 133; Kraaijenbrink/Spender/Groen (2009), S. 350. Die nach wie vor hohe Bedeutung lässt sich auch an einer jüngst erschienenen speziellen Ausgabe des Journal of Management zur Zukunft des RBV ablesen; vgl. u.a. Barney/Ketchen/Wright (2011).

[7] Vgl. Barney (1991), S. 99 ff; Barney/Ketchen/Wright (2011), S. 2 f.

heute als das dominierende Paradigma zur Erklärung von Wettbewerbsvorteilen bezeichnet werden.[1]

Auch im Rahmen der Innovations- sowie der Open Innovation-Forschung hat der RBV große Bedeutung erlangt.[2] Die Fähigkeit eines Unternehmens zur Innovation wird in diesem Kontext als erfolgskritische Ressource beziehungsweise Kompetenz betrachtet. Diese Erkenntnis lässt sich auch auf die Inbound Open Innovation übertragen, womit der RBV wichtige Grundlagenerkenntnisse dahingehend liefert, wie Inbound Open Innovation zum Erfolg des Unternehmens beitragen kann. Bereits bei Chesbrough finden sich zudem Hinweise darauf, dass Kompetenzen eine wichtige Dimension der Open Innovation darstellen.[3]

Allerdings werden dem klassischen RBV, insbesondere hinsichtlich seiner Anwendbarkeit im Rahmen empirischer Organisationsforschung, auch Limitationen attestiert, von denen einige für die vorliegende Untersuchungsfragestellung von besonderer Relevanz sind.[4] So wird vor allem darauf hingewiesen, dass der RBV aufgrund seiner pfadabhängigen und evolutionären Natur nur für relativ stabile Umgebungen geeignet ist und hohe interne Stabilität der Organisation sowie externe Stabilität der Umwelt voraussetzt, die in der Praxis oftmals nicht gegeben ist.[5]

Insbesondere die Open Innovation spielt sich in der Regel in einem dynamischen Kontext ab und ist zudem häufig auch eine Reaktion von Unternehmen auf sich verändernde Umweltbedingungen.[6] Darüber hinaus hat die Aufnahme von externem Wissen als Kernprozess der Inbound Open Innovation weitreichende Auswirkungen auf die Ressourcen des Unternehmens. Die Organisation, welche im Sinne des RBV als Bündel von Ressourcen aufzufassen ist, unterliegt damit ebenfalls stetigen Veränderungen, die sich nur bedingt im Rahmen des klassischen RBV abbilden lassen.

---

1 Vgl. Barney/Ketchen/Wright (2011), S. 2 f.

2 Siehe Abschnitt 2.2. Gleichzeitig spielen Innovation bzw. F&E auch im RBV eine herausragende Rolle; vgl. Macharzina/Wolf (2012), S. 68, S. 738 ff.

3 Vgl. Vanhaverbeke/Cloodt/van de Vrande (2007), S. 4 f.

4 Im Folgenden sollen nur die für den Untersuchungsgegenstand besonders relevanten Kritikpunkte näher thematisiert werden. Darüber hinaus wird dem RBV-Schrifttum oftmals die vermeintliche Tautologie des Ansatzes vorgeworfen. Eisenhardt/Martin (2000), S. 1106 stellen hierzu fest: "Despite the significance of RBV, the perspective has not gone unchallenged. It has been called conceptually vague and tautological [...]" Vgl. zu dieser Diskussion insbesondere Barney (2001); Priem/Butler (2001).

5 Vgl. Lengnick-Hall/Wolff (1999), S. 1130; Killen et al. (2012), S. 527.

6 Vgl. Bianchi et al. (2010), S. 22; Ridder (2011), S. 5.

Zudem fokussiert der klassische RBV primär auf interne Ressourcen, die bereits im Unternehmen vorzufinden sind.[1] Die Transformation und der Ausbau der Ressourcenbasis, welchen in Innovationsaktivitäten allgemein eine besondere Bedeutung zukommt, werden durch den RBV nur unzureichend thematisiert. Im Rahmen der Open Innovation werden diese Aspekte nochmals stärker betont. Insbesondere der Ausbau der unternehmenseigenen Ressourcenbasis durch den Einbezug externen Wissens ist untrennbar mit der Inbound Open Innovation verbunden. Damit geht die Kombination externer und interner Ressourcen im Rahmen von Lernprozessen einher. Diese Zusammenhänge können auf Basis des klassischen RBV nicht hinreichend abgebildet werden.

Diesen Limitationen widmet sich der DCV, der eine Weiterentwicklung des RBV darstellt,[2] indem er erklärt, wie Unternehmen auch unter wechselhaften Bedingungen langfristige Wettbewerbsvorteile erzielen können.[3] Wettbewerbsvorteile resultieren gemäß dem DCV nicht mehr aus den zuvor im RBV betrachteten Ressourcen, sondern aus der Fähigkeit – wiederum Ressource höherer Ordnung – diese Ressourcenbasis stetig zu erneuern und an sich verändernde Bedingungen anzupassen.[4] Damit findet sich im DCV häufig eine hierarchische Einteilung von Ressourcen, die sich von operativen Routinen über Kompetenzen bis hin zu dynamischen Fähigkeiten höchster Ordnung erstrecken.[5] Der DCV nimmt heute eine herausragende Stellung in der Strategic Management-Forschung ein.

In dieser Dynamisierung liegt auch die besondere Eignung des DCV für den vorliegenden Untersuchungsgegenstand.[6] Inbound Open Innovation verfolgt gerade das erklärte Ziel, die eigene Ressourcenbasis durch externes Wissen zu erweitern und gegebenenfalls sogar eigenes Wissen durch externes zu ersetzen. Mit der Öffnung gegenüber seiner Umwelt entstehen neue Gelegenheiten für das Unternehmen, deren Wahrnehmung und Nutzung dynamische Fähigkeiten voraussetzen.[7] Es kann vielmehr argumentiert werden, dass Inbound Open Innovation eine Fähigkeit höherer Ordnung im Sinne des DCV darstellt, die es dem Unternehmen ermög-

---

[1] Vgl. Dyer/Singh (1998), S. 660.
[2] Siehe Abschnitt 2.3.3.1.4.
[3] Vgl. u.a. Teece/Pisano/Shuen (1997), S. 509; Teece (2007), S. 1319.
[4] Vgl. Teece/Pisano/Shuen (1997), S. 516; Wang/Ahmed (2007), S. 35. Siehe auch Abschnitt 2.3.3.1.4.
[5] Vgl. Menon/Mohanty (2008), S. 4.
[6] Lichtenthaler (2010), S. 373 führt hierzu aus: "According to prior research (Chesbrough, 2003; Christensen et al., 2005; Laursen and Salter, 2006; West and Gallagher, 2006), open innovation refers to systematically relying on a firm's dynamic capabilities of internally and externally carrying out the major technology management tasks throughout the innovation process, i.e., technology exploration and exploitation."
[7] Vgl. Ridder (2011), S. 5.

licht, auch unter dynamischen Wettbewerbsbedingungen nachhaltig Wettbewerbsvorteile zu generieren.[1]

Dies korrespondiert mit der heute im DCV-Schrifttum verbreiteten Sichtweise, dass Innovation beziehungsweise Innovationsfähigkeit eine dynamische Meta-Fähigkeit darstellt.[2] In jüngeren DCV-Ansätzen wird Innovation sogar explizit als Kernaspekt der Dynamisierung einbezogen, da Innovation im Sinne der „austrian economics" vor allem das Aufbrechen alter Strukturen zugunsten neuer Gelegenheiten (kreative Zerstörung) beschreibt.

> *„The dynamic capabilities framework advances a neo-Schumpeterian theory of the firm and organizational decision making that is recognizable to those familiar with the behavioral theory of the firm, with evolutionary theorizing in economics, and with a Schumpeterian characterization of the innovation process."*[3]

Im Gegensatz zum klassischen RBV spielen Austauschbeziehungen mit der Unternehmensumwelt, zentraler Aspekt des Open Innovation Paradigmas, im DCV ebenfalls eine wichtige Rolle. Dies ist für die vorliegende Untersuchung besonders relevant, da Erfolgsfaktoren – trotz einer Fokussierung auf die Organisation – im Rahmen der Open Innovation selbstverständlich nicht völlig losgelöst von der Unternehmensumwelt betrachtet werden können. Auch kooperative Strategien wie zum Beispiel Forschungskooperationen oder externe Kospezialisierung, wie sie im Rahmen der Open Innovation häufig zum Einsatz kommen, finden im DCV Berücksichtigung.[4]

Wissen und insbesondere innovationsrelevantes Wissen wird in diesem Zusammenhang zur zentralen Ressource. Erst durch die Internalisierung externen Wissens[5] und die Verankerung dieses Wissens in organisationalen Routinen[6] können im Rahmen von Inbound Open Innovationen-Aktivitäten Wettbewerbsvorteile erzielt werden. Die Bedeutung von Wissen und dessen Akkumulation in entsprechenden Lernprozessen wird im DCV ebenfalls stark betont.

---

1 Vgl. Grönlund/Rönnberg Sjödin/Frishammar (2010), S. 119.
2 Vgl. u.a. Eisenhardt/Martin (2000), S. 1117; Helfat/Raubitschek (2000), S. 961; Lawson/Samson (2001), S. 380; Grönlund/Rönnberg Sjödin/Frishammar (2010), S. 111.
3 Teece (2007), S. 1344.
4 Teece (2007), S. 1325.
5 Vgl. Nonaka/Toyama/Nagata (2000), S. 5. Siehe auch Abschnitt 2.3.3.1.2.
6 Vgl. Eisenhardt/Martin (2000), S. 1111.

„Still other dynamic capabilities are related to the gain and release of resources. These include knowledge creation routines whereby managers and others build new thinking within the firm [...]"[1]

Dabei können dynamische Fähigkeiten, wie im vorliegenden Fall die Inbound Open Innovation, selbst als Lernprozesse höherer Ordnung verstanden werden.[2] Solche Lernprozesse zeichnen sich dadurch aus, dass sie nicht nur die Handlungsweise selbst, sondern die den Handlungen zugrundeliegenden Theorien verändern.[3] Im Rahmen der Anwendung dynamischer Fähigkeiten werden die Wissens-Ressourcen beziehungsweise Routinen des Unternehmens, in denen die Handlungsmuster und die Art zu lernen abgespeichert sind, stetig auf- und umgebrochen. So können sich im Kontext der Open Innovation nicht nur die Handlungsstrategien mit dem Zugang zu neuem Wissen verändern, sondern ebenso die zugrundeliegenden Handlungstheorien.

Da dem Lernen sowohl im DCV als auch der Open Innovation eine besondere Bedeutung zukommt, soll der durch den RBV aufgespannte theoretische Bezugsrahmen um die Absorptionsfähigkeit erweitert werden.[4] Wie noch zu zeigen sein wird, stellt der Prozess der Absorption externen Wissens im Rahmen der Inbound Open Innovation eine zentrale Fähigkeit dar.[5] Mit dem expliziten Einbezug der Absorptionsfähigkeit soll in der vorliegenden Untersuchung darüber hinaus die Verbindung zum organisationalen Lernen gesucht werden.[6] Die Absorptionsfähigkeit kann in diesem Zusammenhang als eine Brücke zwischen dem DCV und den Ansätzen organisationalen Lernens verstanden werden, stellt sie doch selbst eine dynamische Fähigkeit dar.[7]

Zusammenfassend soll für die vorliegende Untersuchung der RBV als theoretischer Basisrahmen dienen, da er den grundlegenden Erfolgsbeitrag von Unternehmensressourcen postuliert, der für die angestrebte Identifikation von Erfolgsfaktoren von elementarer Bedeutung ist.

---

1 Eisenhardt/Martin (2000), S. 1108. Die Autoren führen weiter aus: "Take, for example, knowledge creation processes, a crucial dynamic capability especially within high-technology firms. A common feature across successful knowledge creation processes is explicit linkage between the focal firm and knowledge sources outside the firm." Eisenhardt/Martin (2000), S. 1109.

2 Vgl. Zollo/Winter (2002), S. 339 ff.

3 Siehe Abschnitt 2.3.3.1.2.

4 Die genaue Integration in den DCV wird in Abschnitt 3.3 dargelegt. Spithoven/Clarysse/Knockaert (2010), S. 131 stellen in diesem Zusammenhang fest: "Yet, little attention is paid to absorptive capacity which is needed to be developed in companies in order to successfully engage in inbound open innovation activities."

5 Vgl. u.a. Vanhaverbeke/Cloodt/van de Vrande (2007); Huang/Rice (2009a); Spithoven/Clarysse/Knockaert (2010).

6 Vgl. Sun/Anderson (2010), S. 130 ff.

7 Vgl. Lane/Koka/Pathak (2006), S. 857; Todorova/Durisin (2007), S. 777.

Allerdings offenbart der RBV in seiner klassischen Ausprägung auch Limitationen, die, wie dargelegt wurde, auch für die vorliegende Untersuchung von Belang sind. Daher wird auf den DCV abgestellt, der nicht nur die Annahmen des RBV weiterentwickelt (auch auf Basis der Erkenntnisse des KBV und CBV), sondern auch die Einsichten der Evolutionsökonomik und Entrepreneurshipforschung integriert.[1] Da Lernen in der Innovation im Allgemeinen und der Inbound Open Innovation im Speziellen eine herausragende Bedeutung zukommt, soll dieser Bezugsrahmen durch die Absorptionsfähigkeit als Verbindungsglied zwischen DCV und organisationalem Lernen erweitert werden:

> *„In other words, the developing and improving the absorptive capacity of innovating firms is at the heart of open innovation. Consequently, the combination of research about open innovation on the one hand and absorptive capacity on other hand has the potential to strengthen our understanding of absorptive capacity."*[2]

Dieser Bezugsrahmen bildet die Basis der im nachfolgenden Kapitel vorgenommenen Konzeptionalisierung des Untersuchungsmodells. Abbildung 2-19 stellt den theoretischen Bezugsrahmen der vorliegenden Untersuchung dar.

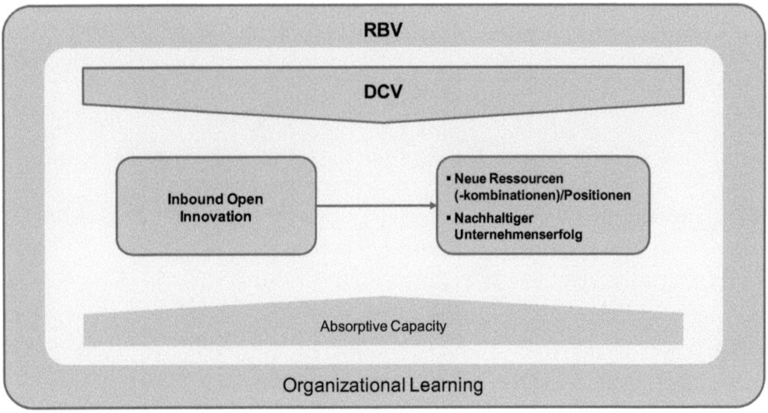

Abbildung 2-19: Theoretischer Bezugsrahmen der Untersuchung

[1] Vgl. Teece (2007), S. 1319 ff.
[2] Vanhaverbeke/Cloodt/van de Vrande (2007), S. 2.

3. Entwicklung des Untersuchungsmodells

Im vorangegangenen Kapitel wurde auf Basis des theoretischen Schrifttums ein grundlegender theoretischer Bezugsrahmen konstruiert, der prinzipiell geeignet erscheint, Erfolgsfaktoren im Rahmen offener Innovation zu deduzieren und deren Erfolgswirkung zu erklären.[1] Hierzu muss der Bezugsrahmen jedoch zunächst hinsichtlich der Untersuchungsfragestellung spezifiziert werden. Dieser Schritt soll in Abschnitt 3.1 vorgenommen werden. Im Anschluss daran werden mit der Openness (Abschnitt 3.2), Absorptionsfähigkeit (Abschnitt 3.3) und Flexibilität (Abschnitt 3.4) drei Erfolgsfaktoren abgeleitet, die jeweils mehrdimensionale Konstrukte darstellen und daher nochmals konzeptionalisiert werden müssen. Abschließend werden die auf diese Weise gewonnenen Untersuchungshypothesen in Abschnitt 3.5 zu einem Hypothesensatz zusammengefasst. Abbildung 3-1 gibt einen Überblick über die Struktur des Kapitels.

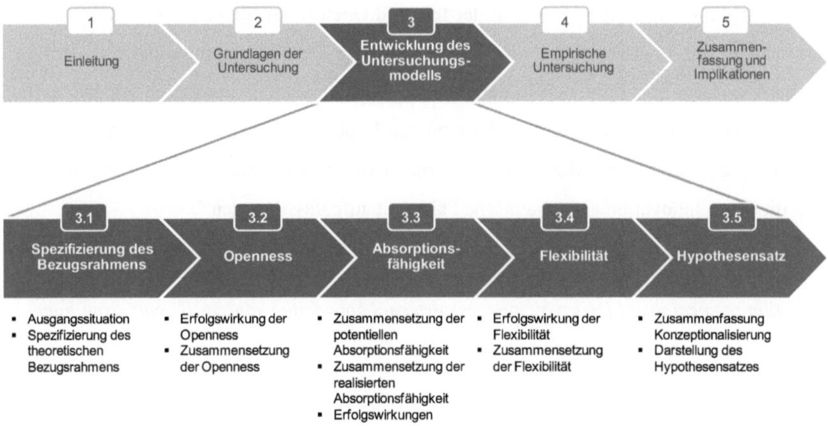

Abbildung 3-1: Kapitel 3 der Untersuchung

[1] Vgl. Abschnitt 2; siehe insbesondere Abschnitt 2.3.4.

3.1 Ausgangssituation und Spezifizierung des theoretischen Bezugsrahmens

Sowohl die Analyse des konzeptionellen Open Innovation-Schrifttums[1] als auch der Überblick über theoretische Bezugspunkte[2] haben gezeigt, dass dem Dynamic Capabilities View (DCV) eine hohe Eignung zur Untersuchung des Innovationserfolgs im Rahmen von Open Innovation zugesprochen werden kann. Dabei kann der Einfluss dynamischer Fähigkeiten auf den nachhaltigen Unternehmenserfolg als eine Grundaussage des auf dem RBV basierenden DCV angeführt werden.[3] Die allgemeine Sicht des DCV soll im Folgenden hinsichtlich des Untersuchungsgegenstands spezifiziert und somit die Ausgangsbasis für die weitere Konzeptionalisierung geschaffen werden.

Im Schrifttum zum strategischen Management besteht weitgehende Einigkeit bezüglich der Auffassung von Innovation beziehungswiese Innovativität als einer zentralen dynamischen Fähigkeit.[4] Innovation ist geprägt von der Aufkündigung alter Ressourcen und Routinen zugunsten neuen Ressourcen und Handlungsmustern, was den Kern der Idee des DCV widerspiegelt, die quasi-routinierte Transformation von Routinen.[5] Open Innovation und damit selbstverständlich auch der Spezialfall der Inbound Open Innovation sind ebenfalls Innovationsprozesse, die, obgleich ihnen eine andere, offenere Denkweise zugrundeliegt,[6] lediglich erweitert wurden. So ergibt sich in der Inbound Open Innovation zusätzlich zur klassischen internen Innovation die Möglichkeit der externen Exploration, während die Outbound Open Innovation die zusätzliche Möglichkeit externer Exploitation einbezieht.[7] Demzufolge kann auch die Open Innovation als dynamische Fähigkeit aufgefasst werden:[8]

> *„As a consequence, OI can be assumed to rest on the development and implementation of specialized DCs which access external knowledge sources or part from internal resources via external paths to markets."*[9]

---

1 Vgl. Abschnitt 2.2.2.2.
2 Vgl. Abschnitt 2.3.3.
3 Vgl. Teece/Pisano/Shuen (1997); Eisenhardt/Martin (2000); Teece (2007); Helfat/Peteraf (2009).
4 Vgl. u.a. Eisenhardt/Martin (2000), S. 1117; Helfat/Raubitschek (2000), S. 961; Lawson/Samson (2001), S. 380; Grönlund/Rönnberg Sjödin/Frishammar (2010), S. 111. So explizieren beispielsweise Lawson/Samson (2001), S. 380: "Innovation capability is proposed as a higher-order integration capability, that is, the ability to mould and manage multiple capabilities."
5 Vgl. Eberl (2009), S. 171 ff.
6 Im Vergleich zum Closed Innovation Paradigma, siehe Abschnitt 2.1.2.
7 Siehe Abschnitt 2.1.3.
8 Eine ähnliche Sichtweise findet sich bei Kim/Park (2010), S. 238; Ridder (2011), S. 4 ff.; Ridder (2012), S. 4 ff.; Grönlund/Rönnberg Sjödin/Frishammar (2010), S. 119. Hinweise auch bei Teece (2007), S. 1324, 1336 f. und Lichtenthaler/Lichtenthaler (2009), S. 1315 ff.
9 Ridder (2011), S. 5.

Dynamische Fähigkeiten ermöglichen es Unternehmen, auch unter wechselhaften Bedingungen langfristige Wettbewerbsvorteile und größere Leistungsfähigkeit zu erreichen, so die Sicht des DCV.[1] Sie sind damit im höchsten Maße erfolgsrelevant. Dabei führen dynamische Fähigkeiten jedoch nicht direkt zu Wettbewerbsvorteilen,[2] sondern indirekt, durch neue Ressourcen und Ressourcen-Konfigurationen („resource configurations“[3]) beziehungsweise, in der Terminologie von Teece, neuen Positionen („new positions“[4]), die der neuen Wettbewerbssituation angemessen sind.[5]

Im Falle von Innovationsaktivitäten stellt gerade die Innovation, also die genutzte Neuerung (beispielsweise Neuprodukt), diese neue Ressourcenkombination dar. Die zentrale unternehmerische Erfolgsgröße im Rahmen der Innovation, und damit zwangsläufig auch der Inbound Open Innovation, ist demnach der Innovationserfolg.[6] Analog verweist auch die Absorptive Capacity-Literatur auf den Zusammenhang zwischen dynamischen Fähigkeiten (in diesem Fall der Absorptionsfähigkeit selbst) und dem Innovationserfolg als eine zentrale Erfolgsgröße.[7] Innovationserfolg soll daher auch in der vorliegenden Untersuchung die abhängige Variable darstellen. Dieser wird in Anlehnung an das Schrifttum als relative Erfolgsgröße, das heißt im Vergleich zum Wettbewerb, betrachtet.[8]

Abbildung 3-2 stellt die erste Konkretisierung des in Kapitel 2 aufgespannten theoretischen Bezugsrahmens dar. Inbound Open Innovation wird demnach als eine dynamische Fähigkeit höherer Ordnung aufgefasst, welche gemäß dem DCV nachhaltig wettbewerbsrelevant ist. Das abhängige Erfolgskonstrukt wird im Rahmen der Innovation durch den Innovationserfolg repräsentiert. Dynamische Fähigkeiten, die auch als „higher-order capabilities“[9] oder „higher-level capabilities“[10] bezeichnet werden, stehen an der Spitze der Hierarchie organisationaler Fähigkeiten. In Abhängigkeit der Position einer Fähigkeit in dieser Hierarchie nimmt auch

1 Vgl. Teece/Pisano/Shuen (1997); Eisenhardt/Martin (2000); Helfat/Peteraf (2009). Teece (2007), S. 1346 führt aus: „For open economies exposed to rapid technological change, the dynamic capabilities framework highlights organizational and (strategic) managerial competences that can enable an enterprise to achieve competitive advantage, and then semicontinuously morph so as to maintain it."

2 Vgl. Eisenhardt/Martin (2000), S. 1106. Wang/Ahmed (2007), S. 42 führen aus : "Further, we also note that the relationship of dynamic capabilities and firm performance is more complex than a simple, direct effect."

3 Eisenhardt/Martin (2000), S. 1106.

4 Teece (2007), S. 1326.

5 Vgl. Helfat/Peteraf (2009), S. 96 f.

6 Vgl. Lawson/Samson (2001), S. 388.

7 Vgl. Zahra/George (2002); Lane/Koka/Pathak (2006); Todorova/Durisin (2007).

8 Vgl. Lichtenthaler (2009a), Dyer/Song (1997), Song/Dyer/Thieme (2006).

9 Collis (1994), S. 143.

10 Collis (1994), S. 149; Winter (2003), S. 991.

deren Komplexität zu.[1] Als Fähigkeiten höchster Ordnung zeichnen sich dynamische Fähigkeiten demzufolge auch durch eine besondere Komplexität aus.

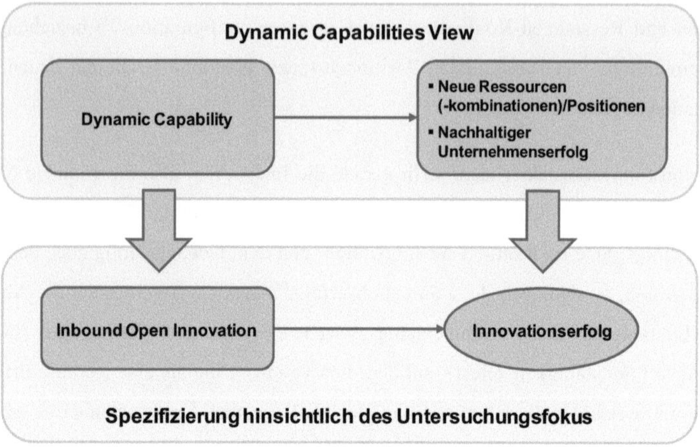

Abbildung 3-2: Spezifizierung des theoretischen Bezugsrahmens

Im Schrifttum besteht heute Einigkeit dahingehend, dass sich dynamische Fähigkeiten aus verschiedenen Komponenten zusammensetzen. Es wurden zahlreiche Versuche unternommen, sie in ihre Teilkomponenten zu zerlegen.[2] So nehmen bereits Teece et al. (1997) eine Unterteilung dynamischer Fähigkeiten in die drei Prozesse „coordination/integration (a static concept); learning (a dynamic concept); and reconfiguration (a transformational concept)"[3] vor. Eisenhardt und Martin (2000) beschreiben drei verschiedene Arten, auf die dynamische Fähigkeiten die Ressourcenbasis eines Unternehmens verändern („acquire and shed resources, integrate them together, and recombine them"[4]) und auf diese Weise neuen Wert generieren können.

Verona und Ravasi (2003) stellen auf wissensbezogene Prozesse ab, wählen mit den Prozessen „knowledge creation and absorption, knowledge integration and knowledge reconfiguration"[5] jedoch ebenfalls eine Dreiteilung. Basierend auf einem Evolutions-Modell

---

[1] Vgl. Menon/Mohanty (2008), S. 28 ff.
[2] Vgl. Teece/Pisano/Shuen (1997); Eisenhardt/Martin (2000); Verona/Ravasi (2003); Teece (2007).
[3] Teece/Pisano/Shuen (1997), S. 518.
[4] Eisenhardt/Martin (2000), S. 1107.
[5] Verona/Ravasi (2003), S. 577.

schlägt Zott (2003) die drei Prozesse „variation", „selection" und „retention" vor.[1] Wang und Ahmed (2007) unterteilen dynamische Fähigkeiten hingegen in die Komponenten „adaptive capability, absorptive capability and innovative capability".[2]

Die umfassendste Beschreibung dynamischer Fähigkeiten durch verschiedene Komponenten stammt von Teece (2007).[3] Teece unterscheidet zwischen der Fähigkeit Gelegenheiten wahrzunehmen und zu gestalten („sensing and shaping"), Gelegenheiten zu ergreifen („seizing") und die Transformation der Ressourcen- sowie Kompetenzbasis des Unternehmens vorzunehmen beziehungsweise Bedrohungen zu bewältigen („managing threads/transforming").[4] Teece verfolgt einen integrativen Ansatz, indem er zahlreiche Forschungsströme zu einem geschlossenen Konzept vereint.[5] So spiegelt der aktuelle Ansatz von Teece auch zahlreiche Kernaspekte der zuvor dargestellten Disaggregationsversuche wider, die sich den Komponenten Sensing, Seizing und Transforming zuordnen lassen.[6] Eine Zerlegung in drei verschiedene ne Klassen scheint auch vor diesem Hintergrund angebracht.

Teece verweist darüber hinaus darauf, wie schwierig es für Unternehmen ist, die drei Komponenten zu vereinen, da beispielsweise die Managementfähigkeiten, welche für das Sensing vonnöten sind, sich stark von den Fähigkeiten für das Seizing unterscheiden können.[7] Die einzelnen Komponenten beeinflussen sich gegenseitig und können sogar zu Spannungen im Unternehmen führen.[8] Dennoch, so Teece, ist es für den Unternehmenserfolg von großer Bedeutung, dass die drei Klassen dynamischer Fähigkeiten simultan verfolgt und auch gemeinsam betrachtet und analysiert werden:

> *„Successful enterprises must build and utilize all three classes of capabilities and employ them, often simultaneously."*[9]

Die vorliegende Untersuchung teilt diese Auffassung und verwendet die drei Klassen dynamischer Fähigkeiten des Ansatzes von Teece als Basis für die nachfolgende Konzeptionalisie-

---

1 Vgl. Zott (2003), S. 98.

2 Wang/Ahmed (2007), S. 36.

3 Vgl. Ridder (2011), S. 6.

4 Vgl. Teece (2007), S. 1319 ff. Eine genauere Beschreibung der einzelnen Komponenten wird in den nachfolgenden Abschnitten vorgenommen. Siehe hierzu ebenfalls Abschnitt 2.3.3.1.4.

5 Vgl. Teece (2007), S. 1322.

6 Vgl. Ridder (2011), S. 6 f.

7 Vgl. Teece (2007), S. 1347.

8 Teece (2007), S. 1347 führt hierzu aus:"As discussed, there are obvious tensions and interrelationships between and amongst the three classes of capabilities identified."

9 Teece (2007), S. 1347.

rung. Damit stellt Abbildung 3-3 die Ausgangssituation für die folgende Konzeptionalisierung der Erfolgsfaktoren dar.

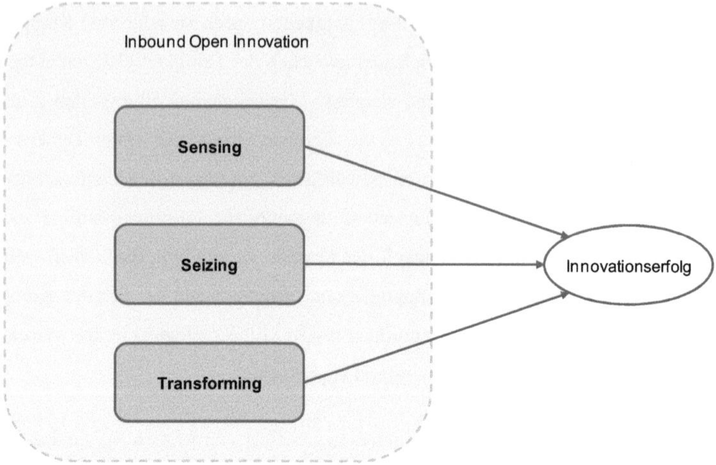

Abbildung 3-3: Ausgangssituation für die Konzeptionalisierung

3.2 Openness

Die erste Dimension des Dynamic Capabilities-Ansatzes von Teece (2007) ist die Wahrnehmung von Chancen, die sich einem Unternehmen beziehungsweise Unternehmer sowohl aus Markt- als auch aus Technologiesicht ergeben.[1] Das sogenannte Sensing spielt nach Teece (2007) heute eine besondere Rolle, da Märkte und Technologien einem ständigen Wandel unterworfen sind, aus dem heraus neue Gelegenheiten, aber auch Risiken, für Unternehmen entstehen. Chancen können dabei einerseits durch die veränderte Perspektive auf bereits bestehende Informationen, andererseits durch bisher nicht vorhandene Informationen beziehungsweise neues Wissen entstehen.[2] Um dem zu begegnen ist es unumgänglich, dass Unternehmen ihre Umwelt ständig beobachten und sich ergebende Chancen auch als solche interpretieren können:

[1] Vgl. Teece (2007), S. 1319 ff.

[2] Vgl. Teece (2009), S. 206. Der Autor bezieht sich dabei auf grundlegende Erkenntnisse aus der Entrepreneurship-Forschung von Schumpeter (1934) und Kirzner (1973).

„Sensing (and shaping) new opportunities is very much a scanning, creation, learning, and interpretive activity."[1]

Mit Sensing wird daher explizit die Ausrichtung des Unternehmens auf seine Umwelt im Dynamic Capabilities-Ansatzes verankert und damit die Bedeutung externer Einflüsse betont. Dabei sollte sich die Suche nicht nur auf altbewährte und naheliegende Wissensquellen, sondern auch auf solche Quellen erstrecken, die nicht aus dem direkten Umfeld beziehungsweise „Ökosystem" des Unternehmens stammen.[2] Eine besondere Rolle spielen hierbei potentielle Wissensquellen, die stark in Innovationsaktivitäten involviert sind. Hier wird die enge Beziehung zu den Prinzipien des Open Innovation-Paradigmas offensichtlich. Sensing stellt daher den relevanten Bezugspunkt für den ersten Erfolgsfaktor der Inbound Open Innovation (Abbildung 3-4) dar.

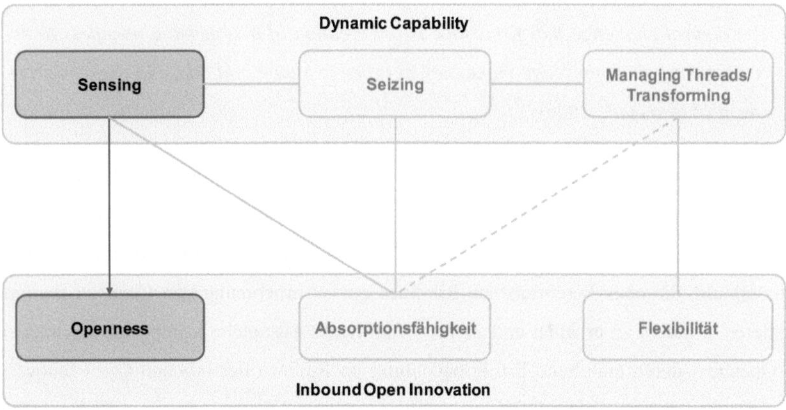

Abbildung 3-4: Relevante Dimensionen des Bezugsrahmens

Die Interaktion des Unternehmens mit seiner Umwelt spielt im Open Innovation-Ansatz eine herausragende Rolle. Chesbrough gebrauchte in diesem Zusammenhang den Begriff „Open", um das Konzept der Open Innovation gegen das lange Zeit vorherrschende geschlossene (Closed) Innovationsparadigma abzugrenzen und gleichzeitig den zentralen Aspekt des neuen Paradigmas herauszustellen: Eine offene Grundhaltung des Unternehmens gegenüber Quellen

1 Teece (2007), S. 1322.
2 Vgl. auch im Folgenden Teece (2007), S. 1324.

externen Wissens[1] und eine daraus resultierende Öffnung des Innovationsprozesses.[2] Offenheit beziehungsweise Openness[3] ist daher elementarer Bestandteil der Open Innovation:

> *"The idea of openness lies at the core of the open innovation concept, meaning that the passing on of information and knowledge should be the rule rather than the exception, since it is perceived to be beneficial for all partners involved."*[4]

Dabei kann Openness in Anlehnung an das Sensing-Verständnis nach Teece (2007) als die Fähigkeit eines Unternehmens verstanden werden, analytische Systeme zu schaffen,[5] die den Zugang zu externem Wissen ermöglichen. In diesen Systemen spielen verschiedene Suchroutinen („both „local" and „distant""[6]) und die ständige Interaktion mit der Unternehmensumwelt eine entscheidende Rolle. Einem ähnlichen Verständnis folgen Lichtenthaler/Lichtenthaler (2009), indem sie auf die große Bedeutung der Schaffung systematischer Openness für Unternehmen hinweisen:

> *"A central challenge that firms face is the creation of a systematic openness to reconfiguring the knowledge capacities in order to shape and adapt to their environment (Zahra et al., 2006)."*[7]

Hier wird vor allem der aktive Charakter der Openness deutlich. Openness kann in diesem Kontext daher nicht als bloße Zustandsbeschreibung, sondern als dynamische Meta-Fähigkeit verstanden werden, die es Unternehmen beziehungsweise dem Management eines Unternehmens erlaubt, die oben beschriebenen Routinen zur Wahrnehmung von Chancen zu implementieren, aufrecht zu erhalten und zu rekonfigurieren. Als solche Kompetenz zeichnet sich die Openness durch eine hohe Erfolgsbedeutung im Rahmen der Inbound Open Innovation aus. Diese spielt gemäß dem DCV in dynamischen Umgebungen, wie sie im Fall des Open Innovation Paradigmas vorliegen,[8] eine besondere Rolle. Einen Mangel an Openness kann die die Innovativität von Unternehmen nachhaltig negativ beeinflussen, da sie zu stark auf interne Quellen fokussieren, und in einer Kurzsichtigkeit („organizational myopia"[9]) resultieren.

1 Hier nur bezogen auf die Inbound Open Innovation.
2 Vgl. Gassmann/Enkel (2006), S. 8.
3 Da in der vorliegenden Studie von Open Innovation gesprochen wird, soll im Folgenden auch der verbreitetere Begriff Openness gebraucht und damit auf eine Übersetzung verzichtet werden.
4 Enkel (2010), S. 349.
5 Vgl. Eberl (2009), S. 180.
6 Teece/Pisano/Shuen (1997), S. 207.
7 Lichtenthaler/Lichtenthaler (2009), S. 1334.
8 Vgl. hierzu Abschnitt 1.1.
9 Laursen/Salter (2006), S. 146.

Auch Almirall/Casadesus-Masanell (2010) betonen die Bedeutung der Openness im Rahmen von Innovations- und Marketingaktivitäten:

> *„openness can stimulate innovation by combining the efforts of a large and diverse pool of complementary firms, leading to increased product diversity and better matching of products and consumer preferences."*[1]

Basierend auf den vorangegangenen Ausführungen sowie der grundlegenden Struktur des Dynamic Capabilities-Ansatzes kann der Openness im Kontext der Open Innovation eine hohe Bedeutung für den Innovationserfolg zugesprochen werden. Zusammenfassend soll daher die folgende Untersuchungshypothese aufgestellt werden:

> *H_1: Je größer die „Openness" eines Unternehmens, desto größer ist auch sein Innovationserfolg.*

Abbildung 3-5 gibt einen Überblick über die Deduktion des Erfolgsfaktors Openness.

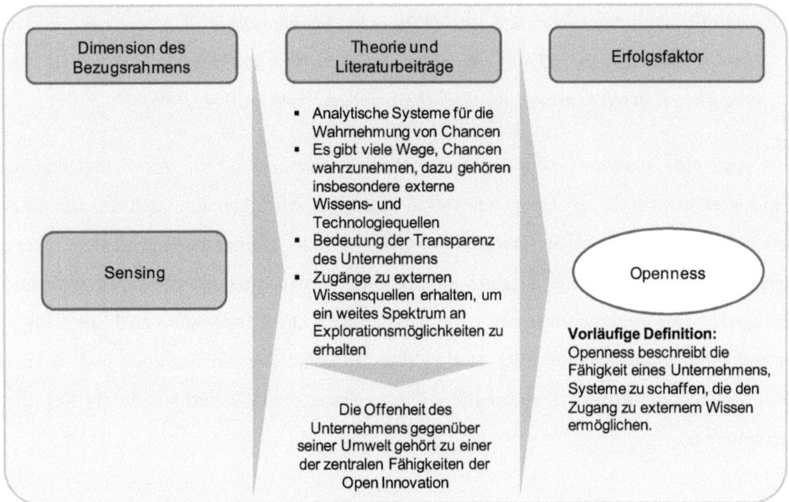

Abbildung 3-5: Überblick über den Erfolgsfaktor Openness

[1] Almirall/Casadesus-Masanell (2010), S. 27.

3.2.1 Zusammensetzung der Openness

Obwohl die Erfolgsbedeutung der Openness für den Innovationserfolg im Rahmen der Open Innovation häufig betont wird, hat sich im Schrifttum kein einheitliches Verständnis hinsichtlich der relevanten Aspekte von Openness etabliert.[1] In theoretisch-konzeptionellen Beiträgen lassen sich jedoch wiederkehrende Aspekte beobachten.[2] So wird im Schrifttum häufig auf die Bildung von Netzwerken verwiesen, mit deren Hilfe das Unternehmen in der Lage ist, Verbindungen zu potentiellen Innovationspartnern beziehungsweise (allgemeiner) Quellen externen Wissens herzustellen.[3]

Der Fokus richtet sich in diesem Kontext stets auf die Vernetzung des Unternehmens mit seiner Umwelt. Die Openness als Fähigkeit weist damit eine stark an der Umwelt des Unternehmens orientierte Sichtweise auf. Spithoven/Clarysse/Knockaert (2010) verweisen im Zusammenhang mit Inbound Open Innovation jedoch auch auf die Bedeutung der Transparenz der Unternehmensgrenzen:

> *„Key to open innovation is the transparency of the firm's boundaries to take into account the available knowledge outside the company boundaries (Chesbrough, 2003a; Huston and Sakkab, 2006), which has been further explored by looking at the breadth and depth of search routines (Laursen and Salter, 2004, 2006)."*[4]

Dabei wird eine stärkere Innenperspektive deutlich, indem nicht nur die Vernetzung nach außen als elementar für die Open Innovation betrachtet wird, sondern auch die von Chesbrough (2003a) bereits intensiv thematisierte Öffnung des Unternehmens gegenüber externen Einflüssen. Diese Sichtweise ist ganz im Sinne der Basisprinzipien des Open Innovation-Paradigmas.[5] Das Unternehmen muss zur erfolgreichen Open Innovation auch die Fähigkeit besitzen, eine offene und innovationsorientierte Grundhaltung einzunehmen und damit ein internes System der Offenheit zu schaffen. Dieses System manifestiert sich in der Kultur des Unternehmens:

---

1 Vgl. Dahlander/Gann (2010), S. 699 ff. Die Autoren verfolgen ein sehr breit angelegtes Openness-Verständnis.
2 Siehe Abschnitt 2.2.2.
3 Vgl. u.a. Laursen/Salter (2006), S. 132; Enkel (2010), S. 349 ff.; Chiaroni/Chiesa/Frattini (2011), S. 35 f.
4 Spithoven/Clarysse/Knockaert (2010), S. 131. Eine ähnliche Sicht findet sich bei Chesbrough (2003a); Huston/Sakkab (2007); Laursen/Salter (2006). Die Autoren schlagen damit bereits die Brücke zum später diskutierten Phänomen der Absorptionsfähigkeit.
5 Vgl. Chesbrough (2003a), S. xxvi ff.; siehe auch Abschnitt 2.1.2.

"Corporate culture refers to the values and beliefs that employees hold; culture can be a de facto governance system as it mediates the behavior of individuals and economizes on more formal administrative methods."[1]

Die Innovationskultur des Unternehmens spielt demzufolge ebenfalls eine zentrale Rolle im Rahmen der Open Innovation.[2] Zusammenfassend schließt die Openness mit der externen Vernetzung und der Implementierung einer offenen Grundhaltung im Rahmen der Innovation demnach zwei Kernaspekte ein. Diese Aspekte werden in der vorliegenden Untersuchung durch die beiden Dimensionen offene Innovationskultur und Netzwerkfähigkeit ausgedrückt:

- Offene Innovationskultur: Der Unternehmenskultur kommt in der Open Innovation eine besondere Bedeutung zu, da es vor allem kulturelle Aspekte sind, die das Open Innovation-Paradigma von dem vorherrschenden geschlossenen Innovationsdenken unterschieden haben.[3] Herzog/Leker (2010) führen hierzu aus:

  "[...] open innovation requires a different way of thinking and a change in employees' practices in dealing with ideas, knowledge, or technologies."[4]

  Die Unternehmenskultur[5] ist schon lange Gegenstand der Innovationsforschung, weshalb sich in diesem Kontext der Begriff der Innovationskultur etabliert hat.[6] Innovationskultur kann in diesem Zusammenhang als „ganzheitlich innovationsbewusste“[7] Orientierung der Unternehmenskultur verstanden werden, in der die Prinzipien der Offenheit bereits implizit thematisiert werden.[8] Dieser Aspekt findet in der Open Innovation jedoch nochmals stärkere Beachtung. Entsprechend zahlreich wird die Bedeutung und Erfolgsrelevanz der Innovationskultur im Rahmen der Open Innovation hervorgehoben.[9]

  In diesem Zusammenhang spielt insbesondere die Überwindung des sogenannten Not-Invented-Here-Syndroms (NIH-Syndrom)[10] eine wichtige Rolle.[1] Dabei beschreibt das

---

1 Teece/Pisano/Shuen (1997), S. 520.
2 Vgl. Herzog/Leker (2010), S. 324 ff.
3 Vgl. Chesbrough (2003a), S. xxvi ff.
4 Herzog/Leker (2010), S. 323.
5 Zum Begriff und der Erfolgswirkung der Unternehmenskultur bzw. „organizational culture“ vgl. Barney (1986a).
6 Dabei wird Innovationskultur trotz häufiger Verwendung nur selten präzise definiert. Vgl. Janiunaite/Petraite (2012), S. 531.
7 Hauschildt/Salomo (2011), S. 59.
8 Vgl. Hauschildt/Salomo (2011), S. 65; Sammerl (2006), S. 211.
9 Vgl. u.a. Lichtenthaler/Ernst (2006), S. 378; Gassmann/Enkel/Chesbrough (2010), S. 214; Herzog/Leker (2010), S. 322 ff.
10 Der Begriff beschreibt ursprünglich innerorganisationale Hemmnisse des Wissenstransfers zwischen verschiedenen Abteilungen: "The Not-Invented-Here (NIH) syndrome is defined as the tendency of a project

NIH-Syndrom im Rahmen der Open Innovation das in der Praxis zu beobachtende Phänomen, dass dem Wissen, welches außerhalb des Unternehmens entstanden ist, größere Widerstände seitens der Organisationsmitglieder entgegengebracht werden als Wissen, welches im Unternehmen entstanden ist.[2] Das NIH-Syndrom ist heute in der Inbound Open Innovation-Forschung zu einem Synonym für geschlossene Innovationshaltung avanciert. Eine offene Innovationskultur trägt maßgeblich dazu bei, solche Hemmnisse abzubauen.

Um den Aspekt der Offenheit noch stärker in den Fokus zu rücken und gleichzeitig eine Differenzierung zur klassischen Innovationskultur zu erreichen, soll im Folgenden von „offener Innovationskultur“ gesprochen werden. In diesem Kontext beschreibt offene Innovationskultur demnach die Fähigkeit eines Unternehmens, ein System der Offenheit gegenüber externen Einflüssen zu schaffen.

- Netzwerkfähigkeit: Die Fähigkeit, sich mit externen Wissensquellen zu vernetzen, spielt im Rahmen der Open Innovation ebenfalls eine herausragende Rolle. Dabei sind die Vernetzungsmöglichkeiten von Unternehmen ebenso vielfältig wie die potentiellen Quellen externen Wissens, weshalb die Fähigkeit zum Management solcher Netzwerke im Rahmen von Open Innovation-Aktivitäten unerlässlich ist. Das Schrifttum führt in diesem Zusammenhang unter anderem interorganisationale Netzwerke und Allianzen (beispielsweise mit Kunden/Endkunden, Zulieferern, Wettbewerbern),[3] Kooperationen mit Bildungseinrichtungen[4] und auch Vernetzungen informeller Natur[5] an. Im englischsprachigen Open Innovation Schrifttum hat sich hierfür der von Lichtenthaler/Lichtenthaler (2009) geprägte Begriff „connective capacity“ etabliert.[6] In Anlehnung an Luhmann (1995) definieren Lichtenthaler/Lichtenthaler (2009) „connective capacity as a firm's ability to retain knowledge outside its organizational boundaries.”[7]

  Das Netzwerk des Unternehmens dient dabei als eine Art externer Wissensspeicher, auf den das Unternehmen durch seine Fähigkeit zur Vernetzung zugreifen kann. Die Konstruktion dieses externen Wissensspeichers erfordert vom Management insbesondere Ent-

---

group of stable composition to believe that it possesses a monopoly of knowledge in its field, which leads it to reject new ideas from outsiders to the likely detriment of its performance.” Katz/Allen (1982), S. 7.

1 Vgl. u.a. Lichtenthaler/Ernst (2006); Le Dain/Calvi/Cheriti (2011); Piller/Ihl (2009), S. 40.

2 Vgl. Reichwald/Piller (2009), S. 147.

3 Vgl. u.a. Kale/Singh/Perlmutter (2000); Lorenzoni/Lipparini (1999); Bönte/Keilbach (2005); Mahmood/Zhu/Zajac (2011); Verbano/Crema/Venturini (2011); Afuah (2013); Lichtenthaler (2009b); Lichtenthaler (2011a).

4 Vgl. u.a. Chesbrough (2003a); Gassmann/Enkel (2004), S. 5; Pitelis/Teece (2010), S. 1252.

5 Vgl. Verbano/Crema/Venturini (2011), S. 1109; van Aken/Weggeman (2000), S. 139 ff.

6 Vgl. Lichtenthaler/Lichtenthaler (2009), S. 1320.

7 Lichtenthaler/Lichtenthaler (2009), S. 1320.

scheidungen hinsichtlich der Intensität und Struktur der Verbindungen.[1] Dabei kann der externe Wissensspeicher als Komplement zum klassischen internen Wissen der Organisation gesehen werden. Ein ähnliches Verständnis wird auch für die Konzeption der Netzwerkfähigkeit in der vorliegenden Untersuchung zugrundegelegt. Dabei steht stets die Aufrechterhaltung und Pflege der externen Wissensbasis im Zentrum:

> *„However, it focuses on externally maintaining knowledge, and this has often been neglected. In contrast to absorptive capacity, external knowledge retention does not assume inward knowledge transfer."*[2]

Damit lässt sich die Netzwerkfähigkeit auch gegen das ebenfalls im Kontext dieses Untersuchungsmodells betrachtete Konzept der Absorptionsfähigkeit abgrenzen. Während Netzwerkfähigkeit hier die grundsätzliche Etablierung externer Systeme umfasst, beschäftigt sich die (potentielle) Absorptionsfähigkeit mit der Evaluation und dem Transfer des so verfügbar gemachten Wissens.[3] Zusammenfassend beschreibt Netzwerkfähigkeit in diesem Kontext demnach die Fähigkeit eines Unternehmens, Verbindungen mit potentiellen Quellen externen Wissens herzustellen.

Aufgrund der verschiedenen inhaltlichen Aspekte erscheint die direkte Messung der Openness im vorliegenden Untersuchungskontext als problematisch.[4] In solchen Fällen empfiehlt das Methodenschrifttum die Aufteilung des Hauptkonstruktes in sogenannte Subdimensionen.[5] Wird eine solche Aufteilung vorgenommen, ist zu entscheiden, ob die Korrespondenzbeziehungen zwischen Subdimensionen und fokalem Konstrukt formativ oder reflektiv spezifiziert werden.[6] Dabei sollte die Auswahl der Korrespondenzbeziehungen vor allem auf inhaltlichen Überlegungen fußen und in Einklang mit dem Forschungsziel stehen.[7]

Entsprechend der inhaltlichen Vorüberlegungen zu Innovationskultur und Netzwerkfähigkeit können die Konstrukte in diesem Zusammenhang als reflektive Dimensionen der Openness interpretiert werden. Die zwei Subdimensionen stellen damit inhaltlich die Manifestationen des übergeordneten Konstrukts Openness dar.[8] Diese Spezifikation berücksichtigt insbesondere die Interdependenzen der Fähigkeitsdimensionen im Rahmen offener Innovation. Eine

---

1 Vgl. Gemünden/Ritter/Heydebreck (1996), S. 449.
2 Lichtenthaler/Lichtenthaler (2009), S. 1320.
3 Vgl. hierzu Abschnitt 2.3.3.2 und Abschnitt 3.3.
4 Vgl. zur Messung von Konstrukten Abschnitt 4.1.3.2.
5 Vgl. MacKenzie/Podsakoff/Podsakoff (2011), S. 300.
6 Vgl. zu mehrdimensionalen Konstrukten Abschnitt 4.1.3.2.5.
7 Vgl. MacKenzie/Podsakoff/Jarvis (2005), S. 729; Weiber/Mühlhaus (2010), S. 82 f.
8 Vgl. auch im Folgenden Law/Wong/Mobley (1998), S. 745 ff.

formative Spezifikation ließe keine Interaktion zwischen den Dimensionen zu und verlangt überdies die Beachtung aller theoretisch möglichen Dimensionen. Diese Forderung kann und soll, nicht zuletzt aufgrund der Neuartigkeit des Ansatzes, nicht erfüllt werden.

Aus diesen inhaltlichen Überlegungen heraus soll Openness als reflektives mehrdimensionales Konstrukt konzeptionalisiert und daher die zweite Untersuchungs-hypothese der Untersuchung wie folgt formuliert werden:

> *H_2: Das Konstrukt „Openness“ ist ein latentes Konstrukt zweiter Ordnung mit den Dimensionen „offene Innovationskultur“ und „Netzwerkfähigkeit“.*

Abbildung 3-6 stellt die Struktur des zweidimensionalen Konstrukts Openness dar.

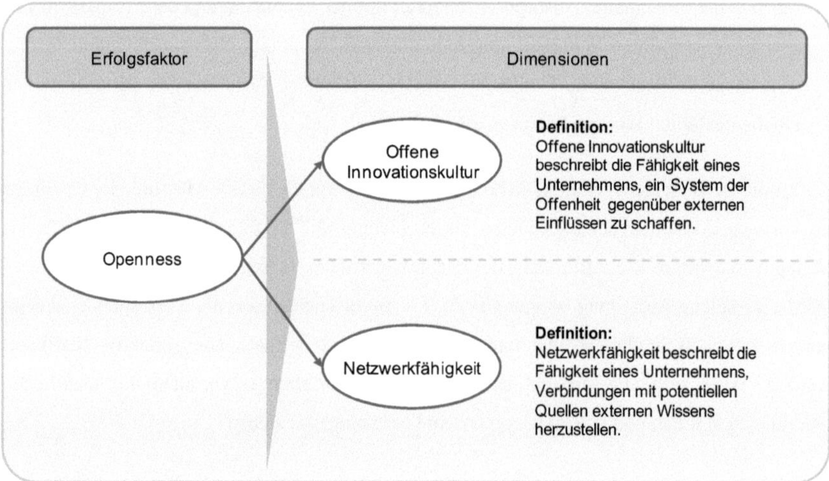

Abbildung 3-6: Dimensionen der Openness

3.2.2 Zusammenfassung

Die vorangegangenen Ausführungen haben gezeigt, dass Openness, basierend auf der Sensing Dimension des Dynamic Capabilities-Ansatzes von Teece (2007), einen zentralen Innovationserfolgsfaktor im Rahmen der Inbound Open Innovation darstellt. Es wurde weiter deutlich, dass die Openness aufgrund ihrer Vielschichtigkeit nicht direkt gemessen werden kann, sondern ein mehrdimensionales Konstrukt, bestehend aus den Dimensionen offene Innovationskultur und Netzwerkfähigkeit, darstellt. Zusammenfassend kann daher die folgende finale Openness Definition formuliert werden, die auch maßgeblich für die spätere Operationalisierung des Konstrukts sein wird:

Openness
Openness beschreibt die Fähigkeit eines Unternehmens, den Zugang zu externem Wissen durch seine Unternehmenskultur und Vernetzung sicherzustellen.

Tabelle 3-1: Konstruktdefinition Openness

Nachdem Zusammensetzung und Erfolgswirkung des Konstrukts Openness bestimmt wurden, kann dieses nun in den Bezugsrahmen der Untersuchung integriert werden. Abbildung 3-7 stellt den auf diese Weise konkretisierten Bezugsrahmen dar, der im Folgenden durch weitere Erfolgsfaktoren spezifiziert werden soll.

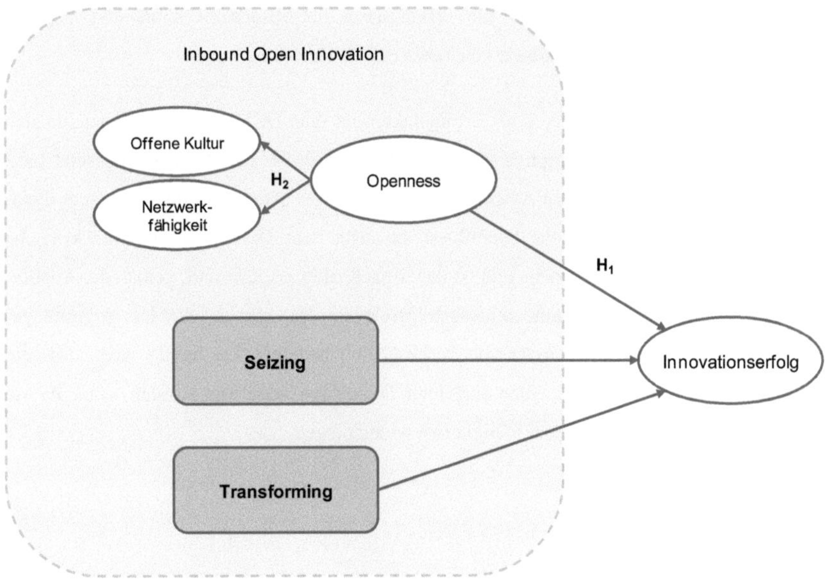

Abbildung 3-7: Konkretisierung des Bezugsrahmens I

3.3 Absorptionsfähigkeit

Die Absorptionsfähigkeit hat im Open Innovation-Schrifttum große Beachtung gefunden und gilt heute als elementarer Bestandteil der Inbound Open Innovation, [1] da sie den in diesem Kontext zentralen Prozess der Aufnahme von Wissen durch das Unternehmen beschreibt.[2] Die Die Erfolgsrelevanz des Konzeptes im Kontext von Inbound Open Innovation ist daher ebenfalls unbestritten.[3]

> *„Auch die Absoptive [sic!] Capacity eines Unternehmens spielt eine entscheidende Rolle zum Generieren von Wettbewerbsvorteilen aus der Integration externen Wissens."*[4]

Dennoch besteht nach wie vor Unklarheit, wie der Erfolgsbeitrag der Absorptionsfähigkeit im Rahmen der Open Innovation zu konzeptionalisieren ist. Insbesondere die Kombination mit anderen Erfolgskonstrukten beziehungsweise die Integration in ein in sich geschlossenes System von Erfolgsfaktoren ist bisher nicht abschließend gelungen.[5] Die vorliegende Untersuchung soll diesem Umstand durch die Verknüpfung des Absorptionsfähigkeits-konstrukts mit dem Dynamic Capabilities-Ansatz von Teece (2007) Rechnung tragen.

Dabei soll die Absorptionsfähigkeit als Erfolgsfaktor aus dem DCV deduziert werden, da sich heute die Sichtweise der Absorptive Capacity als dynamische Fähigkeit durchgesetzt hat.[6] Wang/Ahmed (2007) bezeichnen Absorptive Capacity sogar als eine Kernkomponente dynamischer Fähigkeiten.[7] Als solche beeinflusst sie nach dem DCV wiederum die kritische Ressourcenbasis des Unternehmens und ist daher nachhaltig erfolgs- und, gemäß der Ausführungen in Abschnitt 3.1, auch innovationserfolgsrelevant. Bezogen auf den hier zugrundegelegten Dynamic Capabilities-Ansatz von Teece (2007) bedeutet dies jedoch auch, dass die Absorptionsfähigkeit nicht aus einer einzelnen Dimension abgeleitet werden kann, da sie mehrere Aspekte von dynamischen Fähigkeiten widerspiegelt.

---

1 Vgl. Spithoven/Clarysse/Knockaert (2010), S. 130 ff.
2 Siehe Abschnitt 2.3.3.2 und Abschnitt 2.3.4.
3 Siehe auch Spithoven/Clarysse/Knockaert (2010); Lichtenthaler/Lichtenthaler (2009).
4 Gassmann/Enkel (2006), S. 17.
5 Siehe Abschnitt 2.2.
6 Siehe Abschnitt 2.3.4 und Abschnitt 3.1.
7 Vgl. Wang/Ahmed (2007), S. 37.

So umfasst die Absorptionsfähigkeit sowohl exploratorische als auch exploitative Lernprozesse.[1] Diese Prozesse lassen sich durch die beiden Klassen Sensing und Seizing des Dynamic Capabilities-Ansatzes von Teece (2007) repräsentieren. Dabei stehen Exploration und Exploitation nach March (1991) oftmals in Konkurrenz um knappe Unternehmensressourcen zueinander und benötigen zum Teil sehr unterschiedliche Kompetenzen zur Ausführung.[2]

Teece (2007) weist explizit auf die Ähnlichkeit der beiden Konzepte hin, stellt dabei aber auch heraus, dass diese im Gegensatz zum (strengen) Verständnis von March (1991) im Rahmen des DCV leichter miteinander vereinbar sind.[3] Diesem Spannungsfeld zwischen Exploration und Exploitation[4] soll in der vorliegenden Untersuchung nicht zuletzt durch Integration der Absorptionsfähigkeit Rechnung getragen werden.[5] Eine ähnliche Sicht vertreten auch Sun/Anderson (2010):

> *"We therefore argue that the dynamic capability view of ACAP is able to maintain this exploration–exploitation tension and is a means of achieving strategic renewal."*[6]

Während Sensing in enger Verwandtschaft zu explorativem Lernen steht, soll Seizing hier die exploitative Lernkomponente repräsentieren. Daraus kann geschlossen werden, dass Absorptionsfähigkeit im Kontext der vorliegenden Untersuchung sowohl aus Sensing als auch aus Seizing abzuleiten ist (Abbildung 3-8).[7]

Der Absorptive Capacity-Ansatz von Zahra/George (2002) scheint vor diesem Hintergrund besonders geeignet, die Absorptionsfähigkeit in den Bezugsrahmen einzugliedern.[8] Hierfür lassen sich mehrere Gründe anführen: Es ist die zentrale Erkenntnis des Ansatzes und gleichzeitig Grundvoraussetzung für die hier gewählte Konzeption, dass Absorptionsfähigkeit eine dynamische Fähigkeit darstellt.[9] Zahra und George führen diesbezüglich aus:

---

1 Vgl. Lichtenthaler (2009a), S. 824 ff.; Sun/Anderson (2010), S. 134.
2 Vgl. Gupta/Smith/Shalley (2006), S. 695.
3 Vgl. Teece (2007), S. 1343.
4 Zum Spannungsfeld zwischen Exploration und Exploitation sei weiterhin auf das Ambidexterity-Schrifttum verwiesen: Vgl. u.a. Tushman/O'Reilly (1996); He/Wong (2004); Gibson/Birkinshaw (2004); O'Reilly/Tushman (2008) ; Jansen et al. (2009).
5 Siehe hierzu auch Abschnitt 2.3.4.
6 Sun/Anderson (2010), S. 137.
7 Durch die Veränderung der bestehenden Wissensbasis trägt die Absorptionsfähigkeit implizit auch zur Transformation der Ressourcenbasis des Unternehmens bei, angedeutet durch den gestrichelten Pfeil in Abbildung 3-8.
8 Siehe hierzu auch Abschnitt 2.3.3.2 und Abschnitt 2.3.4.
9 Vgl. Sun/Anderson (2010), S. 134.

"ACAP is viewed as a dynamic capability embedded in a firm's routines and processes, making it possible to analyze the stocks and flows of a firm's knowledge and relate these variables to the creation and sustainability of competitive advantage."[1]

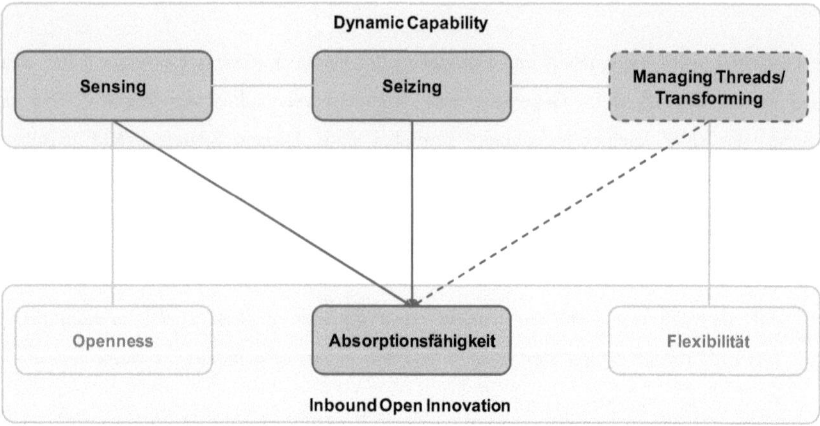

Abbildung 3-8: Relevante Dimensionen des Bezugsrahmens

Weiterhin nehmen Zahra und George eine Trennung nach potentieller und realisierter Absorptionsfähigkeit vor.[2] Dies kann als Entsprechung der oben getroffenen Unterscheidung zwischen Exploration und Exploitation angesehen werden. Wie im Folgenden noch zu zeigen sein wird, spiegeln potentielle und realisierte Absorptionsfähigkeit in hohem Maße die von Teece postulierten Dimensionen Sensing und Seizing wider.[3] So wie alle Fähigkeitenklassen nach Teece genutzt werden müssen, um nachhaltige Wettbewerbsvorteile generieren zu können,[4] führt auch im Ansatz von Zahra und George nur die gemeinsame Verfolgung von potentieller und realisierter Absorptionsfähigkeit zu Unternehmenserfolg.[5]

Darüber hinaus zeichnet sich der Ansatz von Zahra/George (2002) dadurch aus, dass er die ursprüngliche Definition von Cohen und Levinthal aufgreift und erweitert.[6] Die Autoren differenzieren vier Dimensionen beziehungsweise Fähigkeiten, deren Komponenten sowie

1 Zahra/George (2002), S. 186 ff.
2 Siehe Abschnitt 2.3.3.2.
3 Siehe Abschnitt 3.3.1 und Abschnitt 3.3.2.
4 Vgl. Teece (2007), S. 1347.
5 Vgl. Zahra/George (2002), S. 191.
6 Vgl. auch im Folgenden Burkhart (2010), S. 35.

Rolle und Bedeutung für den Absorptive Capacity-Prozess sie detailliert aufzeigen.[1] Im Folgenden soll der Bezugsrahmen der Untersuchung daher um die Absorptionsfähigkeit nach Zahra/George (2002) erweitert werden. Zunächst wird hierzu die potentielle Absorptionsfähigkeit (Abschnitt 3.3.1) und im Anschluss die realisierte Absorptionsfähigkeit (Abschnitt 3.3.2) deduziert und erläutert. Die Erfolgswirkung der beiden Konstrukte im vorliegenden Untersuchungsmodell wird in Abschnitt 3.3.3 dargelegt. Abschließend (Abschnitt 3.3.4) sollen die Ergebnisse zusammengefasst und der Untersuchungsrahmen weiter konkretisiert werden.

3.3.1 Potentielle Absorptionsfähigkeit

Prozesse, die der Wahrnehmung und Gestaltung von Chancen dienen, fasst Teece (2007) in der Dynamic Capabilities-Komponente Sensing zusammen.[2] Während im Rahmen der Diskussion des Erfolgsfaktors Openness vor allem die Gestaltung der Systeme fokussiert wurde, die dem Erkennen von Chancen zugrunde liegen,[3] soll an dieser Stelle insbesondere auf die von Teece (2007) beschriebenen Identifikations- und Interpretationsprozesse abgestellt werden.[4] Zunächst steht dabei die Suche nach potentiellen Chancen im Vordergrund:

> *"To identify and shape opportunities, enterprises must constantly scan, search, and explore across technologies and markets [...]"*[5]

Um Gelegenheiten als solche identifizieren zu können, muss das Unternehmen fortwährend in aktive Abfrage- und Suchprozesse involviert sein. Diese betreffen sowohl das Unternehmen als auch die gesamte Unternehmensumwelt.[6] Teece führt aus, dass Unternehmen hierzu ihren Suchhorizont erweitern und gelegentlich auch gewohnte Pfade verlassen müssen.[7] Die Identifikation von Chancen umfasst demnach nicht nur das Sondieren von Kundenbedürfnissen und technologischen Entwicklungen, sondern unter anderem auch die Wahrnehmung von strukturellen Marktverschiebungen oder die Integration von Kunden und Zulieferern.

---

1 Vgl. Zahra/George (2002), S. 189 f.
2 Vgl. Teece (2007), S. 1322. Für die entsprechende Definition siehe Abschnitt 3.2.1.
3 Siehe Abschnitt 3.2.1.
4 Vgl. Teece (2007), S. 1322 ff.
5 Teece (2007), S. 1322.
6 Vgl. Teece (2007), S. 1323.
7 Vgl. auch im Folgenden Teece (2007), S. 1322.

Konnten potentielle Chancen auf diese Weise entdeckt werden, gilt es sie zu verstehen und auf Basis dieser Grundlage zu evaluieren. Teece (2007) spricht in diesem Zusammenhang von der Interpretation der sich ergebenden Chancen:

> *„When opportunities are first glimpsed, entrepreneurs and managers must figure out how to interpret new events and developments, which technologies to pursue, and which market segments to target."*[1]

Die Interpretation einer Gelegenheit beziehungsweise einer Information ist ein komplexer Prozess, der eine Vielzahl von Variablen enthält. Hierzu gehört vor allem die Bewertung und Prognose möglicher Entwicklungspfade von Technologien. Darüber hinaus muss aber auch die Reaktion und das Verhalten anderer Marktteilnehmer abgeschätzt werden.[2] Die Bewertung einer verfügbaren Information, die in allen möglichen Formen vorzufinden ist,[3] kann jedoch meist nicht durch einzelne oder wenige Individuen geleistet werden.[4] Zudem ist es essentiell, dass die entsprechenden Unternehmensmitarbeiter auch in der Lage sind, die Information zu interpretieren. Im Rahmen von Sensing ist es demnach ebenfalls von großer Bedeutung, die Informationen an die richtige „Stelle" im Unternehmen zu leiten. Dies setzt einen vitalen unternehmensinternen Austausch voraus.

Die potentielle Absorptionsfähigkeit (PACAP) beschreibt genau diese Prozesse der Identifikation, Interpretation und Evaluation von Informationen, die eine notwendige Voraussetzung für die spätere Internalisierung und Exploitation externen Wissens darstellen. Die Fähigkeiten zur potentiellen Absorption bezeichnen Zahra/George (2002) als Akquisitions- und Assimilationsfähigkeit:

> *„Potential ACAP (PACAP) makes the firm receptive to acquiring and assimilating external knowledge (Lane & Lubatkin, 1998). It captures Cohen and Levinthal's (1990) description of a firm's capability to value and acquire external knowledge but does not guarantee the exploitation of this knowledge."*[5]

Dem Unternehmen beziehungsweise den Organisationsmitgliedern kommt im Rahmen der potentiellen Absorptionsfähigkeit, analog zum Sensing, zunächst die Aufgabe zu, potentiell

---

1 Teece (2007), S. 1322.
2 Vgl. Teece (2007), S. 1322 f.
3 Teece (2007), S. 1322 nennt in diesem Zusammenhang u.a. Charts, Bilder, Konversationen oder wissenschaftliche und technologische Errungenschaften.
4 Vgl. auch im Folgenden Teece (2007), S. 1323.
5 Zahra/George (2002), S. 190.

relevantes externes Wissen als solches zu erkennen und die entsprechenden Informationen verfügbar zu machen.[1] In einem zweiten Schritt gilt es, wiederum analog zu Teece Sensing-Komponente, diese Informationen zu analysieren und zu verstehen. Sensing stellt daher, wie in Abbildung 3-9 verdeutlicht, den relevanten Bezugspunkt für die potentielle Absorptionsfähigkeit dar.

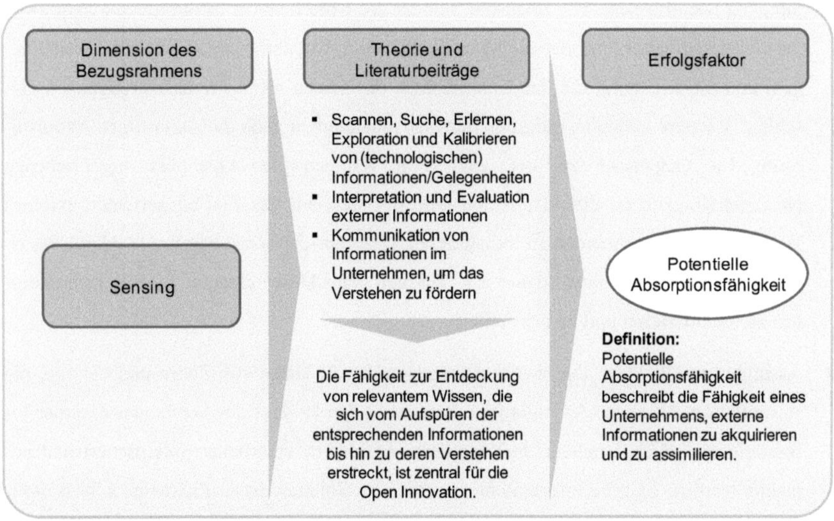

Abbildung 3-9: Ableitung der potentiellen Absorptionsfähigkeit

Die potentielle Absorptionsfähigkeit umfasst nach Zahra/George (2002) die zwei komplementären Dimensionen Akquisitions- und Assimilationsfähigkeit.[2] Aufeinander aufbauend beschreiben die Dimensionen jeweils bestimmte Aspekte des Absorptionsprozesses, die im Folgenden näher erläutert werden sollen:

- Akquisitionsfähigkeit: Die erste Dimension des Ansatzes von Zahra und George stellt die Akquisitionsfähigkeit (Acquisition) dar.[3] Entgegen dieser Bezeichnung umfasst die Akquisitionsfähigkeit jedoch nicht nur die Beschaffung von Informationen, sondern auch den zuvor notwendigen Schritt der Identifikation. Wie zuvor beschrieben, schließt dies auch das aktive Scannen der Unternehmensumwelt nach möglichen Informationen ein. Hierbei

[1] Vgl. auch im Folgenden Zahra/George (2002), S. 189 f.
[2] Vgl. Zahra/George (2002), S. 190.
[3] Vgl. auch im Folgenden Zahra/George (2002), S. 189 f.

kommen prinzipiell alle externen Wissensspeicher als mögliche Informationsquellen in Betracht.[1] Das Ausmaß dieser Suchanstrengungen („scope of search“[2]), also die Entscheidung über Art und Umfang der zu untersuchenden Quellen, spielt im Rahmen der Akquisitionsfähigkeit daher ebenfalls eine wichtige Rolle und wird vor allem durch die Vernetzung des Unternehmens mit seiner Umwelt determiniert.

In diesem Zusammenhang nennen Zahra und George drei Attribute, die die Akquisitionsfähigkeit beeinflussen:[3] Die Intensität, mit der das Unternehmen Informationen akquiriert, die Geschwindigkeit, mit der die Identifikation und Aufnahme neuen Wissens vonstattengeht und die Richtung, die das Unternehmen mit seinen Akquisitionsanstrengungen einschlägt. Letztere bedingen aufgrund der Pfadabhängigkeit auch die zukünftigen Akquisitionen. Im Gegensatz zu der zuvor im Rahmen der Openness beschriebenen Netzwerkfähigkeit ist die Akquisitionsfähigkeit stets auf das Ziel ausgerichtet, externes Wissen in das Unternehmen zu transferieren.[4] Zusammenfassend beschreibt Akquisitionsfähigkeit in diesem Kontext daher die Fähigkeit eines Unternehmens, externe Informationen zu identifizieren und zu beschaffen.

- Assimilationsfähigkeit: Die zweite Dimension des Ansatzes von Zahra und George, die Assimilationsfähigkeit (Assimilation), beschreibt den Prozess des Verstehens externer Informationen.[5] Hierzu müssen Informationen analysiert, verarbeitet, interpretiert und begriffen werden. Externe Informationen werden im Rahmen dieser Prozesse zu Wissen für das Unternehmen umgewandelt. Dabei hängt die Effektivität und Effizienz dieser Prozesse maßgeblich vom Neuheitsgrad und der Kontextabhängigkeit der zu verstehenden Informationen ab. Je neuartiger diese aus Sicht des Unternehmens sind, desto stärker wird der Verstehensprozess verzögert. Hängen die Informationen stark vom Kontext ab, oder basiert der Wert der Information auf sogenannten „complementary assets“, kann dies das Verstehen des Wissens zusätzlich erschweren oder sogar unmöglich machen.[6]

  Um sicherzustellen, dass Wissen interpretiert werden kann, spielt die Verteilung der externen Informationen im Rahmen der Assimilationsfähigkeit ebenfalls eine wichtige Rolle.[7] Hierzu muss eine intensive Kommunikation auch über Fachabteilungs- beziehungsweise

1 Siehe hierzu auch Abschnitt 3.2.1.
2 Zahra/George (2002), S. 189.
3 Vgl. auch im Folgenden Zahra/George (2002), S. 189.
4 Ein ähnliches Verständnis findet sich bei Lichtenthaler/Lichtenthaler (2009), S. 1320.
5 Vgl. auch im Folgenden Zahra/George (2002), S. 189 f.
6 Vgl. Teece (2007), S. 1337 ff.
7 Vgl. Lenox/King (2004), S. 332.

Geschäftseinheitsgrenzen hinweg erfolgen.[1] Insbesondere im Fall technologischer Informationen können diese meist nur durch Mitarbeiter der entsprechenden Entwicklungsabteilung hinreichend interpretiert und damit auch evaluiert werden. In enger Anlehnung an Zahra/George (2002) soll Assimilationsfähigkeit daher als die Fähigkeit eines Unternehmens verstanden werden, externe Informationen zu analysieren, zu verarbeiten und zu verstehen.

Die vorliegende Untersuchung folgt der zweidimensionalen Konzeption[2] der potentiellen Absorptionsfähigkeit von Zahra/George (2002), nach der Akquistions- und Assimilationsfähigkeit jeweils Aspekte der potentiellen Absorptionsfähigkeit beschreiben. Daher soll die potentielle Absorptionsfähigkeit im Einklang mit dem empirischen Schrifttum[3] als reflektives mehrdimensionales Konstrukt konzeptionalisiert werden.

> *H_3: Das Konstrukt „potentielle Absorptionsfähigkeit" ist ein latentes Konstrukt zweiter Ordnung mit den Dimensionen „Akquisitionsfähigkeit" und „Assimilationsfähigkeit".*

Abbildung 3-10 stellt die Struktur des zweidimensionalen Konstrukts potentielle Absorptionsfähigkeit dar.

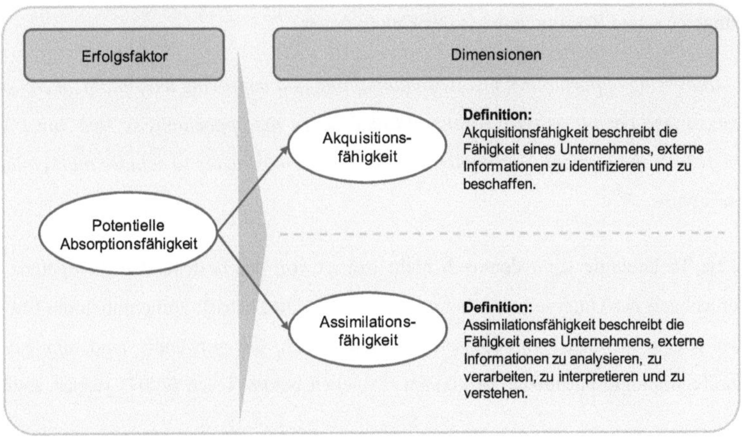

Abbildung 3-10: Dimensionen der potentiellen Absorptionsfähigkeit

1 Vgl. Flatten et al. (2011), S. 104 ff.
2 Siehe zu mehrdimensionalen Konstrukten Abschnitt 4.1.3.2.5.
3 Vgl. u.a. Camisón/Forés (2011), S. 73; Flatten et al. (2011), S. 109.

3.3.2 Realisierte Absorptionsfähigkeit

Die Kommerzialisierung, Exploitation oder schlicht das Ergreifen von Gelegenheiten ist Gegenstand der zweiten Dimension des Dynamic Capabilities-Ansatzes von Teece (2007), dem „Seizing".

> *"Once a new (technological or market) opportunity is sensed, it must be addressed through new products, processes, or services. This almost always requires investments in development and commercialization activity."*[1]

Teece (1998) verdeutlicht, dass allein das Wahrnehmen und Gestalten einer Gelegenheit noch nicht zum Unternehmenserfolg beitragen kann. Hierzu muss diese zunächst in neue Produkte, Dienstleistungen oder Prozesse überführt und somit auch genutzt beziehungsweise ausgebeutet (Exploitation) werden.[2] Dies spielt im Rahmen von Innovationsaktivitäten eine besondere Rolle, da eine Invention erst mit ihrer Kommerzialisierung als Innovation bezeichnet werden kann.[3] Mit dem Ergreifen einer Gelegenheit sind daher immer auch Investitionen verbunden, die im Fall einer neuen Technologie zum Beispiel in deren Entwicklung fließen müssen. Diese Investitionen stellen nicht selten strategische Entscheidungen dar, die die zukünftigen Entwicklungspfade des Unternehmens in hohem Maße beeinflussen.

Um Gelegenheiten ergreifen zu können, bedarf es diverser Anpassungen und Entwicklungen der Kompetenz- und Ressourcenbasis des Unternehmens.[4]

> *"Addressing opportunities involves maintaining and improving technological competences and complementary assets and then, when the opportunity is ripe, investing heavily in the particular technologies and designs most likely to achieve marketplace acceptance."*[5]

Eine neue Technologie kann demnach nicht isoliert von der bestehenden Kompetenz- und Ressourcenbasis des Unternehmens betrachtet werden. Dies betrifft vornehmlich die Entwicklung der entsprechenden technologischen Kompetenzen, die notwendig sind, um eine bestimmte Technologie ausnutzen zu können. Daneben betont Teece (2007) jedoch auch den

---

1 Teece (2007), S. 1326.
2 Vgl. auch im Folgenden Teece (2007), S. 1326 ff.
3 Siehe Abschnitt 2.1.1.
4 Vgl. Teece (2007), S. 1326 f.
5 Teece (2007), S. 1326.

Bedarf an komplementären Ressourcen,[1] wie zum Beispiel die Fähigkeit, eine Technologie vermarkten zu können. Werden Prozesse, Ressourcen, Kompetenzen oder administrative Routinen nicht entsprechend angepasst, können etablierte Strukturen eine Innovation sogar behindern.[2] Diese Anpassungen der Ressourcenbasis können jedoch nur mit den nötigen Investition und dem nötigen „Commitment“ gelingen.[3]

Die realisierte Absorptionsfähigkeit (RACAP) bildet die Fähigkeit zur Anpassung und Exploitation im Rahmen der Absorption externen Wissens ab. Zahra/George (2002) definieren die realisierte Absorptionsfähigkeit daher wie folgt:

> *"Realized ACAP (RACAP) is a function of the transformation and exploitation capabilities discussed earlier. RACAP reflects the firm's capacity to leverage the knowledge that has been absorbed."*[4]

Ähnlich der Dynamic Capabilities-Komponente Seizing im Framework von Teece (2007), beschreibt die realisierte Absorptionsfähigkeit die Verarbeitung und Verwertung externen Wissens im Unternehmen. Dabei steht neben der eigentlichen Exploitation, also beispielsweise der Überführung technologischen Wissens in marktfähige Produkte, die vorausgehende Transformation der Information beziehungsweise der bestehenden Wissens- und Kompetenzbasis im Fokus. Abbildung 3-11 zeigt die relevanten Bezugspunkte für die Deduktion der realisierten Absorptionsfähigkeit.

Die realisierte Absorptionsfähigkeit umfasst nach Zahra/George (2002) die zwei komplementären Dimensionen Transformations- und Exploitationsfähigkeit.[5] Aufeinander aufbauend beschreiben die Dimensionen jeweils bestimmte Aspekte des Absorptionsprozesses, die im Folgenden näher erläutert werden sollen.

---

1 Vgl. Teece (2007), S. 1326.

2 Vgl. Teece (2007), S. 1327. Daher spielt das nachfolgend noch detaillierter erörterte „Transforming“ auch an dieser Stelle bereits eine Rolle.

3 Vgl. Teece (2007), S. 1327.

4 Zahra/George (2002), S. 190 f.

5 Vgl. Zahra/George (2002), S. 190 f.

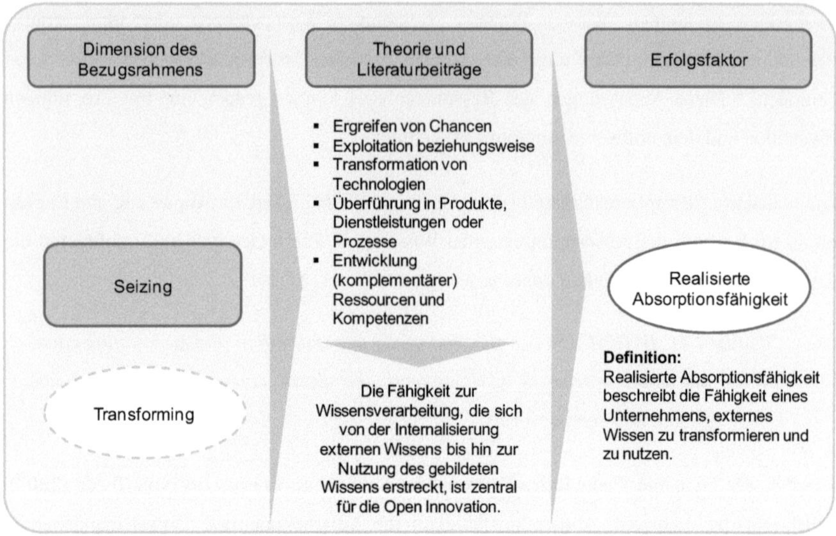

Abbildung 3-11: Ableitung der realisierten Absorptionsfähigkeit

- Transformationsfähigkeit: Die dritte Dimension des Absorptive Capacity-Ansatzes von Zahra und George ist die Transformation. Diese Fähigkeit beschreibt die Internalisierung und Konversion der im Rahmen potentieller Absorptionsfähigkeit beschaffter Informationen zu internem Wissen.[1] Neues Wissen kann im Kontext von Transformationsprozessen altes Wissen ersetzen, ergänzen oder die Art und Weise verändern, wie bestehendes Wissen interpretiert wird. Zahra/George (2002) beschreiben Transformationsfähigkeit daher wie folgt:

  „Transformation denotes a firm's capability to develop and refine the routines that facilitate combining existing knowledge and the newly acquired and assimilated knowledge. This is accomplished by adding or deleting knowledge or simply by interpreting the same knowledge in a different manner."[2]

  Insbesondere die Kombination von neuem und bestehendem Wissen spielt in diesem Zusammenhang eine zentrale Rolle.[3] Hierzu gehört auch die Kombination scheinbar inkon-

---

1 Vgl. Zahra/George (2002), S. 190.
2 Zahra/George (2002), S. 190.
3 Vgl. auch im Folgenden Zahra/George (2002), S. 190.

gruenten Wissens mittels sogenannter Bisozation.[1] Für Zahra/George (2002) basiert die Transformationsfähigkeit maßgeblich auf solchen Bisozationsprozessen, aus denen wiederum neue Kompetenzen hervorgehen können. Die Fähigkeit zur Transformation der eigenen Wissensbasis führt demnach dazu, dass ein Unternehmen sich selbst und seine Umwelt anders wahrnimmt als zuvor und hierdurch auch in der Lage ist, neue, zuvor gegebenenfalls unerkannte Chancen wahrzunehmen.

In diesem Zusammenhang verweisen Zahra und George auf die Bedeutung der Transformationsfähigkeit für die angrenzenden Forschungsgebiete der strategischen und organisationalen Veränderung. In der vorliegenden Untersuchung soll die Transformationsfähigkeit als Fähigkeit verstanden werden, zuvor aufgenommenes Wissen mit bestehendem Wissen zu kombinieren.

- Exploitationsfähigkeit: Die vierte und letzte Dimension des Ansatzes von Zahra und George stellt die Exploitationsfähigkeit dar.[2] In enger Anlehnung an die ursprüngliche Konzeption von Cohen und Levinthal beschreibt Exploitation die Fähigkeit, Wissen anzuwenden.[3] Zahra/George (2002) betonen in diesem Zusammenhang insbesondere die Bedeutung der Exploitation für die Entwicklung und Ausweitung existierender Kompetenzen:

  „*Exploitation as an organizational capability is based on the routines that allow firms to refine, extend, and leverage existing competencies or to create new ones by incorporating acquired and transformed knowledge into its operations.*"[4]

  Im Rahmen von Innovationstätigkeit spielt insbesondere die Überführung innovationsrelevanten Wissens in neue Produkte, Dienstleistungen oder Prozesse und damit letztlich seine Kommerzialisierung eine zentrale Rolle.[5] Diese stellen Ergebnisse von Exploitationsprozessen dar, die auf systematischen Routinen basieren.[6] Erst die Implementierung solcher Routinen erlaubt es Unternehmen, die Exploitation von Wissen nachhaltig zu etablieren und auch in Zukunft in der Lage zu sein, Wissen zur Anwendung zu bringen. In Anlehnung an Zahra/George (2002) und Cohen/Levinthal (1990) wird Assimi-

---

1 Das Konzept der Bisoziation, welches die Verknüpfung von Informationen mit unterschiedlichem Bezugsrahmen bezeichnet, geht auf Koestler (1964) zurück.
2 Vgl. auch im Folgenden Zahra/George (2002), S. 190.
3 Vgl. Cohen/Levinthal (1990), S. 128 ff.
4 Zahra/George (2002), S. 190.
5 Vgl. Teece (2007), S. 1326.
6 Vgl. auch im Folgenden Zahra/George (2002), S. 190.

lationsfähigkeit hier als die Fähigkeit eines Unternehmens verstanden, zuvor transformiertes Wissen anzuwenden.

Da die Transformations- und Exploitationsfähigkeit verschiedene Aspekte des Phänomens der realisierten Absorptionsfähigkeit beschreiben, dabei aber starke Interdependenzen aufweisen, können sie in diesem Zusammenhang als reflektive Dimensionen der realisierten Absorptionsfähigkeit interpretiert werden.[1] In der vorliegenden Untersuchung soll die realisierte Absorptionsfähigkeit daher in Anlehnung an das empirische Schrifttum[2] als reflektives mehrdimensionales Konstrukt konzeptionalisiert werden.

> *H_4: Das Konstrukt „realisierte Absorptionsfähigkeit“ ist ein latentes Konstrukt zweiter Ordnung mit den Dimensionen „Transformationsfähigkeit“ und „Exploitationsfähigkeit“.*

Abbildung 3-12 stellt die Struktur des zweidimensionalen Konstrukts realisierte Absorptionsfähigkeit dar.

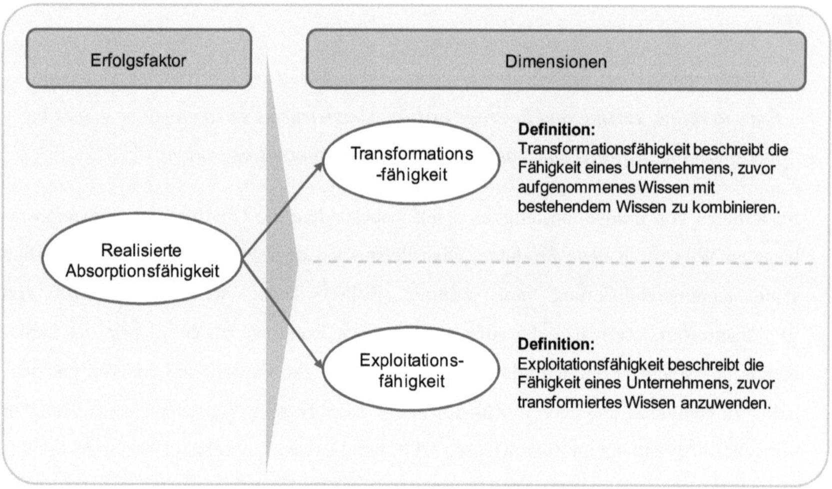

Abbildung 3-12: Dimensionen der potentiellen Absorptionsfähigkeit

[1] Siehe zu mehrdimensionalem Konstrukten Abschnitt 4.1.3.2.5.

[2] Vgl. u.a. Camisón/Forés (2011), S. 73; Flatten et al. (2011), S. 109.

3.3.3 Erfolgswirkung der Absorptionsfähigkeitskonstrukte

Die Erfolgsrelevanz und insbesondere die Innovationserfolgsrelevanz der Absorptionsfähigkeit werden heute kaum noch in Frage gestellt.[1] Lane et al. (2006) stellen im Rahmen ihres Literaturüberblicks im Hinblick auf Innovation als Ergebnis von organisationalem Lernen und Absorptive Capacity daher ebenfalls fest:

> *"Because innovation is an outcome of organizational learning, it is not surprising that it, too, has a recursive relationship with absorptive capacity. Papers on this theme suggest that absorptive capacity helps the speed, frequency, and magnitude of innovation and that innovation produces knowledge that becomes part of the firm's absorptive capacity."*[2]

Dieses Ergebnis ist insofern nicht verwunderlich, da Innovation in allen bedeutenden Absorptive Capacity-Konzeptionen als ein Ergebnis der Absorptionsfähigkeit genannt wird.[3] Bereits Cohen und Levinthal fokussieren die Innovation als Folge von Absorptionsfähigkeit.[4] Bezugnehmend auf das ressourcentheoretische Schrifttum nennen Zahra/George (2002) den nachhaltigen Wettbewerbsvorteil, deren wichtigste Komponenten Innovation und strategische Flexibilität darstellen, als zentrales Resultat der Absorptionsfähigkeit.[5] Während die potentielle Absorptionsfähigkeit vor allem durch die Stärkung der Flexibilität zum nachhaltigen Wettbewerbsvorteil beitragen soll, so die Annahme der Autoren, bewirkt die realisierte Absorptionsfähigkeit eine größere Wettbewerbsfähigkeit durch Innovation,[6] gemeinhin als Innovationserfolg zu bezeichnen.

Demnach hat nur die realisierte Absorptionsfähigkeit einen direkten Einfluss auf den Innovationserfolg. Diese Erkenntnis entspricht in höchstem Maße der Innovationslogik. Erst mit der abschließenden Verwendung beziehungsweise Ausnutzung einer Idee oder Invention kann von einer Innovation gesprochen werden.[7] Eben diesen Schritt beschreibt die realisierte Absorptionsfähigkeit für den Fall externen Wissens. Zahra und George stellen daher im Hinblick auf den Innovationserfolg fest:

---

1 Siehe Abschnitt 2.3.3.2.

2 Lane/Koka/Pathak (2006), S. 849.

3 Vgl. Cohen/Levinthal (1990); Zahra/George (2002); Lane/Koka/Pathak (2006); Todorova/Durisin (2007). Siehe auch Abschnitt 2.3.3.2.

4 Vgl. Cohen/Levinthal (1990), S.128 ff.; Todorova/Durisin (2007), S. 775.

5 Vgl. Zahra/George (2002), S. 195. Die Autoren beziehen sich damit vor allem auf Barney (1991).

6 Vgl. Zahra/George (2002), S. 196.

7 Siehe Abschnitt 2.1.1.

„The transformation and exploitation capabilities that RACAP comprises are likely to influence firm performance through product and process innovation."[1]

Da der potentiellen und realisierten Absorptionsfähigkeit jedoch komplementäre Rollen zukommen,[2] kann auch der potentiellen Absorptionsfähigkeit ein Einfluss auf den Innovationserfolg zugeschrieben werden. Nur wenn externe Informationen in ausreichendem Maße akquiriert und assimiliert werden, kann auch mit einer Internalisierung und Verwertung gerechnet werden. Zahra und George drücken diesen Zusammenhang anhand eines Effizienzfaktors aus, der potentielle und realisierte Absorptionsfähigkeit ins Verhältnis zueinander setzt. Werden beide Absorptionsarten gleichmäßig verfolgt, mündet die Absorptionsfähigkeit eines Unternehmens in dem entsprechenden Innovationserfolg. Besonders deutlich wird dieser Einfluss, wenn die Absorptionsfähigkeit wie heute üblich als Prozess verstanden wird, in dem die einzelnen Dimensionen aufeinander aufbauen.

Zusammenfassend kann daher konstatiert werden, dass die Erfolgswirkung der potentiellen Absorptionsfähigkeit stets durch die realisierte Absorptionsfähigkeit mediiert wird. Die realisierte Absorptionsfähigkeit hat hingegen einen direkten Einfluss auf den Innovationserfolg. Für die vorliegende Untersuchung werden daher die folgenden beiden Untersuchungshypothesen formuliert, in denen das Prozessverständnis der Absorptionsfähigkeit Ausdruck findet:

> H_5: *Je größer die „potentielle Absorptionsfähigkeit" eines Unternehmens, desto größer ist auch seine „realisierte Absorptionsfähigkeit".*
>
> H_6: *Je größer die „realisierte Absorptionsfähigkeit" eines Unternehmens, desto größer ist auch sein Innovationserfolg.*

Abbildung 3-13 stellt den in den Hypothesen beschriebenen Zusammenhang zwischen potentieller Absorptionsfähigkeit, realisierter Absorptionsfähigkeit und Innovationserfolg dar.

---

1 Zahra/George (2002), S. 195.
2 Vgl. auch im Folgenden Zahra/George (2002), S. 191.

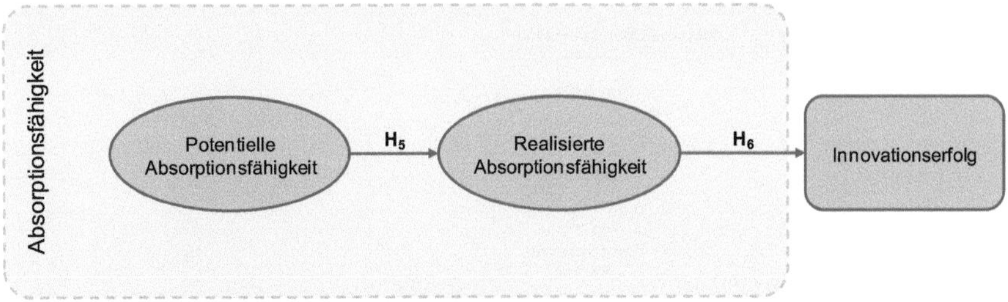

Abbildung 3-13: Erfolgswirkung der Absorptionsfähigkeit

3.3.4 Zusammenfassung

Im Rahmen der theoretischen Auseinandersetzung mit der Absorptionsfähigkeit wurde diese bereits als eine Dynamic Capability identifiziert. Als solche ist sie nach dem DCV hochgradig erfolgsrelevant. Die vorangegangenen Ausführungen haben weiterhin gezeigt, dass die Absorptionsfähigkeit auf Basis des Dynamic Capabilities-Ansatzes von Teece (2007), wie von Zahra/George (2002) postuliert, in eine potentielle und eine realisierte Absorptionsfähigkeit zu zerlegen ist. Dabei bildet die potentielle Absorptionsfähigkeit, welche aus der Komponente Sensing abgeleitet wurde, eine Determinante der aus Seizing deduzierten realisierten Absorptionsfähigkeit. Die realisierte Absorptionsfähigkeit hat hingegen einen direkten Einfluss auf den Innovationserfolg. In Anlehnung an das Verständnis im Schrifttum wurden hinsichtlich der potentiellen Absorptionsfähigkeit die beiden komplementären Dimensionen Akquisitions- und Assimilationsfähigkeit differenziert. Analog setzt sich die realisierte Absorptionsfähigkeit aus den Dimensionen Transformations- und Exploitationsfähigkeit zusammen.

Nachdem Zusammensetzung und Erfolgswirkung der beiden Subkonstrukte potentielle und realisierte Absorptionsfähigkeit bestimmt wurden, kann die Absorptionsfähigkeit nun vollständig in den Bezugsrahmen der Untersuchung integriert werden. Abbildung 3-7 stellt den auf diese Weise konkretisierten Bezugsrahmen dar, der im Folgenden durch einen weiteren Erfolgsfaktor spezifiziert werden soll.

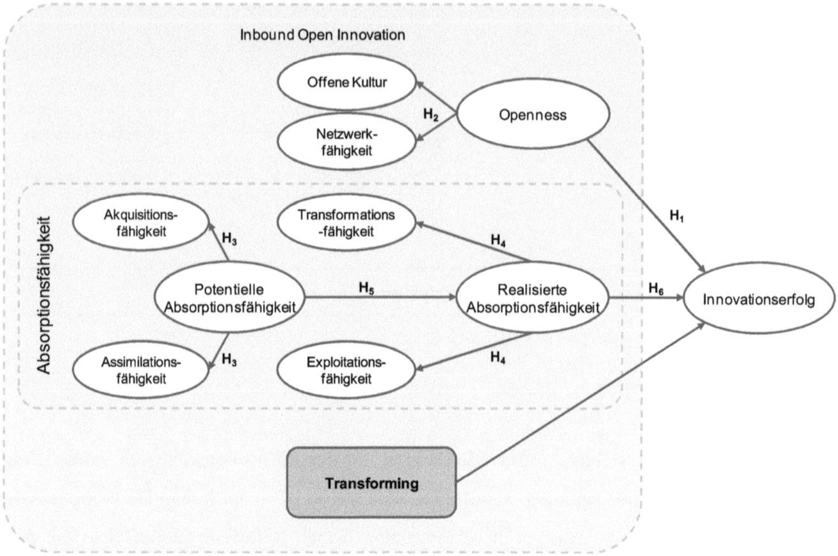

Abbildung 3-14: Konkretisierung des Bezugsrahmens II

3.4 Flexibilität

Die dritte und letzte Dimension des Dynamic Capabilities-Ansatzes von Teece (2007) befasst sich damit, wie Wettbewerbsvorteile durch die Transformation des Unternehmens dauerhaft gesichert und so Bedrohungen vom Unternehmen abgewendet werden können.[1] Die Dimension des Transforming beschreibt nach Teece die Fähigkeit des Unternehmens, „to maintain competitiveness through enhancing, combining, protecting, and, when necessary, reconfiguring the business enterprise's intangible and tangible assets."[2] Ziel des Unternehmens muss es demnach sein, seine Ressourcen sowie Fähigkeiten stetig weiter zu entwickeln und, wenn nötig, auch zu rekonfigurieren.[3]

Dem liegt die Vorstellung zugrunde, dass in der Vergangenheit entwickelte Kompetenzen zu Pfadabhängigkeiten führen, die die Anpassung an veränderte Bedingungen erschweren oder sogar verhindern können. Eine etablierte und funktionale Routine kann auf diese Weise zu

1 Vgl. Teece (2007), S. 1335 f.
2 Teece (2007), S. 1319.
3 In Zusammenhang mit der Absorptionsfähigkeit findet diese Rekonfiguration vor allem in den Wissensressourcen und Lernprozessen des Unternehmens Ausdruck. Siehe Abschnitt 2.3.3.1.2.

einer Barriere für die zukünftige Wettbewerbsfähigkeit des Unternehmens werden.[1] Teece (2007) beschreibt diesen Sachverhalt wie folgt und verweist gleichzeitig auf die besondere Bedeutung der Organisationsstruktur:

> *„A key to sustained profitable growth is the ability to recombine and to reconfigure assets and organizational structures as the enterprise grows, and as markets and technologies change, as they surely will. Reconfiguration is needed to maintain evolutionary fitness and, if necessary, to try and escape from unfavorable path dependencies."*[2]

Innovationen stellen in diesem Zusammenhang den zentralen Treiber zur Veränderung der Ressourcenbasis dar. Dabei steigt der Umfang der Transformation in der Regel mit dem Neuheitsgrad der Innovation.[3] Während inkrementelle Innovationen zumeist nur geringe, eher graduelle Anpassungen der Ressourcenbasis erfordern, kann eine radikale Innovation grundlegende Transformationen des Unternehmens und seiner Ressourcen nach sich ziehen. In jedem Fall geht mit einer Innovation jedoch die Rekonfiguration zentraler Unternehmensressourcen einher und stellt damit einen festen Bestandteil kontinuierlicher Innovationstätigkeit und damit auch der Open Innovation dar.[4]

Mit der Ausweitung des Suchfeldes für Informationen steigt im Kontext von Inbound Open Innovation-Aktivitäten die Wahrscheinlichkeit, dass das Unternehmen innovationsrelevante Informationen aufnimmt und damit Innovations- und Transformationsprozesse angestoßen werden. Der Anpassungsfähigkeit oder Flexibilität des Unternehmens kommt im Rahmen der Inbound Open Innovation daher eine besondere Bedeutung zu.[5] Die Transforming-Komponente des Dynamic Capabilities-Ansatzes von Teece bildet den relevanten Bezugspunkt für den letzten Erfolgsfaktor der Inbound Open Innovation (Abbildung 3-15).

---

1 Vgl. Teece (2007), S. 1335.

2 Teece (2007), S. 1335.

3 Vgl. Teece (2007), S. 1335.

4 Vgl. Verona/Ravasi (2003), S. 579.

5 Vgl. Vanhaverbeke/Cloodt/van de Vrande (2007), S. 14. In der Managementforschung wird jedoch auch das Spannungsfeld von Flexibilität und Effizienz betont (siehe hierzu auch Zhou/Wu (2010), S. 547 f.). Demnach braucht ein Unternehmen insbesondere in Phasen der Stabilität auch die Fähigkeit, kontrolliert und effizient zu agieren (Volberda (1996), S. 360 f.). Kontinuität und Effizienz spielen im Hinblick auf den Untersuchungsgegenstand der Inbound Open Innovation jedoch eine nachrangige Rolle, da hier vor allem die Exploration im Mittelpunkt steht. Flexibilität wird im Schrifttum vor allem in Verbidung mit Exploration gesehen (vgl. Jansen et al. (2009), S. 797; Zhou/Wu (2010), S. 557).

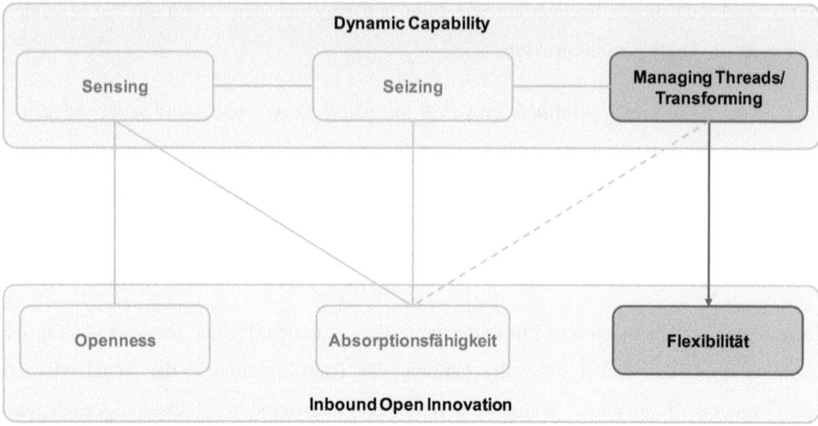

Abbildung 3-15: Relevante Dimensionen des Bezugsrahmens

Flexibilität beschreibt hier, in enger Anlehnung an die Transforming-Komponente des DCV-Konzepts, die Fähigkeit des Unternehmens, seine verschiedenen Ressourcen im Rahmen der Inbound Open Innovation zu rekonfigurieren.[1] In Märkten, die stark von Veränderungen durch Innovation geprägt sind, spielt diese Fähigkeit eine besondere Rolle.[2] Je dynamischer die Marktbedingungen, desto wichtiger wird die Fähigkeit zur ständigen Rekonfiguration für die Überlebensfähigkeit eines Unternehmens.[3] Das Konzept der Flexibilität ist daher stark im DCV verwurzelt. Bezugnehmend auf frühe Arbeiten der Dynamic Capabilities-Forschung[4] stellt Teece (2010) fest:

> *"[...] the DCs approach is Schumpeterian in its lineage and can be thought of as endorsing the value of flexibility. However it ought to be recognized that the DCs framework may not be relevant to all environments, e.g. highly regulated industries shielded from competition (such as water reticulation)."*[5]

1 Allgemeiner kann unter (organisationaler) Flexibilität die Fähigkeit zur raschen Anpassung an Veränderungen verstanden werden; vgl. Tienari/Tainio (1999), S. 351; Lim et al. (2011), S. 226. Dabei ist zu beachten, dass sich in der betriebswirtschaftlichen Forschung kein einheitliches Flexibilitätskonzept etabliert hat, was u.a. darauf zurückzuführen ist, dass Flexibilität in vielen verschiedenen Gebieten beheimatet ist; vgl. Giere (2007), S. 17. Überblicke über den Flexibilitätsbegriff, schwerpunktmäßig jedoch aus Produktionssicht, geben u.a. folgende Arbeiten: Sethi/Sethi (1990); Gerwin (1993); Upton (1994); Araujo/Spring (2002).

2 Vgl. Teece/Pisano/Shuen (1997), S. 520.

3 Vgl. Volberda (1996). Dabei spielen nicht nur kürzere Innovationszyklen, sondern auch Faktoren wie Globalisierung und allgemein steigender Wettbewerbsdruck eine wichtige Rolle.

4 Der Autor nimmt hierbei vor allem Bezug auf Teece/Pisano/Shuen (1997).

5 Pitelis/Teece (2010), S. 1254.

Märkte beziehungsweise Industrien, in denen der Open Innovation bereits heute eine große Relevanz zukommt, zeichnen sich in der Regel auch durch traditionell relativ intensive Innovationsaktivitäten und die daraus resultierende Dynamik aus.[1] Dies hat im Allgemeinen sowohl eine höhere Innovationshäufigkeit als auch eine allgemein stärkere Innovationsorientierung zur Folge. Flexibilität spielt unter solchen Bedingungen eine übergeordnete Rolle, da Unternehmen nicht nur in der Lage sein müssen, auf vereinzelte Veränderungen zu reagieren,[2] sondern ihre Ressourcen einer ständigen Überprüfung zu unterziehen. Firmen, die über diese Fähigkeiten verfügen, werden daher auch als hochflexibel („high-flex“) bezeichnet.[3]

Daneben gibt es Hinweise, dass es in Industrien, die von Open Innovation-Aktivitäten geprägt sind, wahrscheinlicher ist, dass Innovationen einen höheren Neuheitsgrad aufweisen als in weniger offenen Industrien.[4] Es kann angenommen werden, dass sich dieser Umstand maßgeblich auf die Ausdehnung der Suchroutinen von Unternehmen zurückführen lässt. Auf diese Weise sind Unternehmen in der Lage, sowohl relativ neues Wissen, zum Beispiel aus anderen Industrien oder von Universitäten, zu akquirieren als auch völlig neue Kommerzialisierungsmöglichkeiten zu finden. Mit dem Neuheitsgrad einer Innovation steigt jedoch auch gleichzeitig der Rekonfigurationsbedarf des Unternehmens.[5]

Als weitere wichtige Maßnahme im Kontext der Ressourcenrekonfiguration verweist Teece auf den Aufbau komplementärer Systeme, Routinen und Strukturen.[6] Alte und neue Ressourcen müssen periodisch oder sogar kontinuierlich aneinander angepasst und ausgerichtet werden, um die Produktivität des Unternehmens zu gewährleisten. In diesem Zusammenhang spielt insbesondere das Konzept der Kospezialisierung (cospecialization) eine zentrale Rolle.[7] le.[7] Dabei spiegelt Kospezialisierung die Vorstellung von „strategic fit“[8] im Rahmen dynamischer Fähigkeiten wider und beschreibt, wie Unternehmen durch die gemeinsame Ausrichtung von Strategie und Struktur, Strategie und Prozessen sowie Ressourcen untereinander einen nachhaltigen Wettbewerbsvorteil erzielen können. Insbesondere in Industrien, in denen

1 Siehe Abschnitt 1.2.1.

2 Obgleich diese Art der Veränderung ebenfalls eine große Herausforderung darstellt, da die Ressourcen von Unternehmen, die relativ lange Zeit unter stabilen Bedingungen agieren, zu Barrieren für Veränderungen werden können; vgl. Teece (2009), S. 214.

3 Vgl. Teece/Pisano/Shuen (1997), S. 521.

4 Vgl. Gassmann/Enkel (2004), S. 9; O'Connor (2006), S. 70 ff.; Herzog/Leker (2010), S. 323; Jaspers/van den Ende (2010), S. 281. Garriga/Krogh/Spaeth (2013) können diesen Zusammenhang in ihrer Studie jedoch nicht bestätigen.

5 Vgl. Teece (2007), S. 1335.

6 Vgl. auch im Folgenden Teece (2007), S. 1337 f.

7 Vgl. Teece (1986), S. 288 ff.; Pitelis/Teece (2010), S. 1252, 1255 ff.

8 Vgl. Porter (1996), S. 73 f.

Innovationen häufig kumulativer statt substitutiver Natur sind, spielt Kospezialisierung beziehungsweise Komplementarität eine bedeutende Rolle.[1]

Dies gilt insbesondere für die Inbound Open Innovation, in der neue Produkte oder Prozesse stets auf externem Wissen fußen oder sogar in Zusammenarbeit mit externen Partnern entwickelt wurden. Die unternehmenseigenen und unternehmensexternen Ressourcen und Routinen müssen in diesem Kontext daher besonders intensiv aneinander ausgerichtet werden, um (langfristige) Wettbewerbsvorteile zu sichern. Zusammenfassend kann daher die folgende siebte Untersuchungshypothese aufgestellt werden:

> *H_7: Je größer die „Flexibilität" eines Unternehmens, desto größer ist auch sein Innovationserfolg.*

Abbildung 3-16 zeigt die relevanten Bezugspunkte für die Deduktion der potentiellen Absorptionsfähigkeit.

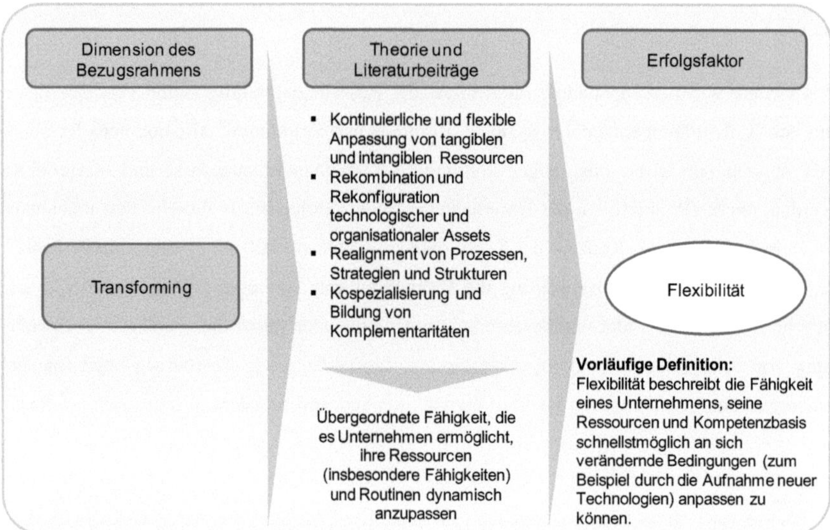

Abbildung 3-16: Ableitung der Flexibilität

[1] Vgl. Teece (2007), S. 1337. Auch in den Industrien, die in der vorliegenden Untersuchung betrachtetet werden, ist Innovation häufig kumulativer Natur.

3.4.1 Zusammensetzung der Flexibilität

Die vorangegangenen Ausführungen zur Erfolgswirkung der Flexibilität haben bereits verdeutlicht, dass die organisationale Flexibilität verschiedene Aspekte umfasst. Dies ist nicht zuletzt auf die Vielfalt der im Rahmen von Innovationsaktivitäten anzupassenden Ressourcen zurückzuführen. Organisationale Flexibilität bezieht sich in diesem Kontext sowohl auf die Anpassung tangibler als auch intangibler Ressourcen.[1] Dabei wird der Rekonfiguration von intangiblen, wissensbasierten Ressourcen seitens der DCV-Literatur besondere Bedeutung beigemessen.[2] Solche Ressourcen beziehungsweise Kompetenzen bilden aufgrund ihrer Nicht-imitierbarkeit die Basis für den Unternehmenserfolg.[3] Die Rekonfiguration dieser Ressourcen, die oftmals das Durchbrechen etablierter Routinen erfordert, ist eine strategische Aufgabe und kann als strategische Flexibilität bezeichnet werden.[4] Der Ansatz der strategischen Flexibilität ist nach dieser Sichtweise sehr eng mit dem DCV verbunden:

> *"Because strategic flexibility emphasizes the flexible use of resources and reconfiguration of processes, it reflects one type of dynamic capability that enables firms to achieve a competitive advantage in turbulent markets (Eisenhardt and Martin, 2000; Teece et al., 1997)."*[5]

Neben dieser strategischen Flexibilität wird im DCV auch die Bedeutung der strukturellen Flexibilität betont. Der Struktur des Unternehmens wird in diesem Zusammenhang ein maßgeblicher Einfluss auf die Fähigkeit des Unternehmens zur Anpassung der Ressourcenbasis unterstellt.[6] Dabei spielt die strukturelle Flexibilität nicht nur im Rahmen dynamischer Fähigkeiten, sondern auch in der betriebswirtschaftlichen Flexibilitätsforschung allgemein eine herausragende Rolle. So konstatiert Burmann (2002), dass die Anpassungsfähigkeit von organisatorischen Strukturen und Prozessen als zentrales Thema der bis in die 1920er Jahre zurückreichenden Flexibilitätsforschung identifiziert werden kann.[7]

Auch im Strategic Management-Schrifttum finden sich verschiedene Differenzierungsansätze für organisationale Flexibilität. Hierbei ist vor allem Volberda (1997) hervorzuheben, der die

---

1 Vgl. Teece (2007), S. 1340.
2 Vgl. Eisenhardt/Martin (2000), S. 1106; Verona/Ravasi (2003), S. 579.
3 Siehe Abschnitt 2.3.3.1.
4 Vgl. Zhou/Wu (2010), S. 551.
5 Zhou/Wu (2010), S. 551.
6 Vgl. Verona/Ravasi (2003), S. 581; Teece (2007), S. 1319; Kale/Singh (2007), S. 983.
7 Vgl. auch für einen ausführlichen Überblick über die betriebswirtschaftliche Flexibilitätsforschung Burmann (2002), S. 40 ff.

Flexibilität in operationale, strukturelle und strategische Flexibilität untergliedert.[1] Er nimmt damit gleichzeitig eine Einteilung der Flexibilität hinsichtlich verschiedener Management-Handlungsebenen vor. Das Zusammenspiel der notwendigen Fähigkeiten bezeichnet der Autor als „flexible mix" der Organisation:

> *„The management task is manifested in the organization's 'flexibility mix'. This refers to the repertoire of flexibility increasing capabilities which an organization possesses, and the rapidity with which an organization can activate these capabilities."*[2]

Darüber hinaus präzisiert Volberda (1997), dass auf jeder Ebene nach interner und externer Flexibilität unterschieden werden kann. Damit betont der Autor, dass ein Unternehmen nicht nur auf Umweltveränderungen reagieren, sondern sie auch beeinflussen kann, z.B. durch neue Produkt-Markt Kombinationen.[3]

Auch Kanchanda/Ussahawanitchakit (2011) zerlegen organisationale Flexibilität in die drei von Volberda vorgeschlagenen Dimensionen. In einer anschließenden empirischen Überprüfung können die Autoren jedoch nur für strukturelle und strategische Flexibilität einen Einfluss auf den Innovationserfolg nachweisen.[4] Eine ähnliche Differenzierung nach verschiedenen Flexibilitätsebenen nehmen Lim et al. (2011) vor. Sie unterscheiden zwischen den drei Dimensionen „operational flexibility, tactical flexibility, and strategic flexibility"[5] und betonen gleichzeitig die Notwendigkeit einer mehrdimensionalen Betrachtung der organisationalen Flexibilität.[6] Integriert man diese Sichtweise und die Ausführung der DCV-Literatur zur Rekonfiguration von Ressourcen, lassen sich mit der strategischen und strukturellen Flexibilität zwei Aspekte organisationaler Flexibilität identifizieren, die für den vorliegenden Untersuchungskontext von besonderer Bedeutung sind:

- Strategische Flexibilität: Die strategische Flexibilität hat im Management-Schrifttum besondere Aufmerksamkeit erfahren.[7] In diesem Kontext haben sich verschiedene Sichtweisen etabliert, die sich vor allem hinsichtlich der Reichweite ihrer Begriffsdefinition unterschieden. Eine weit verbreitete Definition, die eine relativ breite und sehr umfassende Sicht auf die strategische Flexibilität einnimmt, findet sich bei Aaker/Mascarenhas (1984):

---

1 Vgl. auch im Folgenden Volberda (1997), S. 169 f.
2 Volberda (1997), S. 171.
3 Vgl. Volberda (1997), S. 171.
4 Vgl. Kanchanda/Ussahawanitchakit (2011), S. 124.
5 Lim et al. (2011), S. 225.
6 Vgl. Lim et al. (2011), S. 225.
7 Vgl. u.a. Aaker (1984); Evans (1991); Sanchez (1995); Sanchez/Mahoney (1996); Young-Ybarra/Wiersema (1999); Worren/Moore/Cardona (2002); Shimizu/Hitt (2004); Nadkarni/Narayanan (2007).

Strategic flexibility may be defined as the ability of the organization to adapt to substantial, uncertain, and fast-occurring (relative to required reaction time) environmental changes that have meaningful impact on the organization's performance."[1]

Damit kann strategische Flexibilität allgemein als die Fähigkeit eines Unternehmens verstanden werden, auf strategisch relevante Veränderungen zu reagieren. Solche Veränderungen zeichnen sich durch ihre erhebliche Wirkung und der daraus resultierenden Notwendigkeit zu strategischen Anpassungen seitens des Unternehmens aus.[2] Volberda bezeichnet strategische Flexibilität als radikalste aller organisationalen Flexibilitäten, da sie dann gebraucht wird, wenn unbekannte Veränderungen mit weitreichenden Konsequenzen auftreten.[3] Dabei zeichnet sich strategische Flexibilität vor allem dadurch aus, dass sie nicht routinisiert ist, beschreibt sie doch gerade das Auf- und Umbrechen etablierter Handlungsweisen. Um Platz für das Neue zu schaffen, müssen alte Handlungsweisen, ganz im Sinne von Schumpeter, zunächst aufgebrochen und ersetzt beziehungsweise restrukturiert werden.

Nadkarni/Narayanan (2007) konstatieren, dass das Schrifttum vor allem zwei Aspekte strategischer Flexibilität diskutiert werden: „resource deployment" und „competitive actions".[4] Dabei spielt der Aspekt der Ressourcenentwicklung im Rahmen des DCV (als ressourcentheoretische Theorie) naturgemäß eine herausragende Rolle. Strategische Flexibilität wird in diesem Zusammenhang vermehrt als eine dynamische Fähigkeit gesehen[5] und spiegelt als solche den Kern von Teece Transforming-Komponente auf strategischer Ebene wider: Die Fähigkeit zur dynamischen Rekonfiguration der Ressourcenbasis des Unternehmens. In der vorliegenden Untersuchung soll dieser Sichtweise gefolgt und in Anlehnung an Zhou/Wu (2010) von strategischer Flexibilität gesprochen werden, wenn die Strategie des Unternehmens diese Anpassungsmechanismen betont.[6] Im Rahmen von Produktinnovation spielen vor allem Forschungs- und Entwicklungs-, Produktions und Marketingressourcen sowie deren Koordination eine wichtige Rolle.[7]

- Strukturelle Flexibilität: Teece (2007) stellt fest, dass die Anpassung von erfolgsrelevanten Ressourcen und insbesondere von Kompetenzen ein aufwändiger Prozess ist, der ein klares Bekenntnis des Managements und vor allem hinreichend flexible Strukturen voraus-

1 Aaker/Mascarenhas (1984), S. 74.
2 Vgl. Aaker/Mascarenhas (1984), S. 74.
3 Vgl. Volberda (1997), S. 172.
4 Vgl. Nadkarni/Narayanan (2007), S. 245.
5 Vgl. Zhou/Wu (2010), S. 551.
6 Vgl. Zhou/Wu (2010), S. 561.
7 Vgl. Sanchez (1995), S. 138 ff.; Zhou/Wu (2010), S. 552, S. 561.

setzt.[1] Unflexible und starre Strukturen, wie sie sich oftmals in streng hierarchischen und stark zentralisierten Systemen einstellen, können in diesem Kontext die Entwicklung von Fähigkeiten behindern, mit deren Hilfe ein Unternehmen unter anderem in der Lage ist, auf technologische Veränderungen zu reagieren. In diesem Zusammenhang nennt Teece insbesondere Dezentralisierung als eine wichtige Maßnahme, um die Transformation der Ressourcen und Kompetenzbasis zu ermöglichen:

> *"To sustain dynamic capabilities, decentralization must be favored because it brings top management closer to new technologies, the customer, and the market."*[2]

Auch Hitt/Keats/DeMarie (1998) betonen die Bedeutung flexibler Strukturen für die Wettbewerbsfähigkeit eines Unternehmens unter dynamischen Marktbedingungen.[3] Die Autoren sprechen in diesem Zusammenhang von horizontalen Strukturen („Horizontal Structures")[4], die im Gegensatz zu vertikalen, streng hierarchischen Strukturen die Entwicklungsgeschwindigkeit erhöhen und Innovationen fördern können. Im Zuge der Implementierung horizontaler Strukturen treten Fachabteilungsgrenzen zugunsten autonomeren und interdisziplinären Strukturen in den Hintergrund. Volberda (1997) nennt darüber hinaus beispielsweise die Nutzung von Projekt Teams, den Wechsel von funktionalen hin zu marktorientierten Gruppen oder die Veränderung von Verantwortlichkeiten als Möglichkeiten, flexible Strukturen zu etablieren.[5] All diese Maßnahmen haben gemeinsam, dass sie durch kurze Entscheidungs- und Kommunikationswege die Reaktionszeiten des Unternehmens verbessern sollen. Zusammenfassend kann strukturelle Flexibilität damit als die Fähigkeit verstanden werden, eine Struktur zu schaffen, die effektive und effiziente Reaktionen auf Umweltänderungen ermöglicht.

Dabei weisen strategische und strukturelle Flexibilität einige Gemeinsamkeiten auf, unterscheiden sich jedoch hinsichtlich der durch die Fähigkeit fokussierten Ressourcen. Sie können daher als reflektive Dimensionen der Flexibilität interpretiert werden.[6] Aus diesen inhaltlichen chen Überlegungen heraus soll Flexibilität als reflektives mehrdimensionales Konstrukt

[1] Vgl. auch im Folgenden Teece (2007), S. 1335.
[2] Teece (2007), S. 1335.
[3] Vgl. auch im Folgenden Hitt/Keats/DeMarie (1998), S. 25 ff.
[4] Hitt/Keats/DeMarie (1998), S. 35.
[5] Vgl. Volberda (1997), S. 171.
[6] Siehe zu mehrdimensionalen Konstrukten Abschnitt 4.1.3.2.5. Siehe auch Abschnitt 3.2.1.

konzeptionalisiert[1] und daher die achte Untersuchungshypothese der Untersuchung wie folgt formuliert werden:

> *H_8: Das Konstrukt „Flexibilität" ist ein latentes Konstrukt zweiter Ordnung mit den Dimensionen „strategische Flexibilität" und „strukturelle Flexibilität".*

Abbildung 3-17 stellt die Struktur des zweidimensionalen Konstrukts Flexibilität dar.

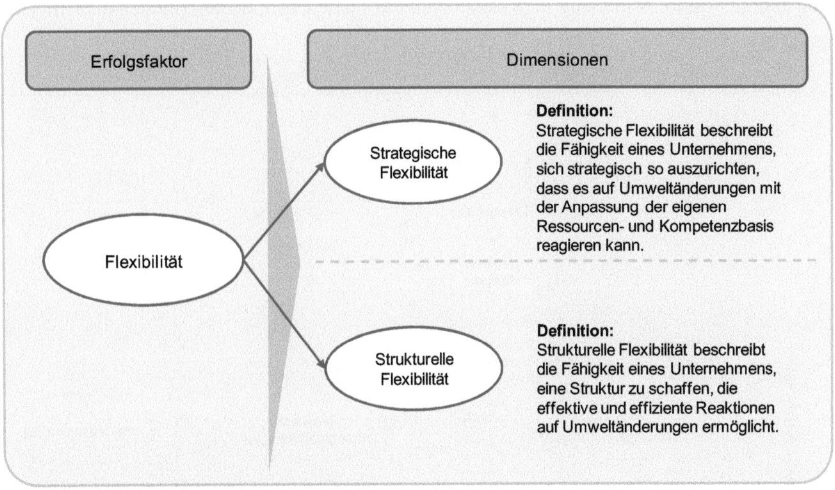

Abbildung 3-17: Dimensionen der Flexibilität

3.4.2 Zusammenfassung

Die vorangegangenen Ausführungen haben gezeigt, dass Flexibilität, basierend auf der Transforming-Dimension des Dynamic Capabilities-Ansatzes von Teece (2007), einen zentralen Innovationserfolgsfaktor im Rahmen der Inbound Open Innovation darstellt. Es wurde weiter deutlich, dass die Flexibilität im Hinblick auf den vorliegenden Untersuchungsgegenstand mehrdimensional zu spezifizieren ist. Das mehrdimensionale Konstrukt, bestehend aus den Dimensionen strategische und strukturelle Flexibilität, kann daher wie nachfolgend dargestellt definiert werden. Diese Definition soll auch maßgeblich für die spätere Operationalisierung des Konstrukts sein:

[1] Siehe hierzu Abschnitt 4.1.3.2.2.

Flexibilität
Flexibilität beschreibt die Fähigkeit eines Unternehmens, sich strategisch und strukturell so auszurichten, dass es schnellstmöglich auf Umweltveränderungen reagieren kann.

Tabelle 3-2: Konstruktdefinition Flexibilität

Nachdem Zusammensetzung und Erfolgswirkung des Konstrukts Flexibilität bestimmt wurden, kann dieses nun in den Bezugsrahmen der Untersuchung integriert werden. Mit der Erweiterung des Bezugsrahmens um das Erfolgskonstrukt Flexibilität ist dessen Konkretisierung abgeschlossen. Abbildung 3-18 stellt daher das finale Untersuchungsmodell der Untersuchung dar.

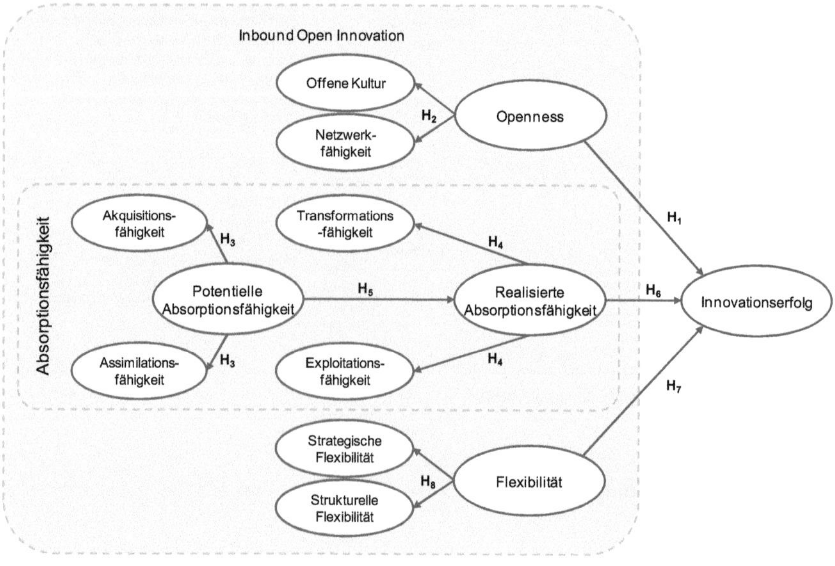

Abbildung 3-18: Konkretisierung des Bezugsrahmens III

3.5 Zusammenfassung der Untersuchungshypothesen

Bevor das deduzierte Untersuchungsmodell und die dazugehörigen Untersuchungshypothesen nachfolgend einer empirischen Überprüfung unterzogen werden, sollen diese abschließend zu einem Hypothesensatz aggregiert werden. Insgesamt wurden acht verschiedene Untersuchungyhypothesen formuliert. Die drei Hypothesen H_1, H_6, H_7 postulieren einen positiven Einfluss des jeweiligen Erfolgsfaktors auf den Innovationserfolg. Sie sind damit explorativer Natur. Ebenfalls explorativ ist die Untersuchungshypothese H_5, die einen positiven Einfluss der potentiellen auf die realisierte Absorptionsfähigkeit unterstellt.

Da die identifizierten Erfolgsfaktoren jedoch ein sehr hohes Abstraktionsniveau aufweisen, wurde es für notwendig befunden, diese als mehrdimensionale Konstrukte aufzufassen und durch entsprechende Dimensionen zu repräsentieren. Die vier Untersuchungshypothesen H_2, H_3, H_4 und H_8 treffen daher Aussagen über die Zusammensetzung der einzelnen mehrdimensionalen Konstrukte und sind deskriptiver Natur. Die Hypothesen der vorliegenden Untersuchung sind in Tabelle 3-3 dargestellt.

	Hypothese	Hypothesenart
H_1	Je größer die „Openness" eines Unternehmens, desto größer ist auch sein Innovationserfolg.	explikativ
H_2	Das Konstrukt „Openness" ist ein latentes Konstrukt zweiter Ordnung mit den Dimensionen „offene Innovationskultur" und „Netzwerkfähigkeit".	deskriptiv
H_3	Das Konstrukt „potentielle Absorptionsfähigkeit" ist ein latentes Konstrukt zweiter Ordnung mit den Dimensionen „Akquisitionsfähigkeit" und „Assimilationsfähigkeit".	deskriptiv
H_4	Das Konstrukt „realisierte Absorptionsfähigkeit" ist ein latentes Konstrukt zweiter Ordnung mit den Dimensionen „Transformationsfähigkeit" und „Exploitationsfähigkeit".	deskriptiv
H_5	Je größer die „potentielle Absorptionsfähigkeit" eines Unternehmens, desto größer ist auch seine „realisierte Absorptionsfähigkeit".	explikativ
H_6	Je größer die „realisierte Absorptionsfähigkeit" eines Unternehmens, desto größer ist auch sein Innovationserfolg.	explikativ
H_7	Je größer die „Flexibilität" eines Unternehmens, desto größer ist auch sein Innovationserfolg.	explikativ
H_8	Das Konstrukt „Flexibilität" ist ein latentes Konstrukt zweiter Ordnung mit den Dimensionen „strategische Flexibilität" und „strukturelle Flexibilität".	deskriptiv

Tabelle 3-3: Hypothesensatz der Untersuchung

4. Empirische Untersuchung zur Beschaffenheit und Wirkung der Open Innovation-Fähigkeit

Im vorangegangenen Teil der Untersuchung wurde, basierend auf ressourcentheoretischen Überlegungen, ein Forschungsmodell zur Open Innovation-Fähigkeit theoriegeleitet konzeptionalisiert. Das Ziel der realwissenschaftlichen Forschung muss jedoch nicht nur die theoretische Konzeption, sondern auch die kritische empirische Analyse abgeleiteter Modelle sein.[1] Daher soll das Untersuchungsmodell und der dazugehörige Hypothesensatz, bestehend aus den Hypothesen H_1 bis H_8, im Folgenden einer empirischen Überprüfung unterzogen werden.

Hierzu wird in Abschnitt 4.1 im Rahmen eines methodischen Exkurses zunächst auf das zum Einsatz kommende multivariate Analyseverfahren, die Strukturgleichungsanalyse, eingegangen.[2] Die Motivation zur Wahl des Verfahrens wird dargelegt und die methodischen Grundlagen und zentralen Untersuchungselemente beschrieben. In Abschnitt 4.2 werden die Datengrundlage und das Erhebungsinstrument näher erläutert. Dabei werden Strukturen und Charakteristika der erhobenen Daten dargelegt. Auf Basis dessen erfolgt im letzten Abschnitt (4.3) des Kapitels die empirische Untersuchung des Untersuchungsmodells. Hierzu wird zunächst auf die Operationalisierung der Konstrukte und die Überprüfung der Messmodelle eingegangen. Abschließend erfolgt die Analyse des Gesamtmodells und des erarbeiteten Hypothesensatzes. Abbildung 4-1 stellt das Vorgehen im empirischen Teil der Untersuchung dar und ordnet diese in den Gesamtkontext ein.

---

1 Vgl. Fritz (1995), S. 93.

2 Die methodische Darstellung, welche im Rahmen dieser Untersuchung nur überblickartig erfolgen kann, folgt dem im Schrifttum etablierten Vorgehen. Vgl. im Folgenden u.a. Giere (2007), S. 103 ff.; Kerner (2009),S. 199 ff.; Weiber/Mühlhaus (2010), S. 17 ff.

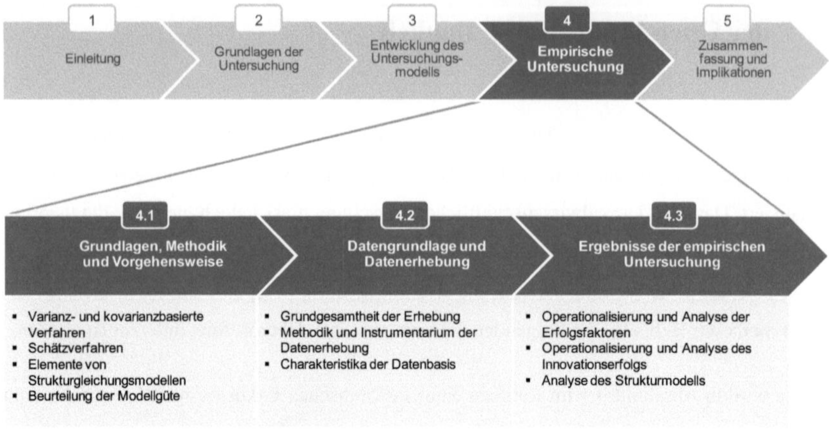

Abbildung 4-1: Kapitel 4 der Untersuchung

4.1 Grundlagen, Methodik und Vorgehensweise

Die folgenden Abschnitte setzen sich mit dem zentralen Datenanalyseverfahren der Untersuchung auseinander. Zu Beginn soll dazu zunächst auf den Auswahlprozess eines für die hier durchgeführte Untersuchung geeigneten Analyseverfahrens eingegangen und mögliche Alternativen diskutiert werden.

Das in Kapitel 3 entwickelte Untersuchungsmodell zeichnet sich durch eine hochkomplexe Struktur und vielfältige Wirkungszusammenhänge aus. So wurden unter anderem kausale Wirkungszusammenhänge zwischen vielschichtigen latenten Konstrukten postuliert. Solche Netzwerke von kausalen Abhängigkeiten sind in der betriebswirtschaftlichen Forschung und Praxis häufig anzutreffen.[1] Während sich die deskriptiven Hypothesen zur Struktur der latenten Konstrukte noch mittels exploratorischer beziehungsweise konfirmatorischer Faktorenanalyse empirisch überprüfen lassen,[2] verlangt die Analyse des Gesamtmodells nach einer Methode, die latente Konstrukte und Zusammenhänge simultan modellieren und testen kann.[3]

Als leistungsstarkes Verfahren, das dem skizzierten Anforderungsspektrum genügt, hat sich in der empirischen Wirtschafts- und Sozialforschung seit den 1970er Jahren der multivariate

---

1 Vgl. Backhaus/Erichson/Weiber (2011), S. 65; Fuchs (2011), S. 2.
2 Siehe Abschnitt 4.1.4.1.
3 Vgl. Kerner (2009), S. 199 f.

Ansatz der Strukturgleichungsanalyse etabliert.[1] Die Strukturgleichungsanalyse zählt zu den strukturprüfenden multivariaten Verfahren.[2] Sie dient somit der Überprüfung beziehungsweise Beurteilung a priori formulierter Wirkungszusammenhänge.[3] Als Ausgangspunkt dienen dabei stets theoretische und/oder sachlogische Vorüberlegungen,[4] wie sie in den vorangegangenen Kapiteln dieser Untersuchung angestellt wurden. Erst diese Vorüberlegungen lassen es zu, dass statistische Zusammenhänge zwischen Variablen als Kausalitäten interpretiert werden können.[5]

Unter Beachtung dieser zentralen Voraussetzung zeichnet sich die Strukturgleichungsanalyse vor allem durch die simultane Betrachtung multipler kausaler Beziehungen aus.[6] Solche Ursache-Wirkungsbeziehungen werden im Kontext von Strukturgleichungsmodellen mittels abhängiger und unabhängiger Variablen konstruiert.[7] Abhängige oder auch endogene Variablen werden in einem Strukturmodell immer über andere Einflussgrößen erklärt und treten somit als Kriteriumsvariablen auf.[8] Unabhängige oder auch exogene Variablen prädiktieren hingegen die endogenen Variablen. Tritt eine Variable sowohl als Kriteriums- als auch als Prädiktorvariable auf, wird sie als intervenierende Variable bezeichnet. Alle Variablentypen können in Strukturgleichungsmodellen auftreten und geschätzt werden.

Ein wichtiger Unterschied gegenüber früheren statistischen Verfahren ist zudem, dass Strukturgleichungsmodelle ausdrücklich Messfehler berücksichtigen.[9] Darüber hinaus ermöglichen chen Strukturgleichungsmodelle die Messung von latenten Variablen mittels mehrerer Indikatoren.[10] Obwohl auch Messungen mit nur einem Indikator (single item measure) möglich sind, hat sich die Messung latenter Konstrukte mit Hilfe mehrerer Indikatoren (multi item measure) als Quasistandard für Strukturgleichungsanalysen etabliert.[11]

---

1 Vgl. u.a. Baumgartner/Homburg (1996), S. 139 ff.; Steenkamp/Baumgartner (2000), S 195 f.; Chin/Peterson/Brown (2008), S. 287; Kline (2011), S. 18.
2 Vgl. Backhaus/Weiber (2007), S. 524 ff.; Backhaus/Erichson/Weiber (2011); S. 11 f.
3 Vgl. Weiber/Mühlhaus (2010), S. 6 sowie S. 17.
4 Vgl. Schwaiger/Meyer (2011), S. 424.
5 Zum Kausalitätsbegriff sowie der Interpretation statistischer Zusammenhänge als Kausalitäten vgl. u.a. Cook/Campbell (1979); S. 31; Litz (2003), S. 120 f.; Kohn (2005), 129 f.; Weiber/Mühlhaus (2010), S. 7 ff.
6 Vgl. Iacobucci (2010), S. 93.
7 Vgl. Fuchs (2011), S. 3 f.
8 Vgl. auch im Folgenden Weiber/Mühlhaus (2010), S. 18.
9 Vgl. Hair et al. (2010), S. 678.
10 Vgl. Bollen (1989), S. 20.
11 Vgl. hierzu u.a. Jacoby (1978), S. 93; Bagozzi/Yi/Phillips (1991), S. 421.

Zusammenfassend lassen sich für Strukturgleichungsmodelle die folgenden zentralen Charakteristika identifizieren:[1]

- Zielsetzung ist die Überprüfung theoretisch und/oder sachlogisch a priori erstellter Hypothesen.
- Die Strukturgleichungsanalyse erlaubt sowohl die Verwendung manifester als auch latenter Variablen.
- Endogene und exogene Variablen stehen in Ursache-Wirkungsbeziehungen zueinander.
- Messfehler werden explizit berücksichtigt.
- Die Pfadkoeffizienten (Ursache-Wirkungsbeziehungen) des Strukturmodells können simultan geschätzt werden.[2]
- Dabei ist zu beachten, dass der Begriff Strukturgleichungsanalyse verschiedene Verfahren umfasst. Die Verfahren lassen sich hauptsächlich danach differenzieren, ob sie die Analyse von latenten oder ausschließlich manifesten Variablen zulassen. Letzteres wird durch die Pfadanalyse repräsentiert, die auch als Vorläufer der Kausalanalyse gilt.[3] Im Falle der Strukturgleichungsanalyse mit latenten Variablen lässt sich zwischen kovarianzbasierten und varianzbasierten Ansätzen unterscheiden.[4] Abbildung 4-2 gibt einen Überblick über die Methoden der Strukturgleichungsanalyse.

Für die vorliegende Untersuchung sind aufgrund der Variablenstruktur des Modells lediglich die beiden Verfahren zur Schätzung von latenten Variablen von weiterem Interesse.[5] Um die Wahl des richtigen Ansatzes für die Untersuchung darzulegen, werden daher im anschließenden Abschnitt 4.1.1 die beiden kausalanalytischen Ansätze näher erläutert und abschließend miteinander verglichen.

---

[1] Vgl. im Folgenden Weiber/Mühlhaus (2010), S. 17 f.; Fornell (1985), S. 4 ff.; Chin (1998a), S. vii.

[2] Dies gilt nur für den kovarianzbasierten Ansatz; vgl. hierzu auch Abschnitt 4.1.1.

[3] Da mittels Strukturgleichungsanalysen üblicherweise Kausalitäten überprüft werden sollen, werden die Begriffe Strukturgleichungsanalyse (beziehungsweise Analyse von Strukturgleichungsmodellen) und Kausalanalyse häufig synonym verwendet; vgl. Backhaus/Erichson/Weiber (2011), S. 65. Mithin ist die Interpretation von Kausalitäten kein exklusives Merkmal von Strukturgleichungsanalysen, sondern findet sich zum Beispiel auch bei Regressionsanalysen. Im Folgenden soll der Begriff Strukturgleichungsanalyse verwendet werden.

[4] Vgl. Gefen/Straub/Boudreau (2000), S. 8; Fuchs (2011), S. 13 ff. Siehe Abschnitt 4.1.1.

[5] Für weitere Ausführungen zur Pfadanalyse sei u.a. auf die Arbeiten von Bollen (1989), Heidergott (1996) oder Olobatuyi (2006) verwiesen.

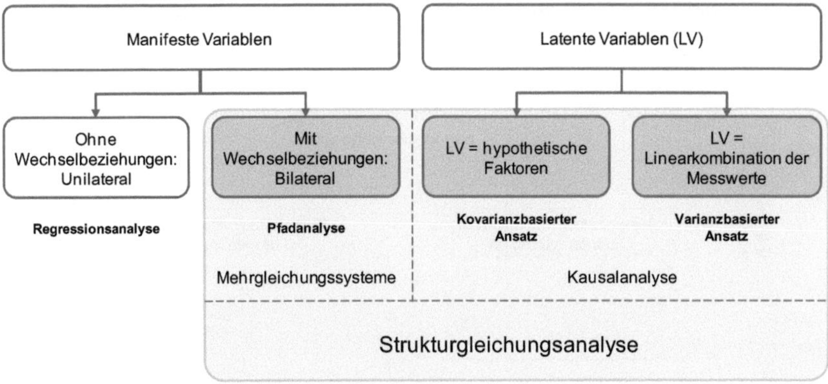

Abbildung 4-2: Überblick über die Methoden der Strukturgleichungsanalyse[1]

4.1.1 Varianz- und kovarianzbasierte Verfahren

Vor dem Hintergrund ihrer Leistungsfähigkeit werden die Kovarianzstrukturanalyse und Varianzstrukturanalyse auch als multivariate Verfahren der zweiten Generation bezeichnet.[2] Beide Verfahren lassen sich der kanonischen Korrelation zuordnen, die mit ihrer Analyse von zwei metrischen Variablenmengen als die grundlegende Form der Untersuchung von Beziehungen zwischen theoretischen Konstrukten, die durch Indikatorsätze operationalisiert wurden, angesehen werden kann.[3] Die kanonische Korrelation enthält die multivariaten Verfahren der ersten Generation als Spezialfälle.[4] Diese erste Generation multivariater Analysemethoden setzt sich aus Verfahren wie beispielsweise der multiplen Regressionsanalyse, der Varianzanalyse oder der Faktorenanalyse zusammen.[5] Mit den zentralen Charakteristika der Strukturgleichungsanalyse wurden im vorangegangenen Abschnitt bereits die wichtigsten Differenzierungsmerkmale der Verfahren erster und zweiter Generation benannt.[6] An dieser Stelle sei jedoch nochmals die Eignung von Strukturgleichungsmodellen zur empirischen Analyse von theoretisch deduzierten Zusammenhängen zwischen latenten Variablen hervorgehoben. Es ist jedoch auch festzuhalten, dass die fortschrittlichen Verfahren der Strukturgleichungsanalyse

1 In Anlehnung an Weiber/Mühlhaus (2010), S. 20.
2 Vgl. Fornell (1985), S. 13 ff.
3 Vgl. Chin (1998a), S. vii; Litz (2003), S. 236.
4 Vgl. auch im Folgenden Fornell (1985), S. 3.
5 Zu weiteren Ausführungen zu den genannten Methoden vgl. Backhaus (2011).
6 Siehe Abschnitt 4.1.

ihre Wurzeln in den multivariaten Analysemethoden der ersten Generation haben.[1] Abbildung 4-3 stellt die Beziehung der multivariaten Verfahren der ersten und zweiten Generation dar.

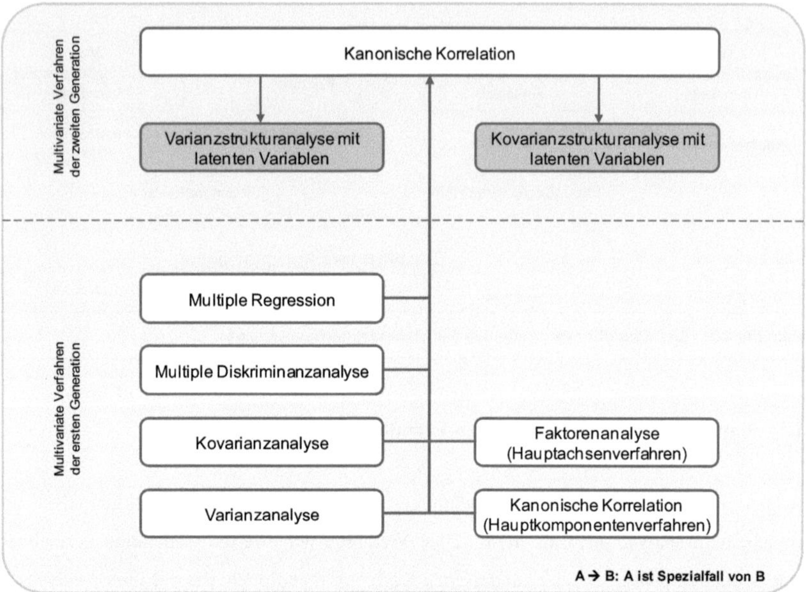

Abbildung 4-3: Beziehungen zwischen multivariaten Verfahren[2]

Die Kovarianzstrukturanalyse, die sich maßgeblich auf die Arbeiten von Jöreskog (1970) zurückführen lässt,[3] verfolgt das Ziel einer holistischen, simultanen Schätzung der Modellstruktur.[4] Dabei wird die Reproduktion des theoretisch unterstellten Modells durch die gemessenen Kovarianzen geprüft.[5] Der kovarianzbasierte Ansatz ist daher ein theorietestender der Ansatz.[6] Nicht hinreichend theoretisch und sachlogisch fundierte Modelle können daher auch als Hauptgrund für das Versagen kovarianzbasierter Analysen identifiziert werden.[7] Insgesamt folgt die Kovarianzstrukturanalyse einem faktoranalytischem Ansatz.[8] Die latenten

[1] Vgl. Quintana/Maxwell (1999), S. 486.
[2] In Anlehnung an Kerner (2009), S. 204; vgl. Fornell (1985), S. 48.
[3] Vgl. auch Jöreskog (1973); Jöreskog/Goldberger (1975).
[4] Vgl. Backhaus (2011), S. 517.
[5] Vgl. Homburg/Hildebrandt (1998), S. 17.
[6] Vgl. Anderson/Gerbing (1988), S. 411.
[7] Vgl. auch im Folgenden Weiber/Mühlhaus (2010), S. 65.
[8] Vgl. Backhaus/Erichson/Weiber (2011), S. 67 ff.

Konstrukte stellen dabei Faktoren im Verständnis der Faktorenanalyse dar.[1] Heute stehen diverse Softwareprogramme zur Berechnung von kovarianzbasierten Strukturgleichungsmodellen zur Verfügung. Exemplarisch seien hier die weit verbreiteten Programmpakete LISREL, AMOS und EQS genannt.

Der varianzbasierte Ansatz lässt sich auf Wold (1966) zurückführen und firmiert aufgrund der verwendeten Schätzmethode auch unter der Bezeichnung Partial-Least-Squares (PLS) Ansatz.[2] Den Ausgangspunkt der Varianzstrukturanalyse bildet die möglichst genaue Prognose der Rohdatenmatrix auf Basis einer Kleinste-Quadrate-Schätzung.[3] Dabei verlangt der Ansatz Ansatz ein zweistufiges Vorgehen: Zunächst werden mittels einer Hauptkomponentenanalyse konkrete Schätzwerte für die latenten Konstrukte ermittelt. In einem zweiten Schritt werden dann die Parameter des Strukturmodells, ähnlich dem Vorgehen bei der Pfadanalyse, geschätzt.

Die Varianzstrukturanalyse stellt einen regressionstheoretischen Ansatz dar.[4] Zur Analyse von von varianzbasierten Strukturgleichungsmodellen existieren nur vergleichsweise wenige Softwareprogramme. Viele der Programme, wie SmartPLS[5] oder PLS-Graph[6] basieren noch heute auf dem Ursprungsprogramm LVPLS von Lohmöller (1984).[7] Tabelle 4-1 gibt einen Überblick über die zentralen Differenzierungsmerkmale der beiden Strukturgleichungsanalysen mit latenten Variablen.

Wie an den vorherigen Ausführungen und in der Tabelle 4-1 ersichtlich wird, unterscheiden sich die Kovarianz- und Varianzstrukturanalyse trotz ihrer engen methodischen Verwandtschaft zum Teil erheblich voneinander. Insbesondere die unterschiedlichen Zielsetzungen der beiden Verfahren spielen für die Wahl der geeigneten Methode eine entscheidende Rolle. Die Varianzstrukturanalyse eignet sich aufgrund ihrer Prognoseorientierung vor allem in frühen Stadien der Modellbildung beziehungsweise Untersuchungen mit exploratorischem Charakter.[8] Ein weiterer Vorteil der Varianzstrukturanalyse ist ihre Flexibilität. So ist es uneingeschränkt möglich, sowohl formative als auch reflektive Operationalisierungen zu verwenden

---

1 Vgl. Weiber/Mühlhaus (2010), S. 65 f. Für eine vertiefende Darstellung des kovarianzbasierten Ansatzes vgl. u.a. Jöreskog (1973); Bagozzi (1980); Bollen (1989); Diamantopoulos/Siguaw (2000); Reinecke (2005).

2 Vgl. auch Wold (1975); Wold (1982).

3 Vgl. auch im folgenden Haenlein/Kaplan (2004), S. 291.

4 Vgl. Weiber/Mühlhaus (2010), S. 67.

5 Vgl. Ringle/Wende/Will (2005).

6 Vgl. Chin (2003).

7 Für eine vertiefende Darstellung des varianzbasierten Ansatzes vgl. u.a. Chin (1998b); Chin (1995); Huber (2007). Für einen Überblick über den Einsatz von PLS vgl. Ringle/Sarstedt/Straub (2012).

8 Vgl. auch im Folgenden Chin/Newsted (1999), S. 314 ff.; Weiber/Mühlhaus (2010), S. 67 ff; Fornell/Bookstein (1982), S. 440 ff.

und es müssen keine strengen Verteilungsannahmen getroffen werden. Darüber hinaus ist es möglich, das Verfahren auch mit kleinem Stichprobenumfang zu nutzen.

Kriterium	Kovarianzstrukturanalyse	Varianzstrukturanalyse
Zielsetzung	Parameterorientiert: Bestmögliche Reproduktion der empirischen Varianz-Kovarianz-Matrix	Prognoseorientiert: Bestmögliche Vorhersage der Datenmatrix
Zielfunktion	Minimierung der Differenz zwischen empirischen und modelltheoretischen Kovarianzen	Minimierung der Differenz zwischen beobachteten und geschätzten Falldaten
Theoriebezug	Theorietestender Ansatz (hard modeling)	Daten- und prognoseorientierter Ansatz (soft modeling)
Schätzmethode	Faktoranalytischer Ansatz mit simultaner Schätzung aller Parameter	Regressionsanalytischer Ansatz mit zweistufiger Schätzung
Konsistenz der Parameterschätzer	Konsistent	Konsistent, wenn Fallzahl und Indikatorzahl hoch (consistency at large)
Datenbasis	Varianz-Kovarianz-Matrix	Ausgangsdatenmatrix
Formative/Reflektive Operationalisierung	Bedingt möglich (primär reflektiv)	Möglich
Verteilungsannahmen	Multinormalverteilung (bei ML-Methode)	Keine (bzw. nur weiche Annahmen)
Gütebeurteilung	Globale und lokale inferenzstatistische Gütemaße anwendbar	Nur partielle Gütemaße anwendbar
Stichprobenumfang	Große Stichprobe notwendig (n >200)	Kleine Stichprobe i.d.R. ausreichend

Tabelle 4-1: Zentrale Unterschiede zwischen der Kovarianz- und Varianzstrukturanalye[1]

Die Kovarianzstrukturanalyse zeigt sich hier deutlich restriktiver. Das Verfahren kann erst mit großen Stichprobenumfängen zur Anwendung kommen und es müssen strenge Verteilungsannahmen erfüllt sein.[2] Jedoch stellt die Kovarianzstrukturanalyse, mit dem Ziel der Reproduktion der Kovarianzmatrix, einen theorietestenden Ansatz dar und eignet sich daher besser für (streng) konfirmatorische Untersuchungen.[3] Darüber hinaus erlaubt sie die simultane Schätzung aller Parameter und die Anwendung globaler sowie lokaler inferenzstatistischer Gütemaße.

[1] In Anlehung an Weiber/Mühlhaus (2010); vgl. u.a. Chin/Newsted (1999), S. 314; Herrmann/Huber/Kressmann (2006), S. 44; Homburg/Klarmann (2006), S. 735.

[2] In Abhängigkeit des verwendeten Schätzverfahrens; vgl. Backhaus/Erichson/Weiber (2011), S. 106.

[3] Vgl. Anderson/Gerbing (1988), S. 412.

Dabei sind die Kovarianz- und Varianzstrukturanalyse nicht als konkurrierender Verfahren anzusehen.[1] Vielmehr stellen sie komplementäre Verfahren mit spezifischen Vor- und Nachteilen dar.[2] In der vorliegenden Untersuchung kommt die Kovarianzstrukturanalyse unter der Anwendung der Programme EQS und AMOS zum Einsatz. Aufgrund des konfirmatorischen, theorietestenden Charakters der Untersuchung scheint dieses Verfahren am geeignetsten. Der Stichprobenumfang liegt mit 496 verwertbaren Rückläufern deutlich über dem in der Literatur geforderten Mindestmaß.[3] Auch die Anforderung hinsichtlich der Multinormalverteilung, auf die im nachfolgenden Abschnitt nochmals eingegangen wird, stellt für die vorliegende Untersuchung kein Ausschlusskriterium für die Nutzung der kovarianzbasierten Strukturgleichungsanalyse dar.

4.1.2 Schätzverfahren

Nach der Wahl der geeigneten Analysemethode muss eine Entscheidung hinsichtlich des zu verwendenden Schätzverfahrens getroffen werden. In den hier verwendeten Programmen EQS beziehungsweise AMOS stehen mit dem Maximum Likelihood (ML), dem Unweighted Least Squares (ULS), dem Generalized Least Squares (GLS), dem Scale Free Least Squares (SLS) und dem Asymptotically Distribution Free (ADF) fünf Schätzer zur Auswahl. Bei der Wahl des geeigneten Schätzverfahrens kann sich der Forscher an einer Reihe von Auswahlkriterien orientieren:[4] Zunächst ist zu prüfen, ob das Schätzverfahren bestimmte Anforderungen an die Verteilung der Stichprobe richtet. Hier ist bei den Schätzern insbesondere auf Multinormalverteilung zu achten.

Weiter ist zu beachten, ob Skalentransformationen Einfluss auf die Größen der geschätzten Parameter haben oder nicht (Skaleninvarianz). Überdies spielt die Stichprobengröße auch bei diesem Auswahlproblem eine zentrale Rolle. In der Literatur finden sich hierzu verschiedene relative sowie absolute Größenangaben. Hier soll die Stichprobengröße als Produkt der Parameterzahl, die auch im Schrifttum große Verbreitung gefunden hat,[5] zur Beurteilung herangezogen werden. Als letztes Kriterium dient die Verfügbarkeit von Inferenzstatistiken, insbesondere des wichtigen χ^2-Tests, zur Prüfung der Nullhypothese. Tabelle 4-2 gibt einen

1 Vgl. Fornell/Bookstein (1982), S. 450 f.
2 Vgl. Anderson/Gerbing (1988), S. 412 f.
3 Vgl. Boomsma/Hoogland (2001), S. 142.
4 Vgl. Reinecke (2005), S. 110 f.
5 Vgl. Bagozzi/Yi (1988), S. 80; Hildebrandt/Temme (2005), S. 58 ff.; Weiber/Mühlhaus (2010), S. 56. Boomsma/Hoogland (2001), S. 143, geben jedoch zu bedenken, dass solche Angaben nicht unreflektiert übernommen werden sollten. Die Autoren schlagen daher eine Mindestgröße von N = 200 vor.

Überblick über die fünf am häufigsten verwendeten Schätzverfahren im Kontext der Strukturgleichungsanalyse und vergleicht die zentralen Auswahlkriterien.

Kriterium	Maximum Likelihood (ML)	Unweighted Least Squares (ULS)	Generalized Least Squares (GLS)	Scale Free Least Squares (SLS)	Asymptotically Distribution Free (ADF)
Multi-normalverteilung	Ja	Nein	Ja	Nein	Nein
Skaleninvarianz	Ja	Nein	Ja	Ja	Ja
Stichproben-größe (p = Parameterzahl)	≥5 p	≥5 p	≥5 p	≥5 p	> 1,5 p(p+1)
Inferenz-statistiken	Ja	Nein	Ja	Nein	ja

Tabelle 4-2: Eigenschaften iterativer Schätzverfahren[1]

In dieser Untersuchung wird auf den ML-Schätzer zurückgegriffen. Er zeichnet sich durch Skaleninvarianz und die Verfügbarkeit von Inferenzstatistiken aus. Darüber hinaus hat er sich als sehr robuster Schätzer etabliert und zählt zu den am häufigsten verwendeten Schätzern im Kontext der Kovarianzstrukturanalyse.[2] Sowohl die Anforderung an Multinormalverteilung als auch an die Stichprobengröße stellen für die vorliegende Untersuchung keine Limitationen dar, weshalb der ML-Schätzer hier insgesamt als sehr geeignet angesehen werden kann.

4.1.3 Elemente von Strukturgleichungsmodellen

Ein Strukturgleichungsmodell setzt sich aus verschiedenen Kernelementen zusammen. Hierzu zählen das Strukturmodell, welches die Beziehungen zwischen den latenten Konstrukten repräsentiert, und die Messmodelle, die die latenten exogenen sowie endogenen Variablen durch Indikatoren repräsentiert. Beide Grundelemente sollen im Folgenden näher beschrieben werden. Insbesondere auf die Messmodelle und ihre verschiedenen Erscheinungsformen wird, aufgrund ihrer Bedeutung für die vorliegende Untersuchung, näher eingegangen.

1 In Anlehnung an Weiber/Mühlhaus (2010), S. 56.
2 Vgl. Kline (2011), S. 154 f.

4.1.3.1 Das Strukturmodell

Das Strukturmodell bildet als zentrales Element eines Strukturgleichungsmodells die theoretisch deduzierten Forschungshypothesen ab. Diese beschreiben in der Regel Wirkungszusammenhänge zwischen latenten Konstrukten. Abbildung 4-4 verdeutlicht die Gestalt von Strukturmodellen an einem exemplarischen Pfaddiagramm mit einer exogenen und zwei endogenen latenten Variablen.

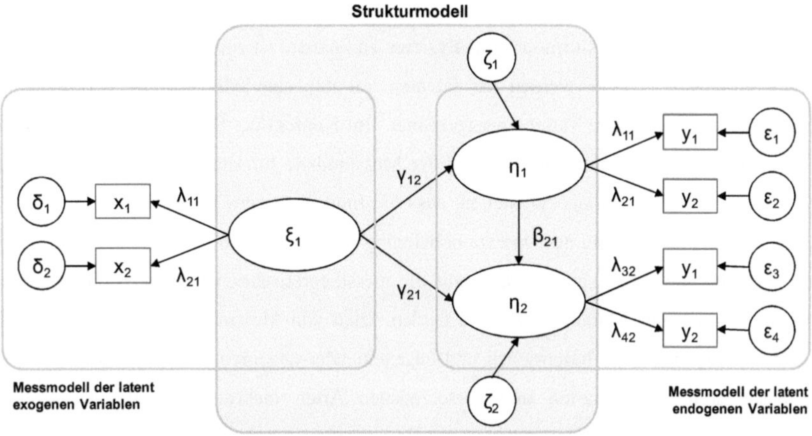

Abbildung 4-4: Pfaddiagramm eines vollständigen Strukturgleichungsmodells[1]

Das Strukturmodell setzt sich immer aus mindestens einer exogenen und einer endogenen Variablen zusammen. Die exogenen Variablen prädiktieren dabei stets die endogenen Variablen im Sinne kausaler Ursache-Wirkungs-Beziehungen.[2] Von exogenen Variablen gehen daher immer nur Pfeile aus, während auf eine endogene Variable mindestens ein Pfeil gerichtet ist. Für latent exogene Konstrukte hat sich im Schrifttum die Bezeichnung ξ etabliert, für latent endogene Variablen die Bezeichnung η. Darüber hinaus enthält das Strukturmodell die Fehlervariablen ζ der endogenen Variablen. Mathematisch lässt sich das Strukturmodell wie folgt darstellen:

(1) $\eta = \eta * \mathrm{B} + \xi * \Gamma + \zeta$

---

[1] In Anlehnung an Homburg/Hildebrandt (1998), S. 19; Backhaus/Erichson/Weiber (2011), S. 76; Weiber/Mühlhaus (2010), S. 39.

[2] Siehe hierzu auch Abschnitt 4.1.

mit: η = Vektor der endogenen latenten Konstrukte,

ξ = Vektor der exogenen latenten Konstrukte,

B = Matrix der Beziehungen zwischen exogenen und endogenen Variablen,

Γ = Matrix der Beziehungen zwischen endogenen Variablen,

ζ = Vektor der unerklärten Varianz (Residualwerte).

4.1.3.2 Die Messmodelle

Bei latenten Variablen handelt es sich um nicht direkt messbare theoretische Konstrukte. Um diese im Rahmen des Strukturmodells analysieren zu können, ist eine geeignete Operationalisierung notwendig.[1] Dabei werden der latenten Variable eine oder mehrere beobachtbare beziehungsweise manifeste Variablen zugeordnet.[2] Im Kontext der Strukturgleichungsmodellierung spricht man von der Formulierung der Messmodelle für latent exogene sowie latent endogene Variablen.[3] Um sicherzustellen, dass die Indikatoren das latente Konstrukt hinreichend repräsentieren, ist bei der Operationalisierung ein großes Maß an Akribie erforderlich.[4] Im Folgenden soll daher zunächst kurz auf die messtheoretischen Grundlagen eingegangen werden. Im Anschluss daran werden die beiden Arten von Messmodellen – reflektive und formative Messmodelle – beschrieben und gegeneinander abgegrenzt. Abschließend werden die besonderen Eigenschaften und verschiedenen Arten mehrdimensionaler Konstrukte erläutert.

4.1.3.2.1 Messtheoretische Grundlagen

Die Auswahl von geeigneten Indikatoren zur Messung latenter Konstrukte ist in der Strukturgleichungsanalyse zunächst ein theoretisches Problem.[5] Daher ist es notwendig einige messtheoretische Vorüberlegungen anzustellen. Die moderne Messtheorie lässt sich maßgeblich auf die Zweisprachentheorie von Carnap (1956) zurückführen. Abbildung 4-5 stellt das Konzept der Zweisprachentheorie und die sich im Rahmen der Operationalisierung ergebenden Probleme dar.

---

1 Vgl. Anderson/Gerbing (1982), S. 453.
2 Vgl. Schnell/Hill/Esser (2011), S. 121 ff.
3 Dargestellt in Abbildung 4-4; vgl. Weiber/Mühlhaus (2010), S. 86.
4 Vgl. Rossiter (2002), S. 307 f.
5 Vgl. Kappelhoff (2007), S. 81; Backhaus/Erichson/Weiber (2011), S. 107 f.

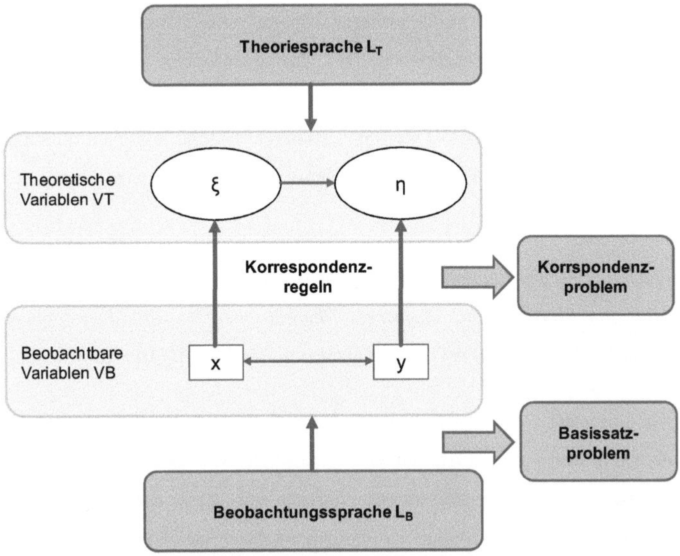

Abbildung 4-5: Darstellung der Zweisprachentheorie[1]

In der Zweisprachentheorie wird zwischen der Theoriesprache, die sich aus einem theoretischen Vokabular zusammensetzt, und der Beobachtungssprache, die reale Gegebenheiten in der Wirklichkeit beschreibt, unterschieden.[2] Das theoretische Modell, welches im Strukturgleichungsmodell durch das Strukturmodell dargestellt wird und die theoretischen Variablen enthält, ist in der Theoriesprache beschrieben. Die Beobachtungssprache, die logische und beobachtbare Sätze enthält, ermöglicht es hingegen, empirisch überprüfbare Aussagen beziehungsweise Variablen zu formulieren.[3]

Um die theoretischen Konstrukte in beobachtbare Konstrukte zu überführen, bedarf es jedoch konkreter Korrespondenzregeln, die die beiden Konstruktarten in einen sinnvollen Zusammenhang bringen. Das Problem, diesen Zusammenhang herzustellen, wird als Korrespondenzproblem bezeichnet. Dabei ist zu beachten, dass erst eine möglichst genaue Definition der theoretischen Konstrukte die Überführung in geeignete Indikatoren erlaubt.[4]

1 In Anlehnung an Weiber/Mühlhaus (2010), S. 86; sowie Schnell/Hill/Esser (2011), S. 69.
2 Vgl. auch im Folgenden Carnap (1956); Carnap (1966); Bagozzi (1984).
3 Vgl. Carnap (1995), S. 257 ff.
4 Vgl. Weiber/Mühlhaus (2010), S. 86.

Damit ist jedoch noch nicht sichergestellt, dass die in der Beobachtungssprache formulierten Variablen die Wirklichkeit auch valide erfassen können.[1] Dieser Sachverhalt wird durch das sogenannte Basissatzproblem beschrieben. Das Basissatzproblem, oder auch Problem der empirischen Gültigkeit, kann durch sorgfältige Konstruktion der Messinstrumente und Angabe konkreter Messvorschriften gelöst werden. Zusammenfassend lässt sich die Operationalisierung, wie sie in Abschnitt 4.3.1 der Untersuchung vorgenommen wird, demnach wie folgt definieren:

> *„Operationalisierung bezeichnet die Summe der Anweisungen (Operationen), mit deren Hilfe ein hypothetisches Konstrukt (theoretischer Begriff) über beobachtbare Sachverhalte (Indikatoren) erfasst und gemessen werden soll (Messvorschrift).“*[2]

Eine Darstellung der Zweisprachentheorie im konkreten Kontext der Konstruktoperationalisierung findet sich in Abbildung 4-6. Auf theoretischer Ebene wird hier exemplarisch zwischen zwei (in diesem Fall einem exogenen und einem endogenen) latenten Konstrukten ξ und η ein kausaler Wirkungszusammenhang durch die Hypothese H postuliert. Die theoretischen Konstrukte werden auf der Beobachtungsebene durch die beobachtbaren Variablen x_1 und x_2 beziehungsweise y_3 abgebildet. Erst durch die Korrespondenzregeln λ_1 bis λ_3 liegt jedoch eine zulässige Beziehung und damit eine empirisch gehaltvolle Theorie vor.[3] Zwischen den Variablen x_1 und x_2 besteht die Kovarianz r_1, da beide dasselbe theoretische Konstrukt ξ repräsentieren. Die Kovarianzen r_2 und r_3 bilden hingegen die, auf der theoretischen Ebene durch die Hypothese H unterstellte, Wirkungsbeziehung auf der Beobachtungsebene ab. Dabei gilt, dass der theoretische Zusammenhang zwischen ξ und η umso stärker ist, je stärker die beobachteten Kovarianzen ausfallen.[4] Der Kausalitätsschluss ist wiederum nur durch eine a priori erfolgte theoretische Fundierung der Hypothese H zulässig.

---

1 Vgl. auch im Folgenden Kromrey (1994), S. 200.
2 Weiber/Mühlhaus (2010), S. 86.
3 Vgl. auch im Folgenden Bagozzi (1998), S. 49 ff.
4 Vgl. Fassot/Eggert (2005), S. 35.

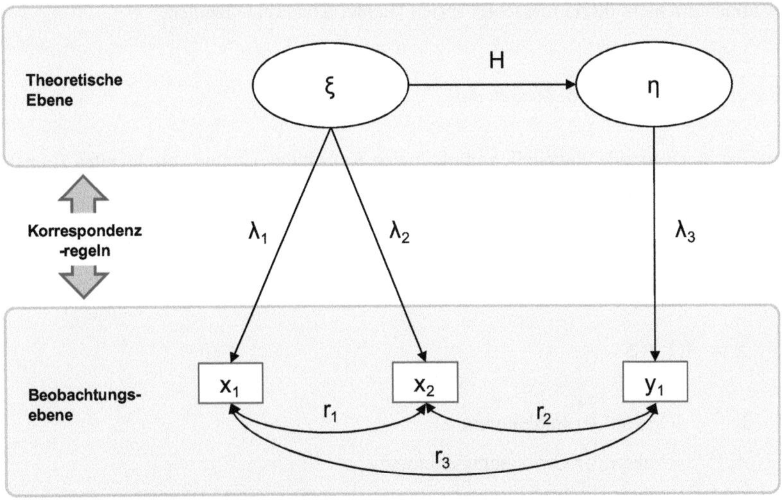

Abbildung 4-6: Umsetzung der Zweisprachentheorie in der empirischen Forschung[1]

Der Zusammenhang zwischen beobachteten Kovarianzen und theoretischen Wirkungsbeziehungen veranschaulicht in besonderem Maße die Bedeutung der Korrespondenzregeln für die Strukturgleichungsanalyse. Dabei hat insbesondere die Richtung der Korrespondenzregeln für die Messmodelle eine entscheidende Bedeutung. Zwei Fälle können unterschieden werden:[2]

- Reflektive Messmodelle, bei denen die theoretische Variable die ihr zugeordneten empirischen Variablen bestimmt. In diesem Fall führt der die Korrespondenzregel repräsentierende Pfeil von der theoretischen Variablen zu den Beobachtungsvariablen.[3]
- Formative Messmodelle, bei denen die theoretische Variable das Resultat der ihr zugeordneten empirischen Variablen darstellt. In diesem Fall geht der die Korrespondenzregel repräsentierende Pfeil von den Beobachtungsvariablen zu der theoretischen Variable.

Da latente Konstrukte im Rahmen der Strukturgleichungsanalyse sowohl reflektiv als auch formativ operationalisiert werden können,[4] sollen beide Varianten im Folgenden näher beschrieben werden. Die konkrete Gestaltung des Messmodells spielt dabei für die vorliegende

1 In Anlehnung an Bagozzi (1984), S. 13; Bagozzi (1998), S. 50.

2 Vgl. u.a. Edwards/Bagozzi (2000), S. 155 ff.; Diamantopoulos/Siguaw (2006), S. 263 ff; Fuchs (2011), S. 7 ff.

3 Siehe auch das Beispiel in Abbildung 4-6.

4 Für die Kovarianzstrukturanalyse sind formative Messmodelle jedoch nur mit Einschränkungen zu verwenden; siehe hierzu Abschnitt 4.1.1.

Untersuchung eine besonders wichtige Rolle, da es sich bei allen in Kapitel 3 entwickelten Konstrukten um nicht direkt messbare, sprich latente, Konstrukte handelt.

4.1.3.2.2 Das reflektive Messmodell

Reflektive Messmodelle unterstellen implizit eine Kausalitätsrichtung vom latenten Konstrukt auf die zugeordneten Indikatoren, das heißt das Konstrukt kann als Antezendent seiner Messitems verstanden werden.[1] Mathematisch lässt sich das reflektive Messmodell wie folgt beschreiben:[2]

(2) $X = \Lambda_x \xi + \Delta$

mit: X = Vektor der Indikatoren,

Λ_x = Vektor der Gewichtungsfaktoren,

B = Vektor der Residualgrößen.

Demnach ist das Hauptmerkmal reflektiver Konstrukte, dass Veränderungen der latenten Variablen von den Indikatoren reflektiert werden.[3] Dieser Vorstellung liegt zugrunde, dass die Definition eines latenten Konstrukts auch sein „definitorisches Umfeld"[4] konstituiert.[5] Dieses definitorische Umfeld umfasst wiederum alle beobachtbaren Variablen, die das Konstrukt prinzipiell beschreiben können.[6] Es wird angenommen, dass alle beobachtbaren Variablen eines latenten Konstrukts aufgrund ihrer gemeinsamen Basis miteinander korreliert sind.[7]

Vielmehr wird sogar gefordert, dass die Indikatoren für eine hohe Güte des reflektiven Messmodells stark miteinander korreliert sein müssen.[8] Bei fehlerfreier Messung würden die Indikatoren untereinander einen Korrelationskoeffizienten von Eins und damit einen Fehlerkoeffizienten von Null aufweisen. Im Umkehrschluss kann daher auch davon ausgegangen werden, dass ein Indikator mit nur geringen Korrelationen nicht aus dem definitorischen Umfeld des Konstrukts stammt.

---

1 Vgl. Edwards/Bagozzi (2000), S. 157.
2 Hier exemplarisch für ein exogenes Messmodell. Endogene Messmodelle werden analog spezifiziert (mit endogenen Variablen η und Y als Vektor der Indikatoren).
3 Vgl. Backhaus/Erichson/Weiber (2011), S. 108.
4 Eberl (2004), S. 3.
5 Vgl. auch im Folgenden Eberl (2004), S. 3 ff.
6 Als Basis für diese Überlegungen dient das sogenannte Domain-Sampling Model; vgl. hierzu Nunnally/Bernstein (1994).
7 Vgl. Churchill (1979), S. 67 f.
8 Vgl. Bollen/Lennox (1991), S. 307 f.

Insofern die verwendeten Messitems aus der Gesamtheit der möglichen Indikatoren stammen, genießt der Forscher bei der Konstruktion reflektiver Messmodelle weitgehende Freiheiten. Die Indikatoren weisen die gleiche Validität auf und sind bei gleicher Reliabilität untereinander austauschbar.[1] Daher ist auch die Elimination einzelner Indikatoren möglich, ohne dadurch die Konstruktvalidität zu gefährden. Reflektive Messmodelle ermöglichen es dem Forscher daher, sowohl die Messung ex ante dem Untersuchungsziel und gegebenenfalls auch der Untersuchungsgruppe anzupassen als auch ex post die Güte des Messmodells durch gezielte Itemeliminationen zu steigern. Abbildung 4-7 zeigt beispielhaft die Struktur eines reflektiven Messmodells und fasst die wichtigsten Eigenschaften dieser Messmethode zusammen.

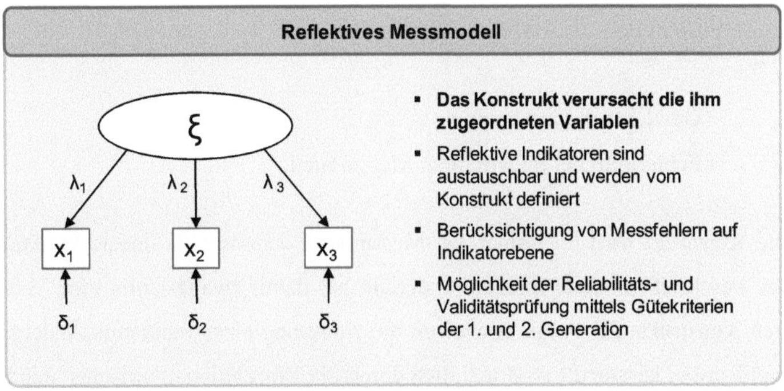

Abbildung 4-7: Grundlegende Struktur reflektiver Messmodelle[2]

In der Vergangenheit ließ sich häufig beobachten, dass Messmodelle weitgehend unreflektiert als reflektive Messmodelle konstruiert wurden, obwohl eine formative Operationalisierung aus messtheoretischer Sicht gegebenenfalls sinnvoller gewesen wäre.[3]

> *"In the past few years, formative measurement has been gaining increasing attention in the marketing literature which, until recently, has been characterized by an almost blind adherence to the reflective measurement perspective popularised by Chruchill [sic!](1979)".*[4]

[1] Vgl. auch im Folgenden Jarvis/MacKenzie/Podsakoff (2003), S. 200.
[2] In Anlehnung an Jarvis/MacKenzie/Podsakoff (2003), S. 201; Edwards/Bagozzi (2000), S. 161.
[3] Vgl. u.a. Diamantopoulos/Winklhofer (2001), S. 269; Jarvis/MacKenzie/Podsakoff (2003), S. 200; Eberl (2004), S. 19 ff.
[4] Diamantopoulos (2006), S. 7.

Im Folgenden sollen daher auch die Eigenschaften formativer Messmodelle kurz dargestellt werden, um anschließend die Auswahlentscheidung zu spezifizieren.

4.1.3.2.3 Das formative Messmodell

Im formativen Messmodell, das sich auf Curtis/Jackson (1962) beziehungsweise den Operational Definition-Ansatz zurückführen lässt,[1] wird eine Kausalitätsbeziehung von den Indikatoren hin zum latenten Konstrukt unterstellt. Die Indikatoren bilden demnach die Antezedenten des latenten Konstrukts.[2] Im Pfaddiagramm drückt sich diese Beziehung durch die zum Konstrukt orientierten Pfeilspitzen aus (Abbildung 4-8). Mathematisch lässt sich das formative Messmodell wie folgt beschreiben:[3]

(3) $$\xi = \lambda_1 x_1 + \lambda_2 x_2 + \ldots + \lambda_1 x_1 + \delta_\xi$$

mit: λ_n = Gewichte der Indikatoren,

δ_ξ = Fehlerterm bei fehlerhaftem Messmodell.

Das latente Konstrukt wird im formativen Messmodell demnach als lineare Funktion seiner Indikatoren beschrieben.[4] Jede Indikatoränderung hat damit zwangsläufig eine Veränderung des latenten Konstrukts zur Folge. Inwieweit die Änderung eines Indikators Änderungen der anderen Indikatoren hervorruft wird lediglich durch die Korrelationen zwischen den Indikatoren bestimmt.[5] Indikatoren können jedoch auch vollkommen unkorreliert sein.[6] Daher ist es im formativen Messmodell nicht möglich, die Korrelationen zwischen den Indikatoren zur Gütebestimmung des Konstrukts heranzuziehen.

Da die Indikatoren im formativen Messmodell das latente Konstrukt bilden, werden sie auch als formative Indikatoren bezeichnet.[7] Ein Austausch oder die Elimination eines einzelnen Indikators ist nicht möglich, ohne die Gestalt des Konstrukts zu verändern.[8] Da die Indikatoren im formativen Messmodell kausale Bestandteile des latenten Konstrukts sind, besitzen sie keine direkten Fehlerterme. Hingegen werden Messfehler im formativen Messmodell an der

---

[1] Vgl. Giere (2007), S. 116.
[2] Vgl. Backhaus/Erichson/Weiber (2011), S. 108.
[3] Hier exemplarisch für ein exogenes Messmodell. Endogene Messmodelle analog für endogene Variablen η mit Y als Vektor der Indikatoren.
[4] Vgl. Backhaus/Erichson/Weiber (2011), S. 108.
[5] Vgl. auch im Folgenden Eberl (2004), S. 6.
[6] Vgl. Bollen (1984), S. 377 ff.
[7] Vgl. u.a. Fornell/Bookstein (1982), S. 441 f.; Edwards/Bagozzi (2000), S. 162.
[8] Vgl. Eberl (2004), S. 6.

latenten Variablen gemessen.[1] Abbildung 4-8 zeigt beispielhaft die Struktur eines formativen Messmodells und fasst die wichtigsten Eigenschaften dieser Messmethode zusammen.

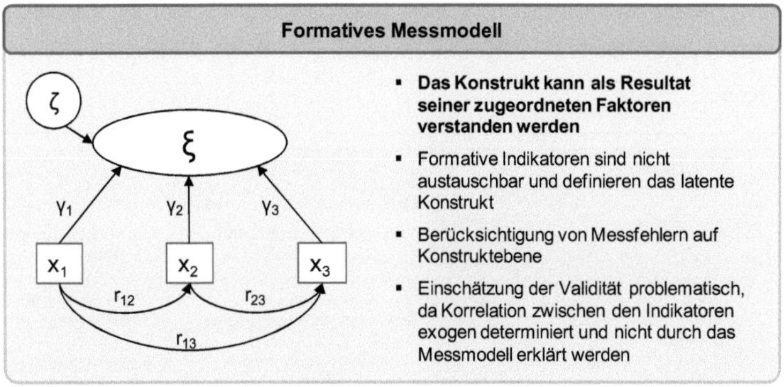

Abbildung 4-8: Grundlegende Struktur formativer Messmodelle[2]

Aufgrund der hohen Fehleranfälligkeit bei der Wahl geeigneter Messmodelle für latente Variablen soll im Folgenden nochmals näher auf das Auswahlproblem bei der Operationalisierung eingegangen werden.

4.1.3.2.4 Auswahl und Spezifikation der Messmodelle

Da die Entscheidung über die Gestaltung des Messmodells weitreichende Folgen für eine empirische Untersuchung haben kann, sollte diese möglichst sorgfältig getroffen werden. Dass die Spezifikation der Korrespondenzbeziehung kein trivialer Untersuchungsschritt ist, der selbst erfahrene Wissenschaftler bisweilen vor Schwierigkeiten stellt, zeigen folgende Metastudien:

Eine umfassende Analyse der Fehlspezifikationen von Messmodellen findet sich bei Jarvis/MacKenzie/Podsakoff (2003).[3] Die Autoren stellten fest, dass rund 28% der reflektiv operationalisierten Konstrukte in den hochreputierten Marketingjournals eigentlich formativer Natur sind. Lediglich 1% der formativen Modelle wurde fälschlicherweise reflektiv spezifi-

1 Vgl. Diamantopoulos (2006), S. 8 ff.
2 In Anlehnung an Jarvis/MacKenzie/Podsakoff (2003), S. 201; vgl. auch Edwards/Bagozzi (2000), S. 162.
3 Die Autoren untersuchten Beiträge aus den wissenschaftlichen Zeitschriften „Journal of Consumer Research" (JCR), „Journal of Marketing" (JM), „Journal of Marketing Research" (JMR) sowie „Marketing Science" (MS) aus den Jahren 1977 bis 2000.

ziert. Zu einem ähnlichen Ergebnis kam Eberl (2004), der für das „Journal of Marketing“ eine Fehlerquote bei der Spezifikation von reflektiven Messmodellen von rund 29% identifizierte.[1] Hingegen fand der Autor im Betrachtungszeitraum keine formativen Konstrukte, die fälschlicherweise reflektiv operationalisiert wurden. Noch gravierender sind die Ergebnisse von Eggert/Fassott (2003), die in der Zeitschrift „Marketing ZFP“ eine Fehlerquote von rund 80% identifizieren.

	Kriterium	Formatives Messmodell	Reflektives Messmodell
1	**Richtung der Kausalität**	Von den Indikatoren zum Konstrukt	Vom Konstrukt zu den Indikatoren
1.1	Sind die Indikatoren definierende Charakteristika oder Manifestationen des Konstrukts?	Indikatoren sind definierende Charakteristika	Indikatoren sind Manifestationen
1.2	Würden Veränderungen des latenten Konstrukts zu Veränderungen der Indikatoren führen oder umgekehrt?	Indikatorveränderungen sollten zu Konstruktveränderungen führen	Konstruktveränderungen sollten zu Indikatorveränderungen führen
2	**Austauschbarkeit der Indikatoren**	Austauschbarkeit nicht zwingend erforderlich	Indikatoren sollten austauschbar sein
2.1	Sollten Indikatoren ähnlichen (gleichen) Inhalt oder ein gemeinsames Thema haben?	Indikatoren brauchen keinen ähnlichen Inhalt/ kein ähnliches Thema	Indikatoren sollten einen ähnlichen Inhalt/ ein ähnliches Thema haben
2.2	Würde die Eliminierung eines Indikators den konzeptionellen Rahmen des latenten Konstrukts verändern?	Die Eliminierung könnte den konzeptionellen Rahmen verändern	Die Eliminierung sollte den konzeptionellen Rahmen nicht verändern
3	**Kovarianzen zwischen Indikatoren**	Indikatoren müssen nicht zwingend kovariieren	Die Kovarianz zwischen den Indikatoren wird erwartet
3.1	Sollten Veränderungen in einem Indikator zu Veränderungen anderer Indikatoren führen?	Nicht notwendigerweise	Ja
4	**Nomologisches Netz der Indikatoren**	Nomologisches Netz kann differieren	Nomologisches Netz sollte nicht differieren
4.1	Sollten Indikatoren die selben Antezedenten und Konsequenzen haben?	Nicht notwendigerweise	Indikatoren müssen die selben Antezedenten und Konsequenzen haben

Tabelle 4-3: Entscheidungsregeln zur Bestimmung der Konstruktart[2]

Aufgrund der hohen Fehlerquote beider Messmodellspezifikation haben sich das Schrifttum um die Entwicklung von Kriterien zur richtigen Wahl der Korrespondenzbeziehung bemüht.[3] Tabelle 4-3 zeigt den von Jarvis/MacKenzie/Podsakoff (2003) vorgeschlagenen Kriterienkatalog. Dabei zeigen die Ergebnisse der verschiedenen Metastudien, dass es sich auch bei der

[1] Betrachtet wurden alle Ausgaben des Journals von 1999 bis 4/2002.

[2] Vgl. Jarvis/MacKenzie/Podsakoff (2003), S. 203.

[3] Vgl. u.a. Fornell/Bookstein (1982), S. 440 ff.; MacCallum/Browne (1993), S. 540; Bagozzi (1994), S. 331; Law/Wong (1999), S. 144 ff.; Diamantopoulos/Siguaw (2006), S. 264 ff.

Übernahme und Adaption vorhandener Skalen empfiehlt, eine genaue Überprüfung der Korrespondenzregeln vorzunehmen. Oft kann das Messmodell eines latenten Konstrukts jedoch sowohl reflektiv als auch formativ operationalisiert werden.[1] MacKenzie/Podsakoff/Podsakoff (2011) halten hierzu fest:

> *"It is important to note that the terms formative and reflective describe the relationship between an indicator and the latent construct with which it is associated. Constructs are not inherently formative or reflective in nature, and most can be modeled as having either formative or reflective indicators depending upon the researcher's theoretical expectations about how they should be related based on the conceptual definition of the construct."*[2]

Die Entscheidung, welches Messmodell das geeignete ist, hängt demnach maßgeblich von der Konzeptionalisierung der latenten Konstrukte ab. Vor allem obliegt es dem Forscher, sich vor diesem Hintergrund bewusst für eine Art der Operationalisierung zu entscheiden, die im Einklang mit den Untersuchungszielen steht.[3] Abbildung 4-9 zeigt am Beispiel der latenten Variablen „Zufriedenheit mit dem Hotel", wie ein Konstrukt sowohl formativ als auch reflektiv operationalisiert werden kann.

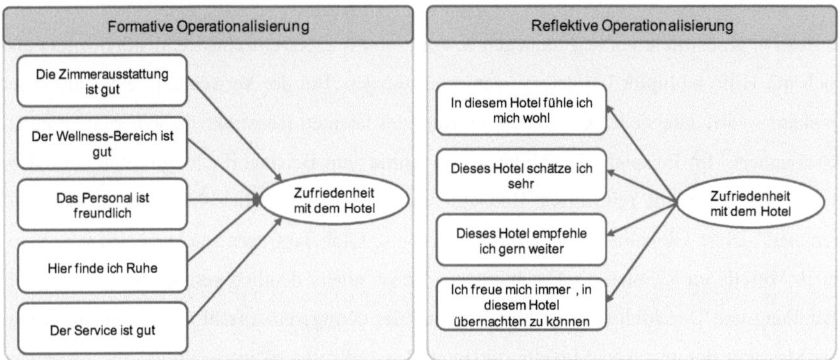

Abbildung 4-9: Veranschaulichung formativer und reflektiver Operationalisierung[4]

---

1 Vgl. Diamantopoulos/Siguaw (2006), S. 263.
2 MacKenzie/Podsakoff/Podsakoff (2011), S. 302.
3 Vgl. Rossiter (2002), S. 316 ff.; Schilke (2007), S. 145.
4 In Anlehnung an Albers/Hildebrandt (2006), S. 13.

In Abhängigkeit der Messmodellkonstruktion können aus den Ergebnissen später auch andere Schlüsse gezogen werden. So lässt eine formative Operationalisierung zum Beispiel eher praxisrelevante Handlungsempfehlungen auf Basis der Kausalität vom Indikator zum Konstrukt zu.[1] Dagegen ist es mit Hilfe einer reflektiven Operationalisierung unter anderem möglich, Messfehler auf Ebene der Indikatoren zu erfassen.[2] Mittels sogenannter „Multiple Indicators, Multiple Causes“ oder auch MIMIC-Modelle ist überdies eine Integration formativer und reflektiver Messmodelle möglich. Diese können zudem bei der Analyse formativer Messmodelle im Programmpaket AMOS vonnöten sein.[3] Die Messmodelle in der vorliegenden Untersuchung sind aufgrund der oben aufgeführten Kriterien sowie der theoretischen Vorüberlegungen jedoch durchweg reflektiv spezifiziert.

Bei der Spezifikation der Messmodelle ist jedoch nicht nur eine Entscheidung hinsichtlich der Korrespondenzbeziehungen, sondern auch hinsichtlich der Anzahl der Indikatoren vorzunehmen.[4] Hier lässt sich grundlegend zwischen der Messung eines latenten Konstrukts mittels eines einzelnen Indikators (single item measure) und der Messung mittels mehrerer Indikatoren (multi item measure) unterscheiden.[5] Dabei ist jedoch zu beachten, dass diese Differenzierung vor allem für reflektive Messmodelle vorzunehmen ist, da ein formatives Konstrukt aufgrund der Annahme, dass es aus verschiedenen Facetten zusammengesetzt ist, nicht durch einen einzelnen Indikator verursacht werden kann.

Reflektive Konstrukte können hingegen sowohl mittels eines einzelnen Globalindikators als auch mit Hilfe multipler Indikatoren gemessen werden. Bei der Verwendung eines globalen Indikators wird unterstellt, dass dieser den Kern des latenten Konstrukts in seiner Gesamtheit repräsentiert.[6] Im Beispiel aus Abbildung 4-9 würde zum Beispiel die Frage „Wie zufrieden waren Sie insgesamt mit Ihrem Hotelaufenthalt?“ zur Single-Item-Messung in Betracht kommen.[7] Diese Globalindikatoren beziehungsweise Globalabfragen zeichnen sich vor allem durch Vorteile im Rahmen der Erhebung aus. Neben einem deutlich geringeren Aufwand bei Erstellung und Durchführung[8] ist hier aufgrund der geringeren Anzahl an Fragen (in Bezug zur Messung des gleichen Modells mit multiplen Indikatoren) in der Regel mit besserem

---

1 Vgl. Albers/Hildebrandt (2006), S. 4.
2 Vgl. Bollen/Lennox (1991), S. 305 f.
3 Auf MIMIC-Modelle soll hier nicht näher eingegangen werden. Der interessierte Leser sei hier zum Beispiel auf die Arbeiten von Churchill (1979), Diamantopoulos/Winklhofer (2001) oder Winklhofer/Diamantopoulos (2002) verwiesen.
4 Vgl. auch im Folgenden Weiber/Mühlhaus (2010), S. 91 f.
5 Vgl. Gefen/Straub/Boudreau (2000), S. 30; Rossiter (2002), S. 309 ff.
6 Vgl. Fuchs/Diamantopoulos (2009), S. 195 ff.
7 Vgl. Weiber/Mühlhaus (2010), S. 92.
8 Vgl. DeLamater/Myers (2011), S. 443.

Antwortverhalten und höheren Rücklaufquoten zu rechnen. Dies kann weiterhin zu einer Verbesserung der Datenbasis beitragen, da Probanden zum einen kein Konsistenzstreben entwickeln und zum anderen geringere Ermüdungserscheinungen und höhere Konzentration bei der Beantwortung zeigen.

Dem steht vor allem der sehr hohe kognitive Anspruch der Globalabfrage entgegen, da die Abstraktion hier nicht durch den Forscher, sondern durch den Probanden erfolgen muss.[1] Dabei besteht die große Gefahr, dass die Probanden jeweils andere Vorstellungen zu dem repräsentierten latenten Konstrukt entwickeln. Globalitems sollten nach Fuchs/Diamantopoulos (2009) daher nur bei Konstrukten eingesetzt werden, bei denen sichergestellt ist, dass alle Probanden dasselbe darunter verstehen. Insbesondere bei relativ komplexen und abstrakten latenten Konstrukten, wie sie in dieser Untersuchung zu operationalisieren sind, kann von einem einheitlichen Konstruktverständnis in der Regel nicht ausgegangen werden. Darüber hinaus ist die Messung mittels Globalindikatoren empirisch problematisch und es ergeben sich zahlreiche Einschränkungen bei der Datenverarbeitung.[2] Die Single-item-Messung wird daher auch vornehmlich zur Erfassung untergeordneter Konstrukte, wie zum Beispiel Moderatoren oder Kontrollgrößen, empfohlen.[3]

Dem Konzept multipler Items liegt hingegen die bereits zuvor dargestellte Vorstellung des „Domain Samplings“ und des definitorischen Umfelds eines latenten Konstrukts zugrunde.[4] Der Forscher trifft dabei eine Auswahl an Indikatoren, die die zuvor definitorisch festgelegten Facetten des Modells möglichst gut repräsentieren. Obwohl sich bei diesem Konzept ein deutlich höherer Aufwand bei der Konzeption und Durchführung der Erhebung ergibt, überwiegen die Vorteile gegenüber der Single-Item-Messung deutlich. Insbesondere bei der Reliabilitäts- und Validitätsprüfung steht dem Forscher hier ein umfangreicheres methodisches Instrumentarium zur Verfügung.[5] So setzt die Bestimmung zahlreicher Gütekriterien, vor allem im Rahmen der konfirmatorischen Faktorenanalyse, multiple Indikatoren zwingend voraus.[6] Weiterhin ist es bei der Verwendung multipler Indikatoren einfacher möglich, fehlenfehlende Werte zu ersetzen und Messfehler zu berücksichtigen.

---

1 Vgl. Podsakoff et al. (2003), S. 886.
2 Vgl. McIver/Carmines (1981), S. 16; Iacobucci (2010), S. 94.
3 Vgl. Weiber/Mühlhaus (2010), S. 95.
4 Siehe Abschnitt 4.1.3.2.2.
5 Vgl. DeVellis (2003), S 83 ff.; dabei ist jedoch zu beachten, dass Single-Item-Messungen nicht per se geringere Reliabilität und Validität aufweisen, vgl. Bergkvist/Rossiter (2007).
6 Zu den verschiedenen Gütekriterien siehe Abschnitt 4.1.4.

Insgesamt stellt das Konzept multipler Items daher das im Schrifttum anerkanntere und stärker verbreitete Verfahren dar. Steht neben den reinen Wirkungsbeziehungen im Strukturmodell auch die Zusammensetzung der latenten Konstrukte und eine möglichst präzise Messung im Fokus der Untersuchung, sollte dem Konzept multipler Indikatoren klar der Vorzug erteilt werden. In der vorliegenden Untersuchung wurden daher alle latenten Konstrukte mittels mehrerer Indikatoren gemessen. Weiber/Mühlhaus (2010) argumentieren in diesem Zusammenhang, dass aus methodischer Sicht eine Anzahl von mindestens vier Indikatoren verwendet werden sollte.[1] Dieser Empfehlung folgt auch die vorliegende Untersuchung. Alle latenten Konstrukte wurden daher zunächst mit mindestens vier Indikatoren erfasst.[2]

4.1.3.2.5 Messmodelle höherer Ordnung

Den bisher vorgestellten Messmodellen lag implizit die Annahme zugrunde, dass das latente Konstrukt durch eine oder mehrere Indikatoren erfasst werden kann. Solche Konstrukte werden im Rahmen der Strukturgleichungsanalyse auch Konstrukte erster Ordnung genannt.[3] Latente Konstrukte können in diesem Kontext jedoch auch mehrdimensional konzeptionalisiert beziehungsweise operationalisiert werden:[4]

> *"Once the construct has been carefully defined, it is important to step back and evaluate whether there are multiple subdimensions of the focal construct and how they relate to the focal construct and to each other."*[5]

In der Regel wird die Dimensionalität durch die Intention, die dem Forschungsvorhaben zugrunde liegt, determiniert.[6] Dabei stellt sich dem Forscher vor allem die zentrale Frage, wie wie stark ein latentes Konstrukt konzeptionell differenziert werden soll.[7] Multidimensionale Konstrukte sind in der betriebswirtschaftlichen Forschung heute sehr verbreitet. Dies lässt sich unter anderem darauf zurückführen, dass zahlreiche theoretische Konzepte mit ihrer zunehmenden Erschließung auch konzeptionell weiter ausdifferenziert werden.[8] Abbildung

---

1 Vgl. Weiber/Mühlhaus (2010), S. 93.
2 Zur Operationalisierung der einzelnen latenten Konstrukte siehe Abschnitt 4.3.
3 Vgl. u.a. Edwards/Bagozzi (2000), S. 163; MacKenzie/Podsakoff/Jarvis (2005), S. 713.
4 Die Spezifikation von Messmodellen höherer Ordnung ist für die vorliegende Untersuchung von besonderer Bedeutung, da im Rahmen der Konzeptionalisierung zahlreiche mehrdimensionale Modelle identifiziert werden konnten; vgl. Abschnitt 3.
5 MacKenzie/Podsakoff/Podsakoff (2011), S. 300.
6 Vgl. Weiber/Mühlhaus (2010), S. 82.
7 Vgl. auch im Folgenden MacKenzie/Podsakoff/Jarvis (2005), S. 113.
8 Vgl. Bagozzi (1984), S. 11 f.

4-10 verdeutlicht die konzeptionelle Differenzierung vom unidimensionalen hin zum multidimensionalen Konstrukt.

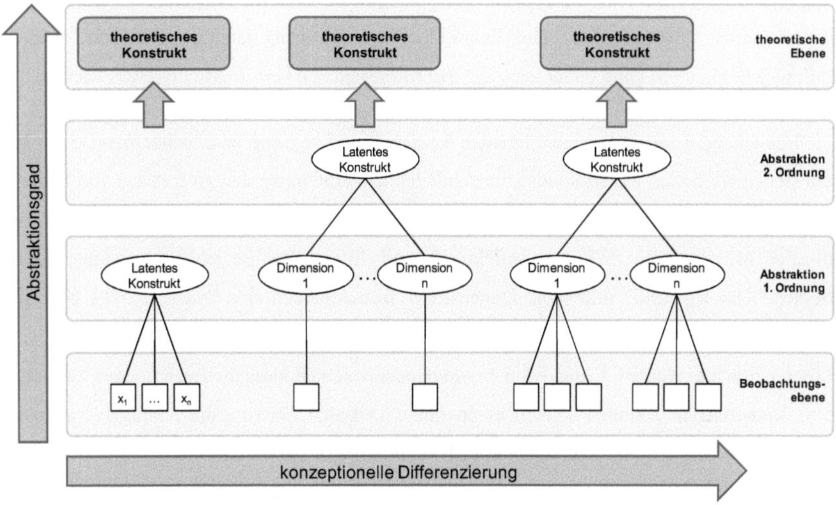

Abbildung 4-10: Konzeptionalisierung latenter Konstrukte mit unterschiedlichen Abstraktionsgraden[1]

Die bereits im Rahmen der Messtheorie erörterte Differenzierung zwischen Beobachtungsebene und theoretischer Ebene lässt sich auch auf die Messung mehrdimensionaler Konstrukte übertragen. Zusätzlich kann hierbei jedoch noch eine weitere Differenzierung nach dem Abstraktionsgrad vorgenommen werden.[2] In der Abbildung stellt das linke Konstrukt den klassischen Fall der unidimensionalen Messung dar.[3] Das latente Konstrukt befindet sich auf der Abstraktionsebene 1. Ordnung und wird direkt durch seine Indikatoren x_1 bis x_n repräsentiert. Im zweiten und dritten Fall wird eine zusätzliche konzeptionelle Differenzierung des latenten Konstrukts vorgenommen und dieses damit auf eine Ebene höherer Abstraktion (2. Ordnung) gebracht. Dabei ist jedoch zu beachten, dass das mittlere Modell nicht identifiziert ist und sich empirisch nur geringfügig von dem linken Modell unterscheidet. Werden die Fehlerterme auf Indikatorebene gleich Null gesetzt, lassen sich die beiden Modelle empirisch nicht mehr unterscheiden.[4]

1 In Anlehung an MacKenzie/Podsakoff/Jarvis (2005), S. 714 f.
2 Vgl. Giere/Wirtz/Schilke (2006), S. 678 f.
3 Vgl. auch im Folgenden MacKenzie/Podsakoff/Jarvis (2005), S. 714 f.
4 Für den Fall einer vollständig reflektiven Operationalisierung.

Im rechten Konstruktbeispiel wird der Abstraktionsgrad 2. Ordnung beibehalten, jedoch auf Ebene der Indikatoren weiter differenziert. Im Gegensatz zur einfachen Messung jeder Dimension mittels eines einzelnen Indikators wird nun das vorzuziehende Konzept multipler Indikatoren verwendet.[1] Erst hierdurch wird es möglich, die Fehler auf Indikator- und Dimensionsebene zu unterscheiden.[2] Die Empfehlung zur Messung latenter Konstrukte mittels multipler Indikatoren kann daher auch auf mehrdimensionale Konstrukte erweitert werden.

Die Beziehungen zwischen einem latenten Konstrukt und seinen ebenfalls latenten Dimensionen stellen wiederum Korrespondenzbeziehungen dar. Analog zu den zwei Arten von Korrespondenzbeziehungen im Fall eindimensionaler Messmodelle kann auch im Fall mehrdimensionaler Messmodelle zwischen reflektiven und formativen Beziehungen unterschieden werden.[3] Das Konstrukt und seine Dimensionen bilden jedoch eine konzeptionelle Einheit.[4] Das Konstrukt wird erst durch seine Dimensionen konstituiert und kann nicht unabhängig von diesen betrachtet werden. Dabei ist insbesondere zu beachten, dass die Beziehungen zwischen dem Konstrukt und seinen Dimensionen keine kausalen Wirkungsbeziehungen,[5] sondern Korrespondenzbeziehungen im Sinne der Messmodellkonstruktion darstellen.

Dementsprechend lassen sich auch einige Parallelen zwischen den Korrespondenzbeziehungen von Konstrukt und Indikatoren sowie Konstrukt und Dimensionen identifizieren.[6] Die Vorstellung der Korrespondenzregeln muss dabei auf die höheren Dimensionen übertragen werden. Abbildung 4-11 verdeutlicht die unterschiedlichen Ansätze multidimensionaler Messmodelle anhand der Varianz des Konstrukts.

Für das reflektive Konstrukt gilt, dass es durch die (in diesem Beispiel drei) Dimensionen und ihre gemeinsame Varianz (dunkelgraue Fläche im Beispiel) repräsentiert wird.[7] Alle anderen Varianzanteile der Dimensionen (weiße sowie hellgraue Flächen) werden im mehrdimensionalen reflektiven Messmodell als Messfehler betrachtet. Wie bereits die reflektiven Messindi-

---

1 Siehe Abschnitt 4.1.3.2.4.

2 Vgl. auch im Folgenden MacKenzie/Podsakoff/Jarvis (2005), S. 713 ff.

3 Vgl. Jarvis/MacKenzie/Podsakoff (2003), S. 205.

4 Vgl. auch im Folgenden MacKenzie/Podsakoff/Podsakoff (2011), S. 300 ff.

5 Vgl. Edwards (2001), S. 146.

6 Siehe hierzu auch Abschnitt 4.1.3.2.4.

7 Vgl. auch im Folgenden Law/Wong/Mobley (1998), S. 748. Die Autoren verweisen in ihrer Untersuchung noch auf eine dritte Spezifikationsart, das „Profile Model". Dabei wird angenommen, dass sich das latente Konstrukt nur aus einem Teil der Varianzen der jeweiligen Dimensionen zusammensetzt. Das Profile Model kann damit im Gegensatz zum formativen Modell nicht als algebraische Kombination der Dimensionen verstanden werden. Obgleich Law/Wong/Mobley (1998), S. 744 einige Beispiele für diese Operationalisierung nennen, hat sich die Spezifikationsart im Schrifttum bisher nicht durchgesetzt.

katoren stellen auch die reflektiven Konstruktdimensionen Manifestationen des übergeordneten Konstrukts dar.[1]

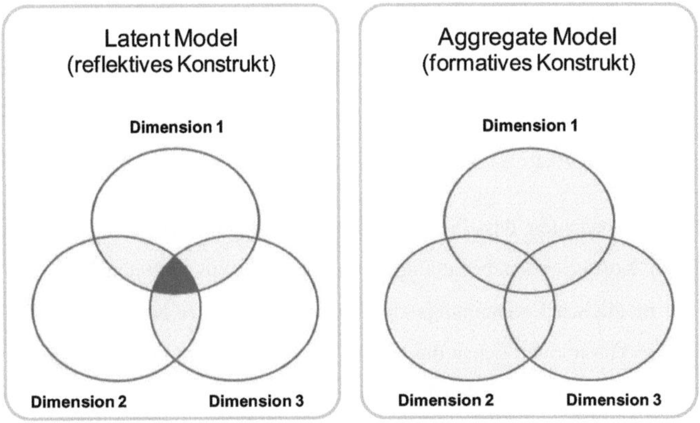

Abbildung 4-11: Korrespondenzbeziehungen mehrdimensionaler Konstrukte[2]

Hingegen kann das formative Konstrukt als eine Zusammensetzung der verschiedenen Dimensionen verstanden werden.[3] Die gesamten Varianzen der Dimensionen definieren demzufolge auch das Konstrukt höherer Ordnung. In der Abbildung wird dies durch die gesamte graue Fläche repräsentiert, die sowohl die Einzelvarianzen der Dimensionen als auch die gemeinsamen Varianzen umfasst. Die Dimensionen sind konzeptionelle Komponenten des Konstrukts und können daher auch nicht ausgetauscht oder ausgeklammert werden, ohne das Konstrukt grundlegend zu verändern.[4] Messfehler werden analog zum formativen Messmodell auf der höheren Abstraktionsebene berücksichtigt.[5]

Nicht nur die Entscheidung hinsichtlich der Dimensionalität, sondern auch die Entscheidung hinsichtlich der Spezifikationsart des mehrdimensionalen Messmodells obliegt dem Forscher und hängt vor allem von den konkreten Untersuchungszielen ab.[6] Das Konstrukt sollte daher bereits in der Konzeptionsphase entsprechend definiert werden. Aufgrund der großen inhaltlichen Unterschiede, die beide Arten von Korrespondenzbeziehungen auszeichnen, hat die

1 Siehe hierzu Abschnitt 4.1.3.2.2 sowie Abschnitt 4.1.3.2.3.
2 In Anlehnung an Law/Wong/Mobley (1998), S. 748.
3 Vgl. Law/Wong/Mobley (1998), S. 745 f.
4 Vgl. MacKenzie/Podsakoff/Podsakoff (2011), S. 301.
5 Siehe hierzu Abschnitt 4.1.3.2.3.
6 Vgl. MacKenzie/Podsakoff/Jarvis (2005), S. 729; Weiber/Mühlhaus (2010), S. 82 f.

Auswahl weitreichende Folgen für die Aussagekraft des Modells.[1] Als Entscheidungshilfe bei der Konzeption der Beziehung der Subdimensionen zum Konstrukt empfehlen einige Autoren folgende Fragen zu stellen:[2]

- Sind die Dimensionen Manifestationen des Konstrukts? (ja: reflektiv/nein: formativ)
- Ist das Konstrukt eine Funktion seiner Dimensionen? (ja: formativ/nein: reflektiv)
- Führt eine Veränderung des Konstrukts zu Veränderungen aller Dimensionen? (ja: reflektiv/nein: formativ)

Dabei ist jedoch zu beachten, dass innerhalb eines mehrdimensionalen Messmodells verschiedene Arten von Korrespondenzbeziehungen auch gemeinsam auftreten können. Abbildung 4-12 zeigt die möglichen Erscheinungsarten mehrdimensionaler Messmodelle. Analog zum eindimensionalen Messmodell geben die Pfeilorientierungen auch im mehrdimensionalen Fall die „Wirkrichtung" der Korrespondenzbeziehung vor.[3]

Für mehrdimensionale Messmodelle können zwei Grundformen identifiziert werden. Messmodelle mit einheitlicher Grundform liegen vor, wenn zwischen Variablen aller Abstraktionsebenen die gleichen Korrespondenzbeziehungen (formativ oder reflektiv) unterstellt werden. Als gemischte Grundformen können solche Messmodelle charakterisiert werden, die zwischen den verschiedenen Abstraktionsebenen jeweils unterschiedliche Arten von Korrespondenzbeziehungen aufweisen. Die Beziehungen zwischen einer Abstraktionsebene und der darüber beziehungsweise darunter liegenden Abstraktionsebene sind jedoch gleichgerichtet. Neben diesen häufig anzutreffenden Grundformen finden sich im Schrifttum darüber hinaus komplexere Messmodellformen, bei denen auch auf einer Ebene unterschiedliche Beziehungen vorliegen können.[4]

1 Vgl. Albers/Hildebrandt (2006), S. 10 f.
2 Vgl. MacKenzie/Podsakoff/Podsakoff (2011), S. 301.
3 Siehe Abschnitt 4.1.3.2.1.
4 Vgl. Jarvis/MacKenzie/Podsakoff (2003), S. 204.

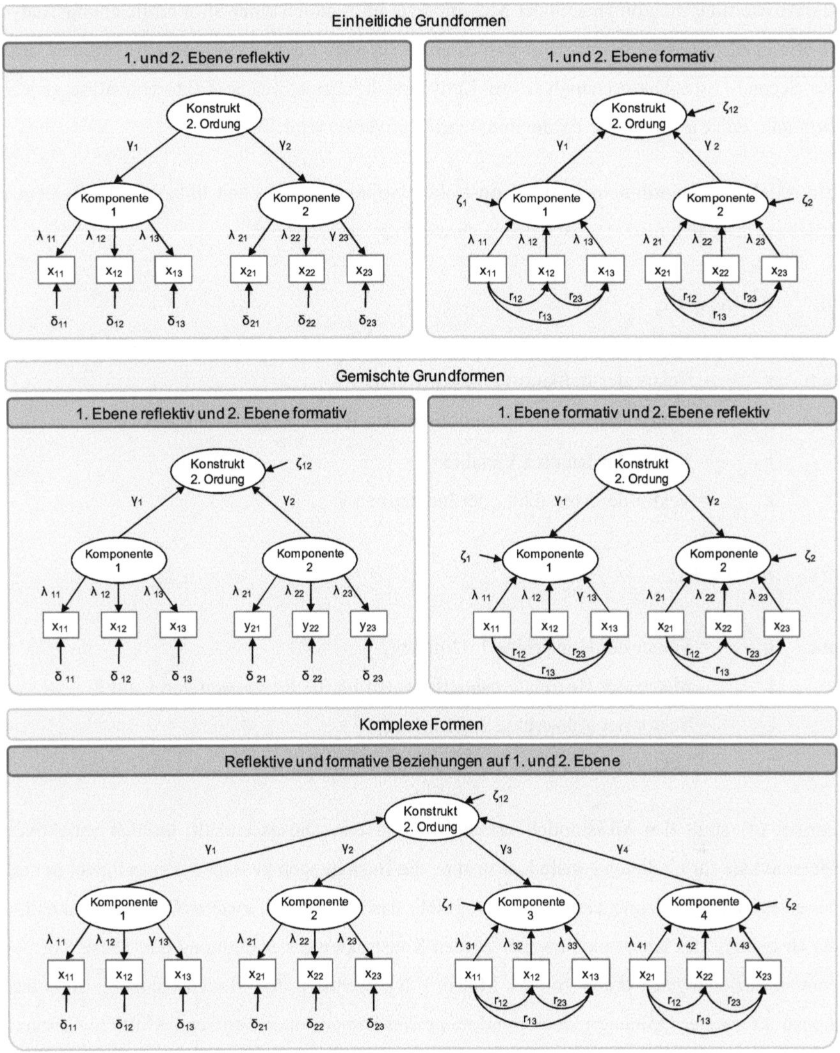

Abbildung 4-12: Erscheinungsarten mehrdimensionaler Konstrukte[1]

Die Auswertung formativer mehrdimensionaler Messmodelle (außer auf Indikatorebene) erfolgt direkt im Rahmen des Strukturmodells, da die Dimensionen die Bestimmungsgrößen

1 In Anlehnung an Kerner (2009), S. 216; vgl. Jarvis/MacKenzie/Podsakoff (2003), S. 204 f.

ihres übergeordneten Konstrukts bilden[1] und damit eine Art Quasikausalität unterstellt wird. Die Auswertung mehrdimensionaler Messmodelle im Rahmen einer Strukturgleichungsanalyse erfolgt für reflektive Konstrukte mittels einer Second-Order-Faktorenanalyse.[2] Dabei stellt die Second-Order-Faktorenanalyse im Kern eine konfirmatorische Faktorenanalyse (erster Ordnung) dar, die um einige Evaluationsschritte erweitert wird.[3]

Ein reflektives mehrdimensionales Konstrukt (wie im Beispiel oben links: 1. und 2. Ebene reflektiv) lässt sich mathematisch demnach wie folgt beschreiben:[4]

(4) $y = \Lambda_y \eta + \varepsilon,$

mit:
- y = Vektor der Indikatorvariablen von η,
- Λ_y = Matrix der Korrelationskoeffizienten für die Regression von y auf η,
- η = Vektor der latenten Variablen,
- ε = Vektor der Messfehler der Indikatoren y.

(5) $\eta = \Gamma\xi + \zeta,$

mit:
- η = Vektor der Konstrukte 1. Ordnung,
- Γ = Matrix der Korrelationskoeffizienten für die Regression von η auf ξ,
- ξ = Vektor der Konstrukte 2. Ordnung,
- ζ = Vektor der Residuen der Konstrukte 1. Ordnung.

Formel (4) stellt das Messmodell erster Ordnung dar. Dieses enthält, ähnlich reflektiver Messmodelle für eindimensionale Konstrukte, die Beziehungen zwischen den Indikatoren und der entsprechenden Dimension. Formel (5) stellt das Messmodell zweiter Ordnung und damit die Beziehung des Konstrukts zweiter zu den Konstrukten erster Ordnung dar. Diese Korrespondenzbeziehungen werden von der Matrix Γ repräsentiert. Zur Modellschätzung muss das Konstrukt zweiter Ordnung jedoch mindestens drei Dimensionen besitzen.[5] Multidimensionale Konstrukte zweiter Ordnung stellen den im Schrifttum am häufigsten anzutreffenden Fall

1 Vgl. Weiber/Mühlhaus (2010), S. 82.
2 Die Bezeichnung Second-Order-Faktorenanalyse ist darauf zurückzuführen, dass sie zumeist zur Analyse von Konstrukten zweiter Ordnung eingesetzt wird. Das Vorgehen eignet sich jedoch auch zur Analyse von Modellen höherer Ordnung.
3 Zum genaueren Ablauf einer Second-Order-Faktorenanalyse vgl. Weiber/Mühlhaus (2010), S. 217 ff.
4 Vgl. Bagozzi/Yi/Nassen (1999), S. 398.
5 Vgl. Weiber/Mühlhaus (2010), S. 219.

dar.[1] Obwohl Konstrukte beliebig hoher Ordnung prinzipiell denkbar wären, finden sich im Schrifttum kaum Konstrukte mit mehr als drei Abstraktionsgraden.

Wie im Schrifttum gefordert, wurde die Bestimmung der Dimensionalität der einzelnen latenten Konstrukte in der vorliegenden Untersuchung bereits im Rahmen der Konzeptionalisierung durchgeführt.[2] Dabei konnten vier mehrdimensionale Konstrukte mit insgesamt acht Sub-Dimensionen deduziert werden. Für alle Konstrukte wurden sowohl auf First- als auch auf Second-Order-Ebene reflektive Korrespondenzbeziehungen gewählt. Diese Spezifikation berücksichtigt insbesondere die Interdependenzen beziehungsweise Komplementaritäten der Fähigkeitsdimensionen im Rahmen offener Innovation. Dies spielt vor dem theoretischen und konzeptionellen Hintergrund der vorliegenden Untersuchung eine entscheidende Rolle.[3] Eine formative Spezifikation, die keine Interdependenzen zwischen den Dimensionen zulässt, scheint in diesem Zusammenhang wenig geeignet.

4.1.4 Beurteilung der Modellgüte

Die Abbildung latenter Konstrukte auf beobachtbare Variablen, wie sie in den vorangegangenen Abschnitten dargestellt wurde, erlaubt es nun, das Strukturgleichungsmodell und seine Bestandteile mittels empirischer Daten einer Gütebeurteilung zu unterziehen.[4] Dabei kann, basierend auf den Komponenten des Strukturgleichungsmodells, zwischen der Beurteilung der Modellgüte der Messmodelle (Abschnitt 4.1.4.1) und des Strukturmodells (Abschnitt 4.1.4.2) unterschieden werden. Die Analyse und Beurteilung von Konstrukten höherer Ordnung soll in Abschnitt 4.1.4.3 näher erläutert werden. Abschließend soll kurz auf die Spezifika von moderierenden Variablen und deren Gütebeurteilung im Rahmen der Strukturgleichungsanalyse eingegangen werden. Zunächst werden jedoch die grundlegenden Eigenschaften der Modellgüte erläutert.

Die Messung latenter Konstrukte ist in der Regel mit Fehlern behaftet.[5] Solche Messfehler treten dann auf, wenn die beobachteten Daten X_O (observed Value) nicht exakt den wahren Wert X_T (true Value) widerspiegeln.[6] Dabei lässt sich der Messfehler wiederum in zwei

1 Vgl. Albers/Hildebrandt (2006), S. 670.
2 Siehe hierzu Kapitel 3.
3 Vgl. hierzu die Ausführungen in Abschnitt 2.3.3.1.4 und Kapitel 3.
4 Vgl. Kerner (2009), S. 216.
5 Vgl. Hüttner/Schwarting (2002), S. 12.
6 Vgl. auch im Folgenden Churchill (1979), S. 65 f.

verschiedene Fehlerarten unterteilen: Systematische Fehler X_S (systematic Error) und zufällige Fehler X_R (random Error). Es gilt:

(6) $X_O = X_T + X_S + X_R.$

Systematische Fehler, oder auch systematische Verzerrungen (Bias), lassen sich auf nicht zufällige Einflüsse, wie zum Beispiel das Problem sozialer Erwünschtheit,[1] zurückführen.[2] Es wird unterstellt, dass systematische Fehler über alle Messungen gleichmäßig auftreten. Systematische Messfehler können durch eine sorgfältige Konstruktion der Messinstrumente und Durchführung der Messung minimiert werden.[3] Das Maß zur Bestimmung von systematischen Fehlern wird als Validität (Gültigkeit) bezeichnet. Validität gibt demnach Antwort auf die Frage:

„Does the test measure what it is supposed to measure?“[4].

Zufälligen oder statistischen Fehlern liegt hingegen keine Systematik zugrunde, das heißt sie können bei jeder Messung unvorhergesehen und in unterschiedlichem Ausmaß auftreten.[5] Die Die Qualität einer Messung hinsichtlich des zufälligen Fehlers wird durch die Reliabilität (Zuverlässigkeit) der Messung ausgedrückt.[6] Reliabilität ist demnach als das Maß der formalen Genauigkeit einer Messung zu verstehen.[7] Ein Messinstrument ist als reliabel zu bezeichnen, wenn es bei mehrfacher Messung die gleichen Ergebnisse produziert.[8] Dabei ist zu beachten, dass Reliabilität eine notwendige, jedoch keine hinreichende Voraussetzung für Validität darstellt.[9] Abbildung 4-13 verdeutlicht den Zusammenhang zwischen Reliabilität und und Validität.

---

1 Zu sozialer Erwünschtheit vgl. u.a. Scholl (2003), S. 219 ff.; Moosbrugger/Kelava (2011), S. 59 f.
2 Vgl. auch im Folgenden Weiber/Mühlhaus (2010), S. 104.
3 Vgl. Churchill (1979), S. 65 f.
4 Kaplan/Saccuzzo (2008), S. 135.
5 Vgl. Hartung/Elpelt/Klösener (2005), S. 321; Weiber/Mühlhaus (2010), S. 104.
6 Vgl. Carmines/Zeller (1979), S. 11 ff.
7 Vgl. Pepels (2004), S. 293.
8 Vgl. Hüttner/Schwarting (2002), S. 13.
9 Vgl. Kuß (2012), S. 32.

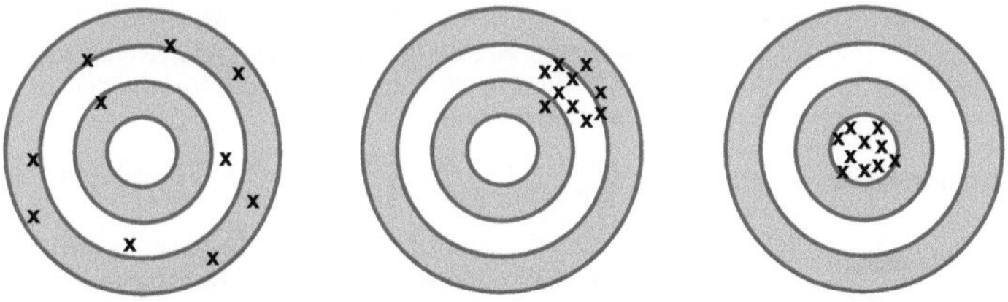

Abbildung 4-13: Reliabilität und Validität[1]

Für die Güte einer Messung spielen sowohl die Reliabilität als auch die Validität eine entscheidende Rolle. Sie können daher nicht isoliert voneinander betrachtet werden.[2] Sowohl für die Reliabilität als auch die Validität finden sich im Schrifttum eine große Anzahl verschiedener Kriterien. Hinsichtlich der Reliabilität lässt sich vor allem zwischen der Test-Retest-Reliabilität, der Parallel-Test-Reliabilität, der Inter-Rater-Reliabilität und der Interne-Konsistenz-Reliabilität unterscheiden.[3] Zentrale Validitätskriterien sind die Inhaltsvalidität, die Kriteriumsvalidität sowie die Konstruktvalidität. Während sich die Kriteriumsvalidität in die Prognose- und Konkurrenzvalidität untergliedern lässt,[4] kann im Rahmen der Konstruktvalidität zwischen der Konvergenzvalidität, der Diskriminanzvalidität und der nomologischen Validität unterschieden werden. Tabelle 4-4 gibt einen Überblick über die wichtigsten Validitätskriterien im Zusammenhang mit der Stukturgleichungsanalyse.

[1] In Anlehnung an Rubin/Babbie (2009), S. 88.
[2] Vgl. Giere (2007), S. 129.
[3] Zu den verschiedenen Reliabilitätskriterien vgl. u.a. Schnell/Hill/Esser (2011), S. 143 ff.; Moosbrugger/Kelava (2011), S. 116 ff.
[4] Für weiterführende Informationen zur Prognose- und Konkurrenzvalidität vgl. Schnell/Hill/Esser (2011), S. 146 ff.

Validitätskriterien	
1. Inhaltsvalidität	Ausmaß, zu dem der inhaltliche (semantische) Bereich des theoretischen Konstrukts durch das Messmodell repräsentiert wird
2. Kriteriumsvalidität	Grad, zu dem die Messung eines Konstrukts mit einem validen Außenmaß übereinstimmt
3. Konstruktvalidität	Ausmaß, zu dem die Messung eines Konstrukts nicht durch systematische Fehler oder andere Konstrukte verfälscht ist
3.1 Konvergenzvalidität	Grad der Übereinstimmung von zwei unterschiedlichen Messungen des gleichen Konstrukts
3.2 Diskriminanzvalidität	Grad, zu dem zwei gleiche Messmodelle bei unterschiedlichen Konstrukten unterschiedliche Ergebnisse hervorbringen
3.3 Nomologische Validität	Ausmaß, zu dem die kausalen Zusammenhänge zwischen Konstrukten in einem nomologischen Netzwerk fundiert sind

Tabelle 4-4: Zentrale Reliabilitäts- und Validitätskriterien[1]

Im Folgenden soll zunächst auf die Gütebewertung von Messmodellen eingegangen werden, um im Anschluss die Güteprüfung des Strukturmodells darzustellen. Die Güte des Strukturmodells wird dabei maßgeblich durch die Güte der Messmodelle bestimmt. Fehlerhafte Messmodelle führen damit nach dem Prinzip „Garbage in – garbage out"[2] zwangsläufig zu fehlerhafter Messung des Strukturmodells.[3]

4.1.4.1 Gütebeurteilung reflektiver Messmodelle

Die Kriterien, die zur Gütebeurteilung reflektiver Messmodelle herangezogen werden, lassen sich in Kriterien der ersten und zweiten Generation unterteilen.[4] Die Kriterien der ersten Generation basieren auf der Korrelationsanalyse beziehungsweise der exploratorischen Faktorenanalyse. Die Gütekriterien zweiter Generation basieren hingegen auf der konfirmatorischen Faktorenanalyse. Tabelle 4-5 gibt einen Überblick über die Gütekriterien erster und zweiter Generation, die in der vorliegenden Untersuchung zum Einsatz kommen.

1 Vgl. Hildebrandt (1998), S. 89 ff.; Rossiter (2002), S. 311; Unterreitmeier/Schwinghammer (2004), S. 17; Pepels (2004), S. 294 ff.; Moosbrugger/Kelava (2011), S. 11 ff.

2 Weiber/Mühlhaus (2010), S. 103.

3 Vgl. Weiber/Mühlhaus (2010), S. 103.

4 Vgl. Homburg/Giering (1998), S. 118 f.; Homburg (2000), S. 725.

Kriterien der ersten Generation	
Reliabilitätsprüfung	Validitätsprüfung
Gütekriterien der isolierten exploratorischen Faktorenanalyse (KMO, erklärte Varianz, Faktorladungen, Faktorenstruktur)	
Cronbachs Alpha	
Item-to-Total-Korrelation	
Kriterien der zweiten Generation	
Reliabilitätsprüfung	Validitätsprüfung
Indikatorreliabilität	**Konvergenzvalidität** (DEV)
Faktorreliabilität, Durchschnittlich erfasste Varianz (DEV)	**Diskriminanzvalidität** (X^2-Differenztest, Fornell/Larcker-Kriterium)
Gütekriterien der gemeinsamen konfirmatorischen Faktorenanalyse (Goodness-of-Fit-Index, Adjusted Goodness-of-Fit-Index, Comparative-Fit-Index, Tucker-Lewis-Index, Root-Mean-Square-Error-of-Approximation, Target Coefficient-Index)	

Tabelle 4-5: Relevante Gütekriterien zur Prüfung reflektiver Messmodelle[1]

Zunächst sollen im Folgenden die Reliabilitäts- und Validitätskriterien der ersten Generation betrachtet werden, zu denen das Cronbachs Alpha, die Item-to-Total-Korrelationen sowie die exploratorische Faktorenanalyse zählen:

- Cronbachs Alpha: Das Cronbachs Alpha wurde von Cronbach (1951) als ein Reliabilitätsmaß für interne Konsistenz entwickelt. Die interne Konsistenz einer Skala bestimmt, wie eng die Indikatoren einer bestimmten Gruppe (eines latenten Konstrukts) in Beziehung zueinander stehen.[2] Hierzu werden die Mittelwerte der Korrelationen aller möglichen Split-Half-Mengen der Indikatorenmenge gebildet.[3] Im Schrifttum hat sich Cronbachs Alpha als eines der am häufigsten verwendeten Reliabilitätsmaße etabliert. Cronbachs Alpha kann Werte zwischen Null und Eins annehmen. Typischerweise werden für Cronbachs Alpha Werte von mindestens 0,7 als akzeptabel betrachtet.[4] Erst ab Werten von 0,8 beziehungsweise von 0,9 lässt sich jedoch von einer guten beziehungsweise sehr guten Reliabilität sprechen, weshalb zumindest ein Wert von 0,8 angestrebt werden sollte.[5] Für diese Untersuchung wird mindestens eine gute interne Konsistenz der Konstrukte und

1 In Anlehnung an Weiber/Mühlhaus (2010), S. 104.
2 Vgl. Cronbach (1951), S. 297 ff.; Churchill (1979), S. 68 f.; Homburg/Giering (1998), S. 119.
3 Hierzu werden die Indikatoren in zwei Teilmengen zerlegt, deren Summen miteinander korreliert werden. Vgl. u.a. Cronbach (1951), S. 297 ff.; Bortz/Döring (2006), S. 198 f.
4 Vgl. Homburg/Giering (1998), S. 120.
5 Vgl. Leong/Austin (2005), S. 136; Burns/Burns (2008), S. 417 f.

damit ein Mindestmaß für Cronbachs Alpha von 0,8 gefordert. Mathematisch lässt sich Cronbachs Alpha wie folgt beschreiben:

$$(7) \qquad \alpha = \frac{n}{n-1}\left(1 - \frac{\Sigma \sigma_i^2}{\sigma_j^2}\right),$$

mit: n = Anzahl der Indikatoren,

σ_i^2 = Varianz des i-ten Indikators,

σ_j^2 = Varianz der Summe aller Indikatoren.

- Item-to-Total-Korrelation (ITK): Die ITK misst, wie stark ein einzelner Indikator mit der gesamten Indikatorenmenge des latenten Konstruktes korreliert.[1] Die ITK dient damit ebenfalls der Bestimmung der Interne-Konsistenz-Reliabilität. Obwohl im Schrifttum für die ITK kein allgemein anerkannter Grenzwert existiert, sind Werte von mindestens 0,4 wünschenswert.[2]
- Exploratorische Faktorenanalyse: Bevor die eigentliche Faktorenanalyse zum Einsatz kommen kann, ist zu prüfen, ob ihre Durchführung im vorliegenden Fall und mit den gegebenen Daten sinnvoll ist. Hierzu sollten die Indikatoren hinreichend hohe Korrelationen aufweisen.[3] Die Eignung der Korrelationsmatrix kann dabei auf verschiedene Arten geprüft werden.[4] Die Prüfgröße Measure of Sampling Adequacy (MSA), für das sich im Schrifttum auch die Bezeichnung Kaiser-Meyer-Olkin-Kriterium (KMO-Kriterium) findet,[5] hat sich in diesem Zusammenhang etabliert. Eine exploratorische Faktorenanalyse kann prinzipiell dann durchgeführt werden, wenn das KMO-Kriterium mindestens einen Wert von 0,5 aufweist.[6] Als wünschenswert gelten Werte von 0,8 oder größer.[7] Diese Forderung wird auch in der vorliegenden Untersuchung gestellt.

  Die exploratorische Faktorenanalyse wird eingesetzt, um die den Indikatoren zugrunde liegende Faktorenstruktur zu untersuchen und auf diese Weise auf die Konvergenz- sowie Diskriminanzvalidität des Konstrukts schließen zu können.[8] Dabei wird ohne vorherige Annahmen über die Faktorenstruktur (exploratorisch) geprüft, wie viele Faktoren aus den

---

1 Vgl. Zinnbauer/Eberl (2004), S. 6.
2 Vgl. Haws/Bearden/Netemeyer (2010), S. 7.
3 Vgl. Weiber/Mühlhaus (2010), S. 107.
4 Vgl. Backhaus (2011), S. 339 f.
5 Die Bezeichnung ist auf die drei Autoren Kaiser, Meyer und Olkin zurückzuführen, die die Prüfgröße MSA entwickelt haben. Vgl. Backhaus (2011), S. 342.
6 Vgl. Cureton/D'Agostino (1983), S. 389 ff.
7 Vgl. Backhaus (2011), S. 342 f.
8 Vgl. Churchill (1979), S. 69; Homburg/Giering (1998), S. 119.

Daten extrahiert werden können. Als Extraktionsmethode kommt hier die Hauptachsenanalyse mit Oblimin-Rotation zum Einsatz.[1] Ein Konstrukt gilt als konvergenzvalide, wenn die theoretisch unterstellte einfaktorielle Lösung extrahiert wird.[2] Ferner werden im Schrifttum Faktorladungen für die einzelnen Indikatoren von mindestens 0,4 gefordert und der erklärte Varianzanteil des Faktors sollte bei mindestens 50 % liegen.[3] Darüber hinaus eignet sich die exploratorische Faktorenanalyse auch zur Untersuchung mehrdimensionaler Konstrukte.[4] In diesem Fall wird gefordert, dass die Indikatoren ausschließlich hoch auf die ihnen jeweils zugeordneten Dimensionen (Faktor) laden.

Obgleich mit Hilfe der Gütekriterien erster Generation bereits erste Aussagen hinsichtlich der Güte der Messmodelle getroffen werden können, ist für eine differenzierte Reliabilitäts- und Validitätsuntersuchung der Einsatz weiterer Gütemaße erforderlich.[5] Die sogenannten Kriterien der zweiten Generation erlauben im Gegensatz zu Verfahren der ersten Generation die Schätzung von Messfehlern sowie die inferenzstatistische Überprüfung der Modellparameter.[6] ter.[6] Mit Hilfe der Kriterien der zweiten Generation sind daher weitreichende Reliabilitäts- und Validitätsprüfungen möglich, weshalb sie im Schrifttum auch als die leistungsstärkeren Kriterien bewertet werden.[7] Die Kriterien zweiter Generation können hinsichtlich ihrer Betrachtungsreichweite unterschieden werden.[8] Die sogenannten lokalen Anpassungsmaße fokussieren lediglich einen Teil des Modells, wohingegen die globalen Anpassungsmaße das Gesamtmodell betrachten. Als lokale Anpassungsmaße sollen hier die Indikatorreliabilität, die Faktorreliabilität sowie die durchschnittlich erfasste Varianz dienen:

- Indikatorreliabilität: Die Indikatorreliabilität gibt als Reliabilitätsmaß an, welcher Varianzanteil eines einzelnen Indikators durch den zugehörigen Faktor erklärt wird.[9] Alle weiteren Varianzanteile werden als Messfehler interpretiert. Die Indikatorreliabilität kann Werte zwischen Null und Eins annehmen, wobei höhere Werte auf eine bessere Indikatorreliabilität hindeuten. Im Schrifttum hat sich heute ein Schwellenwert von 0,4 für eine ak-

---

1 Im Falle einer mehrfaktoriellen Lösung. Das Ziel der Hauptachsenanalyse ist die Erklärung der Varianzen durch die Faktoren. Hier ist auch der Hauptunterschied zu der alternativen Vorgehensweise, der Hauptachsenanalyse, zu suchen, die die möglichst gute Reproduktion der Datenstruktur zum Ziel hat. Zum Vergleich der beiden Ansätze vgl. Backhaus (2011), S. 356 f.

2 Vgl. Ullrich (2010), S. 188.

3 Vgl. Homburg/Giering (1998), S. 128 f.

4 Vgl. Schilke (2007), S. 150.

5 Vgl. Bagozzi/Phillips (1982), S. 459 f.; Gerbing/Anderson (1988), S. 189 ff.

6 Vgl. auch im Folgenden Homburg/Giering (1998), S. 120 f.

7 Vgl. Gerbing/Anderson (1988), S. 189.

8 Vgl. Homburg/Baumgartner (1998), S. 351.

9 Vgl. Backhaus/Erichson/Weiber (2011), S. 140 f.

zeptable Indikatorreliabilität durchgesetzt.[1] Dieser Grenzwert wird auch für die vorliegende Untersuchung angesetzt. Die Indikatorreliabilität lässt sich mathematisch wie folgt ausdrücken:[2]

(8) $$rel(x_i) = \frac{\lambda_{ij}^2 \phi_{jj}}{\lambda_{ij}^2 \phi_{ij} + \theta_{ii}},$$

mit: x_i = Indikator,

λ_{ij} = geschätzte Faktorladung,

ϕ_{jj} = geschätzte Varianz der latenten Variablen,

θ_{ii} = geschätzte Varianz der Fehlervariablen.

- Faktorreliabilität: Die Faktorreliabilität betrachtet mit dem latenten Konstrukt eine andere Ebene des Messmodells als die zuvor dargestellte Indikatorreliabilität.[3] Die Faktorreliabilität erklärt, wie gut ein latentes Konstrukt durch seine Indikatoren repräsentiert wird.[4] Damit betrachtet die Faktorreliabilität, ähnlich Cronbachs Alpha, die interne Konsistenz des Modells.[5] Im Gegensatz zu Cronbachs Alpha werden mit der Faktorreliabilität als Gütemaß der zweiten Generation jedoch auch Messfehler berücksichtigt.[6] Der Wertebereich der Faktorreliabilität liegt zwischen Null und Eins. Auch hier gilt, dass größere Werte eine höhere Reliabilität bedeuten. Im Schrifttum hat sich ein Schwellenwert von 0,6 etabliert,[7] der auch hier als Grenzwert dienen soll. Mathematisch lässt sich die Indikatorreliabilität wie folgt beschreiben:[8]

(9) $$rel(\xi_j) = \frac{(\sum \lambda_{ij})^2 \phi_{jj}}{(\sum \lambda_{ij})^2 + \sum \theta_{ii}},$$

mit: ξ_j = latente Variable.

- Durchschnittlich erfasste Varianz (DEV): Ähnlich der Faktorreliabilität gibt die durchschnittlich je Faktor erfasste beziehungsweise extrahierte Varianz an, wie groß der im Mit-

1 Vgl. u.a. Bagozzi/Baumgartner (1994), S. 402; Homburg/Baumgartner (1998), S. 361.
2 Vgl. Bagozzi/Yi (1988), S. 80; Backhaus/Erichson/Weiber (2011), S. 90. Im standardisierten Fall entspricht die Indikatorreliabilität der quadrierten Faktorladung des Indikators; vgl. Backhaus/Erichson/Weiber (2011), S. 101.
3 Vgl. Weiber/Mühlhaus (2010), S. 122.
4 Vgl. Bagozzi/Yi (1988), S. 80; Bagozzi/Baumgartner (1994), S. 402.
5 Vgl. auch im Folgenden Fritz (1995), S. 133.
6 Vgl. Fornell/Larcker (1981), S. 45 f.
7 Vgl. u.a. Bagozzi/Baumgartner (1994), S. 402.
8 Vgl. Bagozzi/Yi (1988), S. 80.

tel durch die Indikatoren erklärte Varianzanteil des latenten Konstrukts ist.[1] Damit lässt die DEV Rückschlüsse auf die Reliabilität und die Konvergenzvalidität des Konstrukts zu.[2] Auch die DEV berücksichtigt explizit Messfehlereinflüsse. In der Literatur, wie auch in der vorliegenden Untersuchung, wird für die DEV ein Mindestwert von 0,5 gefordert.[3] Mathematisch lässt sich die DEV wie folgt ausdrücken:[4]

$$(10) \qquad DEV(\xi_j) = \frac{(\sum \lambda_{ij}^2)\phi_{jj}}{(\sum \lambda_{ij}^2)+\sum \theta_{ii}},$$

Um das Messmodell in seiner Gesamtheit beurteilen zu können, lassen sich verschiedene globale Gütemaße heranziehen.[5] Dabei wird die durch das Modell reproduzierte Kovarianzmatrix mit der empirischen Kovarianzmatrix verglichen.[6] Eine möglichst niedrige Abweichung der beiden Matrizen spricht in diesem Kontext für eine gute Modellanpassung. Als globale Gütemaße dienen hier der normierte Chi-Quadrat-Wert, der Root-Mean-Square-Error-of-Approximation, der Goodness-of-Fit-Index, der angepasste Goodness-of-Fit-Index, der Comparative-Fit-Index, der Tucker-Lewis-Index sowie der Target Coefficient-Index:

- Normierter Chi-Quadrat-Wert (χ^2/df): Der normierte Chi-Quadrat-Wert stellt eine deskriptive Prüfgröße auf Basis des Chi-Quadrat-Tests dar.[7] Der eigentliche Chi-Quadrat- oder auch Likelihood-Test prüft die Nullhypothese H_0, die besagt, dass die empirischen und modelltheoretischen Kovarianzmatrizen gleich sind.[8] Damit stellt der Chi-Quadrat-Test das zentrale inferenzstatistische Gütekriterium der konfirmatorischen Faktorenanalyse dar. Mathematisch lässt sich der Chi-Quadrat-Test wie folgt beschreiben:

$$(11) \qquad \chi^2 = (N-1)F_j,$$

mit: N = Stichprobenumfang,
F_j = Minimum der Diskrepanzfunktion j.[9]

1 Vgl. Weiber/Mühlhaus (2010), S. 123.
2 Vgl. Fornell/Larcker (1981), S. 46.
3 Vgl. u.a. Fornell/Larcker (1981), S. 46; Bagozzi/Yi (1988), S. 80.
4 Vgl. Bagozzi/Yi (1988), S. 80; Fornell/Larcker (1981), S. 46.
5 Vgl. Backhaus/Erichson/Weiber (2011), S. 90.
6 Vgl. Zinnbauer/Eberl (2004), S. 9.
7 Vgl. Weiber/Mühlhaus (2010), S. 161.
8 Vgl. auch im Folgenden Backhaus/Erichson/Weiber (2011), S. 143 f.
9 Hier mittels Maximum-Likelihood-Schätzer ermittelt, vgl. Abschnitt 4.1.2.

Da der Chi-Quadrat-Test nur auf exakte Anpassung der gesamten Modellstruktur prüft, ist seine Eignung als Gütekriterium insbesondere bei komplexen Modellen sowie hohen Stichprobenumfängen jedoch in Frage zu stellen.[1] Beides ist in der vorliegenden Untersuchung zu finden. In der Forschungspraxis hat sich daher der normierte Chi-Quadrat-Test zur Beurteilung der Modellanpassung etabliert.[2] Der Chi-Quadrat Wert (χ^2) wird hierzu durch die Anzahl der Freiheitsgrade (degrees of freedom, df) dividiert.[3] Das Verhältnis des des Chi-Qudrat-Wertes zu den Freiheitsgraden sollte bei einer guten Modellanpassung möglichst kleine Werte annehmen. Obwohl sich im Schrifttum verschiedene Grenzwerte finden, deuten χ^2/df-Werte bis zu einer Obergrenze von Drei auf einen zufriedenstellenden Modell-Fit hin.[4] Teilweise werden im Schrifttum aber auch Werte kleiner oder gleich Fünf Fünf akzeptiert.[5] Für die vorliegende Untersuchung soll für den χ^2/df-Wert ein Grenzwert von Drei für eine zufriedenstellende und Fünf für eine ausreichende Modellanpassung angenommen werden.

- Root-Mean-Squared-Error-of-Approximation (RMSEA): Das zweite inferenzstatistische Gütekriterium neben dem Chi-Quadrat-Test stellt der RMSEA dar. Dabei versucht der RMSEA die zuvor beschriebenen Probleme bei der praktischen Anwendung des oftmals zu streng formulierten Chi-Quadrat-Tests zu umgehen, indem er prüft, ob das Modell die Realität gut approximiert.[6] Für den RMSEA gilt, dass eine ausreichende Modellanpassung sung erst ab Werten von unter 0,1 vorliegt. Bei Werten kleiner oder gleich 0,8 kann von einer akzeptablen und bei Werten kleiner oder gleich 0,5 von einer guten Modellanpassung ausgegangen werden.[7] Diese Staffelung wird auch der vorliegenden Untersuchung für die Gütebeurteilung durch den RMSEA zugrundegelegt. Mathematisch lässt sich der RMSEA, der sich als Quadratwurzel des um die Modellkomplexität bereinigten Minimums der Diskrepanzfunktion in der Grundgesamtheit berechnet, wie folgt ausdrücken:[8]

$$\text{(12)} \qquad \text{RMSEA} = \sqrt{\max\left[\frac{\chi^2 - \text{df}}{\text{df}(N-g)}; 0\right]},$$

1 Vgl. u.a. Bentler/Bonett (1980), S. 591 ff.; Jöreskog/Sörbom (1982), S. 407 f.; Bearden/Sharma/Teel (1982), S. 425 ff.; Bagozzi/Yi (1988), S. 77; Steiger (1990), S. 177.
2 Vgl. Backhaus/Erichson/Weiber (2011), S. 144.
3 Vgl. Fritz (1995), S. 126; Marsh/Hau/Grayson (2005), S. 326.
4 Vgl. Fritz (1995), S. 140.
5 Vgl. Balderjahn (1986), S. 109; Fritz (1995), S. 140; Burmann (2002), S. 292.
6 Vgl. Steiger (1990), S. 176 f.; MacCallum et al. (1994), S. 5 ff; Weiber/Mühlhaus (2010), S. 161.
7 Vgl. Browne/Cudeck (1993), S. 136 ff; MacCallum/Browne/Sugawara (1996), S. 134; Brown (2006), S. 84.
8 Vgl. Backhaus/Erichson/Weiber (2011), S. 144.

mit: g = Anzahl der betrachteten Gruppen,[1]

- Goodness-of-Fit-Index (GFI): Der GFI stellt ein im Kontext von Strukturgleichungsanalysen häufig verwendetes Anpassungsmaß dar.[2] Er setzt den Minimalwert der Diskrepanzfunktion, die für das Modell ermittelt wurde, in Relation zum Minimalwert der Diskrepanzfunktion für den Fall, dass die modelltheoretische Kovarianzmatrix gleich Null gesetzt wird. Damit misst der GFI die relative Menge an Varianzen und Kovarianzen, die durch das Modell berücksichtigt werden.[3] Der Wertebereich des GFI erstreckt sich von Null bis Eins, wobei Werte möglichst nahe an Eins auf eine gute Modellanpassung hindeuten.[4] Ein Wert von Eins würde einen perfekten Modellfit bedeuten, da das Modell alle Varianzen und Kovarianzen beinhaltet.[5] Der Empfehlung im Schrifttum folgend, wird auch hier ein Schwellenwert von 0,9 für den GFI gefordert.[6] Mathematisch lässt sich der GFI wie folgt beschreiben:[7]

(13) $$GFI = 1 - \frac{\hat{F}}{\hat{F}_{\Sigma=0}},$$

mit: $\hat{F}$ = Minimalwert der Diskrepanzfunktion,

$\hat{F}_{\Sigma=0}$ = Wert der Diskrepanzfunktion für den Fall, dass die modelltheoretische Kovarianzmatrix gleich Null gesetzt wird.

Dabei zeigt sich der GFI relativ sensibel gegenüber komplexen Modellen, bei denen die Anzahl der Freiheitsgrade im Vergleich zum Stichprobenumfang relativ groß ist.[8] In diesem Fall neigt der GFI zu systematischen Verzerrungen, die in zu niedrigen Werten resultieren können. Daher empfiehlt Steiger (1990) in diesem Fall die Nutzung eines korrigierten $\overline{GFI}$:[9]

(14) $$\overline{GFI} = \frac{p}{p+2\hat{F}} \; mit \; \frac{C-df}{N-1},$$

mit: p = Anzahl Modellparameter,

1 Im Normalfall gilt g = 1.
2 Vgl. auch im Folgenden Weiber/Mühlhaus (2010), S. 166.
3 Vgl. Weiber/Mühlhaus (2010), S. 161.
4 Theoretisch sind negative Werte möglich, vgl. Jöreskog/Sörbom (1982), S. 408; Schendera (2004), S. 630.
5 Vgl. Weiber/Mühlhaus (2010), S. 166.
6 Vgl. Fritz (1995), S. 140.
7 Vgl. Weiber/Mühlhaus (2010), S. 167.
8 Vgl. Steiger (1989), S. 85 f.
9 Vgl. Steiger (1989), S. 84 ff.; Steiger (1990), S. 178.

C = χ^2-Wert des Modells,

df = Freiheitsgrade.

- Adjusted-Goodness-of-Fit-Index (AGFI): Der AGFI kann als Weiterentwicklung des zuvor vorgestellten GFI interpretiert werden. Der Hauptvorteil des AGFI gegenüber dem GFI liegt darin begründet, dass er explizit die Freiheitsgrade des betrachteten Modells berücksichtigt und damit der Modellkomplexität Rechnung trägt.[1] Der Wertebereich des AGFI liegt ebenfalls zwischen Null und Eins, wobei höhere Werte auch hier auf einen besseren Modell-Fit hindeuten. Für den AGFI kann als Mindestmaß ein Wert von 0,9 herangezogen werden.[2] Mathematisch lässt sich der AGFI wie folgt ausdrücken:[3]

(15) $$AGFI = 1 - \frac{k(k+1)}{2df}(1 - GFI),$$

mit: k = Anzahl der Indikatoren (im Modell).

Analog zum GFI verhält sich auch der AGFI sensibel gegenüber komplexen Modellen. In diesem Fall soll ein korrigierter $\overline{AGFI}$ auf Basis des zuvor beschriebenen korrigierten $\overline{GFI}$ Verwendung finden.

Es bleibt jedoch zu konstatieren, dass sowohl dem GFI als auch darauf aufbauenden Kriterien wie dem AGFI heute eine begrenzte Leistungsfähigkeit attestiert wird.[4] Da sie im Schrifttum jedoch immer noch relativ weit verbreitet sind, sollen sie auch in der vorliegenden Untersuchung berichtet werden.[5] Eine deutlich größere Aussagekraft besitzen hingegen die im Folgenden vorgestellten vergleichenden Prüfindizes.[6] Diese nehmen einen Vergleich zwischen schen dem vom Forscher formulierten Modell (default model) und dem sogenannten Basismodell (independence model) vor.[7] Stellt das formulierte Modell keine erhebliche Verbesserung gegenüber dem Basismodell dar, wird es abgelehnt.[8] Dieser Logik folgt vor allem der Normed-Fit-Index (NFI), der als Basisindex der vergleichenden Evaluation angesehen werden

1 Vgl. Jöreskog/Sörbom (1982), S. 408.
2 Vgl. Homburg/Baumgartner (1998), S. 130; Fritz (1995), S. 140.
3 Vgl. Jöreskog/Sörbom (1982), S. 408.
4 Vgl. Weiber/Mühlhaus (2010), S. 167. Diese Gütekriterien sollten gegenüber anderen Kriterien eine untergeordnete Rolle einnehmen, vgl. Homburg/Klarmann (2006), S. 736.
5 Vgl. Hooper/Coughlan/Mullen (2008), S. 54.
6 Vgl. Homburg/Klarmann (2006), S. 736.
7 Im Basismodell werden die Indikatoren als statistisch unabhängig angenommen, sodass nur die empirischen Varianzen in das Modell einfließen. Das Basismodell ist damit das am schlechtesten an die Daten angepasste Modell. Vgl. Weiber/Mühlhaus (2010), S. 168 f.
8 Vgl. auch im Folgenden Weiber/Mühlhaus (2010), S. 169 ff.

kann.[1] Die beiden hier vorgestellten Indizes Comparative-Fit-Index und Tucker-Lewis-Index stellen jeweils Weiterentwicklungen des NFI dar.

- Comparative-Fit-Index (CFI): Der CFI hat im Schrifttum heute eine besonders hohe Bedeutung erlangt, da er sich im Vergleich zum NFI wenig empfindlich gegenüber der Stichprobengröße zeigt.[2] Für den CFI, der Werte zwischen Null und Eins annehmen kann, wird im Schrifttum ein Wert von mindestens 0,9 gefordert.[3] Dem folgt auch die vorliegende Untersuchung. Mathematisch lässt sich der CFI wie folgt beschreiben:[4]

$$CFI = 1 - \frac{\max(\hat{C} - df; 0)}{\max(\hat{C}_b - df_b; 0)}, \quad (16)$$

mit: $\hat{C}$ = Minimalwert der Diskrepanzfunktion des formulierten Modells,
$\hat{C}_b$ = Minimalwert der Diskrepanzfunktion des Basismodells,
df_b = Freiheitsgrade des Basismodells.

- Tucker-Lewis-Index (TLI): Der TLI, der auch unter der Bezeichnung Non-Normed-Fit-Index (NNFI) firmiert, stellt neben dem CFI eines der am häufigsten verwendeten globalen Anpassungsmaße dar.[5] Er ist um den Stichprobenumfang bereinigt und eignet sich daher insbesondere auch für große Stichprobenumfänge.[6] Da der TLI nicht normiert ist, kann er auch Werte außerhalb des Intervalls von Null bis Eins annehmen.[7] Die Modellanpassung ist dabei umso besser, je näher der Wert des TLI an Eins liegt. Analog zum Schrifttum wird in der vorliegenden Untersuchung gefordert, dass der TLI Werte größer oder gleich 0,9 annimmt.[8] Mathematisch lässt sich der TLI wie folgt beschreiben:[9]

$$TLI = 1 - \frac{\frac{\chi_b^2}{df_b} - \frac{\chi^2}{df}}{\frac{\chi_b^2}{df_b} - 1}, \quad (17)$$

mit: χ^2 = Chi-Quadrat-Wert des formulierten Modells,

---

1 Vgl. Bentler/Bonett (1980), S. 599 ff.
2 Vgl. Bagozzi/Yi/Nassen (1999), S. 396 f.
3 Vgl. Weiber/Mühlhaus (2010), S. 170.
4 Vgl. Bentler (1990), S. 238 ff.
5 Vgl. Zinnbauer/Eberl (2004), S. 12.
6 Vgl. Marsden/Wright (2010), S. 369. Bei kleinen Stichprobenumfängen hat der TLI jedoch eine Tendenz, auch wahre Modelle abzulehnen. Vgl. Hu/Bentler (1999), S. 1.
7 Vgl. Hu/Bentler (1999), S. 3.
8 Vgl. Bentler/Bonett (1980), S. 600; Weiber/Mühlhaus (2010), S. 170.
9 Vgl. Weiber/Mühlhaus (2010), S. 170.

χ_b^2 = Chi-Quadrat-Wert des Basismodells.

Jedes der zuvor vorgestellten Kriterien zur Evaluation reflektiver Messmodelle bedient sich einer bestimmten Betrachtungsweise im Hinblick auf die Modellgüte und bringt damit besondere Eigenheiten mit sich. Daher empfiehlt sich der Einsatz verschiedener Kriterien, um möglichst viele Aspekte des Modell-Fits zu beleuchten.[1] Da sowohl die Maße selbst als auch die ihnen zugrundegelegten Grenzwerte häufig von Modellkomplexität und Stichprobenumfang beeinflusst werden, kann die Entscheidung, welche Gütemaße hierbei im Einzelnen herangezogen werden sollten und welche Anforderungen dabei zu stellen sind, sinnvollerweise nur fallspezifisch erfolgen.[2] In der vorliegenden Untersuchung wurde versucht, im Schrifttum etablierte Gütemaße zur Anwendung zu bringen. Tabelle 4-6 gibt einen Überblick über die im Rahmen dieser Untersuchung eingesetzten Gütekriterien und der zugehörigen Grenzwerte, die der empirischen Untersuchung (Abschnitt 4.3) zugrundegelegt werden sollen.

Dabei ist zu beachten, dass das Verletzen einzelner Grenzwerte nicht unmittelbar zur Ablehnung des Gesamtmodells führt.[3] Die Entscheidung, ob ein Modell abgelehnt oder angenommen werden soll, ergibt sich vielmehr aus dem Gesamteindruck, der sich über alle Gütekriterien hinweg einstellt.[4] Sind mehrere der Kriterien verletzt, so kann dies jedoch als Hinweis auf einen mangelhaften Modell-Fit, und damit als Grund zur Ablehnung des Modells gewertet werden.[5]

1 Vgl. Weiber/Mühlhaus (2010), S. 176.
2 Vgl. hierzu auch Bentler/Bonett (1980), S. 600 ff.
3 Vgl. Bagozzi (1981), S. 375.
4 Vgl. Homburg/Baumgartner (1998), S. 363; Homburg/Klarmann (2006), S. 737.
5 Vgl. Homburg (2000), S. 93.

	Kriterium	Bezugsebene	Kriterium für	Anforderung
1. Generation	Cronbachs Alpha	Faktor	Reliabilität	≥ 0,8
1. Generation	Item-to-Total-Korrelation	Indikator	Reliabilität	≥ 0,4
1. Generation	Exploratorische Faktorenanalyse	Indikator und Faktor	Reliabilität und Konvergenzvalidität	Voraussetzung: KMO ≥ 0,5 Erkennen der Faktorenstruktur Erklärte Varianz ≥ 0,5 Faktorladungen ≥ 0,4
2. Generation	Indikatorreliabilität	Indikator	Reliabilität	≥ 0,4
2. Generation	Faktorreliabilität	Faktor	Reliabilität und Konvergenzvalidität	≥ 0,6
2. Generation	DEV	Faktor	Reliabilität und Konvergenzvalidität	≥ 0,5
2. Generation	χ^2/df	Gesamtmodell	Reliabilität und Konvergenzvalidität	≤ 5
2. Generation	RMSEA	Gesamtmodell	Reliabilität und Konvergenzvalidität	≤ 0,1
2. Generation	GFI	Gesamtmodell	Reliabilität und Konvergenzvalidität	≥ 0,9
2. Generation	AGFI	Gesamtmodell	Reliabilität und Konvergenzvalidität	≥ 0,9
2. Generation	CFI	Gesamtmodell	Reliabilität und Konvergenzvalidität	≥ 0,9
2. Generation	TLI	Gesamtmodell	Reliabilität und Konvergenzvalidität	≥ 0,9

Tabelle 4-6: Gütekriterien reflektiver Messmodelle

4.1.4.2 Gütebeurteilung des Strukturmodells

Für die Beurteilung der Güte des Strukturmodells können ebenfalls die zuvor im Rahmen der Evaluation von Messmodellen vorgestellten globalen Gütekriterien der zweiten Generation herangezogen werden.[1] Aufgrund der Komplexität des Gesamtmodells müssen für einige Gütemaße gegebenenfalls geringere Schwellenwerte gebilligt werden.[2] Darüber hinaus steht zur Beurteilung von Strukturmodellen das Bestimmtheitsmaß R^2 zur Verfügung, das im Folgenden näher beschrieben werden soll. Weiterhin sind die Pfadbeziehungen, die die kausalen Wirkungsbeziehungen aus den Untersuchungshypothesen repräsentieren, einer genauen Überprüfung zu unterziehen.

1 Siehe Abschnitt 4.1.4.1 und insbesondere Tabelle 4-5.
2 Vgl. Marsh/Hau/Wen (2004), S. 328.

- Bestimmtheitsmaß (R^2): Das Bestimmtheitsmaß oder auch die erklärte Varianz R^2 gibt an, welcher Anteil der Varianz einer endogenen Variablen durch die gegebenen exogenen Variablen erklärt wird.[1] Für das R^2, das einen Wert im Bereich von Null bis Eins annehmen kann, lässt sich kein allgemeingültiger Schwellenwert definieren, da die Beurteilung sehr stark von der konkreten Problemstellung abhängig ist.[2] Daher werden im Schrifttum bereits sehr niedrige Werte für das R^2 akzeptiert. Für die vorliegende Untersuchung soll jedoch die Nomenklatur von Chin (1998b) zugrunde gelegt werden, nach der erst Werte über 0,33 als ausreichend bewertet werden können.[3]
- Beurteilung der Pfadbeziehungen: Die Beurteilung der Pfadbeziehungen eines Strukturgleichungsmodells erfolgt nach Schilke (2007) anhand drei zentraler Kriterien:[4] Die Pfadbeziehungen müssen statistisch signifikant sein, sie müssen die postulierte Wirkrichtung aufweisen und sie dürfen nicht trivial sein.[5] Dabei sollten die Pfadbeziehungen mindestens eine Stärke von 0,1 aufweisen.[6] Erst wenn neben den Anforderungen an die zuvor beschriebenen Gütemaße auch die Anforderungen an die Pfadbeziehungen erfüllt sind, kann das Modell akzeptiert werden.

Tabelle 4-7 gibt einen Überblick über die im Rahmen dieser Untersuchung eingesetzten Gütekriterien und der zugehörigen Grenzwerte.

Kriterium	Anforderung	
Gütekriterien der zweiten Generation	Analog zu Messmodellen	
Bestimmtheitsmaß R^2	≥ 0,33	
Pfadbeziehungen	Statistisch signifikant Postulierte Wirkrichtung Nicht-trivial	≥ 0,1

Tabelle 4-7: Gütekriterien des Strukturmodells

1 Vgl. Herrmann/Huber/Kressmann (2006), S. 58.
2 Vgl. auch im Folgenden Fuchs (2011), S. 32. Der Autor verweist dabei insbesondere auf den Kontext der Erfolgsfaktorenforschung, in dem auch niedrige Werte für das R^2 als substantiell angenommen werden können, da immer nur ein Teil der Erfolgsfaktoren betrachtet werden kann.
3 Vgl. Chin (1998b), S. 323.
4 Vgl. auch im Folgenden Schilke (2007), S. 162 f.
5 Eine Pfadbeziehung ist dann nicht trivial, wenn sie eine gewisse Stärke aufweist.
6 Vgl. zur Wahl dieser Restriktion auch Lohmöller (1989), S. 59.

4.1.4.3 Untersuchung und Gütebeurteilung von Konstrukten höherer Ordnung

Bei der Untersuchung mehrdimensionaler Konstrukte ist zu differenzieren, ob es sich um reflektive oder formative Konstrukte handelt. Formative mehrdimensionale Konstrukte können im Rahmen der kovarianzbasierten Strukturgleichungsanalyse nur im Rahmen des Strukturmodells betrachtet werden.[1] Im Falle reflektiver Konstrukte höherer Ordnung kann hingegen eine konfirmatorische Faktorenanalyse höherer Ordnung zum Einsatz kommen,[2] womit prinzipiell das gleiche Instrumentarium wie bei der Analyse reflektiver Messmodelle zur Verfügung steht.[3]

Im Rahmen der Analyse mehrdimensionaler Konstrukte spielt insbesondere die Diskriminanzvalidität eine wichtige Rolle. Dabei gibt die Diskriminanzvalidität darüber Auskunft, wie stark ein Konstrukt beziehungsweise eine Dimension von anderen differiert.[4] Hinweise hierauf konnten bereits mittels exploratorischer Faktorenanalyse abgeleitet werden.[5] den.[5] Zur weiteren Überprüfung der Diskriminanzvalidität können der Chi-Quadrat-Differenztest sowie das Fornell/Larcker-Kriterium herangezogen werden:[6]

- Chi-Quadrat-Differenztest: Der χ^2-Differenztest nimmt einen Vergleich zwischen einem mehrfaktoriellen Modell, bei dem die Korrelationen zwischen den Dimensionen mittels konfirmatorischer Faktorenanalyse geschätzt wurden, und einem einfaktoriellen Modell vor.[7] Liegt Diskriminanzvalidität vor, so muss das restringierte Modell eine niedrigere Gü- Güte besitzen und demnach den höheren χ^2-Wert aufweisen. Bei einem Signifikanzniveau von 5% sollte die Differenz der χ^2-Werte größer oder gleich 3,841 sein.[8] Mathematisch lässt sich der χ^2-Differenztest auf 5%-Signifikanzniveau wie folgt ausdrücken:[9]

  (18) $$\chi_e^2 - \chi_m^2 \geq 3{,}814,$$

  mit: χ_e^2 = Chi-Quadrat-Wert des einfaktoriellen Modells,

  χ_m^2 = Chi-Quadrat-Wert mehrfaktoriellen Modells.

1 Vgl. Weiber/Mühlhaus (2010), S. 217 f.
2 Vgl. Giere/Wirtz/Schilke (2006), S. 685.
3 Siehe hierzu auch Abschnitt 4.1.4.1.
4 Vgl. Bagozzi/Phillips (1982), S. 469. Siehe auch Abschnitt 4.1.3.2.5.
5 Siehe Abschnitt 4.1.4.1.
6 Dabei ist zu beachten, dass die beiden Kriterien sich nicht nur zur Überprüfung von mehrdimensionalen Konstrukten eignen, die Diskriminanzvalidität hier jedoch eine übergeordnete Rolle spielt.
7 Vgl. Kline (2011), S. 219 ff.
8 Vgl. Jöreskog/Sörbom (1982), S. 408; Homburg/Giering (1998), S. 126.
9 Vgl. Joreskog (1971), S. 117 ff.

- Fornell/Larcker-Kriterium: Einen weiteren, noch deutlich strengeren Test auf Diskriminanzvalidität stellt das Fornell/Larcker-Kriterium dar.[1] Dabei wird die DEV eines nes Faktors mit den quadrierten Korrelationen zwischen dem betrachteten und allen weiteren Faktoren verglichen.[2] Diskriminanzvalidität liegt nach dem Fornell/Larcker-Kriterium Kriterium genau dann vor, wenn die DEV größer ist als alle quadrierten Korrelationen. Mathematisch kann das Fornell/Larcker-Kriterium demnach folgendermaßen beschrieben werden:[3]

(19) $DEV(\xi_j) \geq \phi_{ij}^2,$ für alle $i \neq j$,

mit: $\phi_{ij}^2,$ = Quadrierte Korrelationen zwischen ξ_i und ξ_j.

Tabelle 4-8 gibt einen Überblick über die im Rahmen dieser Untersuchung eingesetzten Gütekriterien und der zugehörigen Grenzwerte.

Kriterium	Anforderung
Globale und lokale Anpassungsmaße	Analog zu reflektiven Messmodellen
X²-Differenztest	≥ 3,841
Fornell/Larcker-Kriterium	DEV > quadrierte Korrelationen
Faktorladungen	Signifikanz

Tabelle 4-8: Gütekriterien mehrdimensionaler reflektiver Konstrukte

4.1.5 Zusammenfassung der Vorgehensweise

Im Schrifttum existieren bereits etablierte Schemata zur Analyse von kovarianzbasierten Strukturgleichungsmodellen,[4] an denen sich auch die im Folgenden dargelegte Vorgehensweise der vorliegenden Untersuchung orientiert. Die Grundlage hierfür bilden die in den vorangegangenen Abschnitten beschriebenen Beurteilungskriterien. Dabei kommt das Programmpaket SPSS mit AMOS (in der Version 20) sowie EQS (in der Version 6.1) zum Einsatz.

[1] Vgl. auch im Folgenden Backhaus/Erichson/Weiber (2011), S. 142.
[2] Für die DEV siehe Abschnitt 4.1.4.1, Formel (10).
[3] Vgl. Fornell/Larcker (1981), S. 46.
[4] Vgl. Churchill (1979), S. 68 ff.; Gerbing/Anderson (1988), S. 187 ff.; Homburg/Giering (1998), S. 127 ff.; Giere/Wirtz/Schilke (2006), S. 686 ff.; Weiber/Mühlhaus (2010), S. 103 ff.

Ausgangspunkt der Analyse bildet die Untersuchung der reflektiven Messmodelle erster Ordnung auf Reliabilität und Validität mittels SPSS. Hierzu wird zunächst die interne Konsistenz der Skala mittels Cronbachs Alpha überprüft[1] und so lange die Indikatoren mit der geringsten Item-to-Total-Korrelation eliminiert, bis das Cronbachs Alpha einen Mindestwert von 0,8 annimmt.[2] Im Anschluss wird eine exploratorische Faktorenanalyse mit der Hauptachsenanalyse als Extraktionsmethode durchgeführt.[3] Dafür wird die Korrelationsmatrix vorab anhand des KMO-Kriteriums auf ihre Eignung überprüft. Sollte bei der exploratorischen Faktorenanalyse mehr als ein Faktor extrahiert werden, die erklärte Varianz unter 50% liegen oder ein Indikator eine geringere Faktorladung als 0,4 aufweisen, so wird der Indikator mit der geringsten Faktorladung eliminiert.[4]

Sind die zuvor überprüften Kriterien der ersten Generation erfüllt, erfolgt im nächsten Schritt die Überprüfung des reflektiven Messmodells (erster Ordnung) mittels konfirmatorischer Faktorenanalyse.[5] Die Beurteilung des Messmodells erfolgt mit Hilfe der Programme AMOS und EQS unter Berücksichtigung der Gütekriterien Indikatorreliabilität, Faktorreliabilität, DEV, χ^2/df, RMSEA, GFI, AGFI, CFI und TLI. Ist eines oder mehrere dieser Gütemaße deutlich beziehungsweise sind zahlreiche Gütemaße leicht verletzt, so erfolgt eine Indikatorelimination auf Basis der von AMOS zur Verfügung gestellten Modification Indices.[6] Insgesamt sollte bei der Elimination von Indikatoren nach Möglichkeit darauf geachtet werden, dass mindestens vier Indikatoren zur Messung eines Konstrukts verbleiben.[7]

Aufbauend auf der Analyse der Messmodelle erster Ordnung werden die Messmodelle zweiter Ordnung untersucht. Hierzu wird eine exploratorische Faktorenanalyse durchgeführt, um zu prüfen, ob die postulierte Faktorenstruktur erkannt wird.[8] Indikatoren, die sich nicht eindeutig tig dem vorgesehenen Faktor zuordnen lassen, sollten eliminiert werden.[9] Für das auf diese

---

1 Vgl. Cronbach (1951), S. 297 ff.; Churchill (1979), S. 68 f.

2 Vgl. Churchill (1979), S. 68.

3 Vgl. Backhaus (2011), S. 356 f.

4 Vgl. Homburg/Giering (1998), S. 127.

5 Vgl. Giere/Wirtz/Schilke (2006), S. 686.

6 Vgl. Brown (2006), S. 181. Modification Indices geben das Maß an, um das sich der Chi-Quadrat-Wert bei Einführung neuer Pfade (insbesondere zwischen Messfehlerkovarianzen), die frei geschätzt würden, verringern würde. Hieraus lassen sich Informationen zu der Auswirkung der Indikatorelimination ableiten. Vgl. zu Modification Indices Kline (2011), S. 216 f.

7 Vgl. Marsh et al. (1998), S. 213 ff.; Loehlin (2004), S. 75 f.; Weiber/Mühlhaus (2010), S. 93. Liegen weniger Indikatoren vor, ist das Konstrukt nicht mehr überidentifiziert und seine Unidimensionalität kann nicht mehr geprüft werden. Dies hat u.a. zur Folge, dass keine Gütekriterien der zweiten Generation angegeben werden können. Vgl. Hair et al. (2010), S. 698 ff.

8 Vgl. zur Faktorenanalyse Backhaus (2011), S. 329 ff. Dabei kommt eine schiefwinklinge Oblimin-Rotation mit δ=0 zum Einsatz. Vgl. Meyers/Gamst/Guarino (2005), S. 500 f.; Janssen/Laatz (2007), S. 551 f.

9 Vgl. Homburg/Giering (1998), S. 129.

Weise bereinigte Messmodell höherer Ordnung wird mittels des χ^2-Differenztests und des Fornell/Larcker-Kriteriums die Diskriminanzvalidität der verschiedenen Dimensionen überprüft. Zudem wird eine weitere konfirmatorische Faktorenanalyse erster Ordnung, hier jedoch über alle Dimensionen, vorgenommen und die Gütekriterien der zweiten Generation auf diese Weise überprüft.

Den letzten Schritt bei der Analyse reflektiver mehrdimensionaler Messmodelle kann eine konfirmatorische Faktorenanalyse zweiter Ordnung darstellen.[1] Dabei werden die Faktoren beziehungsweise Dimensionen erster Ordnung dahingehend untersucht, ob sie die Bestandteile des latenten Konstrukts höherer Ordnung bilden. Sind die Kriterien aller Untersuchungsebenen erfüllt, liegt ein finales Messmodell vor. Andernfalls kann gegebenenfalls die Dimension mit der niedrigsten Faktorladung eliminiert werden.[2] Abbildung 4-14 stellt das Vorgehen bei der Analyse reflektiver Messmodelle schematisch dar.

Ist die Analyse aller vorliegenden Messmodelle abgeschlossen, kann mit der Untersuchung des Strukturmodells und der Überprüfung der explikativen Hypothesen begonnen werden.[3] Analog zu den Messmodellen werden hierzu die Anpassungsmaße der zweiten Generation herangezogen. Darüber hinaus wird das Bestimmtheitsmaß R^2 bestimmt und die Pfadbeziehungen auf ihre Signifikanz und ihre Wirkweise hin untersucht.

---

1 Vgl. Hair et al. (2010), S. 755. Da zur Durchführung der konfirmatorischen Faktorenanalyse zweiter Ordnung mindestens dreidimensionale Konstrukte (Identifizierung) vorliegen müssen, kann dieser Schritt in der vorliegenden Untersuchung aufgrund der zweidimensionalen Konstruktspezifizierungen nicht durchgeführt werden.

2 Allgemein ist hierbei jedoch zu beachten, dass die Dimensionen definitorische Bestandteile des Konstrukts darstellen, die im Rahmen der Konzeptionalisierung festgelegt wurden. Die Elimination einer Dimension hat damit weitreichende Konsequenzen für die Untersuchung und sollte mit Bedacht vorgenommen werden. Vgl. hierzu auch MacKenzie/Podsakoff/Podsakoff (2011), S. 301.

3 Siehe Abschnitt 4.1.4.2.

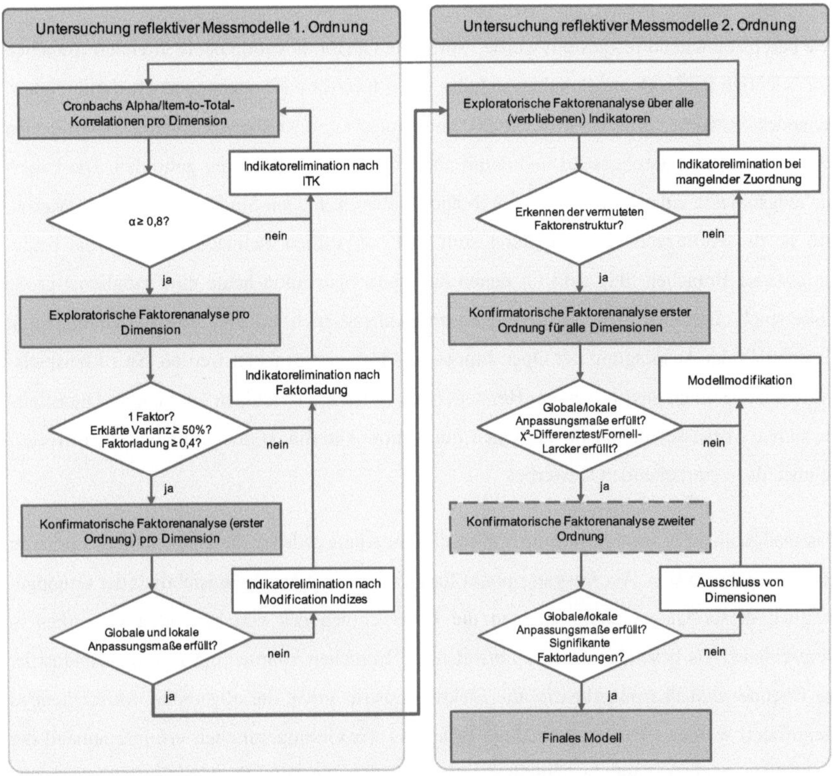

Abbildung 4-14: Vorgehen bei der Untersuchung von Messmodellen[1]

4.2 Datenerhebung und -charakteristika

Nachdem im vorangegangenen Abschnitt die methodischen Grundlagen beschrieben wurden, soll im Folgenden auf die Durchführung der Datenerhebung sowie die Charakteristika der Daten eingegangen werden. Hierzu wird in Abschnitt 4.2.1 zunächst die Zusammensetzung der Grundgesamtheit erläutert. Anschließend wird in Abschnitt 4.2.2 die Methode der Datenerhebung dargestellt und die Konstruktion des Erhebungsinstruments erörtert. Die Datenbasis und ihre Charakteristika sollen abschließend in Abschnitt 4.2.3 dargelegt werden. Dabei soll insbesondere auf die Validität der Daten eingegangen werden.

[1] In Anlehung an Giere/Wirtz/Schilke (2006), S. 686 ff.

4.2.1 Grundgesamtheit

Wie bereits einleitend festgestellt wurde,[1] spielt die Open Innovation heute in vielen Branchen eine wichtige Rolle. Dennoch haben sich das Open Innovation-Konzept und die damit einhergehenden Instrumentarien in forschungs-, innovations- und wettbewerbsintensiven Branchen bisher am ehesten durchgesetzt und damit auch die größte Verbreitung gefunden. Die Untersuchungsobjekte einer breit angelegten, branchenübergreifenden Studie zur Open Innovation, wie sie die vorliegende Untersuchung zum Ziel hat, sollten demnach in Industrien beziehungsweise Branchen tätig sein, in denen die Open Innovation heute eine möglichst große Rolle spielt. Dennoch muss in diesem Zusammenhang auch auf eine gewisse Homogenität hinsichtlich der Ausprägung der Open Innovation-Tätigkeit geachtet werden. So ist beispielsweise anzunehmen, dass bei einem Hersteller von Software-Produkten oder einem Dienstleister andere Voraussetzungen für die Open Innovation-Aktivitäten gelten als bei einem Unternehmen des verarbeitenden Gewerbes.

Das maßgebliche Auswahlkriterium soll in diesem Kontext daher die Branchenzugehörigkeit der Unternehmen sein. Als Ausgangspunkt für die Vorüberlegungen hinsichtlich der Grundgesamtheit dieser Untersuchung dienten die Unternehmen des verarbeitenden Gewerbes in Deutschland. Als besonders innovationsintensive Branchen konnten die Automobilindustrie, die Chemie- und Pharmaindustrie, die Elektroindustrie sowie der allgemeine Maschinenbau identifiziert werden.[2] Die zahlenmäßige Erfassung der Grundgesamtheit erfolgte anhand der zum Untersuchungszeitpunkt aktuellsten Klassifikation der Wirtschaftszweige aus dem Jahr 2008 (WZ 2008). Die oben genannten Branchen werden hier durch die Codes 20, 21, 26, 27, 28 und 29 repräsentiert.[3] Tabelle 4-9 gibt einen Überblick über die fünf betrachteten Klassen.

---

[1] Siehe auch im Folgenden Abschnitt 1.1, Abschnitt 2.1.2 und Abschnitt 2.2.2.
[2] Siehe Abschnitt 1.2.
[3] Vgl. Statistisches Bundesamt (2012).

WZ 2008 Klassifikation	Branchenbeschreibung	Im Folgenden Branchengruppe	Anteil Unternehmen (Stand Ende September des Berichtsjahres)
20	Herstellung von chemischen Erzeugnissen	Chemie-/Pharma-industrie	15,0 %
21	Herstellung von pharmazeutischen Erzeugnissen		
26	Herstellung von DV-Geräten, elektronischen und optischen Erzeugnissen	Elektroindustrie	26,0 %
27	Herstellung von elektrischen Ausrüstungen		
28	Maschinenbau	Maschinenbau-industrie	48,1 %
29	Herstellung von Kraftwagen und Kraftwagenteilen	Automobilindustrie	10,9 %

Tabelle 4-9: Grundgesamtheit der Untersuchung nach WZ 2008 Klassifikation[1]

Damit setzt sich die Grundgesamtheit aus den vier Branchen des verarbeitenden Gewerbes wie folgt zusammen: 15% der Unternehmen gehören der Chemie- und Pharmaindustrie, 26% der Unternehmen der Elektroindustrie, 48,1% der Unternehmen der Maschinenbauindustrie und 10,9% Unternehmen der Automobilindustrie an. Weitere Einschränkungen der Grundgesamtheit, beispielsweise hinsichtlich der Unternehmensgröße, erfolgen in der vorliegenden Untersuchung nicht.

Dem im Schrifttum etablierten Prozess folgend, wurde auf verschiedene Datenbanken zurückgegriffen,[2] um eine möglichst umfassende Kontaktliste der oben angeführten Unternehmensklassen zu generieren.[3] Hierzu wurde zunächst auf Daten der vier großen Wirtschaftsverbände zurückgegriffen, die diese Branchen repräsentieren:[4]

- Verband der Chemischen Industrie e.V. (VCI)
- Zentralverband Elektrotechnik- und Elektronikindustrie e.V. (ZVEI)
- Verband Deutscher Maschinen und Anlagenbau e.V. (VDMA)
- Verband der Automobilindustrie e.V. (VDA)

---

1 Vgl. Statistisches Bundesamt (2012).

2 Die amtlichen Daten des statistischen Bundesamtes umfassen kein entsprechendes Unternehmensverzeichnis, daher muss an dieser Stelle auf Daten von Drittanbietern zurückgegriffen werden.

3 Vgl. Giere (2007), S. 160 f.; Schilke (2007), 166 f.; Ullrich (2010), S. 203 f.

4 Vgl. Verband der Chemischen Industrie (2012); Verband der Automobilindustrie (2012); Verband deutscher Maschinen und Anlagenbau (2012); Zentralverband Elektrotechnik- und Elektronikindustrie (2012a).

Die auf diesem Wege generierten Kontaktdaten konnten durch weitere Datenbankrecherchen, insbesondere der Hoppenstedter Firmendatenbank[1], dem ZVEI Einkaufsführer[2] sowie dem Online-Netzwerk Xing, nochmals erweitert beziehungsweise ergänzt werden. In einem letzten Schritt wurden die gewonnenen Daten auf Dopplungen sowie unvollständige Kontaktdaten hin überprüft und entsprechende Einträge eliminiert. Insgesamt ergab sich hierdurch eine relevante Grundgesamtheit von 5.568 Unternehmen.

4.2.2 Methodik und Instrumentarium

Im folgenden Abschnitt 4.2.2.1 sollen zunächst die Grundlagen der verwendeten Erhebungsmethode erläutert werden. Im Anschluss daran wird in Abschnitt 4.2.2.2 die Konstruktion des Erhebungsinstruments dargestellt und Abschnitt 4.2.2.3 das Verfahren der Hauptuntersuchung beschrieben. Die Ausführungen zur Methodik der Erhebung schließen mit der Beschreibung des gewählten Triangulationsverfahrens.

4.2.2.1 Methode der Datenerhebung

Im Rahmen empirischer Studien ist grundlegend zu klären, welche Methode der Erhebung empirischer Daten zugrunde liegt und welche Herausforderungen damit verbunden sind. Dabei stellen sich zwei zentrale Fragen, die im Folgenden beantwortet werden sollen: Welche Quellen werden für die Datenerhebung herangezogen? Wie werden die notwendigen Daten bei den Quellen erhoben?

Hinsichtlich der Quellen für empirische Daten stehen grundsätzlich primär- und sekundärstatistische Untersuchungen zur Wahl. Da für den Untersuchungsgegenstand dieser Untersuchung nicht auf bestehende Daten zurückgegriffen werden konnte, mussten im Rahmen der Studie neue Daten primärstatistisch erhoben werden. Hierzu wurde die insbesondere in der Marketing- sowie der Strategieforschung verbreitete[3] Key-Informant-Methode eingesetzt. Dabei werden einer Organisation angehörige Probanden angehalten, nicht zu ihren persönli-

[1] Die Hoppenstedter Firmendatenbank enthält rund 300.000 detaillierte Firmenprofile verschiedener Branchen, vgl. Hoppenstedt Firmeninformationen GmbH (2012).

[2] Der ZVEI- Einkaufsführer bietet eine Übersicht über mehr als 12.000 Unternehmen der Elektroindustrie und angrenzender Branchen, vgl. Verlagsgruppe Sachon (2012); Zentralverband Elektrotechnik- und Elektronikindustrie (2012b).

[3] Vgl. Hurrle/Kieser (2005), S. 585.

chen Einstellungen oder ihrem individuellen Verhalten, sondern stellvertretend für die Organisation Aussagen zu treffen.[1]

> *„Rather than reporting on their own personal feelings or opinions, key informants provide information on the properties of organizations [...].“*[2]

Um sicherzustellen, dass die befragten Personen in der Lage sind, stellvertretend für die betrachtete Organisation oder Organisationseinheit Aussagen zu treffen, werden diese Personen nicht nach Aspekten der Repräsentativität, sondern im Hinblick auf ihre Kompetenz bezüglich des Untersuchungsgegenstandes ausgewählt.[3] Entsprechend werden diese nicht als „Respondents“,[4] sondern als Schlüsselinformanten[5] beziehungsweise „Key Informants“ bezeichnet. Die Key Informant-Methode zeichnet sich vor allem dadurch aus, dass mit vergleichsweise geringem Aufwand innerorganisationale Phänomene einer großen Anzahl an Unternehmen untersucht werden können.[6]

Die Key Informants für die vorliegende Befragung sollten dementsprechend weitreichende Kenntnisse der Prozesse im Innovations- und Wissensmanagement der untersuchten Unternehmen aufweisen. Als adäquate Ansprechpartner wurden Mitglieder der Geschäftsführung, Mitarbeiter sowie leitende Angestellte der Forschungs- und Entwicklungsabteilung oder der Abteilung für Innovationsmanagement identifiziert.[7] Im Rahmen der Voruntersuchungen zur Entwicklung des Erhebungsinstruments[8] konnten bereits Hinweise darauf gewonnen werden, dass die visierten Key Informants in der Lage waren, den Untersuchungsgegenstand zufriedenstellend zu beurteilen.

Trotz ihrer forschungspraktischen Bedeutung wird die Key Informant-Methode im Schrifttum bisweilen kritisiert.[9] In diesem Zusammenhang spielen systematische Verzerrungen, die auch als Key Informant Bias bezeichnet werden, eine wichtige Rolle. Diese Verzerrungen werden im Schrifttum vor allem darauf zurückgeführt, dass die Einschätzung von Informanten stets

---

1 Vgl. Hurrle/Kieser (2005), S. 585.
2 Bagozzi/Yi/Phillips (1991), S. 423.
3 Vgl. Campbell (1955), S. 339; Bagozzi/Yi/Phillips (1991), S. 423; Hurrle/Kieser (2005), S. 585.
4 Vgl. Klarmann (2008), S. 125.
5 Vgl. Lietke (2009), S. 98.
6 Vgl. Kerner (2009), S. 241.
7 Im Rahmen der Expertengespräche hat sich gezeigt, dass nicht alle Unternehmen (dies trifft in besonderem Maße auf kleinere Unternehmen zu) eine eigene Abteilung für Innovations- bzw. Wissensmanagement unterhalten oder einen zentralen Innovationsverantwortlichen ausweisen. Oftmals werden diese Aufgaben durch die Fachabteilungen oder die Geschäftsführung übernommen.
8 Siehe nachfolgenden Abschnitt 4.2.2.2.
9 Vgl. Ernst (2003b); Hurrle/Kieser (2005).

subjektiven Einflüssen unterliegt. Dabei wird häufig auf die speziellen Charakteristika der Key Informants, deren Position im Unternehmen, positive oder negative Grundeinstellungen, persönliche Motive und Involviertheit hingewiesen.[1] Mangelnde Kompetenz der Key Informants kann insbesondere bei komplexen Sachverhalten eine weitere Quelle von Verzerrungen im Rahmen des Key Informant-Ansatzes darstellen.[2]

Um dem Problem des Key Informant Bias bereits bei der Konstruktion des Erhebungsinstruments zu begegnen, empfehlen Hurrle/Kieser (2005) vor allem den Einsatz von qualitativen Pretests:

- Think-Aloud-Pretest: Um den Interpretationsspielraum der Key Informants zu reduzieren, sollte sichergestellt werden, dass die Fragen möglichst eindeutig und verständlich sind. Der Think-Aloud-Pretest, bei dem Probanden (möglichst potentielle Key Informants) gebeten werden, bei der Beantwortung der Fragen ihre Gedanken und Assoziationen laut auszusprechen, stellt in diesem Zusammenhang eine sehr geeignete Maßnahme dar.[3]
- Item-Sorting-Pretest: Dasselbe Ziel, möglichst verständliche und eindeutige Fragen zu generieren, verfolgt auch der Item-Sorting Pretest. Hierbei werden die Probanden gebeten, die Indikatoren den definierten Konstrukten der Untersuchung zuzuordnen.[4]

Beide Pretest-Arten werden in Abschnitt 4.2.2.2 näher erläutert. Um einen möglichen Key Informant Bias in den Daten zu identifizieren, haben sich in der Literatur zwei Vorgehensweisen etabliert:[5]

- Direkter Ansatz: Im direkten Ansatz werden die Schlüsselinformanten direkt danach gefragt, wie kompetent beziehungsweise sicher sie sich zu den behandelten Sachverhalten äußern konnten. Diese Selbsteinschätzung kann global oder konstruktspezifisch erfolgen.[6] gen.[6] Darüber hinaus bieten sich Fragen nach der Dauer der Unternehmenszugehörigkeit an, um weitere Rückschlüsse auf die Kompetenz der Informanten und damit auf die Validität der Antworten schließen zu können.[7]
- Indirekter Ansatz/Triangulation: Beim indirekten Ansatz werden die Angaben der Key Informants unter Zuhilfenahme einer zweiten Datenquelle auf ihre Validität hin unter-

---

1 Vgl. Hurrle/Kieser (2005), S. 589 f.
2 Vgl. Ernst (2001), S. 97 ff.
3 Vgl. Hurrle/Kieser (2005), S. 593 ff.
4 Vgl. Anderson/Gerbing (1991), S. 732.
5 Vgl. im Folgenden Klarmann (2008), S. 130 ff.
6 Vgl. Slater/Atuahene-Gima (2004), S. 232.
7 Vgl. Kumar/Stern/Anderson (1993), S. 1645.

sucht. Hierzu bieten sich, sofern vorhanden, objektive Daten, beispielsweise aus Geschäftsberichten, einer zeitlich versetzten Befragung desselben Informanten oder weiterer Key-Informants aus derselben Organisation, an.[1]

In der vorliegenden Untersuchung kommt sowohl der direkte, als auch der indirekte Ansatz zur Anwendung. Zunächst wird im Rahmen des direkten Ansatzes geprüft, in welcher Position im Unternehmen der jeweilige Informant tätig ist und ob er sich damit der Gruppe der visierten Informanten zuordnen lässt. Dem Schrifttum folgend werden die Informanten weiter gebeten, eine Selbsteinschätzung hinsichtlich ihrer Antwortsicherheit abzugeben. Darüber hinaus soll die Dauer der Unternehmenszugehörigkeit weitere Hinweise auf die Kompetenz der Informanten liefern. Aufgrund seiner Bedeutung auch für den nachfolgend näher beschriebenen Common Method Bias, wird das Vorgehen beim indirekten Ansatz (Triangulation) in Abschnitt 4.2.2.4 gesondert behandelt.

Eine weitere Verzerrung, die im Zusammenhang mit der Key Informant-Methode auftreten kann, ist der Common Method Bias. Dieser lässt sich jedoch nicht auf Merkmale der Informanten zurückführen,[2] sondern spielt immer dann eine Rolle, wenn Beziehungen zwischen Konstrukten interpretiert werden sollen, die mit der gleichen Methode beziehungsweise bei der gleichen Datenquelle erhoben wurden.[3] Als Ursachen lassen sich zum Beispiel Konsistenzmotive oder bestimmte Antworttendenzen identifizieren.[4] Obgleich der Einfluss des Common Method Bias in der Erfolgsfaktorenforschung umstritten ist,[5] finden sich im Schrifttum zusätzliche Maßnahmen,[6] der Verzerrung zu begegnen:

- Reihenfolge der Skalen: Salancik/Pfeffer (1977) empfehlen, die Skalen der abhängigen Konstrukte erst nach den Skalen der unabhängigen Konstrukte abzufragen, um mögliche Konsistenzbestrebungen zu reduzieren.[7] Auch in der vorliegenden Untersuchung werden zunächst die unabhängigen Konstrukte und im Anschluss das abhängige Konstrukt des Innovationserfolgs abgefragt.

---

1 Vgl. Homburg/Schilke/Reimann (2009), S. 176. Eine eingehendere Auseinandersetzung mit der Triangulation im Rahmen der Management-Forschung findet sich in Abschnitt 4.2.2.4.

2 Entsprechend kann der Common Method Bias auch bei Selbstauskünften, z.B. im Rahmen eines Respondent-Designs auftreten, vgl. Klarmann (2008), S. 156.

3 Vgl. Homburg/Schilke/Reimann (2009), S. 176.

4 Vgl. Podsakoff et al. (2003), S. 882.

5 Vgl. Klarmann (2008), S. 158.

6 Die zuvor beschriebenen Maßnahmen zur Sicherstellung der Verständlichkeit des Erhebungsinstruments sollten auch im Hinblick auf den Common Method Bias durchgeführt werden. Vgl. Homburg/Klarmann (2009).

7 Vgl. Salancik/Pfeffer (1977), S. 447 ff.

- Test auf Methodenfaktor: Bei diesem Test wird geprüft, ob ein Common Method-Faktor existiert, der die Zusammenhänge zwischen den Konstrukten erklärt.[1] Um einen solchen Methodenfaktor nachzuweisen, eignet sich insbesondere der auf der exploratorischen Faktorenanalyse basierende Ein-Faktor-Test nach Harman (1967).[2]
- Guttman Split-Half-Kennzahl: Die Guttman Split-Half-Reliabilität wird vor allem zur Identifikation eines möglichen Common-Method-Bias herangezogen. Dabei wird mit dem Verfahren die interne Konsistenz auf Basis der in zwei Hälften geteilten Untersuchungsergebnisse bestimmt.[3] Ab einem Grenzwert von 0,6 kann die Guttman Split-Half-Reliabilität Reliabilität als Hinweis darauf verstanden werden, dass kein Common Method Bias vorliegt.[4]
- Verschiedene Datenquellen: Zur Vermeidung beziehungsweise Identifikation eines Common Method Bias sollte insbesondere auf zusätzliche Datenquellen zurückgegriffen werden.[5] Der Ansatz der Triangulation spielt daher auch in diesem Zusammenhang eine wichtige Rolle.[6]

Abschließend sei noch erwähnt, dass der Key Informant Bias und der Common Method Bias, die sich unter dem Oberbegriff Methodenvarianz zusammenfassen lassen, insbesondere im englischsprachigen Schrifttum zum Teil wenig differenziert betrachtet werden.[7]

Die zweite zentrale Frage im Rahmen der methodischen Grundlagen der Erhebung bezieht sich auf die Befragungsmethode. Hier kann zwischen schriftlicher und mündlicher (telefonisch oder persönlich) Befragung unterschieden werden.[8] Für die vorliegende Untersuchung wurde das Verfahren der schriftlichen Befragung gewählt. Die schriftliche Befragung bringt vor allem ökonomische Vorteile, zeichnet sich aber auch dadurch aus, dass die Fragen stärker standardisiert sind und der Befragte den Zeitpunkt zum Ausfüllen selber wählen kann.[9] Dem steht vor allem entgegen, dass auf Fragen und Verständnisprobleme der Untersuchungsteil-

---

1 Vgl. Klarmann (2008), S. 156 f.
2 Vgl. Podsakoff et al. (2003), S. 889.
3 Vgl. Bachman (2004), S. 161 f.; Howitt/Cramer (2007), S. 263 f.; Bühner (2010), S. 236 f.
4 Vgl. Homburg/Schilke/Reimann (2009), S. 188 mit Hinweis auf Crocker/Algina (1986).
5 Dabei ist zu beachten, dass der Ansatz der Triangulation in der vorliegenden Untersuchung lediglich zur Prüfung der Validität eingesetzt wird.
6 Vgl. Homburg/Schilke/Reimann (2009), S. 174; eine ausführlichere Beschreibung findet sich in Abschnitt 4.2.2.4.
7 Vgl. Klarmann (2008), S. 124. Ein engeres Begriffsverständnis findet sich u.a. bei Diller (2006); Klarmann (2008); Homburg/Klarmann (2009).
8 Vgl. Mayer (2008), S. 29.
9 Zu den Vor- und Nachteilen der verschiedenen Erhebungsarten vgl. u.a. Kanuk/Berenson (1975); Hafermalz (1976); Scholl (2003); Mayer (2008); Dillman (2000); Schnell/Hill/Esser (2011).

nehmer nicht unmittelbar eingegangen werden kann.[1] Diesem Kommunikationsproblem kann im Rahmen einer schriftlichen Befragung jedoch durch die Angabe von Kontaktdaten[2] sowie einer sorgfältigen Entwicklung des Erhebungsinstruments, die im Folgenden näher beschrieben werden soll, entgegengewirkt werden.

4.2.2.2 Entwicklung des Erhebungsinstruments

Die Entwicklung des Fragebogens, der das zentrale Erhebungsinstrument der vorliegenden Untersuchung darstellt, kann in Anlehnung an etablierte Vorgehensweisen zur Skalenentwicklung[3] als ein mehrstufiger Prozess verstanden werden (Abbildung 4-15).

Ausgangspunkt für die Entwicklung des Erhebungsinstruments stellte die Analyse des relevanten Schrifttums zum Zweck der Identifikation von Skalen dar. Dabei wurde das Ziel verfolgt, möglichst komplette Skalen für die Indikatoren zu verwenden. Neben forschungsökonomischen Gesichtspunkten, die für ein solches Vorgehen sprechen, ermöglicht die Verwendung etablierter Skalen auch die Vergleichbarkeit zwischen Studien und wirkt darüber hinaus der Gefahr der „Konstruktüberflutung“[4] entgegen.

Insgesamt konnten auf diese Weise für fünf Konstrukte vollständige Item-Batterien übernommen werden. Die Skalen lagen in englischer Sprache vor und mussten entsprechend übersetzt werden.[5] Darüber hinaus mussten die Skalen leichten Anpassungen hinsichtlich des Untersuchungsgegenstands der Open Innovation oder methodischer Anforderungen unterzogen werden. Weitere drei Skalen konnten durch die Kombination von Indikatoren aus dem Schrifttum generiert werden. Auch hier waren zum Teil Übersetzungen beziehungsweise leichte Adaptionen notwendig. Ein Konstrukt wurde für die vorliegende Untersuchung neu kreiert, wobei dem Vorgehen zur Skalenentwicklung aus dem Schrifttum gefolgt wurde.[6] Die Analyse des Schrifttums sowie die Deduktion und Grobformulierung initialer Skalen wurde in der Zeit von Dezember 2011 bis April 2012 durchgeführt.

---

1 Vgl. Scholl (2003), S. 47.
2 Die Möglichkeit der persönlichen Kontaktaufnahme wurde in dieser Studie jedoch nur sehr vereinzelt und eher für technische bzw. sehr allgemeine Fragen zum Untersuchungsgegenstand genutzt.
3 Vgl. Rossiter (2002); 305 ff.; DeVellis (2003), S. 60 ff.
4 Weiber/Mühlhaus (2010), S. 102.
5 Um eine möglichst hohe Qualität der Übersetzung zu erreichen, wurden zwei weitere Forscher daran beteiligt.
6 Vgl. zur Skalenentwicklung DeVellis (2003), S. 60 ff.

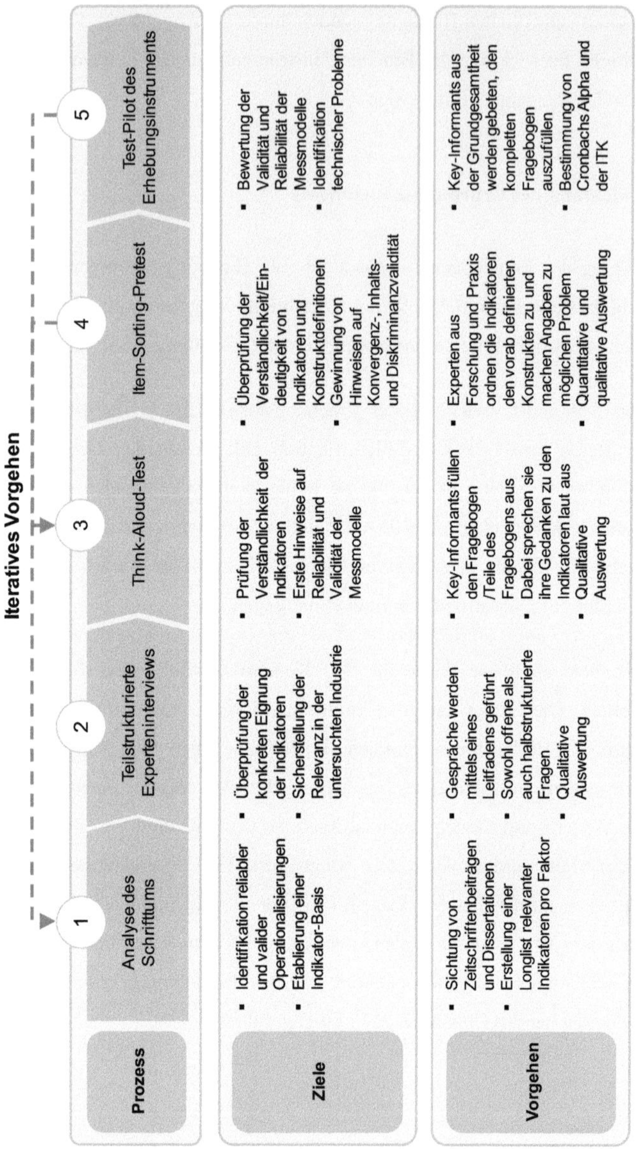

Abbildung 4-15: Prozess der Operationalisierung[1]

[1] In Anlehnung an Giere (2007), S. 172.

In einem zweiten Schritt wurden die zum Teil umfangreichen Rohskalen in teilstrukturierten Interviews mit Experten aus Forschung und Praxis besprochen. Einem Gesprächsleitfaden folgend[1] wurden zunächst die Modellkonzeption sowie Konstruktdefinitionen und anschließend die Operationalisierung diskutiert. Die Gespräche schlossen mit einer offenen Diskussion. Im Rahmen der Interviews konnten grundlegende Formulierungen überarbeitet sowie einige Indikatoren angepasst werden. Die teilstrukturierten Experteninterviews wurden im Mai 2012 durchgeführt. Im Anschluss wurden die Skalen in einen ersten schriftlichen Fragebogen überführt, der als Basis für den Think-Aloud-Pretest diente.

Der unter anderem von Hurrle/Kieser (2005) zur Fragebogenentwicklung propagierte Think-Aloud-Pretest kann maßgeblich dazu beitragen, Verzerrungen durch Key Informant und Common Method Bias vorzubeugen.[2] Daher wurde er in der vorliegenden Untersuchung als dritter Schritt bei der Fragebogenentwicklung durchgeführt. Als Probanden dienten dabei 12 Key Informants aus den für die Untersuchung relevanten Unternehmen. Der Test wurde telefonisch durchgeführt und der Fragebogen den Probanden erst unmittelbar vor dem Gespräch zur Verfügung gestellt. Nach einer kurzen Einweisung wurden die Probanden gebeten, den Fragebogen zu beantworten und dabei ihre Überlegungen sowie Assoziationen auszusprechen (Concurrent Think Aloud[3]). Nach der Beantwortung der Fragen, bei der die Probanden nach Möglichkeit nicht durch den Forscher unterbrochen wurden, fand eine Diskussion der identifizierten Verständnisprobleme und Anmerkungen statt. An jeden Pretest schloss nochmals eine kurzes teilstrukturiertes Interview und eine offene Diskussion an. Insgesamt wurden im Rahmen der Entwicklung des Erhebungsinstruments zwei Think-Aloud-Tests durchgeführt.[4] Mit Hilfe der beiden Think-Aloud-Testdurchgänge konnten zahlreiche Unklarheiten in den Fragen durch Umformulierungen beseitigt werden. Die Think-Aloud-Tests der ersten Entwicklungsrunde wurden Ende Mai 2012 durchgeführt, die der zweiten Runde Anfang Juni 2012.

Mit dem Item-Sorting-Test nach Anderson/Gerbing (1991) wurde im Anschluss an den Think-Aloud-Test ein weiterer Pretest durchgeführt. Der Item-Sorting-Pretest dient vor allem dazu, die Leistungsfähigkeit von Indikatoren im Zuge einer konfirmatorischen Faktorenanalyse zu bewerten.[5] Hierzu wird die substantive Validität („substantive validity") der Indikatoren

[1] Vgl. Schnell/Hill/Esser (2011), S. 379 f.
[2] Vgl. auch im Folgenden Hurrle/Kieser (2005), S. 593 f.
[3] Vgl. Paier (2010), S. 120; Häder, S. 392.
[4] Die Notwendigkeit bestand, da nach dem ersten Durchgang des Think Aloud- und Item-Sorting-Tests, nochmals wesentliche Umformulierungen einiger Indikatoren vorgenommen wurden.
[5] Vgl. auch im Folgenden Anderson/Gerbing (1991), S. 732

bestimmt, die als notwendige Voraussetzung für die Konstruktvalidität gilt. Sie kann interpretiert werden als das Ausmaß, mit dem ein Messitem ein Bestandteil eines reflektiv gemessenen latenten Konstrukts darstellt.

Der Empfehlung des Schrifttums folgend,[1] wurde den Probanden eine Liste zur Verfügung gestellt, in deren erster Spalte die Indikatoren in zufälliger Reihenfolge angeordnet waren. Die erste Zeile enthielt die Konstrukte und deren Definitionen. Die Probanden wurden gebeten, jeden Indikator einem der Konstrukte zuzuordnen. Im Falle von Problemen bei der Zuordnung sollten die Probanden eine kurze Anmerkung in ein dafür vorgesehenes Feld eintragen, die in Einzelfällen nochmals mit den Probanden diskutiert wurden. Im Anschluss daran wurden anhand der Zuordnungen mit der „propotion of substantive agreement (p_{sa})" und dem substantive validity coeffizient (c_{sv})" zwei Indizes für die substantielle Validität bestimmt.[2] Während der p_{sa} (Wertebereich von 0 bis 1) den Anteil der richtigen Zuordnungen angibt, bemisst der c_{sv} (Wertebereich von -1 bis 1), inwieweit ein Indikator einem anderen Konstrukt zugeordnet wurde. Größere Werte weisen bei beiden Indizes auf eine höhere substantive Validität hin.[3]

Die Item-Sorting-Tests wurden jeweils im Anschluss an die Think Aloud-Tests Ende Mai 2012 beziehungsweise Anfang Juni 2012 durchgeführt. Am ersten Item-Sorting-Pretest nahmen 12, am zweiten 17 Experten aus Forschung und Praxis teil. Im ersten Schritt mussten Änderungen an einigen Skalen vorgenommen werden, was eine erneute Überprüfung mittels Think-Aloud-Test nach sich zog.[4] Im Anschluss an den zweiten Item-Sorting-Test mussten nur noch geringe Änderungen an vereinzelten Indikatoren vorgenommen werden. Der für die Think-Aloud-Tests generierte provisorische Fragebogen wurde entsprechend ergänzt und in das finale Design überführt.[5]

Abschließend wurde im Juni 2012 ein quantitativer Pretest durchgeführt.[6] Hierzu wurden 300 Key Informants aus der Grundgesamtheit mittels systematischer Zufallsauswahl gezogen und über das Netzwerk Xing um Teilnahme an der Online-Befragung gebeten. Auf diese Weise konnten 32 vollständig ausgefüllte Fragebögen gewonnen werden. Zur Überprüfung der Validität und Reliabilität wurden die Messinstrumente mittels der in Abschnitt 4.1.4.1 be-

1 Vgl. zum Vorgehen Anderson/Gerbing (1991), S. 735 f.
2 Vgl. Anderson/Gerbing (1991), S. 733 ff.
3 Vgl. Anderson/Gerbing (1991), S. 733.
4 Diese iterative Vorgehensweise wurde gewählt, um eine möglichst hohe Validität des Erhebungsinstruments zu erreichen.
5 Dies umfasste sowohl eine schriftliche Version im pdf-Format als auch den primär für die Untersuchung verwendeten Online-Fragebogen.
6 Vgl. zur Bedeutung von Pretests u.a. Raithel (2006), S. 62 f.; Schnell/Hill/Esser (2011), S. 347 ff.

schriebenen Verfahren erster Generation (Cronbachs-Alpha, ITK, exploratorische Faktorenanalyse) hinsichtlich ihrer Reliabilität und Validität überprüft. Die Ergebnisse gaben keinen Anlass zu weiteren Anpassungen, so dass die Entwicklung des Erhebungsinstruments im Juni 2012 abgeschlossen werden konnte.

4.2.2.3 Verfahren der Haupterhebung

Wie in Abschnitt 4.2.1 dargestellt wurde, konnten für die vorliegende Untersuchung 5.568 geeignete Unternehmen identifiziert werden. Abzüglich der 300 Kontakte für den quantitativen Pretest sowie der insgesamt 12 Key-Informants aus den Think-Aloud-Tests ergab sich eine Grundgesamtheit für die Hauptuntersuchung von 5.256 (für Rücklaufquote 1) Unternehmen. Die Unternehmen wurden in der Zeit von Juli 2012 bis Oktober 2012 per Mail kontaktiert. Von den ermittelten Kontaktadressen waren nur 208 (3,96%) nicht erreichbar, was auf eine hohe Qualität der gewonnenen Kontaktdaten hinweist. Somit konnten 5.048 tatsächliche Kontakte hergestellt werden (für Rücklaufquote 2).

In dem Anschreiben, das den Link zur Online-Befragung enthielt, wurde die Untersuchung kurz dargestellt und darum gebeten, die Mail an einen Mitarbeiter mit guten Kenntnissen der Innovationsvorgänge im Unternehmen weiterzuleiten. Lagen Kontaktinformationen zum Key Informant vor, so wurde dieser in einem personalisierten Schreiben um Mitwirkung an der Studie gebeten. In beiden Fällen sollte die Bereitstellung eines exklusiven Management Summary als Anreiz zur Teilnahme fungieren. Für Rückfragen oder die Anforderung eines identischen Fragebogens im pdf-Format wurden sowohl in der Mail als auch auf der Startseite der Online-Befragung entsprechende Kontaktinformationen angegeben.

Auf diese Weise konnten insgesamt 496 verwertbare Fragebögen generiert werden. Bezogen auf die insgesamt angesprochenen Kontakte ergibt sich eine Rücklaufquote von 9,44% (Rücklaufquote 1). In Bezug auf die tatsächlich erreichten Kontakte ergibt sich eine Rücklaufquote von 9,83% (Rücklaufquote 2). Vor dem Hintergrund der sensiblen Thematik der Untersuchung kann von einer insgesamt zufriedenstellenden Rücklaufquote gesprochen werden. Vergleichbare Studien zeigen ähnliche Rücklaufquoten.[1]

[1] Vgl. Güttler/Brettel (2009), S. 155; Burkhart (2010), S. 135.

4.2.2.4 Verfahren der Datentriangulation

Wie bereits in Abschnitt 4.2.2.1 dargelegt wurde, stellt die Datentriangulation, also der Einbezug einer zusätzlichen Datenquelle, die verlässlichste Methode zur Identifikation eines möglichen Key Informant oder Common Method Bias dar. Homburg/Schilke/Reimann (2009) stellen hierzu fest:

> *„Unter Umfrageforschern in der Betriebswirtschaftslehre besteht heutzutage weitgehende Einigkeit, dass die Berücksichtigung eines einzelnen Informanten pro Unternehmen als einzige Datenquelle in vielen Fällen unzureichend ist, um valide Resultate zu erzielen."*[1]

Dabei lässt sich zwischen verschiedenen Arten der Triangulation von Erhebungsdaten unterscheiden.[2] Über eine zeitliche Differenzierung kann ein und derselbe Informant zur Triangulation herangezogen werden. Häufiger wird zur Triangulation jedoch ein zweiter Key Infomant herangezogen.[3] Dieser kann aus demselben Unternehmen wie der erste Key Informant oder aus dem Unternehmensumfeld (zum Beispiel Kunden oder Zulieferer) stammen. Darüber hinaus kann sekundärstatistisches Datenmaterial in Form von Geschäftsberichten oder sonstigen Quellen zur Datentriangulation herangezogen werden. Abbildung 4-16 gibt einen Überblick über die verschiedenen Arten der Datentriangulation.

In der vorliegenden Untersuchung kommt die Methode der Datentriangulation mittels eines zweiten Key Informants zum Einsatz. Ein solches Vorgehen hat sich heute in der empirischen Marketing- und Managementforschung etabliert.[4] Diese Herangehensweise zeichnet sich gegenüber der Triangulation mit Hilfe sekundärstatistischer Daten insbesondere durch die

---

1 Homburg/Schilke/Reimann (2009), S. 174. Vgl. auch Homburg/Klarmann (2009), S. 148 f.; Homburg et al. (2012), S. 594 ff.

2 Vgl. auch im Folgenden Homburg/Schilke/Reimann (2009), S. 176 f. Neben der Triangulation anhand von Erhebungsdaten finden sich im Schrifttum auch noch andere Arten der Triangulation, z.B. Methodentriangulation oder Theorietriangulation; vgl. Mikos/Wegener (2005), S. 211 ff.; Hussy/Schreier/Echterhoff (2009), S. 276 f.

3 Vgl. Homburg/Schilke/Reimann (2009), S. 182.

4 So fanden Homburg/Schilke/Reimann (2009), S. 182 im Rahmen einer Inhaltsanalyse heraus, dass für 65,2% der Triangulationen ein zweiter Key Informant im selben Unternehmen herangezogen wurde.

konzeptionelle Übereinstimmung der Konstrukte aus.[1] Dagegen können objektive Daten und subjektive Einschätzungen der Informanten einander konzeptionell nur angenähert werden.[2]

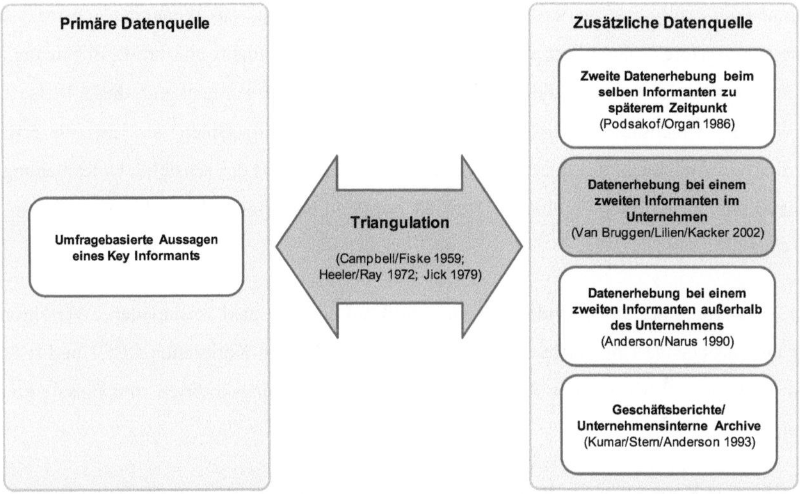

Abbildung 4-16: Arten der Datentriangulation[3]

Um eine ausreichende Anzahl an Datensätzen für die Triangulation zu gewinnen, wurde für die vorliegende fragebogengestützte Untersuchung ein zweistufiges Vorgehen gewählt. Im Rahmen des Online-Fragebogens wurde den Informanten die Bedeutung einer zweiten Datenquelle dargelegt und darum gebeten, einen verkürzten Fragebogen an einen Kollegen mit ebenfalls guten Kenntnissen der Innovationsvorgänge im Unternehmen weiterzuleiten. Informanten, die ihre E-Mail Adresse zum Zweck des Erhalts der Untersuchungsergebnisse angegeben hatten, wurden um ihr Einverständnis gebeten, sie hierzu einmalig über diese E-Mail Adresse zu kontaktieren und ihnen den entsprechenden Fragebogen zuzuschicken.[4] In

[1] Der zweite Informant beantwortet im Rahmen der gewählten Methode üblicherweise dieselben Fragen (beziehungsweise eine Auswahl an Fragen) wie der erste Key Informant.

[2] Homburg/Schilke/Reimann (2009), S. 183 stellen in diesem Zusammenhang fest, dass bei der Verwendung sekundärstatistischer Daten oftmals eine unzureichende konzeptionelle Nähe vorliegt. Dies ist insbesondere bei Konstrukten mit qualitativen Facetten zu beachten.

[3] Eigene Darstellung basierend auf Homburg/Schilke/Reimann (2009), S. 176. Vgl. auch Campbell/Fiske (1959); Heeler/Ray (1972); Jick (1979); Podsakoff/Organ (1986); Anderson/Narus (1990); Kumar/Stern/Anderson (1993); van Bruggen/Lilien/Kacker (2002).

[4] Der Umweg über den ersten Key Informant war im Rahmen der vorliegenden Untersuchung notwendig, da keine Pflichtangaben existierten, die Rückschlüsse auf die Identität des Key Informants oder des Unternehmens zuließen.

der E-Mail wurde nochmals auf die Bedeutung des Verfahrens für die vorliegende Untersuchung hingewiesen und um die interne Weiterleitung des Fragebogens gebeten.

Der Empfehlung von Homburg/Schilke/Reimann (2009) folgend, wurde nicht nur, wie es im Rahmen der Erfolgsfaktorenforschung häufig zu beobachten ist,[1] das abhängige Konstrukt des Innovationserfolgs trianguliert, sondern die zweiten Key Informants um ihre Einschätzung zu allen Konstrukten des Strukturmodells gebeten.[2] Insgesamt konnten auf diese Weise 32 verwertbare Datensätze generiert und damit die Mindestanforderung der Literatur erfüllt werden.[3] In Anbetracht des relativ aufwendigen Verfahrens und des sensiblen Untersuchungsgegenstands kann dieses Ergebnis als zufriedenstellend bewertet und eine Datentriangulation durchgeführt werden.

Zur Auswertung der Daten findet sich im Schrifttum eine Vielzahl verschiedener Verfahren.[4] Für die vorliegende Untersuchung sollen mit der Intra-Klassen-Korrelation (ICC1 und ICC2) und der bivariaten Korrelation zwei weit verbreitete Validierungskriterien zum Einsatz kommen:[5]

- Bivariate Korrelation: Im Rahmen der bivariaten Korrelation werden die Daten der ersten Key Informants und die jeweiligen Daten der zweiten Key Informants miteinander korreliert. Neben der Signifikanz der Korrelation wird für die vorliegende Untersuchung, in Anlehnung an Cohen (1988) ein Korrelationskoeffizient von mindestens 0,3 gefordert.[6]
- Intra-Klassen-Korrelation: Die Intra-Klassen-Korrelation beziehungsweise Inter-Class-Correlation (ICC) stellt ein Verfahren zur Bestimmung der Beobachterübereinstimmung (Interrater-Reliabilität) dar.[7] Dabei lassen sich in Abhängigkeit von Einflussfaktoren, wie zum Beispiel dem Auswahlverfahren der Informanten, verschiedene ICC-Arten unterschieden.[8] Für die vorliegende Untersuchung kommt der ICC (2) zum Einsatz, da die Fragen nicht von allen Probanden beantwortet werden und die Auswahl der Probanden zufällig erfolgt. In Anlehnung an das Schrifttum soll für den ICC (2) ein Grenzwert von 0,6

1 Vgl. Homburg/Schilke/Reimann (2009), S. 182.
2 Vgl. Homburg/Schilke/Reimann (2009), S. 189.
3 Vgl. Homburg/Schilke/Reimann (2009), S. 186.
4 Vgl. Homburg/Klarmann (2009), S. 159 ff.
5 Vgl. Homburg/Schilke/Reimann (2009), S. 182.
6 Cohen stuft die „effect size" bei Korrelationskoeffizienten ab 0,3 als „medium" und ab 0,5 als „large" ein; vgl. Cohen (1988), S.79 ff.
7 Vgl. Asendorpf/Wallbott (1979), S. 343 ff; McGraw/Wong (1996), S. 30 ff.
8 Zu den verschiedenen Arten des ICC und ihrer Auswahl vgl. Shrout/Fleiss (1979), S. 420 ff.

als Hinweis auf ausreichende Konvergenzvalidität dienen.[1] Neben dem ICC (2) soll auch der ICC (1) berichtet und ein Schwellenwert von 0,1 angesetzt werden.[2]

4.2.3 Charakteristika der Datenbasis

Nachdem das Vorgehen der Datenerhebung in den vorangegangenen Abschnitten geklärt wurde, sollen im Folgenden die Datengrundlagen der Erhebung dargestellt werden. Neben den Indikatoren der latenten Konstrukte enthielt der Fragebogen verschiedene allgemeine Fragen zu Merkmalen der Informanten und der untersuchten Unternehmen, die in den Abschnitten 4.2.3.1 und 4.2.3.2 dargestellt werden. Anschließend sollen die gewonnenen Daten in Abschnitt 4.2.3.3 auf ihre Validität beziehungsweise das Vorhandensein verschiedener Verzerrungen hin überprüft werden. In Abschnitt 4.2.3.4 wird abschließend die Verteilung der Daten thematisiert.

4.2.3.1 Merkmale der Informanten

Zunächst soll im Folgenden auf die Merkmale der Informanten eingegangen werden, um vor allem ein mögliches Identitätsproblem ausschließen zu können. Hierzu ist zu überprüfen, ob Teilnehmer der Befragung tatsächlich der ex ante definierten Zielgruppe entstammen.[3] Den mit 48,3% größten Teil der Informanten bilden leitende Angestellte aus Forschungs- und Entwicklungsabteilungen sowie dem Innovationsmanagement. Weiterhin gaben 31,2% der Studienteilnehmer an, Mitarbeiter in den genannten Fachbereichen zu sein. Mit einem Anteil von 9,7% nahm darüber hinaus ein relativ großer Teil von Mitgliedern der Geschäftsführung beziehungsweise Geschäftsführern an der Befragung teil. 10,8% der Teilnehmer gaben „Sonstiges" als Unternehmensposition an. Lediglich drei Studienteilnehmer (0,6%) machten keinerlei Angaben zu ihrer Position im Unternehmen. Damit entstammen (mindestens) 89% der Studienteilnehmer aus der visierten Zielgruppe. Für die vorliegende Untersuchung kann damit kein Identitätsproblem identifiziert werden. Abbildung 4-17 zeigt die Position der Informanten.

---

1 Vgl. Homburg/Schilke/Reimann (2009), S. 188.

2 Vgl. Homburg/Schilke/Reimann (2009), S. 188.

3 Die Zielgruppe bestand aus Mitarbeitern und leitenden Angestellten aus den Bereichen Forschung und Entwicklung beziehungsweise dem Innovationsmanagement sowie Mitgliedern der Geschäftsführung, siehe 4.2.2.1.

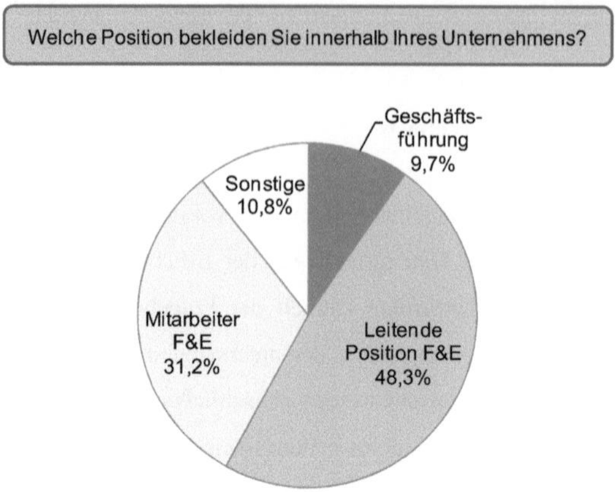

Abbildung 4-17: Positionen der Informanten in den Unternehmen[1]

Neben der Position im Unternehmen wurden die Informanten nach der Dauer ihrer Unternehmenszugehörigkeit befragt (Abbildung 4-18). Die Unternehmenszugehörigkeit dient hierbei als Proxy für den Kenntnisstand und damit die Auskunftsfähigkeit der Informanten, woraus sich erste Erkenntnisse hinsichtlich eines möglichen Key Informant Bias ableiten lassen. Dem liegt die Annahme zugrunde, dass ein Mitarbeiter, der schon länger in einem Unternehmen tätig ist, in der Tendenz einen höheren Kenntnisstand zu unternehmensinternen Prozessen besitzt.

Der überwiegende Teil der Befragten (86%) war zum Zeitpunkt der Untersuchung länger als zwei Jahre im aktuellen Unternehmen beschäftigt. Über 50% der Studienteilnehmer gaben an, dem Unternehmen bereits mindestens sechs Jahre anzugehören. Im Mittel sind die Teilnehmer der Befragung 8,5 Jahre für das aktuelle Unternehmen tätig. Lediglich 14% der Befragten gaben an, kürzer als zwei Jahre für das Unternehmen zu arbeiten. Nur fünf Befragte machten keine Angaben zu ihrem Dienstalter. Insgesamt deutet die relativ lange Betriebszugehörigkeit der Beteiligten auf eine gute Kenntnis der Probanden hinsichtlich unternehmensinterner Prozesse hin.

[1] F&E umfasst hier sowohl Forschungs- und Entwicklungsabteilungen als auch Innovationsmanagement-Abteilungen.

In Anlehnung an die Vorgehensweise im Schrifttum, wurden die Teilnehmer am Ende der Befragung darüber hinaus gebeten, eine Selbsteinschätzung hinsichtlich ihrer Antwortsicherheit zu geben (Abbildung 4-18).[1] Eine hohe Antwortsicherheit lässt hierbei auf eine entsprechende Kompetenz des Informanten in den abgefragten Themengebieten schließen. Mit einem Mittelwert von 5,4 zeigen die Befragten eine insgesamt hohe Antwortsicherheit.[2] 81% der Befragten gaben an, die Fragen mindestens zufriedenstellend (≥4) beantwortet haben zu können. Nur ein Studienteilnehmer schätzte die eigene Antwortsicherheit als sehr schlecht ein. Sechs Studienteilnehmer machten keine Angaben zu ihrer Antwortsicherheit.

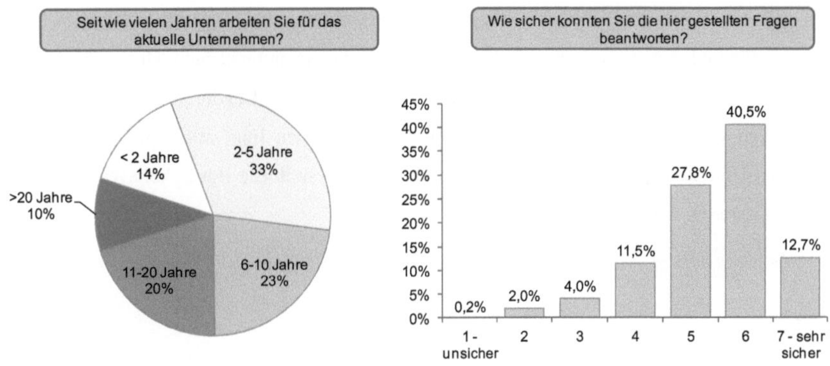

Abbildung 4-18: Dienstalter und Selbsteinschätzung der Informanten

Zusammenfassend lässt sich weder aufgrund eines zu geringen Dienstalters, noch aufgrund unzureichender Antwortsicherheit auf einen Kompetenzmangel der Befragten schließen. Dementsprechend konnten mit diesem direkten Vorgehen keine Hinweise auf einen möglichen Key Informant Bias identifiziert werden.[3] Eine weitere Überprüfung mittels Triangulation wird in Abschnitt 4.2.3.3 vorgenommen.

4.2.3.2 Merkmale der Unternehmen

Zunächst sollte im Rahmen der Betrachtung der Merkmale der befragten Unternehmen die grundlegende Frage geklärt werden, ob die untersuchten Unternehmen Open Innovation

1 Vgl. zu diesem Vorgehen u.a. Hurrle/Kieser (2005); S. 591; Klarmann (2008), S. 130 f.

2 Die Einschätzung der eigenen Antwortsicherheit wurde in Anlehnung an die Fragen der Indikatoren auf einer siebenstufigen Skala von 1=unsicher bis 7=sehr sicher abgefragt.

3 Zum indirekten und direkten Vorgehen siehe 4.2.2.1.

betreiben.[1] Hierzu soll geprüft werden, ob das Unternehmen zumindest eine externe Quelle zur Beschaffung potentiell innovationsrelevanter Informationen nutzt.[2] Die Informanten wurden daher gebeten, anzugeben, welche externen Quellen sie zur Informations- beziehungsweise Wissensbeschaffung heranziehen.

Hierzu wurde eine Liste häufig in der Literatur genannter Wissensquellen bereitgestellt, die durch die Informanten ergänzt werden konnte.[3] Auf diese Weise konnte nicht nur die Frage nach der prinzipiellen Nutzung offener Innovation beantwortet, sondern auch Hinweise auf das Ausmaß der Nutzung externer Quellen in den Unternehmen gewonnen werden. Alle untersuchten Unternehmen nutzen mindestens eine externe Quelle zur Wissensbeschaffung und sind damit prinzipiell für die vorliegende Untersuchung des Innovationserfolgs im Kontext der Open Innovation geeignet. Im Schnitt nutzen die untersuchten Unternehmen 5,3 externe Wissensquellen. Damit kann überdies von einer großen Bandbreite externer Quellen gesprochen werden, die als starkes Indiz für intensive Open Innovation Bemühungen der befragten Unternehmen verstanden wird. Abbildung 4-19 stellt die Häufigkeitsverteilung zur Nutzung externer Quellen dar.

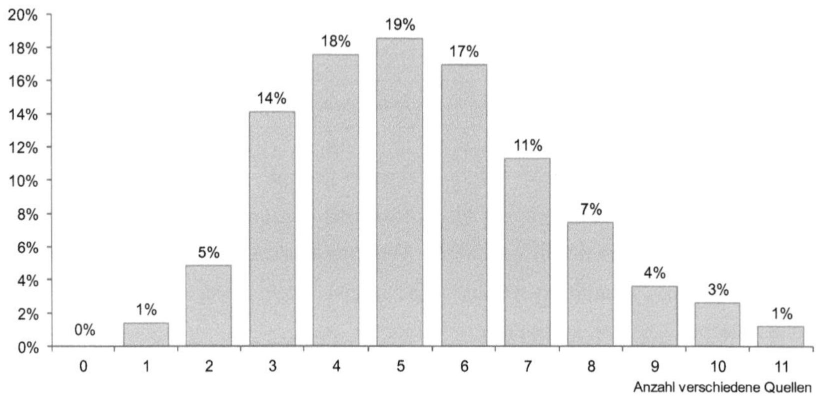

Abbildung 4-19: Verteilung externer Quellen zur Wissensbeschaffung

1 Obgleich bereits die sichere Beantwortung der Fragen durch die Key Informants und die Begrenzung der Grundgesamtheit auf innovationsintensive Branchen Rückschlüsse auf die Open Innovation-Aktivität der Unternehmen zulassen, ist es zur Sicherstellung unumgänglich, diese explizit abzufragen.

2 Siehe Abschnitt 2.1.

3 Siehe Abbildung 4-20.

Aufgrund des Designs der oben beschriebenen Frage hinsichtlich der Quellenvielfalt bei Open Innovation-Aktivitäten können im Rahmen der vorliegenden Untersuchung darüber hinaus Aussagen zur relativen Bedeutung einzelner Quellen (Kanäle) externen Wissens getroffen werden. Diese sind in Abbildung 4-20 dargestellt. Es wird ersichtlich, dass Kunden (84%), Bildungs- und Forschungseinrichtungen (81%) sowie Zulieferer (77%) jeweils von über drei Viertel der befragten Unternehmen als externe Wissensquellen genutzt werden. Dies überrascht nicht, da sowohl die vertikale Anbindung der vor- und nachgelagerten Wertschöpfungspartner als auch die Zusammenarbeit mit Forschungseinrichtungen in den befragten Industrien traditionell stark ausgeprägt sind. So gaben nahezu alle interviewten Experten an, dass ihr Unternehmen eine enge Forschungskooperation mit einem oder mehreren Lehrstühlen unterhält.

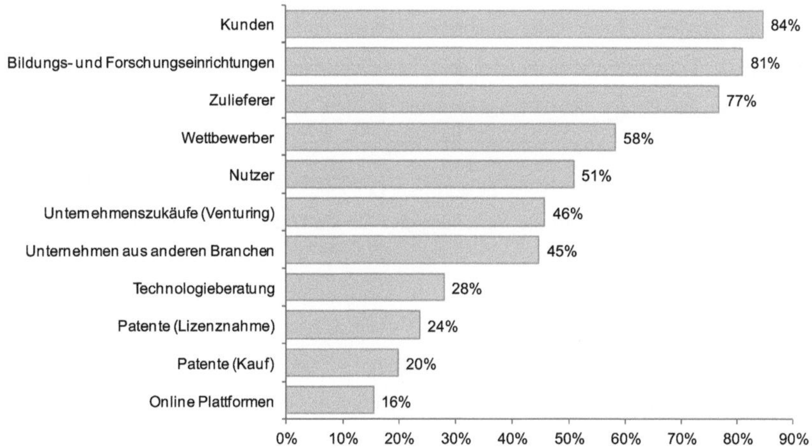

Abbildung 4-20: Relative Häufigkeit externer Quellen zur Wissensbeschaffung

Mit 58% nutzt darüber hinaus die Mehrzahl der befragten Unternehmen Wettbewerber als Quelle externen Wissens. Die interviewten Experten gaben an, dass ein wichtiger Teil dieses Wissensaustauschs informell, beispielsweise im Rahmen von Messen oder Konferenzen, erfolgt. Rund die Hälfte der befragten Unternehmen gaben an, Nutzer (51%), Unternehmenszukäufe (46%) und branchenfremde Unternehmen (45%) zur Beschaffung von externem, potentiell innovationsrelevantem Wissen heranzuziehen. Hinsichtlich der Unternehmenszukäufe gaben 78% der befragten Unternehmen an, Firmen aus der eigenen Branche zu akquirieren, 31% gaben an, auch Firmen aus anderen Branchen zu kaufen. Technologieberatung (28%), Patente (Lizenznahme (24%) und Kauf (20%)) sowie Online-Plattformen dienen hingegen deutlich weniger befragten Unternehmen als externe Informationsquellen.

Mit der Erhebung von Merkmalen der Untersuchungsobjekte verfolgen empirische Untersuchungen häufig das Ziel, nachzuweisen, dass eine gezogene Stichprobe repräsentativ für die festgelegte Grundgesamtheit ist. Repräsentativität ist in diesem Zusammenhang jedoch ein sehr unscharfer Begriff, der häufig unterschiedlich gebraucht und definiert wird.[1] Bisweilen wird von wissenschaftlicher Seite sogar kritisiert, dass Repräsentativität kein statistischer Fachbegriff, sondern ein von Anwendern konstruiertes Phänomen ist.[2]

Häufig wird in der betriebswirtschaftlichen Literatur von Repräsentativität gesprochen, wenn die Stichprobe mit der Grundgesamtheit in allen (relevanten) Merkmalen übereinstimmt, die Stichprobe also ein verkleinertes Abbild der Grundgesamtheit darstellt.[3] Nach dieser Definition ist die Repräsentativität einer Stichprobe jedoch nur unter Kenntnis aller relevanten Merkmale der Grundgesamtheit zu erreichen beziehungsweise zu überprüfen. Dieser Forderung kann in der Praxis nicht nachgekommen werden, da die Gesamtheit der Merkmale unendlich groß ist und zudem nicht abschließend bestimmt werden kann, welche Merkmale „relevant“ für die jeweilige Untersuchung sind. Lippe/Kladroba (2002) stellen darüber hinaus fest, dass oftmals insbesondere die Verteilung der für die Untersuchung interessanten Merkmale nicht bekannt ist.[4]

In der Forschungspraxis findet sich daher das Vorgehen, spezifische Merkmale herauszugreifen, deren Verteilung in der Grundgesamtheit bekannt ist, und genau dann von einer repräsentativen Stichprobe zu sprechen, wenn diese hinsichtlich der gewählten Merkmale nicht signifikant von der Grundgesamtheit verschieden ist.[5] Zur Prüfung der Übereinstimmung zwischen Stichprobe und Grundgesamtheit hat der Chi-Quadrat-Homogenitätstest im Schrifttum weite Verbreitung gefunden.[6] In Anlehnung an dieses Repräsentativitätsverständnis und das entsprechende Vorgehen zur Repräsentativitätsprüfung soll die Stichprobe in der vorliegenden

[1] Vgl. Schumann (2010), S. 84.

[2] Lippe/Kladroba (2002) führen hierzu aus: „Daraus lässt sich dann ersehen, dass die Tatsache, dass man die Behandlung von Repräsentativität in der Literatur zur induktiven Statistik oder zur Stichprobentheorie in der Regel vergeblich sucht, keine Ignoranz der Statistiker gegenüber den Problemen der Anwender ist, sondern nur Ausdruck dafür, dass von Seiten der Anwender ein Problem konstruiert wurde, das in Wirklichkeit keines ist.“ Lippe/Kladroba (2002), S. 3. Zur Problematik des Repräsentativitätsbegriffs vgl. auch Tiede/Voß (2000), S. 84 f.; Prein/Kluge/Kelle (1994), S. 5 f.

[3] Vgl. auch zur kritischen Auseinandersetzung mit dieser Sichtweise Kromrey (1994), S. 277 ff.

[4] Vgl. Lippe/Kladroba (2002), S. 3.

[5] Vgl. Gravesande (2006), S. 282 f; Giere (2007), S. 173 f.; Schilke (2007), S. 174 f.

[6] Vgl. u.a. Becker (2005), S. 389 f.; Giere (2007), S. 173 f.; Schilke (2007), S. 174 f.

Untersuchung hinsichtlich der beiden Merkmale Branchenzugehörigkeit der Unternehmen und Unternehmensgröße nach Mitarbeitern überprüft werden.[1]

Aufgrund der branchenübergreifenden Betrachtung stellt die Branchenzugehörigkeit der Unternehmen das zentrale Unternehmensmerkmal für die vorliegende Untersuchung dar (Abbildung 4-21). Zum einen galt es sicherzustellen, dass die befragten Unternehmen sich tatsächlich einer der visierten Branchen zuordnen lassen, zum anderen sollten die vier Branchen in der Stichprobe hinreichend repräsentiert sein, um die Untersuchungsergebnisse branchenübergreifend interpretieren zu können. Die Mehrzahl der Unternehmen in der Stichprobe ließen sich der Maschinenbauindustrie (45,0%) zuordnen. Die zweitstärkste Gruppe bilden Unternehmen der Elektronikindustrie (27,6%), gefolgt von Unternehmen der Chemie- und Pharmaindustrie (17,7%) sowie der Automobilindustrie (9,7%).

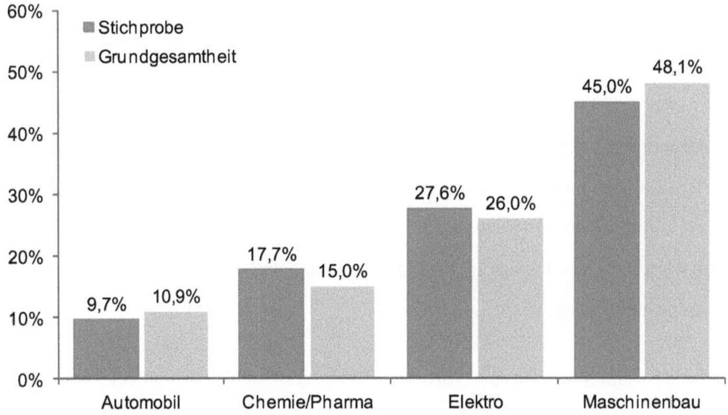

Abbildung 4-21: Verteilung der Unternehmen nach Branchenzugehörigkeit

Bereits in Abbildung 4-21 wird ersichtlich, dass eine sehr ähnliche Verteilung der Unternehmen nach Branche in der Stichprobe und der Grundgesamtheit[2] vorliegen. Ein Chi-Quadrat-Homogenitätstest ergab für die Unternehmensgröße einen χ^2-Wert von 4,44. Dieser Wert liegt unterhalb des 95%-Quantils (7,815) einer χ^2-Verteilung mit 3 Freiheitsgraden. Demzufolge kann kein statistisch signifikanter Unterschied zwischen Stichprobe und Grundgesamtheit für die Branchenzugehörigkeit identifiziert werden.

1 In Anbetracht der dargelegten Kritik am Konzept der Repräsentativität soll damit hier jedoch kein allgemeiner Qualitätsanspruch erhoben, sondern lediglich Hinweise auf die Eignung der Untersuchung gegeben werden.

2 Basierend auf den Zahlen des statistischen Bundesamtes; siehe Abschnitt 4.2.1.

Anders verhält es sich hinsichtlich des Merkmals Unternehmensgröße. Hier zeigen die Daten eine deutliche Verzerrung hin zu großen Unternehmen. So bilden Großunternehmen mit mehr als 5.000 Mitarbeitern die größte Gruppe (28,4%) und Unternehmen mit 1.000 bis 4.999 Mitarbeitern die zweitgrößte Gruppe der Untersuchung (18,3%). Dagegen sind kleine Unternehmen mit weniger als 100 beziehungsweise weniger als 50 Mitarbeitern nur zu 6,3% beziehungsweise 8,5% in der Stichprobe vertreten, obwohl diese Unternehmen in der Grundgesamtheit die größte Gruppe bilden. Auch der durchgeführte Chi-Quadrat-Homogenitätstest zeigt einen signifikanten Unterschied zwischen Grundgesamtheit und Stichprobe hinsichtlich der Unternehmensgröße.

Dieses Ergebnis lässt sich vermutlich darauf zurückführen, dass kleine Unternehmen seltener (bewusst) Open Innovation-Aktivitäten nachgehen.[1] Wie bereits einleitend in dieser Untersuchung dargelegt wurde, sind große Unternehmen (trotz der stetig steigenden Verbreitung des Phänomens Open Innovation) häufiger in Open Innovation-Aktivitäten involviert als kleine und mittlere Unternehmen. Dies trifft insbesondere auf das hier betrachtete verarbeitende Gewerbe zu und drückt sich beispielsweise darin aus, dass Innovationskooperationen bei großen Unternehmen deutlich verbreiteter sind als bei kleinen Unternehmen.[2] Auch die allgemeine Innovatorenquote liegt bei größeren Unternehmen wesentlich höher als bei kleinen Unternehmen.[3] Vergleichbare großzahlige empirische Studien kommen zu ähnlichen Ergebnissen.[4] Ein weiterer Grund kann in dem geringer ausgeprägten Antwortverhalten kleinerer Unternehmen gesucht werden.[5]

Daraus erwächst jedoch die für die vorliegende Untersuchung relevante Frage, ob die beobachtete Verzerrung gleichmäßig für alle vier untersuchten Branchen auftritt. Die Homogenität der Branchen hinsichtlich des Merkmals Unternehmensgröße ist wichtig, um valide Aussagen über Branchengrenzen hinweg treffen zu können. Zu diesem Zweck wurde ein Chi-Quadrat-Homogenitätstest durchgeführt. Der Test ergab für die Unternehmensgröße einen χ^2-Wert von 21,874 und liegt damit unterhalb des 95%-Quantils (28,869) einer χ^2-Verteilung mit 18 Freiheitsgraden. Die untersuchten Branchen weisen damit keine signifikanten Unterschiede hinsichtlich des Merkmals Unternehmensgröße auf. Das Auftreten der Verzerrung über alle Branchen hinweg kann darüber hinaus als Hinweis interpretiert werden, dass die Vermutun-

1 Wohingegen Großunternehmen heute praktisch nicht mehr ohne externe Wissensbeschaffung auskommen.
2 Vgl. Centre for European Economic Research (ZEW) (2011).
3 Vgl. Rammer et al. (2012), S. 12.
4 Vgl. Sammerl (2006), S. 305; Gravesande (2006), S. 283.
5 Vgl. Burkhart (2010), S. 138. Die Autorin identifiziert hierbei Zeit- und Kapazitätsrestriktionen als Hauptgrund für die Nichtteilnahme.

gen bezüglich der Gründe der Verzerrung stichhaltig sind. Tabelle 4-10 gibt Aufschluss über die Verteilung der Unternehmen nach Unternehmensgröße und Branche in der Stichprobe.

Unternehmensgröße (Mitarbeiterzahl)	Automobil	Chemie	Elektro	Maschinenbau	Gesamt
kleiner 50	0,6%	1,4%	2,6%	3,8%	**8,5%**
50-99	0,4%	1,2%	1,6%	3,0%	**6,3%**
100-249	0,2%	3,2%	4,0%	5,6%	**13,1%**
250-499	0,6%	2,6%	4,0%	7,3%	**14,5%**
500-999	1,2%	1,6%	3,4%	4,6%	**10,9%**
1000-4999	2,2%	2,2%	6,0%	7,9%	**18,3%**
5000 und mehr	4,4%	5,4%	5,8%	12,7%	**28,4%**

Tabelle 4-10: Anteil der Unternehmen nach Unternehmensgröße in der Stichprobe

4.2.3.3 Validität der Daten

Im Folgenden sollen die Daten auf das Vorhandensein möglicher Verzerrungen hin untersucht werden. Mit dem Common Method und Key Informant Bias wurden zuvor bereits zwei Verzerrungen (im Englischen Biases) thematisiert,[1] die im Kontext des vorliegenden Untersuchungsdesigns als besonders kritisch einzuschätzen sind. Sie werden an dieser Stelle mittels der eingeführten Methoden überprüft. Darüber hinaus soll der Datensatz der vorliegenden Untersuchung auf das mögliche Vorhandensein eines Non-Response Bias untersucht werden.

Der Non-Response Bias beschreibt Verzerrungen, die auf systematische Unterschiede zwischen Antwortenden und Nicht-Antwortenden zurückzuführen sind.[2] Problematisch ist in diesem Zusammenhang, dass über Nicht-Antwortende in der Regel kaum Informationen vorliegen und ein Vergleich der beiden Gruppen (Teilnehmer und Nicht-Teilnehmer) daher nur sehr eingeschränkt möglich ist. Auch im Rahmen der vorliegenden Untersuchung konnten

[1] Siehe Abschnitt 4.2.2.1.
[2] Vgl. Groves et al. (2009), S. 59.

aus Anonymitätsgründen keine Informationen über die Gruppe der Nicht-Antwortenden gewonnen werden.[1]

Im Schrifttum hat sich daher das Vorgehen etabliert, an Stelle von Nicht-Teilnehmern und Teilnehmern, spät-antwortende Probanden mit früh-antwortenden Probanden zu vergleichen.[2] Dem liegt die Annahme zugrunde, dass spät-antwortende Teilnehmer den Nicht-Antwortern tendenziell am ähnlichsten sind.[3] Diesem Verständnis soll auch in der vorliegenden Untersuchung gefolgt werden. Zur Überprüfung des Non-Response Bias wurden auf Basis des Rücklaufdatums der ausgefüllten Fragebögen verschiedene Gruppen gebildet. Anschließend wurden die Gruppen der Frühantworter und Spätantworter miteinander verglichen. Hierzu kam ein Mann-Whitney-U-Test zum Einsatz.[4] Die Ergebnisse zeigen, dass im Schnitt lediglich 9,3% der Indikatoren eine signifikante Abweichung auf dem 5%-Niveau aufweisen. Ein für die weitere Analyse relevanter Non-Response Bias konnte daher nicht nachgewiesen werden.

Der Common Method Bias beschreibt systematische Verzerrungen, die darauf zurückzuführen sind, dass abhängige und unabhängige Konstrukte bei demselben Informanten mit der derselben Methode erhoben wurden.[5] Bereits im Rahmen der Fragebogenkonstruktion wurden Maßnahmen ergriffen, einem möglichen Common Method Bias vorzubeugen. Da dieser Verzerrung im Rahmen kausalanalytischer Forschung jedoch eine besondere Bedeutung zukommt, werden die Daten im Folgenden eingehend auf das Vorhandensein eines Common Method Bias überprüft. Hierzu kommen die beschriebenen Methoden des Harman Ein-Faktor-Tests, der Guttman Split-Half-Reliabilität, sowie der Datentriangulation mittels zweitem Key Informant zum Einsatz.[6]

Mit Hilfe des Harman Ein-Faktor-Tests soll überprüft werden, ob ein Methodenfaktor existiert, der einen Großteil der Varianz erklärt.[7] Der Test basiert auf einer exploratorischen Faktorenanalyse über alle Indikatoren. Wird dabei ein Faktor extrahiert, der die Mehrheit der Varianz erklärt, kann dies als Hinweis auf einen Common Method Bias interpretiert werden. Die Ergebnisse des Harman-Ein-Faktor-Tests sind in Tabelle 4-11 dargestellt. Insgesamt

---

1 Die Anonymität der Teilnehmer schloss auch eine Nacherhebung bei Nicht-Teilnehmern aus, die ansonsten als Instrument zur Verfügung stünden; vgl. Kanuk/Berenson (1975), S. 448.

2 Vgl. Armstrong/Overton (1977), S .396 ff.; Lindner/Murphy/Briers (2001), S. 51.

3 Vgl. Kanuk/Berenson (1975), S. 449.

4 Bei dem Mann-Whitney-U-Test handelt es sich um ein nicht-parametrisches Testverfahren, das auch bei nicht-normalverteilten Daten eingesetzt werden kann. Alternativ, jedoch mit stärkeren Restriktionen behaftet, böte sich der parametrische T-Test an. Vgl. Polasek (1997), S. 200; Martens (2003), S. 129 f.; Ziegler/Bühner (2009), S. 232 ff.

5 Vgl. Homburg/Schilke/Reimann (2009), S. 176.

6 Siehe zu den Methoden Abschnitt 4.2.2.1 sowie Abschnitt 4.2.2.4.

7 Vgl. auch im Folgenden Podsakoff et al. (2003), S. 889.

wurden auf diese Weise 12 Faktoren extrahiert, von denen der erste 39,355 der Varianz erklärt und damit nicht auf einen Common Method Bias hindeutet.

Extrahierte Komponenten	Erklärte Varianz	Erklärte Varianz (kumuliert)
1	39,355	39,355
2	6,097	45,452
3	5,360	50,812
4	3,794	54,606
5	3,297	57,903
6	2,890	60,793
7	2,582	63,375
8	2,307	65,682
9	2,134	67,816
10	2,043	69,859
11	1,780	71,639
12	1,641	73,280

Tabelle 4-11: Ergebnisse des Harman-Ein-Faktor-Tests

Mittels Split-Half-Reliabilität wird die interne Konsistenz auf Basis der in zwei Hälften geteilten Untersuchungsergebnisse bestimmt.[1] Für die vorliegende Untersuchung soll die Split-Half-Reliabilität nach Guttman bestimmt werden.[2] Mit 0,909 ergibt sich ein Wert, der deutlich über dem geforderten Mindestmaß liegt.

Als stärkstes Verfahren, nicht nur zur Identifikation eines Common Method Bias, sondern insbesondere auch zur Identifikation eines möglichen Key Informant Bias,[3] gilt heute die Datentriangulation. Sie stellt damit auch in der vorliegenden Untersuchung ein zentrales Überprüfungselement dar. Das Vorgehen wurde bereits in Abschnitt 4.2.2.4 eingehend erläutert. Zur Bewertung der Triangulationsdaten wurden in der vorliegenden Untersuchung die Intraklassenkorrelationen ICC (1) und ICC (2) sowie die bivariate Korrelation und das Signifikanzniveau bestimmt. Die Ergebnisse sind in Tabelle 4-12 dargestellt.

1 Vgl. Bachman (2004), S. 161 f.; Howitt/Cramer (2007), S. 263 f.; Bühner (2010), S. 236 f.
2 Siehe Abschnitt 4.2.2.1.
3 Siehe Abschnitt 4.2.2.1.

Unternehmen	ICC (2)	ICC (1)	Bivariate Korrelation
1	0,727	0,571	0,572**
2	0,756	0,608	0,687***
3	0,688	0,524	0,64**
4	0,643	0,474	0,609**
5	0,39	0,242	-0,036
6	0,732	0,577	0,561**
7	0,476	0,312	0,571**
8	0,726	0,57	0,583**
9	0,81	0,681	0,698***
10	0,724	0,567	0,567**
11	0,816	0,69	0,737***
12	0,705	0,544	0,785***
13	0,615	0,444	0,445
14	0,783	0,643	0,642**
15	0,796	0,661	0,646**
16	0,556	0,385	0,484*
17	0,659	0,492	0,52*
18	0,681	0,516	0,691***
19	0,524	0,355	0,74***
20	0,599	0,427	0,688***
21	0,652	0,484	0,643**
22	0,678	0,513	0,516*
23	0,801	0,669	0,653**
24	0,591	0,42	0,39
25	0,459	0,298	0,693***
26	0,606	0,434	0,527*
27	0,693	0,53	0,575**
28	0,324	0,193	0,68**
29	0,519	0,351	0,741***
30	0,791	0,654	0,642**
31	0,787	0,649	0,671**
32	0,621	0,45	0,623**

Signifikanzniveau: *α ≤ 0,1; **α ≤ 0,05; ***α ≤ 0,01

Tabelle 4-12: Ergebnisse der Datentriangulation

Die Triangulationsergebnisse weisen sowohl hinsichtlich der ICCs als auch hinsichtlich der Korrelationen mehrheitlich zufriedenstellende Ergebnisse auf. Der durchschnittliche ICC (2) weist mit 0,654 einen guten Wert auf. Dabei ist zu beachten, dass der Intraklassen-Korrelationskoeffizient bei Untersuchungen mit wenigen Informanten – in der vorliegenden

Untersuchung standen pro Unternehmen nur Daten von zwei Informanten zur Verfügung – sehr strenge Maßstäbe ansetzt.[1] Die Ergebnisse deuten damit weder auf das Vorhandensein eines Common Method Bias, noch auf das eines Key Informant Bias hin. Zusammenfassend weisen die erhobenen Daten damit eine gute Reliabilität und Validität auf.

4.2.3.4 Verteilung der Daten

Die kovarianzbasierte Strukturgleichungsanalyse stellt verhältnismäßig hohe Anforderungen an das verwendete Datenmaterial.[2] So setzen einige Schätz- und Testverfahren, die im Rahmen der Kovarianzstrukturanalyse zur Anwendung kommen, eine Multi-Normalverteilung der Daten voraus. Da eine multivariate Normalverteilung jedoch nur sehr schwer nachzuweisen ist, soll im Folgenden eine indikatorbezogene Überprüfung auf Normalverteilung vorgenommen werden.[3] Dabei stellt die Normalverteilung der einzelnen Indikatoren eine notwendige, jedoch keine hinreichende Voraussetzung für Multinormalverteilung dar, kann somit aber zumindest als Hinweis auf multinormalverteilte Daten verstanden werden.

Im Rahmen der vorliegenden Untersuchung wurden die einzelnen Indikatorvariablen zur Prüfung der Normalverteilungsannahme zunächst unter Zuhilfenahme von Histogrammen sowie Normal-Probability-Plots (Q-Q-Plots) untersucht. Die subjektive Beurteilung der Diagramme ließ keine Rückschlüsse auf eine Verletzung der Normalverteilung zu. In einem zweiten Schritt wurden die mittels AMOS bestimmten Werte für Schiefe (Skewness) und Wölbung (Kurtosis) bestimmt, die, sofern sie von Null verschieden sind, auf Abweichungen von der Normalverteilungskurve hinweisen.[4] Dabei gelten betragsmäßige Werte kleiner als Zwei für die Schiefe und betragsmäßige Werte kleiner als Sieben für die Wölbung als lediglich moderate Abweichungen.[5] Vor diesem Hintergrund deutete auch die Analyse der Schiefe und Wölbung nicht auf eine maßgebliche Verletzung der Normalverteilung hin.

Die zusätzlich mit Hilfe von AMOS bestimmten Critical Ratios (C.R.) für Schiefe und Wölbung ließen jedoch für einige Indikatoren auf eine Verletzung der Normalverteilung schließen, da sie betragsmäßig größere Werte als 2,57 (auf 1% Niveau signifikante Verletzung der

1 Vgl. Homburg/Klarmann (2009), S. 161.

2 Dies bezieht sich insbesondere auf den Vergleich zur varianzbasierten Strukturgleichungsanalyse. Siehe hierzu Abschnitt 4.1.1.

3 Vgl. auch im Folgenden Kline (2011), S. 60.

4 Vgl. Gao/Mokhtarian/Johnston (2008), S. 116 f.; Weiber/Mühlhaus (2010), S. 146.

5 Vgl. West/Finch/Curran (1995), S. 74; Curran/West/Finch (1996), S. 20.

Normalverteilung) annahmen.[1] Abschließend wurde mit dem Kolomogorov-Smirnov-Test noch ein relativ strenges statistisches Verfahren zur Beurteilung der Normalverteilungsannahme herangezogen. Mittels Kolomogorov-Smirnov-Test konnte keine Normalverteilung nachgewiesen und daher nicht von einer strengen Normalverteilungsannahme ausgegangen werden.[2] In diesem Zusammenhang konstatieren Weiber/Mühlhaus (2010) jedoch, dass die Erfüllung strenger Testkriterien mit Hilfe von Ratingskalen erhobenen Daten nur sehr selten zu beobachten ist.

Für die vorliegende Untersuchung kann daher zusammenfassend von einer moderaten Verletzung der Normalverteilungsannahme gesprochen werden. Eine solche moderate Verletzung stellt im Falle großer Stichproben kein generelles Ausschlusskriterium für die Verwendung eines Maximum-Likelihood-Schätzers dar.[3] Dennoch wird empfohlen, in solchen Fällen auf den korrigierten Maximum-Likelihood-Schätzer von Satorra/Bentler (1988) zurückzugreifen.[4] Die sogenannte Satorra-Bentler-χ^2-Statistik steht in EQS unter Anwendung robuster Methoden zur Verfügung[5] und soll auch in der vorliegenden Untersuchung Anwendung finden.

Neben der Verwendung der Satorra-Bentler-χ^2-Statistik sollte versucht werden, Ausreißer, die die Verteilung in den Daten stark beeinflussen können, zu identifizieren und gegebenenfalls zu eliminieren. Solche Ausreißer zeichnen sich dadurch aus, dass ungewöhnliche Werte nicht sachlogisch begründet werden können.[6] Zum einen besteht die Möglichkeit, solche Ausreißer durch manuelle Analyse des Datensatzes zu identifizieren. Zum anderen stellt das Programm AMOS mit der Mahalanobis-Distanz ein geeignetes Verfahren zur Identifikation von multivariaten Ausreißern zur Verfügung. Beide Herangehensweisen wurden für die vorliegende Untersuchung kombiniert und so fünf Datensätze aus der weiteren Untersuchung ausgeschlossen. Dabei handelte es sich um Datensätze, bei denen (fast) ausschließlich eine Antwortmöglichkeit (typischerweise 1 oder 7 auf der Likert-Skala) genutzt wurde, ein starkes Indiz dafür, dass die Probanden den Fragebogen nur „durchgeklickt“ haben.

---

1 Vgl. Weiber/Mühlhaus (2010), S. 147.

2 Der Kolomogorov-Smirnov-Test reagiert jedoch sehr sensibel auf große Stichproben, wie sie bei dieser Untersuchung vorliegen; vgl. Weiber/Mühlhaus (2010), S. 147.

3 Vgl. Bollen (1989), S. 425 ff.

4 Vgl. Byrne (2006), S. 138 f. Vgl. auch Satorra/Bentler (1994), S. 285 ff.; Bryant/Satorra (2012), S. 372 f.

5 Vgl. Reinecke (2005), S. 117.

6 Vgl. auch im Folgenden Weiber/Mühlhaus (2010), S. 145.

4.3 Ergebnisse der empirischen Untersuchung

Nachdem in den vorangegangenen Abschnitten die Gewinnung sowie Zusammensetzung des Datenmaterials eingehend erläutert wurden, sollen im Folgenden die Ergebnisse der empirischen Untersuchung dargelegt werden. Hierzu werden zunächst die Messmodelle operationalisiert und analysiert. Abschnitt 4.3.1 widmet sich hierbei den unabhängigen Variablen, sprich den Erfolgsfaktoren des Untersuchungsmodells. Weiter wird in Abschnitt 4.3.2 die Operationalisierung und Analyse des Messmodells der abhängigen Variable vorgenommen. Im Anschluss daran können in Abschnitt 4.3.3 das Strukturmodell mittels kovarianzbasierter Strukturgleichungsanalyse untersucht und die entsprechenden Hypothesen überprüft werden.

4.3.1 Operationalisierung der unabhängigen Konstrukte

Die Operationalisierung der Konstrukte und Überprüfung der generierten Messmodelle stellt einen notwendigen Schritt im Rahmen der Strukturgleichungsanalyse dar. Nur durch eine gründliche Operationalisierung kann eine valide Konstruktmessung gelingen und somit die Interpretierbarkeit des Strukturmodells sichergestellt werden:

> *„The reason for drawing a distinction between the measurement model and the structural model is that proper specification of the measurement model is necessary before meaning can be assigned to the analysis of the structural model."*[1]

Im Folgenden soll daher zunächst die Operationalisierung der unabhängigen, mehrdimensionalen Konstrukte Openness (4.3.1.1), Absorptionsfähigkeit (4.3.1.2) und Flexibilität (4.3.1.3) vorgestellt und die Messmodelle gemäß der eingeführten Gütekriterien[2] auf ihre Reliabilität und Validität hin überprüft werden. Dabei ist zu beachten, dass die Konstrukte im Rahmen der Konzeptionalisierung als mehrdimensionale Messmodelle definiert wurden.[3] Entsprechend sollen im Folgenden daher auch die Prüfkriterien für mehrdimensionale Messmodelle zur Anwendung kommen.

---

[1] Anderson/Gerbing (1982), S. 453.

[2] Zu den hier eingesetzten Gütekriterien siehe Abschnitt 4.1.4.1.

[3] Siehe Abschnitt 3.

4.3.1.1 Operationalisierung der Openness

Basierend auf ressourcentheoretischen Überlegungen wurde Openness als zentrale Komponente der Inbound Open Innovation-Fähigkeit und damit als zentraler Faktor für den Innovationserfolg im Rahmen offener Innovation identifiziert.[1] Dabei wurde Openness in dieser Untersuchung als mehrdimensionales Konstrukt zweiter Ordnung definiert, welches sich aus einer nach innen und einer nach außen gerichteten Offenheitskomponente zusammensetzt.[2] Die beiden Dimensionen offene Innovationskultur (4.3.1.1.1) und Netzwerkfähigkeit (4.3.1.1.2) sollen im Folgenden analysiert werden. Im Anschluss daran erfolgt in Abschnitt 4.3.1.1.3 die Überprüfung des Gesamtkonstrukts.

4.3.1.1.1 Operationalisierung der Dimension offene Innovationskultur

Die erste Dimension des Konstrukts Openness ist die offene Innovationskultur. Diese koordinative Komponente beschreibt die Fähigkeit des Unternehmens, ein System der Offenheit gegenüber externen Einflüssen zu schaffen.[3] Da die Dimension inhaltlich auf dem etablierten Konstrukt der Unternehmenskultur fußt, konnte zur Entwicklung der hier verwendeten Skala auf eine breite Literaturbasis zurückgegriffen werden. Hierbei wurde vor allem auf die deutschsprachigen Arbeiten von Giere (2007) und Schilke (2007) abgestellt, deren Auffassung des Konstrukts stark durch die Erkenntnisse zur Adhocracy Culture nach Deshpandé/Farley/Webster (1993) geprägt ist. Weitere Einflüsse stammen aus den Beiträgen von Cameron/Freeman (1991), Frohman (1998), Ernst (2003a), Kandemir/Hult (2005) und Sammerl (2006).

Auf diese Weise konnten sechs Indikatoren für den Fragebogen generiert werden, die lediglich leicht an den Open Innovation-Kontext angepasst werden mussten. Hiervon konnten nach dem Durchlauf aller notwendigen Prüfschritte[4] fünf Indikatoren des reflektiven Konstrukts beibehalten werden. Die verschiedenen Gütemaße der ersten und zweiten Generation für das Messmodell der offenen Innovationskultur werden in Tabelle 4-13 dargestellt.

---

1 Siehe Abschnitt 3.2.
2 Siehe Abschnitt 3.2.1.
3 Siehe Abschnitt 3.2.2.
4 Siehe hierzu Abbildung 4-14.

Offene Innovationskultur			
Kriterien der ersten Generation			
	Indikatoren	Item-to-Total-Korrelation	Exploratorische Faktorladung
7.1	Das Handeln in unserem Unternehmen ist durch Offenheit gegenüber neuen, unkonventionellen Ideen gekennzeichnet.	0,827	0,860
7.3	Wir sind offen, ein gewisses Risiko bei der Verfolgung neuer Ideen einzugehen.	0,768	0,793
7.4	In unserem Unternehmen ist eine offene und innovationsfreundliche Grundhaltung verankert.	0,882	0,920
7.5	Unsere Unternehmenskultur ist offen für Veränderungen.	0,841	0,875
7.6	Insgesamt fördern die Werte und Normen in unserem Unternehmen offene Innovation.	0,861	0,897
Deskriptive Beurteilungskennzahl			
	Cronbachs Alpha	0,939	
Exploratorische Faktorenanalyse			
Extraktionsmethode	Hauptachsen-Faktorenanalyse	Anzahl extrahierter Faktoren	1
Kaiser-Meyer-Olkin-Kriterium	0,903	Erklärte Varianz	75,738%
Kriterien der zweiten Generation			
Lokale Anpassungsmaße			
Indikatorreliabilität	Indikatoren	Konfirmatorische Faktorladung	
0,745	Das Handeln in unserem Unternehmen ist durch Offenheit gegenüber neuen, unkonventionellen Ideen gekennzeichnet.		
0,633	Wir sind offen, ein gewisses Risiko bei der Verfolgung neuer Ideen einzugehen.		
0,839	In unserem Unternehmen ist eine offene und innovationsfreundliche Grundhaltung verankert.		
0,767	Unsere Unternehmenskultur ist offen für Veränderungen.		
0,804	Insgesamt fördern die Werte und Normen in unserem Unternehmen offene Innovation.		
Faktorreliabilität	0,939	Durchschnittlich erfasste Varianz	0,756
Globale Anpassungsmaße			
X^2/df	10,641/5 = 2,128	GFI	0,985
TLI	0,993	AGFI	0,954
CFI	0,985	RMSEA	0,048

Tabelle 4-13: Gütemaße für das Messmodell der Dimension Offene Innovationskultur

Hinsichtlich der Gütekriterien erster Generation kann den Indikatoren eine sehr hohe Eignung zur Messung der offenen Innovationskultur zugesprochen werden. Cronbachs Alpha als zentrale deskriptive Beurteilungskennzahl liegt mit 0,939 deutlich über dem geforderten

Grenzwert von 0,8.[1] Auch die Item-to-Total-Korrelationen weisen durchweg sehr hohe Werte auf, die mit einem Minimum von 0,768 für Item 7.3 deutlich über dem geforderten Wert von 0,4 liegen. Mittels der durchgeführten exploratorischen Hauptachsen-Faktorenanalyse[2] konnte ein Faktor extrahiert werden, der sehr gute 75,738% der Varianz erklärt. Mit einem KMO von 0,903 war die Voraussetzung für die exploratorische Faktorenanalyse klar gegeben. Die exploratorischen Faktorladungen liegen ebenfalls deutlich über dem geforderten Mindestwert von 0,4.

Dieser positive Eindruck konnte durch die Bestimmung der Gütemaße zweiter Generation nochmals unterstrichen werden. Im Hinblick auf die lokalen Anpassungsmaße zeigt sich, dass sowohl die Indikatorreliabilitäten (mit einem Minimum von 0,633), als auch die Faktorreliabilität (0,939) sowie die durchschnittlich erfasste Varianz (0,756) klar über den zugrundegelegten Grenzwerten liegen.[3] Auch alle globalen Anpassungsmaße sind erfüllt. Hier ist insbesondere der RMSEA hervorzuheben, der mit 0,048 auch strengeren Grenzwertforderungen des Schrifttums genügt.[4] Zusammenfassend lässt sich damit feststellen, dass alle hier zugrundegelegten Gütekriterien für das Messmodell der offenen Unternehmenskultur erfüllt sind und somit von einer sehr guten Messung ausgegangen werden kann.

4.3.1.1.2 Operationalisierung der Dimension Netzwerkfähigkeit

Die zweite Dimension des Konstrukts Openness ist die Netzwerkfähigkeit. Diese Komponente beschreibt die Fähigkeit des Unternehmens, sich mit seiner Umwelt zu vernetzen und so prinzipiellen Zugriff auf externes Wissen zu bekommen.[5] Für die Netzwerkfähigkeit im Kontext der Open Innovation konnte keine adäquate Skala identifiziert werden, so dass für die Operationalisierung auf das theoretische Open Innovation-Schrifttum zurückgegriffen werden musste. Hierbei waren insbesondere die Arbeiten von Chesbrough (2003a), Chesbrough/Vanhaverbeke/West (2006) und Lichtenthaler/Lichtenthaler (2009) von Relevanz.[6] Die so deduzierten Indikatoren wurden in Expertengesprächen weiter qualifiziert und durch zusätzliche Items ergänzt.

1 Siehe Abschnitt 4.1.4.1.
2 Mit schiefwinkliger Oblimin-Rotation. Siehe Abschnitt 4.1.4.1.
3 Siehe zu den Grenzwerten der verschiedenen Gütekriterien Tabelle 4-6.
4 Vgl. Hu/Bentler (1999), S. 27.
5 Siehe Abschnitt 3.2.1.
6 Siehe auch Abschnitt 2.2.2.2.

Insgesamt konnte für die Erhebung eine aus sieben Indikatoren bestehende Skala konstruiert werden. Im Rahmen der Überprüfung des reflektiven Messmodells zeigten vier dieser Indikatoren ausreichend hohe Reliabilität sowie Validität und konnten somit beibehalten werden.[1] Die Item-to-Total-Korrelationen aller verbliebenen Indikatoren weisen Werte auf, die über dem Grenzwert von 0,4 liegen. Das hohe Cronbach Alpha von 0,913 deutet auf eine hohe interne Konsistenz der Skala hin.[2] Im Rahmen der exploratorischen Faktorenanalyse konnte ein Faktor extrahiert werden, der mit 73,555% einen hohen Anteil der Varianz erklärt. Die exploratorischen Faktorladungen weisen bei einem Minimum von 0,768 ebenfalls sehr gute Werte auf.

Hinsichtlich der Gütekriterien zweiter Generation ist zu konstatieren, dass die lokalen Anpassungsmaße ebenfalls erfüllt sind. Die Faktorreliabilität liegt mit 0,914 ebenso wie die durchschnittlich erfasste Varianz mit 0,729 klar über den zugrundegelegten Grenzwerten von 0,6 beziehungsweise 0,5.[3] Gleiches lässt sich für die vier Indikatorreliabilitäten beobachten, die alle Werte über 0,4 annehmen. Auch die globalen Anpassungsmaße sind im Hinblick auf die zugrundegelegten Grenzwerte durchweg erfüllt. Jedoch weisen der normierte Chi-Quadrat-Wert mit 4,863 und der RMSEA mit 0,088 Werte auf, die vergleichsweise nah an dem jeweiligen Grenzwert liegen. Da die verbleibenden Gütemaße TLI (0,983), CFI (0,994), GFI (0,987) und AGFI (0,937) deutlich über den geforderten Mindestmaßen liegen, kann von einer zufriedenstellenden Passung des Messmodells gesprochen werden. Die verschiedenen Gütemaße der ersten und zweiten Generation für das Messmodell der Netzwerkfähigkeit werden in Tabelle 4-14 dargestellt.

[1] Siehe hierzu Abbildung 4-14.
[2] Siehe Abschnitt 4.1.4.1.
[3] Siehe zu den Grenzwerten der verschiedenen Gütekriterien Tabelle 4-6.

Netzwerkfähigkeit			
Kriterien der ersten Generation			
	Indikatoren	Item-to-Total-Korrelation	Exploratorische Faktorladung
8.1	Wir engagieren uns stark in interorganisationalen Netzwerken.	0,734	0,768
8.3	Wir pflegen ausgezeichnete Kontakte zu Forschungseinrichtungen (z.B. Universitäten).	0,749	0,783
8.6	Durch unsere Vernetzung sichern wir uns hervorragenden Zugang zu externem Wissen.	0,843	0,903
8.7	Insgesamt ist unser Unternehmen ausgezeichnet vernetzt.	0,890	0,961
Deskriptive Beurteilungskennzahl			
Cronbachs Alpha		0,913	

Exploratorische Faktorenanalyse			
Extraktionsmethode	Hauptachsen-Faktorenanalyse	Anzahl extrahierter Faktoren	1
Kaiser-Meyer-Olkin-Kriterium	0,811	Erklärte Varianz	73,555%

Kriterien der zweiten Generation		
Lokale Anpassungsmaße		
Indikator-reliabilität	Indikatoren	Konfirmatorische Faktorladung
0,589	Wir engagieren uns stark in interorganisationalen Netzwerken.	
0,590	Wir pflegen ausgezeichnete Kontakte zu Forschungseinrichtungen (z.B. Universitäten).	
0,827	Durch unsere Vernetzung sichern wir uns hervorragenden Zugang zu externem Wissen.	
0,933	Insgesamt ist unser Unternehmen ausgezeichnet vernetzt.	

Faktorreliabilität	0,914	Durchschnittlich erfasste Varianz	0,729
Globale Anpassungsmaße			
X^2/df	9,726/2 = 4,863	GFI	0,987
TLI	0,983	AGFI	0,937
CFI	0,994	RMSEA	0,088

Tabelle 4-14: Gütemaße für das Messmodell der Dimension Netzwerkfähigkeit

4.3.1.1.3 Untersuchung des mehrdimensionalen Konstrukts Openness

Nachdem die Messmodelle der Einzeldimensionen offene Innovationskultur und Netzwerkfähigkeit bereinigt und überprüft wurden, soll im Folgenden das übergeordnete Konstrukt Openness betrachtet werden. Ziel ist die Bestätigung der deskriptiven Hypothese H_2, die eine

Aussage über die Struktur des Erfolgsfaktors Openness trifft.[1] Zunächst wird hierzu, gemäß der in Abschnitt 4.1.5 beschriebenen Vorgehensweise bei der Auswertung mehrdimensionaler reflektiver Konstrukte, eine exploratorische Faktorenanalyse über alle neun verbliebenen Indikatoren durchgeführt.[2] Ein KMO von 0,906 spricht für die Eignung der Korrelationsmatrix und damit die Interpretierbarkeit der Ergebnisse der exploratorischen Faktorenanalyse, die in Tabelle 4-15 dargestellt sind. Es wird ersichtlich, dass die theoretisch hergeleitete Faktorenstruktur erkannt wird und alle Indikatoren ausreichend hohe Ladungen aufweisen. Die beiden erkannten Faktoren erklären kumuliert rund 75% der Varianz des Konstrukts. Insgesamt kann die Faktorenlösung daher angenommen werden.

Indikator		Faktor 1	Faktor 2
Offene Innovationskultur	7.1	0,860	0,480
	7.3	0,794	0,426
	7.4	0,921	0,527
	7.5	0,874	0,509
	7.6	0,898	0,583
Netzwerkfähigkeit	8.1	0,433	0,769
	8.3	0,460	0,782
	8.6	0,525	0,903
	8.7	0,549	0,962
Erklärte Varianz		59,555%	15,332%
Kumuliert:		59,555%	74,887%
KMO: 0,906		Extraktionsmethode: Hauptachsen-Faktorenanalyse (Oblimin Rotation)	

Tabelle 4-15: Exploratorische Faktorenanalyse über die Dimensionen der Openness

In einem zweiten Schritt erfolgt die Überprüfung des mehrdimensionalen Messmodells anhand der konfirmatorischen Faktorenanalyse erster Ordnung. Das Modell mit 26 Freiheits-

[1] Siehe Abschnitt 3.2.1.
[2] Auch hier kommt eine Hauptachsen-Faktorenanalyse mit Oblimin-Rotation zum Einsatz.

graden erfüllt alle zugrundegelegten Gütekriterien. Der normierte Chi-Quadrat-Wert (1,909) und der RMSEA (0,043) unterschreiten die Grenzwerte deutlich. Die Werte für TLI und CFI liegen mit 0,990 und 0,993 klar über den geforderten Minimalwerten von 0,9. Gleiches gilt auch für den GFI (0,971) und den AGFI (0,950), für die Werte über 0,9 beziehungsweise 0,8 gefordert waren. Insgesamt deutet die konfirmatorische Faktorenanalyse, deren Ergebnisse in Abbildung 4-22 dargestellt sind, daher auf eine sehr gute Anpassung des Konstrukts Openness hin.

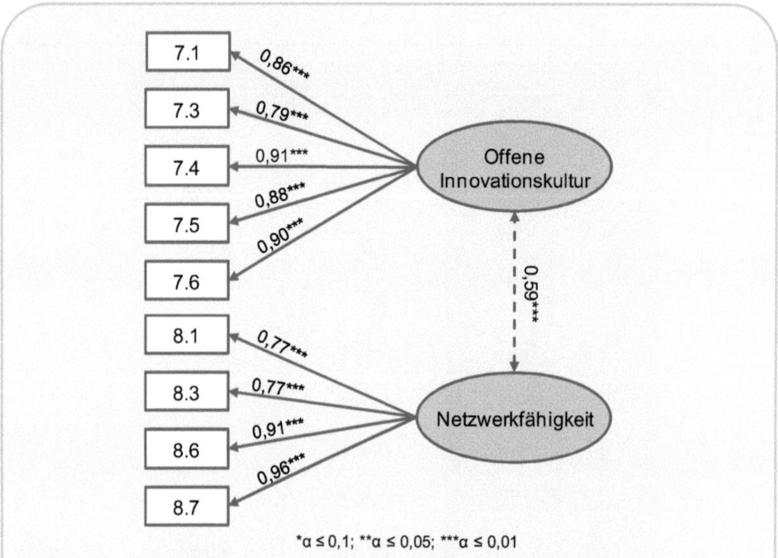

X²/df	49,6408/26 = 1,909	GFI	0,971
TLI	0,990	AGFI	0,950
CFI	0,993	RMSEA	0,043

Abbildung 4-22: Konfirmatorische Faktorenanalyse des zweidimensionalen Modells Openness

Nachdem die zuvor durchgeführten exploratorischen und konfirmatorischen Faktorenanalysen die postulierte Modellstruktur klar unterstützen, soll im Folgenden die Diskriminanzvalidität der beiden Openness-Dimensionen überprüft werden. Hierzu dienen der Chi-Quadrat Differenztest und das Fornell-Larcker-Kriterium.[1] Wie gefordert zeigt sich im Rahmen des Chi-Quadrat Differenztests ein signifikant schlechterer Modellfit für die einfaktorielle Lösung.

[1] Zu den beiden Testverfahren siehe Abschnitt 4.1.4.3.

Die Differenz der χ^2-Werte zwischen einfaktoriellem und zweifaktoriellem Modell (779,626) liegt bei einer Differenz der Freiheitsgrade von 1 deutlich über dem Wert für das 5% Signifikanzniveau. Auch das Fornell-Larcker-Kriterium, welches allgemein als das strengere Kriterium für Diskriminanzvalidität gilt, ist für das vorliegende Konstrukt erfüllt. Wie in Tabelle 4-16 ersichtlich wird, übersteigen die durchschnittlich erfassten Varianzen der Dimensionen die quadrierte Korrelation zwischen den Dimensionen deutlich.

Dimension	oKult	NETZ
Offene Innovationskultur (oKult)	0,756	
Netzwerkfähigkeit (NETZ)	0,343	0,729
Fornell-Larcker-Kriterium	erfüllt	erfüllt

Tabelle 4-16: Fornell-Larcker-Kriterium für das Second-Order Modell Openness[1]

Zusammenfassend kann festgestellt werden, dass die Konzeption der Openness als zweidimensionales Konstrukt mit den beiden latenten Dimensionen offene Innovationskultur und Netzwerkfähigkeit gerechtfertigt scheint und die Hypothese H_2 damit anzunehmen ist:

> *H_2: Das Konstrukt „Openness" ist ein latentes Konstrukt zweiter Ordnung mit den Dimensionen „offene Innovationskultur" und „Netzwerkfähigkeit".*

4.3.1.2 Operationalisierung der Absorptionsfähigkeit

Die Fähigkeit eines Unternehmens, externes Wissen zu absorbieren, wurde im Rahmen der Konzeptionalisierung des Untersuchungsmodells als zweiter zentraler Erfolgsfaktor identifiziert.[2] In Anlehnung an das Schrifttum wurde Absorptionsfähigkeit als mehrdimensionales Konstrukt höherer Ordnung definiert.[3] Die ersten beiden Sub-Dimensionen Akquisitionsfähigkeit (4.3.1.2.1) und Assimilationsfähigkeit (4.3.1.2.2) spiegeln das Second-Order-Konstrukt der potentiellen Absorptionsfähigkeit wider, welches in Abschnitt 4.3.1.2.3 analy-

[1] Die in dunklerem Grau hinterlegten Werte auf der Diagonalen stellen die jeweiligen durchschnittlich erfassten Varianzen der Dimensionen dar, der hellgrau hinterlegte Wert die quadrierte Korrelation zwischen den Dimensionen.

[2] Siehe Abschnitt 3.3.

[3] Siehe Abschnitt 3.3.1.

siert werden soll. Die Sub-Dimensionen Transformationsfähigkeit (4.3.1.2.4) und Exploitationsfähigkeit (4.3.1.2.5) reflektieren hingegen das Konstrukt der realisierten Absorptionsfähigkeit, die in Abschnitt 4.3.1.2.6 näher untersucht wird.[1]

4.3.1.2.1 Operationalisierung der Dimension Akquisitionsfähigkeit

Die erste Dimension der Absorptionsfähigkeit stellt die Akquisitionsfähigkeit dar.[2] Akquisitionsfähigkeit beschreibt hierbei die Fähigkeit eines Unternehmens, den Wert externer Informationen zu evaluieren und relevante Informationen zu beschaffen.[3] Im Schrifttum finden sich verschiedene Ansätze zur Operationalisierung und Messung der Absorptionsfähigkeit.[4] Dabei lässt sich beobachten, dass die Operationalisierungen sich zumeist eng an die jeweils zugrundegelegte Basiskonzeption anlehnen.[5] Darüber hinaus können aus angrenzenden Forschungsströmen zusätzliche Erkenntnisse für die Messung der Absorptionsfähigkeit gewonnen werden.[6]

Die bisher umfassendste Operationalisierung der Absorptionsfähigkeit, die auch die Basis für die vorliegende Untersuchung bildet, findet sich bei Flatten et al. (2011).[7] Da einige der dort generierten Skalen jedoch nur drei Indikatoren enthielten,[8] wurden sie in der vorliegenden Arbeit dahingehend erweitert, dass für jede Dimension fünf Indikatoren in den Fragebogen einfließen konnten. So musste die Skala der Dimension Akquisitionsfähigkeit von drei auf fünf Indikatoren erweitert werden. Hierzu dienten vor allem Erkenntnisse aus den Arbeiten von Jansen/van den Bosch/Volberda (2005) und Lichtenthaler (2009a) sowie den Zwischenergebnissen der Skalenentwicklung von Flatten et al. (2011).

Im Rahmen der Überprüfung des Messmodells konnten jedoch nur drei der Indikatoren beibehalten werden, so dass das Messmodell genau identifiziert ist. Eine Überprüfung der

---

1 Siehe Abschnitt 3.3.2.
2 In Anlehnung an die Konzeption der Absorptionsfähigkeit von Zahra/George (2002).
3 Siehe hierzu auch Abschnitt 2.3.3.2.
4 Vgl. u.a. Szulanski (1996); Jansen/van den Bosch/Volberda (2005); Lichtenthaler (2009a); Camisón/Forés (2010).
5 In der Regel wird entweder die Konzeption von Cohen/Levinthal (1990) oder von Zahra/George (2002) zugrunde gelegt.
6 Für eine dezidierte Aufstellung möglicher Überschneidungen und Indikatoren vgl. Flatten et al. (2011), S. 102 ff.
7 Die Autoren führten hierzu einen aufwendigen Skalenentwicklungsprozess in Anlehnung an Churchill (1979) und DeVellis (2003) durch. Im Rahmen einer umfassenden Literaturstudie identifizierten die Autoren zunächst eine Vielzahl möglicher Indikatoren, die in der Folge einem mehrstufigen Selektionsprozess unterzogen wurden. Vgl. Flatten et al. (2011), S. 98 ff.
8 Ein reflektives Messmodell mit drei oder weniger Indikatoren ist nicht überidentifiziert und kann damit keiner konfirmatorischen Faktorenanalyse unterzogen werden.

globalen Gütekriterien ist für die Absorptionsfähigkeit daher nicht möglich. Umso wichtiger ist in diesem Zusammenhang die Überprüfung der Kriterien erster Generation sowie die lokalen Anpassungsmaße zweiter Generation. Diese sind für das reflektive Messmodell der Akquisitionsfähigkeit durchweg erfüllt.[1] Die verschiedenen Gütemaße der ersten und zweiten Generation für das Messmodell der Akquisitionsfähigkeit werden in Tabelle 4-17 dargestellt.

Akquisitionsfähigkeit			
Kriterien der ersten Generation			
	Indikatoren	Item-to-Total-Korrelation	Exploratorische Faktorladung
1.2	Unsere Unternehmensführung motiviert die Mitarbeiter, relevante Informationen in unserer Branche zu identifizieren und zu beschaffen.	0,722	0,816
1.3	In unserem Unternehmen wird es gern gesehen, wenn Mitarbeiter auch relevante Informationen aus anderen Branchen identifizieren und beschaffen.	0,742	0,848
1.4	Unsere Unternehmensführung erwartet, dass externe Informationen zur Identifikation von neuen Technologiemöglichkeiten herangezogen werden.	0,684	0,755
Deskriptive Beurteilungskennzahl			
Cronbachs Alpha		0,847	
Exploratorische Faktorenanalyse			
Extraktionsmethode	Hauptachsen-Faktorenanalyse	Anzahl extrahierter Faktoren	1
Kaiser-Meyer-Olkin-Kriterium	0,725	Erklärte Varianz	65,103%

Kriterien der zweiten Generation			
Lokale Anpassungsmaße			
Indikator-reliabilität	Indikatoren	Konfirmatorische Faktorladung	
0,664	Unsere Unternehmensführung motiviert die Mitarbeiter, relevante Informationen in unserer Branche zu identifizieren und zu beschaffen.		
0,720	In unserem Unternehmen wird es gern gesehen, wenn Mitarbeiter auch relevante Informationen aus anderen Branchen identifizieren und beschaffen.		
0,569	Unsere Unternehmensführung erwartet, dass externe Informationen zur Identifikation von neuen Technologiemöglichkeiten herangezogen werden.		
Faktorreliabilität	0,911	Durchschnittlich erfasste Varianz	0,720
Globale Anpassungsmaße			
X^2/df	-	GFI	-
TLI	-	AGFI	-
CFI	-	RMSEA	-

Tabelle 4-17: Gütemaße für das Messmodell der Dimension Akquisitionsfähigkeit

[1] Siehe hierzu Abbildung 4-14.

Das Cronbach Alpha lässt mit einem Wert von 0,847 auf eine ausreichend hohe interne Konsistenz der Skala schließen.[1] Die Item-to-Total-Korrelationen der drei verbliebenen Indikatoren weisen mit einem Minimum von 0,684 Werte auf, die deutlich über dem geforderten Grenzwert von 0,4 liegen. Im Rahmen der exploratorischen Faktorenanalyse (mit einem ausreichend hohen KMO von 0,725) konnte ein Faktor extrahiert werden, der 65,103% der Varianz erklärt. Die exploratorischen Faktorladungen weisen bei einem Minimum von 0,755 Werte über dem Grenzwert von 0,4 auf. Die lokalen Anpassungsmaße Faktorreliabilität (0,911) und durchschnittlich erfasste Varianz (0,720) zeigen ebenfalls gute Werte.[2] Ebenso nehmen die Indikatorreliabilitäten Werte über 0,4 an.

4.3.1.2.2 Operationalisierung der Dimension Assimilationsfähigkeit

Die zweite Dimension der Absorptionsfähigkeit ist die Assimilationsfähigkeit.[3] Assimilationsfähigkeit beschreibt die Fähigkeit eines Unternehmens, externe Informationen in das Unternehmen aufzunehmen und dort auch über Abteilungsgrenzen hinweg zu verbreiten. Bei der Operationalisierung der Assimilationsfähigkeit wurde analog zur Operationalisierung der Akquisitionsfähigkeit vorgegangen.[4] Als Basis diente dabei die Skala von Flatten et al. (2011), die lediglich leicht angepasst und um einen Indikator erweitert wurde.[5] Auf diese Weise konnte eine fünf Indikatoren umfassende reflektive Skala für den Fragebogen generiert werden. Nach dem Durchlauf aller notwendigen Prüfschritte[6] wurden hiervon vier Indikatoren des Konstrukts beibehalten, so dass alle Gütemaße bestimmt werden konnten.

Hinsichtlich der Gütekriterien erster Generation kann allen Indikatoren eine sehr hohe Eignung zur Messung der Assimilationsfähigkeit zugesprochen werden. Cronbachs Alpha liegt mit 0,909 über dem geforderten Grenzwert von 0,8.[7] Die Item-to-Total-Korrelationen weisen Werte auf, die mit einem Minimum von 0,738 deutlich über dem geforderten Wert von 0,4 liegen. Mittels der durchgeführten exploratorischen Hauptachsen-Faktorenanalyse[8] konnte ein Faktor extrahiert werden, der sehr gute 72,02% der Varianz erklärt. Mit einem KMO von 0,829 war die Voraussetzung für die exploratorische Faktorenanalyse klar gegeben. Die exploratorischen Faktorladungen liegen ebenfalls deutlich über dem geforderten Mindestwert

[1] Siehe Abschnitt 4.1.4.1.
[2] Siehe zu den Grenzwerten der verschiedenen Gütekriterien Tabelle 4-6.
[3] In Anlehnung an die Konzeption der Absorptionsfähigkeit von Zahra/George (2002).
[4] Siehe Abschnitt 4.3.1.2.1
[5] Vgl. Flatten et al. (2011), S. 98 ff.
[6] Siehe hierzu Abbildung 4-14.
[7] Siehe Abschnitt 4.1.4.1.
[8] Mit schiefwinkliger Oblimin-Rotation. Siehe Abschnitt 4.1.4.1.

von 0,4. Tabelle 4-18 gibt einen Überblick über die verschiedenen Gütemaße des reflektiven Messmodells der Assimilationsfähigkeit.

Assimilationsfähigkeit			
Kriterien der ersten Generation			
Indikatoren		Item-to-Total-Korrelation	Exploratorische Faktorladung
2.1	In unserem Unternehmen werden Ideen und Konzepte über Abteilungs-/Geschäftseinheitsgrenzen hinweg kommuniziert.	0,738	0,778
2.3	In unserem Unternehmen werden neu aufgenommene Informationen schnell über Abteilungs-/Geschäftseinheitsgrenzen verbreitet.	0,817	0,871
2.4	Zusammenkünfte von Vertretern verschiedener Abteilungen/Geschäftseinheiten finden in unserem Unternehmen regelmäßig statt, um neue Informationen auszutauschen.	0,758	0,802
2.5	Insgesamt kommunizieren wir neue Informationen sehr gut im gesamten Unternehmen.	0,868	0,935
Deskriptive Beurteilungskennzahl			
Cronbachs Alpha		0,909	
Exploratorische Faktorenanalyse			
Extraktionsmethode	Hauptachsen-Faktorenanalyse	Anzahl extrahierter Faktoren	1
Kaiser-Meyer-Olkin-Kriterium	0,829	Erklärte Varianz	72,020%
Kriterien der zweiten Generation			
Lokale Anpassungsmaße			
Indikatorreliabilität	Indikatoren	Konfirmatorische Faktorladung	
0,601	In unserem Unternehmen werden Ideen und Konzepte über Abteilungs-/Geschäftseinheitsgrenzen hinweg kommuniziert.		
0,738	In unserem Unternehmen werden neu aufgenommene Informationen schnell über Abteilungs-/Geschäftseinheitsgrenzen verbreitet.		
0,667	Zusammenkünfte von Vertretern verschiedener Abteilungen/Geschäftseinheiten finden in unserem Unternehmen regelmäßig statt, um neue Informationen auszutauschen.		
0,875	Insgesamt kommunizieren wir neue Informationen sehr gut im gesamten Unternehmen.		
Faktorreliabilität	0,849	Durchschnittlich erfasste Varianz	0,654
Globale Anpassungsmaße			
X^2/df	7,767/2 = 3,884	GFI	0,981
TLI	0,987	AGFI	0,905
CFI	0,996	RMSEA	0,076

Tabelle 4-18: Gütemaße für das Messmodell der Dimension Assimilationsfähigkeit

Die gute Messmodellpassung offenbart sich auch in den Gütemaßen zweiter Generation. Im Hinblick auf die lokalen Anpassungsmaße zeigt sich, dass sowohl die Indikatorreliabilitäten (mit einem Minimum von 0,601), als auch die Faktorreliabilität (0,849) sowie die durchschnittlich erfasste Varianz (0,654) klar über den zugrundegelegten Grenzwerten liegen.[1] Die globalen Anpassungsmaße erfüllen ebenfalls die für diese Untersuchung zugrundegelegten Grenzwerte. Der normierte Chi-Quadrat-Wert und der RMSEA weisen mit 3,884 beziehungsweise 0,076 ausreichende Gütemaße auf. TLI (0,983), CFI (0,994), GFI (0,987) und AGFI (0,937) liegen dagegen deutlich über den geforderten Mindestmaßen und deuten auf eine reliable und valide Messung hin.

4.3.1.2.3 Untersuchung des mehrdimensionalen Konstrukts potentielle Absorptionsfähigkeit

Nach der Überprüfung und Bereinigung der Messmodelle für die Einzeldimensionen Akquisitions- und Assimilationsfähigkeit wird im Folgenden das übergeordnete Konstrukt potentielle Absorptionsfähigkeit betrachtet. Ziel ist die Bestätigung der deskriptiven Hypothese H_3.[2] Der in Abschnitt 4.1.5 beschriebenen Vorgehensweise folgend, wird bei der Auswertung mehrdimensionaler reflektiver Konstrukte zunächst eine exploratorische Faktorenanalyse durchgeführt.[3] Der KMO von 0,809 spricht für die Eignung der Korrelationsmatrix und damit die Interpretierbarkeit der Ergebnisse der exploratorischen Faktorenanalyse über alle sieben Indikatoren. Die Ergebnisse sind in Tabelle 4-19 dargestellt. Die theoretisch hergeleitete Faktorenstruktur konnte demnach erkannt werden und alle Indikatoren weisen ausreichend hohe Ladungen auf. Die beiden Faktoren erklären kumuliert rund 69% der Varianz des Konstrukts. Insgesamt kann die Faktorenlösung daher angenommen werden.

1 Siehe zu den Grenzwerten der verschiedenen Gütekriterien Tabelle 4-6.
2 Siehe Abschnitt 3.3.1.
3 Auch hier kommt eine Hauptachsen-Faktorenanalyse mit Oblimin-Rotation zum Einsatz.

Indikator		Faktor 1	Faktor 2
Akquisitions-fähigkeit	1.2	0,598	0,819
	1.3	0,488	0,851
	1.4	0,478	0,752
Assimilations-fähigkeit	2.1	0,779	0,517
	2.3	0,868	0,548
	2.4	0,802	0,505
	2.5	0,937	0,567
Erklärte Varianz		57,568%	11,852%
Kumuliert:		57,568%	69,419%
KMO: 0,809		Extraktionsmethode: Hauptachsen-Faktorenanalyse (Oblimin Rotation)	

Tabelle 4-19: Exploratorische Faktorenanalyse über die Dimensionen der potentiellen Absorptionsfähigkeit

Im Anschluss an die exploratorische Faktorenanalyse erfolgt die Überprüfung des mehrdimensionalen Messmodells anhand einer konfirmatorischen Faktorenanalyse. Abbildung 4-23 zeigt die Ergebnisse der Analyse für das zweidimensionale Konstrukt potentielle Absorptionsfähigkeit. Der Chi-Quadrat-Wert (2,402) und der RMSEA (0,053) unterschreiten die Grenzwerte deutlich. Die Werte für TLI (0,984), CFI (0,990), GFI (0,975) und AGFI (0,947) liegen klar über den in Abschnitt 4.1.4.1 definierten Grenzwerten. Insgesamt deutet die konfirmatorische Faktorenanalyse daher auf eine sehr gute Anpassung des Konstrukts der potentiellen Absorptionsfähigkeit hin.

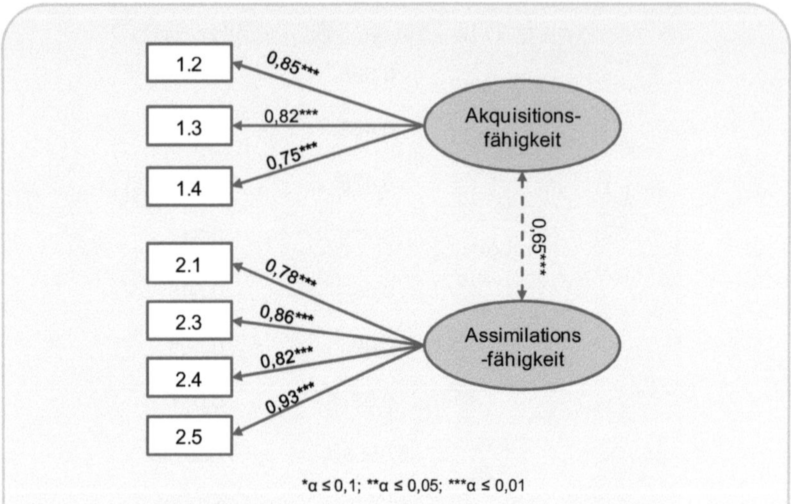

X²/df	31,231/13 = 2,402	GFI	0,975
TLI	0,984	AGFI	0,947
CFI	0,990	RMSEA	0,053

Abbildung 4-23: Konfirmatorische Faktorenanalyse des zweidimensionalen Modells potentielle Absorptionsfähigkeit

Das Vorgehen bei der Analyse mehrdimensionaler Messmodelle sieht insbesondere die Überprüfung auf Diskriminanzvalidität der Konstruktdimensionen vor. Hierzu dienen in der vorliegenden Untersuchung der Chi-Quadrat Differenztest und das Fornell-Larcker-Kriterium.[1] Im Rahmen des Chi-Quadrat Differenztests ergibt sich für die Differenz der χ^2-Werte zwischen einfaktoriellem und zweifaktoriellem Modell ein Wert von 239,897 bei einer Differenz der Freiheitsgrade von 1. Dieser übersteigt den Wert für das 5% Signifikanzniveau deutlich, weshalb hier von einem signifikant schlechteren Modellfit der einfaktoriellen Lösung gesprochen werden kann. Auch das Fornell-Larcker-Kriterium ist für das vorliegende Konstrukt erfüllt. Tabelle 4-20 verdeutlicht, dass die durchschnittlich erfassten Varianzen der Dimensionen die quadrierte Korrelation zwischen den Dimensionen übersteigen.

[1] Zu den beiden Testverfahren siehe Abschnitt 4.1.4.3.

Dimension	AKQ	ASS
Akqusitionsfähigkeit (AKQ)	0,654	
Assimilationsfähigkeit (ASS)	0,421	0,720
Fornell-Larcker-Kriterium	erfüllt	erfüllt

Tabelle 4-20: Fornell-Larcker-Kriterium für das Second-Order Modell potentielle Absorptionsfähigkeit[1]

Zusammenfassend kann festgestellt werden, dass die Konzeption der potentiellen Absorptionsfähigkeit als zweidimensionales Konstrukt mit den beiden latenten Dimensionen Akquisitions- und Assimilationsfähigkeit gerechtfertigt scheint und die Hypothese H_3 damit anzunehmen ist:

> *H_3: Das Konstrukt „potentielle Absorptionsfähigkeit" ist ein latentes Konstrukt zweiter Ordnung mit den Dimensionen „Akquisitionsfähigkeit" und „Assimilationsfähigkeit".*

4.3.1.2.4 Operationalisierung der Dimension Transformationsfähigkeit

Die dritte Dimension der Absorptionsfähigkeit stellt die Transformationsfähigkeit dar.[2] Transformationsfähigkeit beschreibt die Fähigkeit eines Unternehmens, zuvor aufgenommene Informationen zu Wissen umzuwandeln und dieses mit bestehendem Wissen zu verbinden. Bei der Operationalisierung der Transformationsfähigkeit wurde analog zur Operationalisierung der Akquisitionsfähigkeit vorgegangen.[3] Als Basis diente dabei die Skala von Flatten et al. (2011), die, wie schon im Fall der Assimilationsfähigkeit, lediglich leicht angepasst und um einen Indikator erweitert wurde.[4] Insgesamt konnte für die Erhebung daher eine aus fünf Indikatoren bestehende Skala konstruiert werden.

1 Die in dunklerem Grau hinterlegten Werte auf der Diagonalen stellen die jeweiligen durchschnittlich erfassten Varianzen der Dimensionen dar, der hellgrau hinterlegte Wert die quadrierte Korrelation zwischen den Dimensionen.

2 In Anlehnung an die Konzeption der Absorptionsfähigkeit von Zahra/George (2002).

3 Siehe Abschnitt 4.3.1.2.1.

4 Vgl. Flatten et al. (2011), S. 98 ff.

Im Rahmen der Überprüfung des reflektiven Messmodells zeigten vier dieser Indikatoren ausreichend hohe Reliabilität sowie Validität und konnten somit beibehalten werden.[1] Die Item-to-Total-Korrelationen aller verbliebenen Indikatoren weisen Werte auf, die über dem Grenzwert von 0,4 liegen. Das hohe Cronbach Alpha von 0,938 deutet auf eine sehr hohe interne Konsistenz der Skala hin.[2] Im Rahmen der exploratorischen Faktorenanalyse konnte ein Faktor extrahiert werden, der mit 79,992% einen Großteil der Varianz erklärt. Die exploratorischen Faktorladungen weisen bei einem Minimum von 0,748 ebenfalls sehr gute Werte auf.

Die Gütekriterien zweiter Generation sind ebenfalls erfüllt. Die Faktorreliabilität liegt mit 0,939 ebenso wie die durchschnittlich erfasste Varianz mit 0,796 klar über den zugrundegelegten Grenzwerten von 0,6 beziehungsweise 0,5.[3] Gleiches lässt sich für die vier Indikatorreliabilitäten beobachten, die alle Werte über 0,4 annehmen. Auch die globalen Anpassungsmaße sind im Hinblick auf die zugrundegelegten Grenzwerte durchweg erfüllt. Insgesamt kann daher von einer guten Passung des Messmodells gesprochen werden. Die verschiedenen Gütemaße der ersten und zweiten Generation für das Messmodell der Transformationsfähigkeit werden in Tabelle 4-21 dargestellt.

---

[1] Siehe hierzu Abbildung 4-14.
[2] Siehe Abschnitt 4.1.4.1.
[3] Siehe zu den Grenzwerten der verschiedenen Gütekriterien Tabelle 4-6.

Transformationsfähigkeit				
Kriterien der ersten Generation				
	Indikatoren		Item-to-Total-Korrelation	Exploratorische Faktorladung
3.1	Wir können gesammeltes Wissen gut strukturieren.		0,748	0,767
3.3	Wir kombinieren sehr gut neues und bestehendes Wissen.		0,895	0,938
3.4	Wir sind in der Lage, neues Wissen so mit bestehendem zu kombinieren, dass wir es in unsere praktische Arbeit integrieren können.		0,860	0,900
3.5	Insgesamt sind wir sehr gut darin, neues und bestehendes Wissen zu kombinieren.		0,913	0,961
Deskriptive Beurteilungskennzahl				
Cronbachs Alpha			0,938	
Exploratorische Faktorenanalyse				
Extraktionsmethode	Hauptachsen-Faktorenanalyse	Anzahl extrahierter Faktoren	1	
Kaiser-Meyer-Olkin-Kriterium	0,850	Erklärte Varianz	79,992%	
Kriterien der zweiten Generation				
Lokale Anpassungsmaße				
Indikator-reliabilität	Indikatoren		Konfirmatorische Faktorladung	
0,601	Wir können gesammeltes Wissen gut strukturieren.			
0,738	Wir kombinieren sehr gut neues und bestehendes Wissen.			
0,667	Wir sind in der Lage, neues Wissen so mit bestehendem zu kombinieren, dass wir es in unsere praktische Arbeit integrieren können.			
0,875	Insgesamt sind wir sehr gut darin, neues und bestehendes Wissen zu kombinieren.			
Faktorreliabilität	0,939	Durchschnittlich erfasste Varianz	0,796	
Globale Anpassungsmaße				
X^2/df	5,645/2 = 2,823	GFI	0,993	
TLI	0,993	AGFI	0,967	
CFI	0,998	RMSEA	0,061	

Tabelle 4-21: Gütemaße für das Messmodell der Dimension Transformationsfähigkeit

4.3.1.2.5 Operationalisierung der Dimension Exploitationsfähigkeit

Die vierte und damit letzte Dimension der Absorptionsfähigkeit ist nach der Konzeption von Zahra/George (2002) die Exploitationsfähigkeit.[1] Exploitationsfähigkeit beschreibt die Fähigkeit eines Unternehmens, externes und internes Wissen anzuwenden. Bei der Operationalisie-

[1] In Anlehnung an die Konzeption der Absorptionsfähigkeit von Zahra/George (2002).

rung der Exploitationsfähigkeit wurde analog zur Operationalisierung der Akquisitionsfähigkeit vorgegangen.[1] Als Basis diente dabei die Skala von Flatten et al. (2011). Die dort verwendete Skala enthielt drei Indikatoren, von denen zwei übernommen wurden. Zur Erweiterung der Skala dienten vor allem Erkenntnisse aus den Arbeiten von Jansen/van den Bosch/Volberda (2005) und Lichtenthaler (2009a) sowie den Zwischenergebnissen der Skalenentwicklung von Flatten et al. (2011).

Auf diese Weise konnte eine fünf Indikatoren umfassende reflektive Skala für den Fragebogen generiert und vollständig beibehalten werden. Das Cronbach Alpha lässt mit einem Wert von 0,896 auf eine ausreichend hohe interne Konsistenz der Skala schließen.[2] Die Item-to-Total-Korrelationen der drei verbliebenen Indikatoren weisen mit einem Minimum von 0,621 Werte auf, die deutlich über dem geforderten Grenzwert von 0,4 liegen. Im Rahmen der exploratorischen Faktorenanalyse (mit einem ausreichend hohen KMO von 0,879) konnte ein Faktor extrahiert werden, der 66,413% der Varianz erklärt. Die exploratorischen Faktorladungen weisen bei einem Minimum von 0,651 ebenfalls Werte über dem Grenzwert von 0,4 auf.

Auch die Kriterien zweiter Generation weisen sehr gute Werte auf. Die lokalen Anpassungsmaße Faktorreliabilität (0,896) und durchschnittlich erfasste Varianz (0,633) zeigen ebenfalls gute Werte.[3] Ebenso nehmen die Indikatorreliabilitäten Werte über 0,4 an. Auch alle globalen Anpassungsmaße sind erfüllt. Hier sind insbesondere der RMSEA (0,044) und der normierte Chi-Quadrat-Wert (1,955) hervorzuheben, die auf eine hervorragende Anpassung des Messmodells hindeuten. Zusammenfassend lässt sich damit feststellen, dass alle hier zugrundegelegten Gütekriterien für das Messmodell der Exploitationsfähigkeit erfüllt sind und somit von einer sehr guten Messung ausgegangen werden kann. Die verschiedenen Gütemaße der ersten und zweiten Generation für das Messmodell der Exploitationsfähigkeit werden in Tabelle 4-22 dargestellt.

1 Siehe Abschnitt 4.3.1.2.1.
2 Siehe Abschnitt 4.1.4.1.
3 Siehe zu den Grenzwerten der verschiedenen Gütekriterien Tabelle 4-6.

Exploitationsfähigkeit			
Kriterien der ersten Generation			
	Indikatoren	Item-to-Total-Korrelation	Exploratorische Faktorladung
4.1	Unsere Unternehmensführung unterstützt die Anwendung neuen Wissens zur Entwicklung von Prototypen.	0,723	0,771
4.2	Unser Unternehmen wendet regelmäßig neues Wissen an, um bestehende Produkte zu verändern.	0,771	0,835
4.3	Unser Unternehmen ist stets bestrebt, innovative Ideen anzuwenden und in Patente zu überführen.	0,621	0,651
4.4	Unser Unternehmen ist stets bemüht, bestehende Technologien durch die Anwendung neuen Wissens zu verbessern.	0,829	0,886
4.5	Insgesamt wenden wir neues Wissen sehr konsequent an.	0,835	0,906

Deskriptive Beurteilungskennzahl	
Cronbachs Alpha	0,896

Exploratorische Faktorenanalyse			
Extraktionsmethode	Hauptachsen-Faktorenanalyse	Anzahl extrahierter Faktoren	1
Kaiser-Meyer-Olkin-Kriterium	0,879	Erklärte Varianz	66,413%

Kriterien der zweiten Generation		
Lokale Anpassungsmaße		
Indikator-reliabilität	Indikatoren	Konfirmatorische Faktorladung
0,594	Unsere Unternehmensführung unterstützt die Anwendung neuen Wissens zur Entwicklung von Prototypen.	
0,708	Unser Unternehmen wendet regelmäßig neues Wissen an, um bestehende Produkte zu verändern.	
0,424	Unser Unternehmen ist stets bestrebt, innovative Ideen anzuwenden und in Patente zu überführen.	
0,771	Unser Unternehmen ist stets bemüht, bestehende Technologien durch die Anwendung neuen Wissens zu verbessern.	
0,824	Insgesamt wenden wir neues Wissen sehr konsequent an.	

Faktorreliabilität	0,896	Durchschnittlich erfasste Varianz	0,633
Globale Anpassungsmaße			
X^2/df	9,774/5 = 1,955	GFI	0,985
TLI	0,991	AGFI	0,954
CFI	0,995	RMSEA	0,044

Tabelle 4-22: Gütemaße für das Messmodell der Dimension Exploitationsfähigkeit

4.3.1.2.6 Untersuchung des mehrdimensionalen Konstrukts realisierte Absorptionsfähigkeit

Nachdem die Messmodelle der Dimensionen Transformations- und Exploitationsfähigkeit bereinigt und überprüft wurden, soll zur Bestätigung der deskriptiven Hypothese H_4 im Folgenden das übergeordnete Konstrukt der realisierten Absorptionsfähigkeit betrachtet werden.[1] Gemäß der in Abschnitt 4.1.5 beschriebenen Vorgehensweise zur Auswertung mehrdimensionaler reflektiver Konstrukte wird zunächst eine exploratorische Faktorenanalyse über alle neun verbliebenen Indikatoren durchgeführt.[2] Wie in Tabelle 4-23 dargestellt ist, wird die Faktorenstruktur bei einem KMO von 0,919 erkannt. Darüber hinaus weisen alle Indikatoren ausreichend hohe Ladungen auf und beide Faktoren erklären kumuliert rund 73% der Varianz des Konstrukts. Zusammenfassend kann die Faktorenlösung daher angenommen werden.

Indikator		Faktor 1	Faktor 2
Transformations-fähigkeit	3.1	0,525	-0,767
	3.3	0,613	-0,938
	3.4	0,610	-0,901
	3.5	0,613	-0,959
Exploitations-fähigkeit	4.1	0,766	-0,566
	4.2	0,827	-0,587
	4.3	0,663	-0,363
	4.4	0,891	-0,582
	4.5	0,900	-0,710
Erklärte Varianz		61,919%	10,999%
Kumuliert:		61,919%	72,918%
KMO: 0,919		Extraktionsmethode: Hauptachsen-Faktorenanalyse (Oblimin Rotation)	

Tabelle 4-23: Exploratorische Faktorenanalyse über die Dimensionen der realisierten Absorptionsfähigkeit

1 Siehe Abschnitt 3.3.2.

2 Auch hier kommt eine Hauptachsen-Faktorenanalyse mit Oblimin-Rotation zum Einsatz.

In einem zweiten Schritt erfolgt die Überprüfung des mehrdimensionalen Messmodells anhand der konfirmatorischen Faktorenanalyse erster Ordnung. Das Modell mit 26 Freiheitsgraden erfüllt alle zugrundegelegten Gütekriterien. Der normierte Chi-Quadrat-Wert unterschreitet den Grenzwert mit 2,171 ebenso deutlich wie der RMSEA mit 0,049. Die Werte für TLI und CFI liegen mit 0,986 und 0,990 klar über den geforderten Minimalwerten von 0,9. Gleiches gilt auch für den GFI (0,965) und der AGFI (0,940), für die Werte über 0,9 gefordert waren. Insgesamt deutet die konfirmatorische Faktorenanalyse, deren Ergebnisse in Abbildung 4-24 dargestellt sind, daher auf eine sehr gute Anpassung des Konstrukts Openness hin.

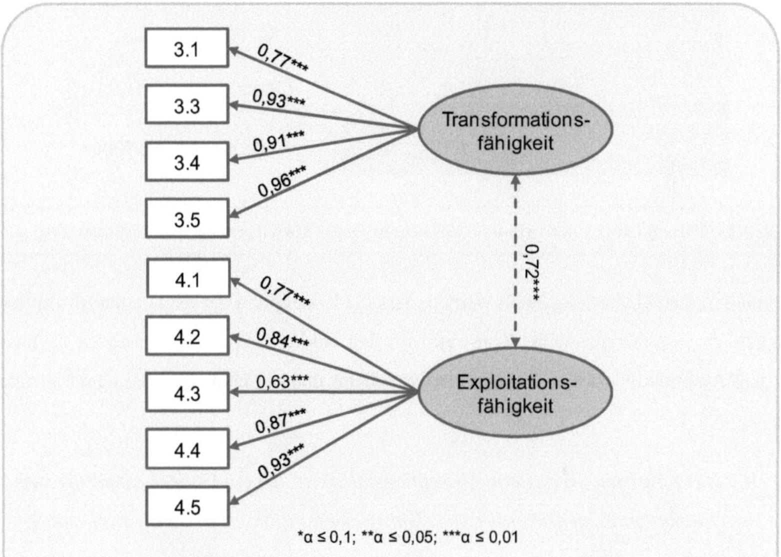

X²/df	56,452/26 = 2,171	GFI	0,965
TLI	0,986	AGFI	0,940
CFI	0,990	RMSEA	0,049

Abbildung 4-24: Konfirmatorische Faktorenanalyse des zweidimensionalen Modells realisierte Absorptionsfähigkeit

Das Vorgehen bei der Analyse mehrdimensionaler Messmodelle sieht weiter die Überprüfung auf Diskriminanzvalidität vor. Hierzu dienen in der vorliegenden Untersuchung der Chi-Quadrat Differenztest und das Fornell-Larcker-Kriterium.[1] Im Rahmen des Chi-Quadrat

[1] Zu den beiden Testverfahren siehe Abschnitt 4.1.4.3.

Differenztests ergibt sich für die Differenz der χ^2-Werte zwischen einfaktoriellem und zweifaktoriellem Modell ein Wert von 472,894.[1] Dieser übersteigt den Wert für das 5% Signifikanzniveau deutlich, weshalb hier von einem signifikant schlechteren Modellfit der einfaktoriellen Lösung gesprochen werden kann. Auch das Fornell-Larcker-Kriterium ist für das vorliegende Konstrukt erfüllt. Tabelle 4-24 verdeutlicht, dass die durchschnittlich erfassten Varianzen der Dimensionen die quadrierte Korrelation zwischen den Dimensionen übersteigen.

Dimension	TRANS	EXPL
Transformationsfähigkeit (TRANS)	0,796	
Exploitationsfähigkeit (EXP)	0,523	0,633
Fornell-Larcker-Kriterium	erfüllt	erfüllt

Tabelle 4-24: Fornell-Larcker-Kriterium für das Second-Order Modell realisierte Absorptionsfähigkeit[2]

Zusammenfassend kann festgestellt werden, dass die Konzeption der realisierten Absorptionsfähigkeit als zweidimensionales Konstrukt mit den beiden latenten Dimensionen Akquisitions- und Assimilationsfähigkeit gerechtfertigt scheint und die Hypothese H_4 damit anzunehmen ist.

> *H_4: Das Konstrukt „realisierte Absorptionsfähigkeit" ist ein latentes Konstrukt zweiter Ordnung mit den Dimensionen „Transformationsfähigkeit" und „Exploitationsfähigkeit".*

4.3.1.3 Operationalisierung der Flexibilität

Basierend auf ressourcentheoretischen Überlegungen wurde Flexibilität als letzter zentraler Faktor des Inbound Open Innovation-Erfolgs und damit als zentraler Faktor für den Innovationserfolg im Rahmen offener Innovation identifiziert.[3] Dabei wurde Flexibilität in der vorlie-

---

1 Bei einer Differenz der Freiheitsgrade von 1.

2 Die in dunklerem Grau hinterlegten Werte auf der Diagonalen stellen die jeweiligen durchschnittlich erfassten Varianzen der Dimensionen dar, der hellgrau hinterlegte Wert die quadrierte Korrelation zwischen den Dimensionen.

3 Siehe Abschnitt 3.4.

genden Untersuchung als mehrdimensionales Konstrukt zweiter Ordnung definiert.[1] Die beiden Dimensionen strategische Flexibilität (4.3.1.3.1) und strukturelle Flexibilität (0) sollen im Folgenden analysiert werden. Im Anschluss daran erfolgt in Abschnitt 4.3.1.3.3 die Überprüfung des Gesamtkonstrukts.

4.3.1.3.1 Operationalisierung der Dimension strategische Flexibilität

Die erste Dimension des Konstrukts Flexibilität ist die strategische Flexibilität. Strategische Flexibilität beschreibt in diesem Zusammenhang die Fähigkeit eines Unternehmens, sich strategisch so auszurichten, dass es auf Umweltänderungen mit der Anpassung der eigenen Ressourcen- und Kompetenzbasis zu reagieren kann. [2] Die strategische Flexibilität stellt ein weit verbreitetes und gut entwickeltes Konstrukt der Managementforschung dar. Zur Entwicklung der hier verwendeten Skala konnte daher auf die etablierte Operationalisierung von Zhou/Wu (2010) zurückgegriffen werden, die auf theoretischen Überlegungen von Sanchez (1995) basiert. Bei der leichten Anpassung der Skala an die Anforderungen der vorliegenden Untersuchung wurden Überlegungen aus Arbeiten zur strategischen Flexibilität von Nadkarni/Narayanan (2007) und Grewal/Tansuhaj (2001) einbezogen.[3]

Auf diese Weise konnten sechs Indikatoren für den Fragebogen generiert werden. Hiervon konnten nach dem Durchlauf aller notwendigen Prüfschritte vier Indikatoren beibehalten werden.[4] Hinsichtlich der Gütekriterien erster Generation ist festzustellen, dass Cronbachs Alpha mit 0,856 über dem geforderten Grenzwert liegt.[5] Auch die Item-to-Total-Korrelationen weisen hohe Werte auf und liegen deutlich über dem geforderten Wert von 0,4. Mittels explorativer Hauptachsen-Faktorenanalyse,[6] deren Voraussetzung mit einem KMO von 0,817 gegeben war, konnte ein Faktor extrahiert werden, der 60,451% der Varianz erklärt. Die exploratorischen Faktorladungen liegen ebenfalls deutlich über dem geforderten Mindestwert von 0,4.

Für die Kriterien der zweiten Generation zeigt sich im Hinblick auf die lokalen Anpassungsmaße, dass sowohl die Indikatorreliabilitäten (mit einem Minimum von 0,479), als auch die Faktorreliabilität (0,858) sowie die durchschnittlich erfasste Varianz (0,604) über den

---

1 Siehe Abschnitt 3.4.1.
2 Siehe Abschnitt 3.4.1.
3 Vgl. auch Nadkarni/Herrmann (2010).
4 Siehe hierzu Abbildung 4-14.
5 Siehe Abschnitt 4.1.4.1.
6 Mit schiefwinkliger Oblimin-Rotation. Siehe Abschnitt 4.1.4.1.

zugrundegelegten Grenzwerten liegen.[1] Die verschiedenen Gütemaße der ersten und zweiten Generation für das Messmodell der strategischen Flexibilität werden in Tabelle 4-25 dargestellt.

Strategische Flexibilität			
Kriterien der ersten Generation			
	Indikatoren	Item-to-Total-Korrelation	Exploratorische Faktorladung
5.2	Wir sind strategisch flexibel, wenn es um die Rekonfiguration der Wertschöpfung geht.	0,640	0,696
5.4	Unsere Strategie betont die flexible Bereitstellung von Produktionsressourcen, um Produktvariationen herstellen zu können.	0,670	0,733
5.5	Unsere strategische Flexibilität sieht die häufige Anpassung unserer Unternehmensressourcen vor.	0,730	0,812
5.6	Insgesamt verlangt unsere strategische Ausrichtung ein hohes Maß an Flexibilität.	0,763	0,859

Deskriptive Beurteilungskennzahl	
Cronbachs Alpha	0,856

Exploratorische Faktorenanalyse			
Extraktionsmethode	Hauptachsen-Faktorenanalyse	Anzahl extrahierter Faktoren	1
Kaiser-Meyer-Olkin-Kriterium	0,817	Erklärte Varianz	60,451%

Kriterien der zweiten Generation		
Lokale Anpassungsmaße		
Indikatorreliabilität	Indikatoren	Konfirmatorische Faktorladung
0,479	Wir sind strategisch flexibel, wenn es um die Rekonfiguration der Wertschöpfung geht.	
0,534	Unsere Strategie betont die flexible Bereitstellung von Produktionsressourcen, um Produktvariationen herstellen zu können.	
0,663	Unsere strategische Flexibilität sieht die häufige Anpassung unserer Unternehmensressourcen vor.	
0,742	Insgesamt verlangt unsere strategische Ausrichtung ein hohes Maß an Flexibilität.	

Faktorreliabilität	0,858	Durchschnittlich erfasste Varianz	0,604
Globale Anpassungsmaße			
X^2/df	0,5443/2 = 0,272	GFI	0,999
TLI	1,006	AGFI	0,995
CFI	1,000	RMSEA	0,000

Tabelle 4-25: Gütemaße für das Messmodell der Dimension strategische Flexibilität

[1] Siehe zu den Grenzwerten der verschiedenen Gütekriterien Tabelle 4-6.

Auch alle globalen Anpassungsmaße sind erfüllt. Auffällig ist dabei zum einen, dass der TLI mit 1,006 einen Wert über und der CFI einen Wert gleich Eins annimmt. Beide Werte liegen damit jedoch in ihrem möglichen Wertebereich.[1] Der RMSEA nimmt den Wert Null an, was sich mathematisch darauf zurückführen lässt, dass der Chi-Quadrat-Wert kleiner als die Zahl der Freiheitsgrade ist.[2] Das 90%-Konfidenzintervall des RMSEA liegt jedoch zwischen 0,00 und 0,06, so dass auch dieses Kriterium auf eine gute Modellpassung hindeutet. Zusammenfassend lässt sich damit feststellen, dass alle hier zugrundegelegten Gütekriterien für das Messmodell der strategischen Flexibilität erfüllt sind und somit von einer guten Messung gesprochen werden kann.

4.3.1.3.2 Operationalisierung der Dimension strukturelle Flexibilität

Die zweite Dimension des Konstrukts Flexibilität ist die strukturelle Flexibilität. Strukturelle Flexibilität beschreibt die Fähigkeit eines Unternehmens, eine Unternehmensstruktur zu schaffen, mit Hilfe derer es in der Lage ist, schnell auf Änderungen, die im Rahmen offener Innovation zutage treten, zu reagieren.[3] Für das Konstrukt konnte im Schrifttum keine vollständig adoptierbare Skala identifiziert werden. Jedoch finden sich im Schrifttum thematisch verwandte Operationalisierungen, auf die für die Skalenentwicklung zurückgegriffen werden konnte. Als Basis diente hierbei die Arbeit von Giere (2007), dessen Operationalisierung auf Burmann (2002) und Becker (2005) zurückgeht.[4] Giere (2007) beschreibt das von ihm verwendete Konstrukt der Organisationsstruktur als „Ausmaß der Unterstützung von Veränderung durch die Organisationsstruktur"[5], worin die inhaltliche Nähe zu dem hier verwendeten Konstrukt der strukturellen Flexibilität deutlich wird. Diese Skala wurde auf den Untersuchungskontext angepasst und durch Indikatoren erweitert, die aus einer Skala des ebenfalls verwandten Konstrukts Structural Alignment von Lok et al. (2005) gewonnen werden konnten. Die verschiedenen Gütemaße der ersten und zweiten Generation für das Messmodell der strukturellen Flexibilität werden in Tabelle 4-26 dargestellt.

---

1 Siehe Abschnitt 4.1.4.1. Hier insbesondere die Formeln (16) und (17).
2 Siehe Formel (12) und (11).
3 Siehe Abschnitt 3.4.1.
4 Vgl. Burmann (2002), S. 383; Becker (2005), S. 292 ff.
5 Giere (2007), S. 236.

Organisationsstrukturelle Flexibilität			
Kriterien der ersten Generation			
	Indikatoren	Item-to-Total-Korrelation	Exploratorische Faktorladung
6.1	Unsere Unternehmensstruktur umfasst wenige Hierarchieebenen (im Vergleich zu unserer Unternehmensgröße).	0,737	0,777
6.2	Unsere Organisationsstruktur ermöglicht es, dass wichtige Entscheidungen schnell und unbürokratisch getroffen werden können.	0,854	0,919
6.3	Unsere Strukturen lassen horizontale Kommunikation zu.	0,662	0,693
6.4	Unsere Unternehmensstruktur ermöglicht kurze Entscheidungswege (im Vergleich zu unserer Unternehmensgröße).	0,860	0,925
6.5	Unsere Struktur betont eine geringe Entscheidungszentralisation (Local Empowerment).	0,676	0,708

Deskriptive Beurteilungskennzahl	
Cronbachs Alpha	0,902

Exploratorische Faktorenanalyse			
Extraktionsmethode	Hauptachsen-Faktorenanalyse	Anzahl extrahierter Faktoren	1
Kaiser-Meyer-Olkin-Kriterium	0,861	Erklärte Varianz	65,741%

Kriterien der zweiten Generation		
Lokale Anpassungsmaße		
Indikator-reliabilität	Indikatoren	Konfirmatorische Faktorladung
0,589	Unsere Unternehmensstruktur umfasst wenige Hierarchieebenen (im Vergleich zu unserer Unternehmensgröße).	
0,873	Unsere Organisationsstruktur ermöglicht es, dass wichtige Entscheidungen schnell und unbürokratisch getroffen werden können.	
0,456	Unsere Strukturen lassen horizontale Kommunikation zu.	
0,880	Unsere Unternehmensstruktur ermöglicht kurze Entscheidungswege (im Vergleich zu unserer Unternehmensgröße).	
0,471	Unsere Struktur betont eine geringe Entscheidungszentralisation (Local Empowerment).	

Faktorreliabilität	0,910	Durchschnittlich erfasste Varianz	0,678
Globale Anpassungsmaße			
X^2/df	11,902/5 = 2,380	GFI	0,987
TLI	0,991	AGFI	0,960
CFI	0,995	RMSEA	0,053

Tabelle 4-26: Gütemaße für das Messmodell der Dimension organisationsstrukturelle Flexibilität

Im Rahmen der Überprüfung des reflektiven Messmodells zeigten fünf der sechs Indikatoren ausreichend hohe Reliabilität sowie Validität und konnten somit beibehalten werden.[1] Die Item-to-Total-Korrelationen aller verbliebenen Indikatoren weisen Werte auf, die über dem Grenzwert von 0,4 liegen. Das hohe Cronbach Alpha von 0,861 deutet auf eine sehr hohe interne Konsistenz der Skala hin.[2] Im Rahmen der exploratorischen Faktorenanalyse konnte ein Faktor extrahiert werden, der mit 65,741% einen Großteil der Varianz erklärt. Die exploratorischen Faktorladungen weisen bei einem Minimum von 0,693 ebenfalls sehr gute Werte auf.

Die Gütekriterien zweiter Generation sind ebenfalls erfüllt. Die Faktorreliabilität liegt mit 0,910 ebenso wie die durchschnittlich erfasste Varianz mit 0,678 über den zugrundegelegten Grenzwerten von 0,6 beziehungsweise 0,5.[3] Gleiches lässt sich für die Indikatorreliabilitäten beobachten, die alle Werte über 0,4 annehmen. Auch die globalen Anpassungsmaße sind im Hinblick auf die zugrundegelegten Grenzwerte durchweg erfüllt. Insgesamt kann daher von einer sehr guten Passung des Messmodells gesprochen werden.

4.3.1.3.3 Untersuchung des mehrdimensionalen Konstrukts Flexibilität

Nach der Überprüfung und Bereinigung der Messmodelle für die Einzeldimensionen strategische und organisationsstrukturelle Flexibilität wird im Folgenden das übergeordnete Konstrukt Flexibilität betrachtet. Ziel ist die Bestätigung der deskriptiven Hypothese H_8.[4] Zunächst wird bei der Auswertung mehrdimensionaler reflektiver Konstrukte zunächst eine exploratorische Faktorenanalyse durchgeführt.[5] Der KMO von 0,878 spricht für die Eignung der Korrelationsmatrix und damit die Interpretierbarkeit der Ergebnisse. Diese sind in Tabelle 4-27 dargestellt. Die theoretisch hergeleitete Faktorenstruktur konnte erkannt werden, alle Indikatoren weisen ausreichend hohe Ladungen auf und die beiden Faktoren erklären kumuliert rund 64% der Varianz des Konstrukts. Insgesamt kann die Faktorenlösung daher angenommen werden.

---

1 Siehe hierzu Abbildung 4-14.
2 Siehe Abschnitt 4.1.4.1.
3 Siehe zu den Grenzwerten der verschiedenen Gütekriterien Tabelle 4-6.
4 Siehe Abschnitt 3.4.1.
5 Auch hier kommt eine Hauptachsen-Faktorenanalyse mit Oblimin-Rotation zum Einsatz.

Indikator		Faktor 1	Faktor 2
Strategische Flexibilität	5.1	0,486	0,702
	5.3	0,392	0,730
	5.5	0,414	0,811
	5.6	0,462	0,859
Organisations-strukturelle Flexibilität	6.1	0,776	0,428
	6.2	0,920	0,472
	6.3	0,695	0,458
	6.4	0,926	0,451
	6.5	0,709	0,433
Erklärte Varianz		50,084%	13,759%
Kumuliert:		50,084%	63,843%
KMO: 0,878		Extraktionsmethode: Hauptachsen-Faktorenanalyse (Oblimin Rotation)	

Tabelle 4-27: Exploratorische Faktorenanalyse über die Dimensionen der Flexibilität

Im Anschluss an die exploratorische Faktorenanalyse erfolgt die Überprüfung des mehrdimensionalen Messmodells anhand einer konfirmatorischen Faktorenanalyse. Abbildung 4-25 zeigt die Ergebnisse der Analyse für das zweidimensionale Konstrukt potentielle Absorptionsfähigkeit. Die zugrundegelegten Kriterien normierter Chi-Quadrat-Wert (2,833) und RMSEA (0,061) unterschreiten die Grenzwerte. Die Werte für TLI (0,973), CFI (0,981), GFI (0,981) und AGFI (0,930) liegen klar über den in Abschnitt 4.1.4.1 definierten Grenzwerten. Insgesamt deutet die konfirmatorische Faktorenanalyse daher auf eine sehr gute Anpassung des Konstrukts Flexibilität hin.

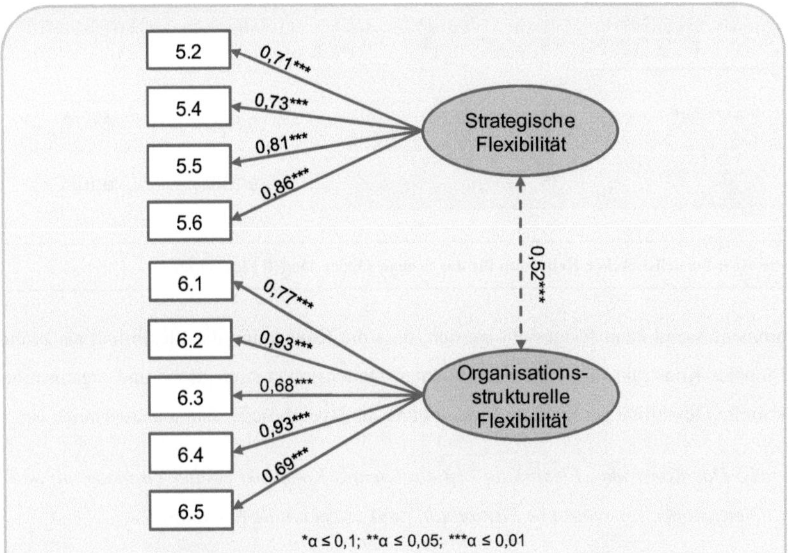

X²/df	73,6477/26 = 2,833	GFI	0,981
TLI	0,973	AGFI	0,930
CFI	0,981	RMSEA	0,061

Abbildung 4-25: Konfirmatorische Faktorenanalyse des zweidimensionalen Modells Flexibilität

Das Vorgehen bei der Analyse mehrdimensionaler Messmodelle sieht darüber hinaus die Überprüfung auf Diskriminanzvalidität der Konstruktdimensionen anhand des Chi-Quadrat Differenztest und des Fornell-Larcker-Kriteriums vor.[1] Im Rahmen des Chi-Quadrat Differenztests ergibt sich für die Differenz der χ^2-Werte zwischen einfaktoriellem und zweifaktoriellem Modell ein Wert von 458,5173 bei einer Differenz der Freiheitsgrade von 1. Dieser übersteigt den Wert für das 5%-Signifikanzniveau deutlich, weshalb hier von einem signifikant schlechteren Modellfit der einfaktoriellen Lösung gesprochen werden kann. Auch das Fornell-Larcker-Kriterium ist für das vorliegende Konstrukt erfüllt. Tabelle 4-28 zeigt, dass die durchschnittlich erfassten Varianzen der Dimensionen die quadrierte Korrelation zwischen den Dimensionen übersteigen.

[1] Zu den beiden Testverfahren siehe Abschnitt 4.1.4.3.

Dimension	sFlex	oFlex
Strategische Flexibilität (sFlex)	0,604	
Organisationsstrukturelle Flexibilität (oFlex)	0,599	0,678
Fornell-Larcker-Kriterium	erfüllt	erfüllt

Tabelle 4-28: Fornell-Larcker-Kriterium für das Second-Order Modell Flexibilität

Zusammenfassend kann festgestellt werden, dass die Konzeption der Flexibilität als zweidimensionales Konstrukt mit den beiden latenten Dimensionen strategische und organisationsstrukturelle Flexibilität gerechtfertigt scheint und die Hypothese H_8 damit anzunehmen ist:

> *H_8: Das Konstrukt „Flexibilität" ist ein latentes Konstrukt zweiter Ordnung mit den Dimensionen „strategische Flexibilität" und „strukturelle Flexibilität".*

4.3.1.4 Überblick über die unabhängigen Konstrukte

In den vorangegangenen Abschnitten wurden die unabhängigen Konstrukte operationalisiert und analysiert. Dabei konnten vier Second-Order-Konstrukte nachgewiesen werden, die sich aus jeweils zwei Dimensionen zusammensetzen. Aufgrund der zum Teil großen inhaltlichen Nähe dieser Dimensionen empfiehlt sich eine abschließende Überprüfung auf Diskriminanzvalidität. Eine solche Überprüfung soll im Folgenden anhand des strengen Fornell-Larcker-Kriteriums erfolgen. Dabei fließen alle acht Faktoren gleichzeitig in die Analyse ein. Die Ergebnisse der dazugehörigen konfirmatorischen Faktorenanalyse werden in Abbildung 4-26 dargestellt.[1]

[1] Die konfirmatorische Faktorenanalyse dient hierbei vor allem zur Bestimmung der paarweisen Korrelationen zwischen den Dimensionen.

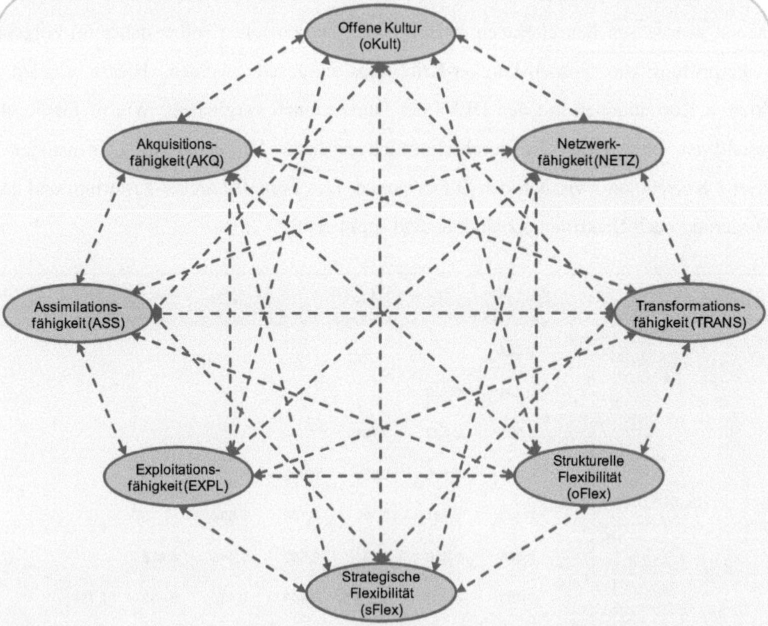

*α ≤ 0,1; **α ≤ 0,05; ***α ≤ 0,01

Korrelationen

Dimension	AKQ	ASS	TRANS	EXPL	sFlex	oFlex	oKult
ASS	0,636***						
TRANS	0,632***	0,657***					
EXPL	0,712***	0,693***	0,747***				
sFlex	0,404***	0,517***	0,388***	0,423***			
oFlex	0,684***	0,671***	0,628***	0,743***	0,669***		
oKult	0,671***	0,639***	0,573***	0,67***	0,334***	0,657***	
NETZ	0,562***	0,559***	0,59***	0,677***	0,617***	0,723***	0,547***

Globale Gütekriterien

X²/df	2158,6644/499 = 4,325	GFI	0,935
TLI	0,840	AGFI	0,922
CFI	0,858	RMSEA	0,082

Abbildung 4-26: Konfirmatorische Faktorenanalyse über alle Dimensionen[1]

[1] Der Übersichtlichkeit halber sind die Korrelationen zwischen den Konstrukten tabellarisch aufgeführt.

Im Hinblick auf die hohe Komplexität kann die Anpassung des Modells insgesamt als zufriedenstellend bewertet werden.[1] Die im Rahmen der konfirmatorischen Faktorenanalyse gewonnenen paarweisen Korrelationen zwischen den Dimensionen sollen daher im Folgenden zur Überprüfung des Fornell-Larcker-Kriteriums eingesetzt werden. Hierzu werden die quadrierten Korrelationen mit den DEVs der Dimensionen verglichen.[2] Wie in Tabelle 4-29 dargestellt ist, übersteigen die durchschnittlich erfassten Varianzen der Dimensionen die quadrierte Korrelation zwischen den Dimensionen. Das Fornell-Larcker-Kriterium und damit die Forderung nach Diskriminanzvalidität sind somit erfüllt.

Dimension	AKQ	ASS	TRANS	EXPL	sFlex	oFlex	oKult	NETZ
Akquisitionsfähigkeit (AKQ)	**0,654**							
Assimilationsfähigkeit (ASS)	0,404	**0,720**						
Transformationsfähigkeit (TRANS)	0,399	0,432	**0,796**					
Exploitationsfähigkeit (EXPL)	0,507	0,480	0,558	**0,633**				
Strategische Flexibilität (sFlex)	0,163	0,267	0,151	0,179	**0,604**			
Organisationsstrukturelle Flexibilität (oFlex)	0,468	0,450	0,394	0,552	0,448	**0,678**		
Offene Innovationskultur (oKult)	0,450	0,408	0,328	0,449	0,112	0,432	**0,756**	
Netzwerkfähigkeit (NETZ)	0,316	0,312	0,348	0,458	0,381	0,523	0,534	**0,729**
Fornell-Larcker-Kriterium	erfüllt	erfüllt	erfüllt	erfüllt	erfüllt	erfüllt	erfüllt	erfüllt

Tabelle 4-29: Fornell-Larcker-Kriterium über alle abhängigen Konstrukte[3]

4.3.2 Operationalisierung des abhängigen Konstrukts

Analog zu der zuvor vorgestellten Operationalisierung der unabhängigen Konstrukte soll im Folgenden das abhängige Konstrukt operationalisiert werden. Als abhängiges Konstrukt dient in der vorliegenden Untersuchung der Innovationserfolg.[4] Da Innovationserfolg zu einem intensiv erforschten Konstrukt in der Management-Forschung zählt,[5] soll hier auf etablierte

[1] Aufgrund der hohen Modellkomplexität wurde hier der korrigierte $\overline{GFI}$ und $\overline{AGFI}$ verwendet. Siehe hierzu Abschnitt 4.1.4.1.

[2] Siehe Abschnitt 4.1.4.3.

[3] Die in dunklerem Grau hinterlegten Werte auf der Diagonalen stellen die jeweiligen durchschnittlich erfassten Varianzen der Dimensionen dar, die hellgrau hinterlegten Werte die quadrierte Korrelation zwischen den Dimensionen.

[4] Siehe Abschnitt 3.1.

[5] Siehe Abschnitt 2.2.1.

Indikatoren zurückgegriffen werden. Die Operationalisierung orientierte sich dabei an dem Vorgehen und der Skala von Lichtenthaler (2009a), die auf Arbeiten von Dyer/Song (1997) und Song/Dyer/Thieme (2006) basiert.[1] Maßgeblich war dabei die Skala von Song/Dyer/Thieme (2006), die lediglich um einen Indikator erweitert wurde.

Auf diese Weise wurde eine sechs Indikatoren umfassende reflektive Skala für den Fragebogen generiert, von der fünf Indikatoren beibehalten werden konnten. Das Cronbachs Alpha lässt mit einem Wert von 0,860 auf eine ausreichend hohe interne Konsistenz der Skala schließen.[2] Die Item-to-Total-Korrelationen der drei verbliebenen Indikatoren weisen mit einem Minimum von 0,606 Werte auf, die deutlich über dem geforderten Grenzwert von 0,4 liegen. Im Rahmen der exploratorischen Faktorenanalyse (mit einem ausreichend hohen KMO von 0,860) konnte ein Faktor extrahiert werden, der 60,476% der Varianz erklärt. Die exploratorischen Faktorladungen weisen bei einem Minimum von 0,645 ebenfalls Werte über dem Grenzwert von 0,4 auf.

Auch die Kriterien zweiter Generation weisen zufriedenstellende Werte auf. Die lokalen Anpassungsmaße Faktorreliabilität (0,883), durchschnittlich erfasste Varianz (0,603) und die Indikatorreliabilitäten erfüllen ebenfalls die zugrundegelegten Grenzwerte.[3] Gleiches gilt auch für die globalen Anpassungsmaße. Zusammenfassend lässt sich damit feststellen, dass alle hier zugrundegelegten Gütekriterien für das Messmodell der Exploitationsfähigkeit erfüllt sind und somit von einer guten Messung ausgegangen werden kann. Die verschiedenen Gütemaße der ersten und zweiten Generation für das Messmodell des Innovationserfolgs werden in Tabelle 4-30 dargestellt.

---

[1] Vgl. auch Parry/Song (1993); Song/Kawakami/Stringfellow (2010).
[2] Siehe Abschnitt 4.1.4.1.
[3] Siehe zu den Grenzwerten der verschiedenen Gütekriterien Tabelle 4-6.

Innovationserfolg				
Kriterien der ersten Generation				
	Indikatoren		Item-to-Total-Korrelation	Exploratorische Faktorladung
9.2	Aus übergeordneter Profitabilitätssicht ist unser Neuproduktprogramm als höchst erfolgreich zu bezeichnen.		0,702	0,763
9.3	Unser Neuproduktprogramm ist deutlich erfolgreicher als das unserer wichtigsten Wettbewerber.		0,807	0,884
9.4	Im Vergleich mit unseren wichtigsten Wettbewerbern verfügen wir über kurze Produktentwicklungszyklen.		0,606	0,645
9.5	Die Qualität unserer Neuprodukte ist signifikant höher als die unserer Wettbewerber.		0,694	0,744
9.6	Insgesamt ist unser Unternehmen eines der innovativsten in der Branche.		0,768	0,831
Deskriptive Beurteilungskennzahl				
	Cronbachs Alpha		0,881	
Exploratorische Faktorenanalyse				
Extraktionsmethode	Hauptachsen-Faktorenanalyse	Anzahl extrahierter Faktoren	1	
Kaiser-Meyer-Olkin-Kriterium	0,860	Erklärte Varianz	60,476%	
Kriterien der zweiten Generation				
Lokale Anpassungsmaße				
Indikatorreliabilität	Indikatoren	Konfirmatorische Faktorladung		
0,616	Aus übergeordneter Profitabilitätssicht ist unser Neuproduktprogramm als höchst erfolgreich zu bezeichnen.			
0,787	Unser Neuproduktprogramm ist deutlich erfolgreicher als das unserer wichtigsten Wettbewerber.			
0,411	Im Vergleich mit unseren wichtigsten Wettbewerbern verfügen wir über kurze Produktentwicklungszyklen.			
0,544	Die Qualität unserer Neuprodukte ist signifikant höher als die unserer Wettbewerber.			
0,665	Insgesamt ist unser Unternehmen eines der innovativsten in der Branche.			
Faktorreliabilität	0,883	Durchschnittlich erfasste Varianz	0,603	
Globale Anpassungsmaße				
X^2/df	18,539/5 = 3,708	GFI	0,972	
TLI	0,969	AGFI	0,916	
CFI	0,985	RMSEA	0,074	

Tabelle 4-30: Gütemaße für das Messmodell des Innovationserfolgs

4.3.3 Analyse des Strukturmodells

In den vorangegangenen Abschnitten wurden sowohl die potentiellen Erfolgsfaktoren als auch das abhängige Konstrukt des Innovationserfolgs operationalisiert und hinsichtlich ihrer Reliabilität und Validität untersucht. Damit wurden die Voraussetzungen für die Analyse des Strukturmodells und die Überprüfung der explikativen Hypothesen geschaffen. Im Folgenden soll daher das Gesamtmodell betrachtet werden, um zunächst die Erfolgswirkung der Faktoren Offenheit, realisierte Absorptionsfähigkeit und Flexibilität zu prüfen. Weiterhin soll im Rahmen der Analyse des Strukturmodells die postulierte Beziehung zwischen potentieller und realisierter Absorptionsfähigkeit kontrolliert werden.

Das Strukturmodell, welches sich mit 690 Freiheitsgraden durch eine sehr hohe Komplexität auszeichnet, und die Maße zur Beurteilung der Modellpassung sind in Abbildung 4-27 dargestellt. Das Modell umfasst insgesamt neun Konstrukte erster Ordnung, die durch 71 Indikatoren repräsentiert werden. Acht dieser Konstrukte sind darüber hinaus Dimensionen von Messmodellen höherer Ordnung. Trotz der beachtlichen Komplexität des Modells liegen RMSEA und normierter Chi-Quadrat-Wert mit 0,062 beziehungsweise 2,929 unter den zugrundegelegten Grenzwerten. Der CFI liegt mit 0,902 ebenfalls über dem geforderten Minimalwert, wohingegen der TLI diesen mit 0,894 minimal unterschreitet. Die korrigierten Werte für $\overline{GFI}$ (0,944) und $\overline{AGFI}$ (0,936) erfüllen die gestellten Anforderungen jedoch klar. In Anbetracht der hohen Modellkomplexität kann daher insgesamt von einer hohen Modellgüte ausgegangen werden.

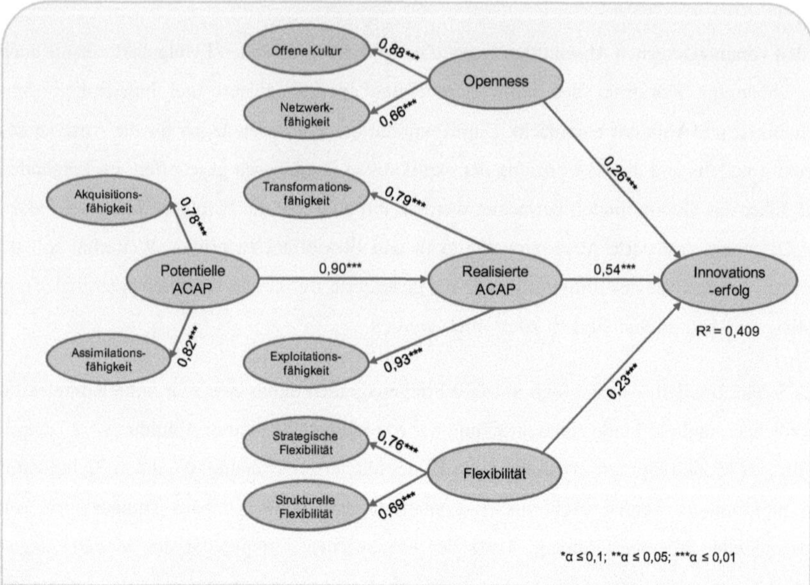

X²/df	2021,3368/690 = 2,929	GFI	0,944
TLI	0,894	AGFI	0,936
CFI	0,902	RMSEA	0,062

Abbildung 4-27: Strukturmodell zur Erfolgswirkung von Offenheit, Absorptionsfähigkeit und Flexibilität

Das Strukturmodell gibt Auskunft über die Wirkungsbeziehungen zwischen den latenten Konstrukten. Es wird ersichtlich, dass die Pfadbeziehung zwischen Offenheit und Innovationserfolg auf dem 1%-Niveau signifikant ist und damit einen Faktor für den Innovationserfolg darstellt. Gleiches gilt sowohl für die Pfadbeziehung zwischen realisierter Absorptionsfähigkeit und Innovationserfolg als auch für die Beziehung zwischen Flexibilität und Innovationserfolg, die ebenfalls hochsignifikant (auf 1%-Niveau) ausfallen. Insgesamt erklären die drei Erfolgsfaktoren rund 41% des Innovationserfolgs, was vor dem Hintergrund der Untersuchungsfragestellung als sehr gutes Ergebnis interpretiert werden kann. Die drei explikativen Kernhypothesen H_1, H_6, H_7 der vorliegenden Untersuchung können damit angenommen werden:

H_1: Je größer die „Openness“ eines Unternehmens, desto größer ist auch sein Innovationserfolg.

H_6: Je größer die „realisierte Absorptionsfähigkeit" eines Unternehmens, desto größer ist auch sein Innovationserfolg.

H_7: Je größer die „Flexibilität" eines Unternehmens, desto größer ist auch sein Innovationserfolg.

Der Erfolgsbeitrag der drei identifizierten Erfolgsfaktoren fällt jedoch sehr unterschiedlich aus. Die realisierte Absorptionsfähigkeit leistet mit einer beachtlichen Pfadstärke von 0,54 den höchsten Erfolgsbeitrag der drei Konstrukte. Die anderen beiden Erfolgsfaktoren Offenheit und Flexibilität weisen mit Pfadkoeffizienten von 0,26 beziehungsweise 0,23 eine sehr ähnliche Erfolgsbedeutung auf, liegen damit jedoch deutlich unter der Absorptionsfähigkeit. Dennoch kann die Bedeutung aller drei Faktoren als substantiell bezeichnet werden. Abbildung 4-28 setzt die drei Open Innovation-Erfolgsfaktoren in Relation zueinander und verdeutlicht ihre verschiedenartige Bedeutung.

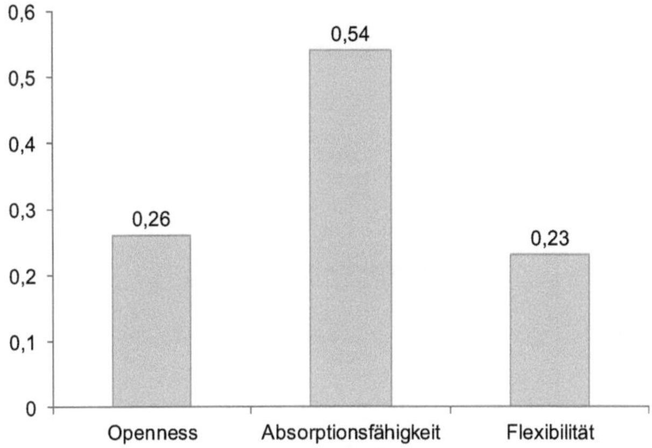

Abbildung 4-28: Bedeutung der Faktoren für den Innovationserfolg

Das Strukturmodell gibt auch Auskunft über die Beziehung zwischen potentieller und realisierter Absorptionsfähigkeit. Die potentielle Absorptionsfähigkeit, die in der vorliegenden Untersuchung als Determinante der direkt erfolgswirksamen realisierten Absorptionsfähigkeit konzeptionalisiert wurde, hat auf diese einen hochsignifikanten Einfluss (auf 1%-Niveau). Die Effektstärke weist mit 0,90 einen sehr hohen Wert auf. Hypothese H_5 ist daher ebenfalls anzunehmen:

H_5: Je größer die „potentielle Absorptionsfähigkeit" eines Unternehmens, desto größer ist auch seine „realisierte Absorptionsfähigkeit".

Bei der Spezifikation der Absorptionsfähigkeit wurde angenommen, dass allein die realisierte Absorptionsfähigkeit einen direkten Beitrag zum Innovationserfolg zu generieren vermag. Damit wurde unterstellt, dass der Erfolgsbeitrag der potentiellen Absorptionsfähigkeit vollständig durch die realisierte Absorptionsfähigkeit mediiert wird. Obgleich sachlogische und konzeptionelle Überlegungen ebenso wie die bisher im Rahmen der Modellauswertung gefundenen Ergebnisse diese Spezifikation rechtfertigen,[1] soll die Annahme hier anhand einer alternativen Modellspezifikation, wie sie in Abbildung 4-29 dargestellt ist, überprüft werden. Dabei wird zusätzlich zu der indirekten Erfolgswirkung über die realisierte Absorptionsfähigkeit eine direkte Wirkung auf den Innovationserfolg zugelassen. Diese Pfadbeziehung ist im Strukturmodell jedoch nicht signifikant, was als weitere Bestätigung von Hypothese H_5 gewertet werden kann.

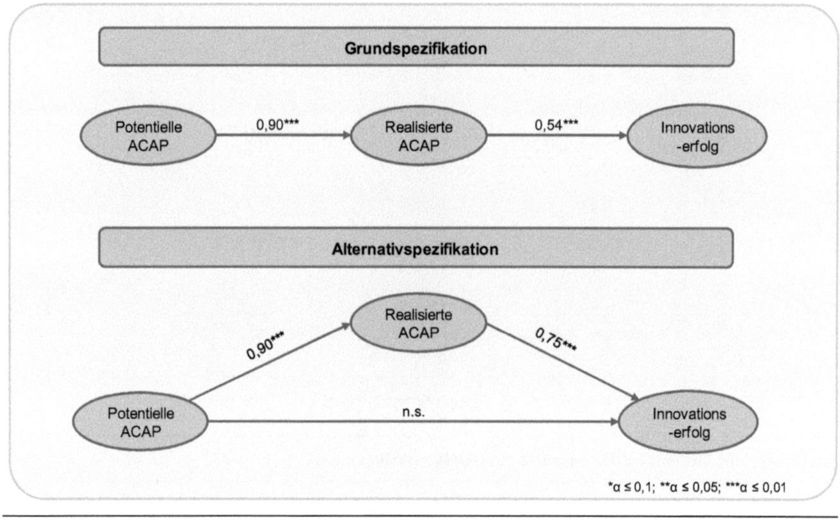

Abbildung 4-29: Mediierender Effekt der realisierten Absorptionsfähigkeit[2]

[1] Siehe hierzu Abschnitt 3.

[2] Zur besseren Übersichtlichkeit zeigt die Abbildung nur einen Ausschnitt des Strukturmodells.

5. Zusammenfassung und Implikationen der Untersuchung

Im nachfolgenden Kapitel sollen die Ergebnisse und die sich daraus ableitenden Implikationen der vorliegenden Untersuchung vorgestellt werden. Zunächst wird hierzu in Abschnitt 5.1 ein abschließender Überblick über die zentralen Ergebnisse der Untersuchung gegeben. Im Anschluss daran wird in Abschnitt 5.2 auf die möglichen Implikationen für die betriebswirtschaftliche Forschung eingegangen, die sich aus den Untersuchungsergebnissen ergeben. Abschließend soll in Abschnitt 5.3 der Versuch unternommen werden, Implikationen für die Unternehmens- und Verwaltungspraxis abzuleiten und gegebenenfalls Handlungsempfehlungen abzugeben.

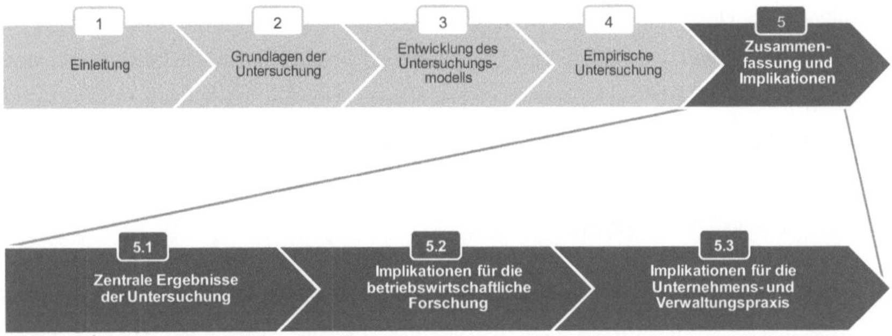

Abbildung 5-1: Kapitel 5 der Untersuchung

5.1 Zentrale Ergebnisse

Innovation ist nach wie vor eines der dominierenden Themen, wenn es um die Wettbewerbsfähigkeit von Unternehmen, ja sogar ganzen Volkswirtschaften geht. Das Thema Innovation ist im Rahmen des dynamischen und globalen Wettbewerbs aktueller denn je. Im Zuge dessen hat das Phänomen der Open Innovation in den letzten Jahren immer stärker an Bedeutung gewonnen. Viele Unternehmen haben erkannt, dass sie sich vor dem Hintergrund neuer Herausforderungen nicht mehr ausschließlich auf „interne“ Innovation verlassen können. Prominente Fälle illustrieren das Scheitern des geschlossenen Innovationsmodells. Infolge dessen versuchen heute immer mehr Unternehmen, die Prinzipien der Open Innovation, die als offene Grundhaltung gegenüber dem Gegenstand der Innovation zusammengefasst werden können, zu implementieren. Neu sind dabei weniger die Instrumente der Open Innovation, als vielmehr eine integrierte offene Sichtweise der Innovation, von Chesbrough als Open Innovation Paradigma bezeichnet. So stellte sich die Ausgangssituation der Untersuchung dar.[1]

Obwohl die Prinzipien der Open Innovation heute in nahezu alle (innovationsgetriebenen) Industrien Einzug gehalten haben und ihre Erfolgsrelevanz sowohl in der Praxis als auch der Wissenschaft kaum bestritten wird, offenbarte die Analyse des Innovationsschrifttums eine bemerkenswerte Unklarheit bezüglich der Erfolgsfaktoren im Rahmen offener Innovation.[2] Diese Beobachtung korrespondiert mit den zahlreichen Bestandsaufnahmen des stark fragmentierten klassischen Innovationserfolgsfaktoren-Schrifttums.[3]

Im Gegensatz zur höchst umfangreichen klassischen Innovationsforschung, deren Probleme vor allem auf die große Anzahl sowie Heterogenität der Erfolgsfaktoren zurückgeht, wurden im Rahmen der Open Innovation bislang nur vereinzelte Versuche unternommen, (spezifische) Erfolgsfaktoren zu identifizieren.[4] Die theoretisch fundierten Ansätze beschränken sich auf wenige konzeptionelle und noch wenigere empirische Arbeiten.[5] Insbesondere ließ sich im Rahmen der Open Innovation ein eklatanter Mangel an hypothesengeleiteten komplexempirischen Arbeiten feststellen, die Antworten auf die Frage nach in diesem Kontext relevanten Innovationserfolgsfaktoren geben.

An dieser Stelle sollte die vorliegende Untersuchung anknüpfen. Daher wurde als zentrale Untersuchungsfragestellung formuliert, welche Faktoren im Kontext der Inbound Open Innovation erfolgsrelevant sind.[6] Die Eingrenzung des Untersuchungsgegenstands auf den Teilprozess der Inbound Open Innovation[7] wurde aus Komplexitätsgründen vorgenommen. Die zweite Untersuchungsfragestellung bezog sich auf die theoretische Konzeption und Operationalisierung der Erfolgsfaktoren selbst.

Zur Beantwortung dieser Fragen wurde ein hypothesengeleitetes Untersuchungsmodell theoretisch deduziert.[8] Hierzu wurde der Resource-Based View und insbesondere der Dynamic Capabilities View, die jüngste Evolutionsstufe ressourcenbasierter Theorien, als theoreti-

---

1 Siehe Abschnitt 1.1.
2 Siehe Abschnitt 1.1 sowie 1.2.
3 Siehe Abschnitt 2.2.
4 Siehe Abschnitte 2.2.2 sowie 2.2.3.
5 Siehe Abschnitt 2.2.3.
6 Siehe Abschnitt 1.2.2.
7 Siehe Abschnitt 1.2.1 und 2.1.3.
8 Siehe Kapitel 3.

scher Bezugsrahmen herangezogen.[1] Dieser Bezugsrahmen wurde durch das Konzept der Absorptionsfähigkeit erweitert und somit explizit der Anschluss an die Theorien des individuellen beziehungsweise organisationalen Lernens gesucht.[2] Es konnte gezeigt werden, dass Inbound Open Innovation, analog zur Innovation, eine dynamische Fähigkeit darstellt, durch die das Unternehmen auch unter dynamischen Wettbewerbsbedingungen in der Lage ist, nachhaltig erfolgreich zu agieren.[3] Als unmittelbares Erfolgskonstrukt und abhängige Variable le des Untersuchungsmodells wurde der Innovationserfolg gewählt.[4]

Um konkrete Erfolgsfaktoren der Inbound Open Innovation deduzieren zu können, wurde sie in verschiedene Komponenten zerlegt.[5] Hierfür diente der vielbeachtete Ansatz von Teece (2007), nach dem sich eine dynamische Fähigkeit aus den drei Komponenten Wahrnehmung und Gestaltung von Chancen („sensing and shaping"), dem Ergreifen von Chancen („seizing") und der Transformation von Ressourcen und Kompetenzen („transforming") zusammensetzt.[6] Auf Basis dieses konkretisierten Dynamic Capabilities-Verständnisses sowie sowie der betriebswirtschaftlichen Open Innovation-Forschung konnten mit Openness, Absorptionsfähigkeit und Flexibilität drei potentielle Erfolgsfaktoren abgeleitet werden.

Dabei wurde Openness als die Fähigkeit eines Unternehmens definiert, den Zugang zu externem Wissen durch eine Kultur der Offenheit sowie eine möglichst ausgeprägte Vernetzung mit seiner Umwelt sicherzustellen.[7] Entsprechend wurde Openness als Konstrukt höherer Ordnung mit den beiden Dimensionen offene Unternehmenskultur und Netzwerkfähigkeit konzeptionalisiert.[8] Die Absorptionsfähigkeit wurde in Anlehnung an Zahra und George (2002) als Prozess aus potentieller und realisierter Absorptionsfähigkeit beschrieben, wobei sich die potentielle Absorptionsfähigkeit aus Akquisitions- und Assimilationsfähigkeit, die realisierte Absorptionsfähigkeit aus Transformations- und Exploitationsfähigkeit zusammensetzt.[9] Als dritter Erfolgsfaktor konnte die Flexibilität identifiziert werden, die, in enger Anlehnung an das DCV-Schrifttum, die Fähigkeit des Unternehmens beschreibt, seine Ressourcen- und Kompetenzbasis schnellstmöglich an sich verändernde Umweltbedingungen

[1] Siehe Abschnitt 2.3.4.
[2] Siehe Abschnitt 2.3.3.2.
[3] Siehe Abschnitt 2.3.4 sowie 3.1.
[4] Siehe Abschnitt 3.1.
[5] Siehe Abschnitt 3.1.
[6] Vgl. Teece (2007); siehe auch Abschnitt 2.3.3.1.4.
[7] Siehe Abschnitt 3.2.
[8] Siehe Abschnitt 3.2.1.
[9] Siehe Abschnitt 3.3.

anzupassen.[1] Als wesentliche Flexibilitätsdimensionen wurden in diesem Kontext die strategische und strukturelle Flexibilität identifiziert.[2]

Das so gewonnene Untersuchungsmodell sowie die zugrundeliegenden Hypothesen wurden weiterhin einer empirischen Untersuchung unterzogen. Aufgrund der Beschaffenheit des zu untersuchenden Modells sowie dem konfirmatorischen Untersuchungsziel wurde die Strukturgleichungsmodellierung als geeignete Methode identifiziert und in ihren Grundzügen dargestellt.[3] In einem nächsten Schritt wurden die deduzierten latenten Konstrukte durch Indikatoren repräsentiert und mit Hilfe eines etablierten Prozesses in einen Fragebogen überführt.[4] Im Anschluss an einen quantitativen Pretest erfolgte die schriftliche (E-Mail) Haupterhebung unter 5.048 Unternehmen aus den vier Branchen Elektroindustrie, Chemie- und Pharmaindustrie, Maschinenbauindustrie und Automobilindustrie, wodurch 496 vollständige Rückläufer gewonnen werden konnten.[5] Abschließend wurde die Stichprobe auf verschiedene Verzerrungen hin untersucht, ohne dass eine solche nachgewiesen werden konnte.[6]

Im Rahmen der Modelluntersuchung wurden zunächst die Reliabilität und Validität der ein- und zweidimensionalen Messmodelle überprüft.[7] Anhand eines umfangreichen Kriterienkatalogs konnte gezeigt werden, dass alle Messmodelle eine zufriedenstellende Güte aufweisen. Damit konnte gleichzeitig auch die zweite Untersuchungsfragestellung nach der Zusammensetzung der potentiellen Erfolgsfaktoren beantwortet werden. Die Ergebnisse deuten darauf hin, dass die zweidimensionale Struktur sowohl für die potentielle und realisierte Absorptionsfähigkeit als auch für die Konstrukte Openness und Flexibilität angemessen ist.[8]

Zur Beantwortung der ersten und zentralen Untersuchungsfrage wurde der Einfluss der drei potentiellen Erfolgsfaktoren auf den Innovationserfolg mit Hilfe des Strukturmodells überprüft.[9] Die drei identifizierten Konstrukte Openness, realisierte Absorptionsfähigkeit und Flexibilität wiesen jeweils einen signifikant positiven Einfluss auf den Innovationserfolg auf. Dabei weist die Absorptionsfähigkeit mit einem Pfadkoeffizienten von 0,54 den höchsten Einfluss auf den Innovationserfolg auf. Obwohl sich ihr Einfluss mit Pfadkoeffizienten von 0,26 und 0,23 deutlich geringer zeigt, beeinflussen die Konstrukte Openness und Flexibilität

[1] Siehe Abschnitt 3.4.
[2] Siehe Abschnitt 3.4.1.
[3] Siehe Abschnitt 4.1.
[4] Siehe Abschnitt 4.2.
[5] Siehe Abschnitt 4.2.2.3.
[6] Siehe Abschnitt 4.2.2.1, 4.2.2.4 und 4.2.3.
[7] Siehe Abschnitt 4.3.1 und 4.3.2.
[8] Siehe Abschnitt 4.3.1.1.3, 0, 4.3.1.2.6 und 4.3.1.3.3.
[9] Siehe im folgenden Abschnitt 4.3.3.

den Innovationserfolg ebenfalls maßgeblich. Der Erfolgsbeitrag der potentiellen Absorptionsfähigkeit wird vollständig durch die realisierte Absorptionsfähigkeit mediiert. Die signifikant positive Pfadbeziehung von 0,9 deutet auf eine sehr starke Kausalbeziehung hin. Insgesamt konnten damit alle Untersuchungshypothesen, welche in Tabelle 5-1 nochmals dargestellt sind, bestätigt werden.

	Hypothese	Hypothese bestätigt
H_1	Je größer die „Openness" eines Unternehmens, desto größer ist auch sein Innovationserfolg.	✓
H_2	Das Konstrukt „Openness" ist ein latentes Konstrukt zweiter Ordnung mit den Dimensionen „offene Innovationskultur" und „Netzwerkfähigkeit".	✓
H_3	Das Konstrukt „potentielle Absorptionsfähigkeit" ist ein latentes Konstrukt zweiter Ordnung mit den Dimensionen „Akquisitionsfähigkeit" und „Assimilationsfähigkeit".	✓
H_4	Das Konstrukt „realisierte Absorptionsfähigkeit" ist ein latentes Konstrukt zweiter Ordnung mit den Dimensionen „Transformationsfähigkeit" und „Exploitationsfähigkeit".	✓
H_5	Je größer die „potentielle Absorptionsfähigkeit" eines Unternehmens, desto größer ist auch seine „realisierte Absorptionsfähigkeit".	✓
H_6	Je größer die „realisierte Absorptionsfähigkeit" eines Unternehmens, desto größer ist auch sein Innovationserfolg.	✓
H_7	Je größer die „Flexibilität" eines Unternehmens, desto größer ist auch sein Innovationserfolg.	✓
H_8	Das Konstrukt „Flexibilität" ist ein latentes Konstrukt zweiter Ordnung mit den Dimensionen „strategische Flexibilität" und „strukturelle Flexibilität".	✓

Tabelle 5-1: Ergebnisse der Hypothesenprüfung

5.2 Implikationen für die weiterführende betriebswirtschaftliche Forschung

Die Open Innovation stellt ein vergleichsweise junges Phänomen der betriebswirtschaftlichen Forschung dar, das sowohl theoretisch als auch konzeptionell noch wenig durchdrungen ist.[1] Infolge dessen stellen komplexempirische Beiträge bisher eher die Ausnahme dar. In der vorliegenden Arbeit wurde ein theoretisch deduziertes Hypothesensystem aufgestellt, welches

1 Siehe Abschnitt 2.2.2.

in einer großzahlig-komplexempirischen Untersuchung bestätigt werden konnte.[1] Auf diese Weise trägt die Arbeit sowohl aus theoretisch-konzeptioneller, als auch aus methodisch-operationaler Sicht zur weiteren Durchdringung und zum besseren Verständnis der Open Innovation bei. Hieraus ergeben sich einige Implikationen für die betriebswirtschaftliche Forschung.

Die vorliegende Untersuchung bedient sich mit dem Dynamic Capabilities View und der Absorptive Capacity etablierter Konzepte beziehungsweise Theorien, um den Erfolgsbeitrag der Inbound Open Innovation in einem geschlossenen Untersuchungsmodell abzubilden und damit die formulierten Forschungsfragen zu beantworten. Beide Konzepte setzen den Einfluss externer Faktoren implizit und explizit in den Kontext der Innovation und bilden damit eine hervorragende Basis für die Deduktion und Konzeption eines entsprechenden Modells.[2] Dennoch wurde die Integration der verschiedenen Ansätze im Schrifttum bisher nur vereinzelt und zumeist in anderem Zusammenhang unternommen.[3]

Die Ergebnisse der empirischen Überprüfung des Modells deuten darauf hin, dass diese Integration gelungen ist und die Studie einen Beitrag zur Theoriebildung in der Open Innovation leistet. Damit stellt das auf diese Weise entstandene Framework auch einen Ansatzpunkt für die weiterführende betriebswirtschaftliche Forschung dar. Weitere Untersuchungen sind notwendig, um das Zusammenwirken organisationalen Lernens und dynamischer Fähigkeiten im Rahmen offener Innovation zu ergründen. Insbesondere hinsichtlich der Deduktion der Absorptionsfähigkeit aus dem Dynamic Capabilities View besteht konzeptioneller Spielraum für alternative Spezifikationen, den nachfolgende Forscher zur weiteren Durchdringung der Thematik nutzen sollten.

Durch die Integration der beiden verwandten Konzepte trägt diese Arbeit jedoch nicht nur zum Verständnis bei, wie DCV und Absorptive Capacity zusammengeführt werden können, sondern vertieft auch das Verständnis der beiden Ansätze. Im Hinblick auf den DCV wurde auf den Ansatz von Teece abgestellt, welcher eines der umfassendsten DCV-Frameworks hervorgebracht hat.[4] Bisher existieren nur verhältnismäßig wenige Modelle, die auf diesem Framework basieren und zudem komplexempirisch überprüft wurden. Weitere Arbeiten sind

---

1 Siehe Abschnitt 5.1.
2 Siehe Abschnitt 2.3.4 sowie 3.1.
3 Siehe Abschnitt 2.2.2.
4 Vgl. Teece (2007).

notwendig, um die Eignung des Frameworks für die Open Innovation nachzuweisen und damit zur nachhaltigen Theoriebildung beizutragen.

Im Hinblick auf die Absorptionsfähigkeit stützt sich die vorliegende Untersuchung auf das etablierte Modell von Zahra und George[1]. Dabei wird konzeptionell beziehungsweise operational jedoch ein anderer Weg verfolgt als bei vielen vorangegangenen Studien. So wird die Absorptionsfähigkeit nicht als mehrdimensionales reflektives Konstrukt zweiter oder dritter Ordnung gemessen,[2] sondern eine kausale Beziehung zwischen potentieller und realisierter Absorptionsfähigkeit unterstellt.[3] Damit orientiert sich die Studie eng an der Originalkonzeption von Zahra und George. Obwohl die empirische Überprüfung diese Vorgehensweise stützt, sind auch hier weitere empirische Untersuchungen wichtig, um die gewählte Spezifikation zu bestätigen. Eine vollständig prozessuale Sicht ist an dieser Stelle ebenfalls denkbar.

Mit der Überführung der von Teece beschriebenen Dimensionen in konkrete Erfolgsfaktoren lassen sich weitere Implikationen für die weiterführende betriebswirtschaftliche Forschung ableiten. Hier ist neben der bereits thematisierten Absorptionsfähigkeit auch die Deduktion der beiden Konstrukte Openness und Flexibilität zu betrachten. Diese weisen einen hohen Novitätsgrad auf, so dass eine erneute Überprüfung der gewählten Spezifikation zweckmäßig erscheint. Darüber hinaus ergeben sich zahlreiche Anknüpfungspunkte an bestehende Felder der Innovationsforschung. Im Hinblick auf die Flexibilität könnte zum Beispiel geprüft werden, welche Rolle die Stabilität, als Gegenpol zur Flexibilität,[4] im Rahmen von Open Innovation spielt. Bezogen auf die Openness könnte weiterhin die Anknüpfung an die Forschungsrichtung der Open Innovation gesucht werden, die sich mit verschiedenen Suchroutinen auseinandersetzt.[5]

Aus methodisch-operationaler Perspektive liefert die vorliegende Untersuchung zahlreiche neue Erkenntnisse zur Messung wichtiger Konstrukte im Kontext von Open Innovation. Dabei stützt sich die Operationalisierung auf eine Mischung aus etablierten, zusammengesetzten und neu konstruierten Skalen. Zukünftige Studien können auf diese Skalen zurückgreifen und sie gegebenenfalls weiter verfeinern. Weiterhin liefert die empirische Untersuchung wichtige Daten aus den betrachteten Industrien hinsichtlich der Verwendung von Instrumen-

---

1 Vgl. Zahra/George (2002).
2 Vgl. u.a. Burkhart (2010); Camisón/Forés (2011).
3 Siehe Abschnitt 3.3.3.
4 Vgl. hierzu Morner (1997), S. 52 f. Vgl. auch Gibson/Birkinshaw (2004); Jansen et al. (2009).
5 Vgl. Laursen/Salter (2006) sowie weiterführende Untersuchungen von Asakawa/Nakamura/Sawada (2010); Garriga/Krogh/Spaeth (2013).

ten der Open Innovation und bestätigt damit die Ergebnisse vorangegangener Studien in ähnlichem Industriekontext. Darüber hinaus zeugt die Untersuchung von der weiten Verbreitung der Open Innovation.

Daneben lassen sich für die vorliegende Studie jedoch auch einige Limitationen identifizieren. Im Hinblick auf das theoretisch-konzeptionelle Vorgehen ist vor allem festzuhalten, dass die Arbeit primär auf ressourcentheoretische Überlegungen abstellt. Obwohl dargelegt werden konnte, dass dieses Vorgehen vor dem Hintergrund des erklärten Untersuchungsziels gerechtfertigt ist, sind andere Herangehensweisen möglich und zur weiteren Erhellung des Forschungsfeldes auch erstrebenswert. Vanhaverbeke/Cloodt/van de Vrande (2007) nennen in diesem Zusammenhang beispielsweise Transaktionskosten und Realoptionen als wichtige Theorien, um das Phänomen Open Innovation auch aus anderen Blickwinkeln zu beschreiben.[1] Eine Zusammenführung der verschiedenen Perspektiven zu einem umfassenden Konzept sollte ein langfristiges Ziel der Open Innovation-Forschung darstellen.

Obwohl die empirischen Ergebnisse die vorliegende Konzeptionalisierung bestätigen, kann infolge der Fokussierung auf organisationale Fähigkeiten angenommen werden, dass noch weitere Erfolgsfaktoren (neben den hier untersuchten) Einfluss auf den Innovationserfolg im Rahmen offener Innovation aufweisen. Doch auch im Rahmen der gewählten Perspektive sind alternative Konzeptionen prinzipiell denkbar. Alternative Spezifikationen böten zudem die Chance, eine nomologische Überprüfung verschiedener Modelle durchzuführen. Darüber hinaus könnte das Modell um situative Variablen erweitert und damit auch zusätzliche Umwelteinflüsse einbezogen werden. Im Schrifttum finden sich mögliche Einflüsse wie beispielsweise das Not-Invented-Here-Syndrom oder das Business Model.

Zudem weist die Studie einige Limitationen auf, die sich aus dem Design der empirischen Untersuchung ergeben. Hier wäre vor allem eine Replikation der Erhebung in ähnlichem Kontext anzustreben, die eine zusätzliche Validierung der Ergebnisse ermöglichen würde. Gleichwohl könnte auch eine Wiederholung der Studie in anderen Industrien oder anderen Ländern zum besseren Verständnis der Innovationserfolgsfaktoren im Rahmen offener Innovation beitragen. Auch eine longitudinale Erweiterung der Studie, zum Beispiel durch eine Replikation der Befragung zu einem späteren Zeitpunkt, würde einen zusätzlichen Erkenntnisgewinn bedeuten. Auf diese Weise könnten insbesondere relative Wirkungsänderungen der Erfolgsfaktoren aufgedeckt werden.

---

[1] Vgl. Vanhaverbeke/Cloodt/van de Vrande (2007), S. 4 ff.

Zuletzt kann auch der Untersuchungsgegenstand selbst als eine Limitation der vorliegenden Studie angesehen werden. Inbound Open Innovation stellt nur einen von zwei Kernprozessen der Open Innovation dar.[1] Um ein ganzheitliches Bild der Open Innovation zu erhalten, ist eine Integration der Inbound mit der Outbound Open Innovation unumgänglich.[2] Hier ist auch der zentrale Anknüpfungspunkt für die weiterführende Forschung im Bereich der Open Innovation zu sehen. Das vorliegende Untersuchungsmodell könnte in diesem Zusammenhang als Ausgangspunkt für eine integrierte Betrachtung dienen und möglicherweise sogar an den besonderen Kontext der Outbound-Open Innovation adaptiert werden.

5.3 Implikationen für die Unternehmens- und Verwaltungspraxis

Obwohl die vorliegende Untersuchung nicht primär auf das Generieren instrumenteller Handlungsempfehlungen abzielt, sondern im Wesentlichen von einem konfirmatorisch-explikativen sowie -deskriptiven Forschungsdesign geleitet ist, soll im Folgenden der Versuch unternommen werden, Implikationen für die Unternehmens- und Verwaltungspraxis abzuleiten. Zunächst werden die Untersuchungsergebnisse hinsichtlich ihrer Relevanz für die Unternehmenspraxis interpretiert und im Anschluss die Herausforderungen und Implikationen für die Verwaltungspraxis thematisiert.

5.3.1 Implikationen für die Unternehmenspraxis

Das große Interesse der Unternehmenspraxis an der Open Innovation ist heute sowohl im wissenschaftlichen als auch im praxisorientierten Schrifttum hinreichend dokumentiert.[3] Die im Rahmen dieser Untersuchung durchgeführten Expertengespräche bestätigten dieses Interesse und verdeutlichten gleichzeitig den Wunsch der Praktiker, mehr über das Thema zu erfahren. Dabei konnte vor allem großes Interesse im Hinblick auf die Instrumente, Erfolgswirkung und Erfolgsfaktoren der Open Innovation identifiziert werden. Die Frage nach dem „Wie?“ scheint für die Praxis heute von größerer Bedeutung zu sein, als die Frage, ob Open Innovation im Unternehmen zum Einsatz kommen soll oder nicht. Keiner der interviewten Praktiker gab an, sich noch nicht aktiv mit der Thematik auseinandergesetzt zu haben.

---

1 Siehe Abschnitt 2.1.3.
2 Vgl. Lichtenthaler (2011b), S. 87.
3 Vgl. u.a. Huston/Sakkab (2007), S. 21 ff.; Hagel/Brown (2008), S. 27 ff.; Jusko (2009), S. 52 f.; Kanter (2010), S. 34.

Gleichzeitig offenbart die Unternehmenspraxis ein stark heterogenes Open Innovation-Verständnis, welches vor allem durch eine instrumentelle Orientierung geprägt ist. Zum Teil assoziierten die Praktiker Open Innovation ausschließlich mit bestimmten Instrumenten wie Innovationsplattformen oder (End-)Kunden-Innovationen. Obgleich sich im Schrifttum bereits Arbeiten finden,[1] die sich vornehmlich der Aufgabe der Begriffsklärung verschrieben haben, kann auch die vorliegende Studie einen Beitrag zum besseren Verständnis des Konzeptes seitens der Praxis leisten.[2]

Wie eingangs dargelegt wurde, erstreckt sich diese Unsicherheit jedoch nicht nur auf die inhaltliche Tragweite des Konzeptes, sondern insbesondere auf die im Kontext der Open Innovation relevanten Erfolgsfaktoren.[3] Die vorliegende Studie hatte zum Ziel, diese Lücke zumindest für den Teilbereich organisationaler Fähigkeiten im Rahmen von Inbound Open Innovation zu schließen. Mit den Konstrukten Openness, Absorptionsfähigkeit und Flexibilität ist es gelungen, drei Faktoren zu identifizieren, die einen erheblichen Teil des Innovationserfolgs im Rahmen Offener Innovation erklären.[4] Organisationale Fähigkeiten spielen demnach auch in diesem Kontext eine herausragende Rolle. Das Etablieren entsprechender Fähigkeiten muss demnach ein vorrangiges Ziel einer Open Innovation-Strategie darstellen.

Die ermittelten Wirkungsbeziehungen zwischen den einzelnen Faktoren und dem Innovationserfolg können für Handlungsempfehlungen herangezogen werden.[5] Zunächst ist zu konstatieren, dass alle drei gefundenen Faktoren einen signifikanten Effekt auf den Innovationserfolg aufweisen. Auch im Hinblick auf die theoretische Basis der Untersuchung muss die Empfehlung an die Praxis daher lauten, die Faktoren nicht isoliert, sondern integriert zu betrachten. Dennoch weist die Absorptionsfähigkeit die mit Abstand höchste Erfolgsrelevanz auf und sollte demnach ein primäres Ziel von Managementbemühungen darstellen. Es ist jedoch zu beachten, dass sowohl die realisierte als auch die potentielle Absorptionsfähigkeit zum Innovationserfolg beitragen. Dabei setzt der Erfolg durch realisierte Absorptionsfähigkeit die potentielle Absorptionsfähigkeit voraus.

Die Konzeption beziehungsweise Operationalisierung der einzelnen Faktoren kann zudem Hinweise auf die Ausgestaltung der einzelnen Fähigkeiten geben. Im Hinblick auf den Faktor

1 Vgl. im deutschsprachigen Schrifttum bspw. Faber (2009).
2 Dabei ist zu beachten, dass die vorliegende Arbeit dem Begriffsverständnis von Chesbrough folgt. Siehe Abschnitt 2.1.2.
3 Siehe auch Abschnitt 1.1.
4 Siehe Abschnitt 4.3.3.
5 Vgl. Abbildung 4-27 und Abbildung 4-28.

Openness ist zu konstatieren, dass der offenen Kultur eine relativ stärkere Bedeutung zuzukommen scheint als der Netzwerkfähigkeit. Eine Unternehmenskultur, die externen Einflüssen offen gegenübersteht, sollte in diesem Kontext das primäre Ziel des Managements darstellen. Bezogen auf die vier Einzeldimensionen der Absorptionsfähigkeit kommt allen Konstrukten eine relativ hohe Bedeutung zu. Auch hier muss die Empfehlung lauten, die Dimensionen gleichmäßig zu entwickeln. Die Dimensionen der Flexibilität, strategische Flexibilität und strukturelle Flexibilität, weisen ebenfalls ähnliche Bedeutung auf. Die strategische Flexibilität scheint jedoch leichtes Übergewicht zu haben, weshalb Unternehmen vorrangig auf die strategische Verankerung der Flexibilität achten sollten.

Neben den komplexempirischen Ergebnissen können auch die deskriptiven Ergebnisse der Studie zur Ableitung von Implikationen für die Unternehmenspraxis herangezogen werden. Die Ergebnisse zeigen, dass Kunden, Bildungseinrichtungen und Zulieferer von einem Großteil der Unternehmen als Quellen zur Beschaffung externen Wissens herangezogen werden.[1] Dies lässt den Schluss zu, dass ein Unternehmen heute kaum noch auf eines dieser Instrumente verzichten kann. Doch auch die anderen Quellen bieten die Chance, externes Wissen im Unternehmen zu verankern. Unternehmen, die ihre externe Wissensbeschaffung auf eine breitere Basis stellen wollen, sind angehalten, auch alternative Instrumente zur Beschaffung externen Wissens einzubeziehen. Es zeigt sich jedoch auch, dass eine gewisse Anzahl externer Quellen in den betrachteten Industrien üblich zu sein scheint.[2] Im Sinne eines Best Practice-Ansatzes kann hier die Empfehlung lauten, eine bestimmte Anzahl nicht zu überschreiten.[3]

Abschließend ist noch zu konstatieren, dass Inbound Open Innovation nur einen Teil des Innovationserfolgs zu erklären vermag. Dies ist insofern nicht verwunderlich, als dass neben der Inbound Open Innovation das Komplement der Outbound Open Innovation sowie spezifische Faktoren der internen Innovation existieren und Einfluss nehmen können. Unternehmen sollten Inbound Open Innovation daher – insbesondere vor dem Hintergrund der Absorptionsfähigkeit – stets als Ergänzung zu ihren klassischen Innovationbemühungen sehen, bei denen das Unternehmen selbst als Wissensquelle fungiert. Darüber hinaus sollten Unternehmen versuchen, die Prozesse der Inbound und Outbound Open Innovation zu integrieren. Bei einigen der hier betrachteten Faktoren, wie zum Beispiel der Openness, ist davon auszugehen, dass diesen auch im Rahmen der Outbound Open Innovation eine große Bedeutung zukommt und somit Synergieeffekte realisiert werden können.

---

1 Siehe Abschnitt 4.2.3.2.
2 Vgl. Abbildung 4-19.
3 Ähnliche Ergebnisse finden sich im Schrifttum; vgl. Laursen/Salter (2006), S. 141 ff.

5.3.2 Implikationen für die Verwaltungspraxis

Für die öffentliche Verwaltung ergeben sich im Rahmen der Open Innovation im Wesentlichen zwei zentrale Herausforderungen: Zum einen kommt der öffentlichen Verwaltung eine Rolle bei der Gestaltung beziehungsweise Mitgestaltung der Rahmenbedingungen zu, innerhalb derer sich die Open Innovation entfalten kann.[1] Einer der wichtigsten Anknüpfungspunkte der öffentlichen Verwaltung sind in diesem Zusammenhang öffentliche Bildungseinrichtungen (insbesondere Universitäten) beziehungsweise Forschungsinstitute, da sie heute für viele Unternehmen als zentrale Quellen von externem Wissen fungieren:

> *"Universities and public research organisations increasingly play a significant role in the open innovation strategies of firms both as a source of basic knowledge and as potential partners. Given the scarcity of public resources and competition to attract R&D-related foreign direct investment (FDI), countries should balance their research efforts and investments in specific fields with the need to be open and develop sufficient absorptive capacity in a wide range of fields."*[2]

Aus Sicht der Open Innovation erfüllen Universitäten und Forschungsinstitute zentrale Rollen als „knowledge broker"[3] und gehören damit zu den wichtigsten Austauschpartnern für innovierende Unternehmen. Dies bestätigt auch die vorliegende Studie, in der 81% der Unternehmen angaben, enge Kooperationen mit mindestens einer öffentlichen Bildungs- beziehungsweise Forschungseinrichtung zu unterhalten. Zudem bilden insbesondere Universitäten Fachkräfte aus, die eine weitere Quelle externen Wissens für Unternehmen darstellen und maßgeblich zur Diffusion von Wissen beitragen. Der öffentlichen Verwaltung kommt damit aus Sicht der Open Innovation auch eine Rolle als wichtiger Wissensmultiplikator zu. Entsprechende Investitionen in die Ausbildung von Fachkräften sind damit elementare Voraussetzung für die weitere Etablierung offener Innovationsprinzipien.

> *"Investing in people and fostering cross-functionality and mobility and a "culture of innovation" is crucial, as open innovation implies that people must be able to work in networks and across borders, sectors and at the interface of converging technologies."*[4]

---

1 Vgl. weiterführend u.a. OECD (2008b); Mayer (2010); European Union (2012).
2 OECD (2008b), S. 7.
3 Gassmann/Enkel/Chesbrough (2010), S. 216.
4 OECD (2008b), S. 7.

Die öffentliche Verwaltung kann jedoch nicht nur Einfluss auf eine günstige Open Innovation-Umwelt nehmen beziehungsweise als Quelle externen Wissens fungieren. Vielmehr kann die öffentliche Verwaltung auch selbst Instrumente der Open Innovation einsetzen, um ihre Innovationsleistung zu erhöhen. Damit stellt sich auch in diesem Kontext die Frage nach den relevanten Erfolgsfaktoren, die die vorliegende Untersuchung zu beantworten versucht. Obgleich die im Rahmen dieser Studie identifizierten Erfolgsfaktoren nicht unmittelbar auf den Verwaltungskontext übertragbar sind, liefern sie dennoch wertvolle Hinweise, wie sich die öffentliche Verwaltung aus organisationaler Sicht aufstellen muss, um von Open Innovation profitieren zu können.

So ist davon auszugehen, dass Openness, Absorptionsfähigkeit und Flexibilität auch in Organisationen der öffentlichen Verwaltung eine entscheidende Rolle zukommen. Über die relative Bedeutung der Faktoren lässt sich an dieser Stelle jedoch keine Aussage treffen. Im Hinblick auf die Dimensionen des Faktors Openness kann angenommen werden, dass der offenen Kultur eine ähnliche Bedeutung zukommt wie in der Unternehmenspraxis. Auch eine Verwaltungsorganisation kann sich nur dann externem Wissen öffnen, wenn auch unter ihren Mitgliedern eine entsprechende Kultur herrscht. In Bezug auf die Netzwerkfähigkeit kann jedoch von veränderten Rahmenbedingungen ausgegangen werden. Während in Unternehmen sowohl die horizontale, mehr jedoch noch die vertikale Vernetzung von Bedeutung ist, spielt im Rahmen der öffentlichen Verwaltung vermutlich die horizontale Vernetzung zwischen verschiedenen Verwaltungsorganisationen eine herausragende Rolle.

Gleichwohl steigt auch in der öffentlichen Verwaltung der Druck, sich mit den Bürgern zu vernetzen und auf diese Weise innovative Dienstleistungen anzubieten. Die Gründe hierfür lassen sich sowohl im Wandel zur dienstleistungsorientierten Verwaltungsorganisation als auch in einer veränderten Anspruchshaltung der Kunden beziehungsweise Bürger verorten.[1] Vor allem im E-Government lässt sich die Bedeutung der Bürger als Quelle externen Wissens im Sinne offener Innovation bereits heute vielfach beobachten. Neue Dienstleistungen werden in diesem Kontext nicht selten von Nutzern beziehungsweise Bürgern initiiert.[2] Die Vernetzung spielt also auch im Verwaltungskontext eine bedeutsame, obgleich veränderte Rolle.

Dagegen lässt sich die Absorptionsfähigkeit als Prozess der Aufnahme und Internalisierung externen Wissens prinzipiell auch auf Organisationen der öffentlichen Verwaltung übertragen. Mag die Ausgestaltung der einzelnen Prozessschritte beziehungsweise Dimensionen im Detail

1 Vgl. auch im Folgenden Wirtz/Nitzsche (2013), S. 70.
2 Vgl. auch im Folgenden Wirtz/Nitzsche (2013), S. 83 ff.

anders aussehen, so ist doch anzunehmen, dass externes Wissen seinen Weg in die Organisation auf die gleiche Weise findet. Relevante Informationen müssen zunächst als solche identifiziert und auch beschafft werden. Um die Verbreitung der Information zu gewährleisten, muss ein interner Austausch stattfinden und anschließend eine Kombination von neuem und altem Wissen erfolgen. Erst durch die Anwendung dieses Wissens ist der Prozess abgeschlossen. Entsprechend kann auch im Verwaltungskontext von einer hohen Bedeutung der Absorptionsfähigkeit ausgegangen werden, um im Rahmen offener Innovation Innovationserfolg zu generieren. Die verschiedenen Dimensionen sollten auch in diesem Kontext gleichmäßig entwickelt werden.

Obwohl angenommen werden kann, dass der Faktor Flexibilität ebenfalls eine hohe Bedeutung für die Verwaltungspraxis aufweist, lässt er sich nur eingeschränkt auf den Kontext der öffentlichen Verwaltung übertragen. Insbesondere die Dimension der strategischen Flexibilität ist relativ stark auf den Unternehmenskontext zugeschnitten und würde eine veränderte Operationalisierung erfordern. Es kann angenommen werden, dass Unternehmen oftmals über einen größeren Spielraum und kürzere Reaktionszeiten verfügen, um ihre Ressourcen und Fähigkeiten an sich verändernde Umweltbedingungen anzupassen. Konkretere Aussagen zur Bedeutung der Flexibilität im verwaltungswissenschaftlichen Kontext erfordern daher eine erneute konzeptionelle Auseinandersetzung und Messung.

Zusammenfassend lässt sich konstatieren, dass die vorliegenden Ergebnisse wichtige Denkanstöße für die erfolgreiche Implementierung der Open Innovation in der öffentlichen Verwaltung geben können. Im Zuge dessen kann auch auf weitere Erkenntnisse des wissenschaftlichen sowie praxisorientierten Open Innovation-Schrifttums verwiesen werden, das sich mit der Open Innovation im privatwirtschaftlichen Kontext beschäftigt. Gleichzeitig verdeutlichen die vorangegangenen Ausführungen aber auch die Notwendigkeit, diese Erkenntnisse an den speziellen Verwaltungskontext zu adaptieren und erneut empirisch zu überprüfen, um weiterführende Handlungsempfehlungen aussprechen zu können.

Literaturverzeichnis

Aaker, D.A./Mascarenhas, B. (1984), The need for strategic flexibility, In: Journal of Business Strategy, 5. Jg., Nr. 2, 1984, S. 74–82.

Abel, B. (1983), Grundlagen der Erklärung menschlichen Handelns – Zur Kontroverse zwischen Konstruktivisten und kritischen Rationalisten, Tübingen 1983.

Adams, R./Bessant, J./Phelps, R. (2006), Innovation management measurement: A review, In: International Journal of Management Reviews, 8. Jg., Nr. 1, 2006, S. 21–47.

Afuah, A. (2013), Are network effects really all about size? The role of structure and conduct, In: Strategic Management Journal, 34. Jg., Nr. 3, 2013, S. 257–273.

Ahonen, M./Antikainen, M./Mäkipää, M. (2007), Supporting collective creativity within open innovation, In: European Academy of Management Conference Proceedings. EURAM: Paris, 2007, S. 1–18.

Ahuja, G. (2000), Collaboration networks, structural holes, and innovation: A longitudinal Study, In: Administrative Science Quarterly, 45. Jg., Nr. 3, 2000, S. 425–455.

Albach, H. (1994), Culture and technical innovation: A cross-cultural analysis and policy recommendations, Berlin, New York, NY 1994.

Albers, S./Hildebrandt, L. (2006), Methodische Probleme bei der Erfolgsfaktorenforschung – Messfehler, formative versus reflektive Indikatoren und die Wahl des Strukturgleichungs-Modells, In: Schmalenbachs Zeitschrift für betriebswirtschaftliche Forschung, 58. Jg., Nr. 2, 2006, S. 2–33.

Albesher, A. (2012), The impact of IT resources on SMEs innovation performance, In: DRUID Academy Conference 2012, Cambridge, 2012, S. 1–35.

Al-Laham, A. (2003), Organisationales Wissensmanagement – Eine strategische Perspektive, München 2003.

Almirall, E./Casadesus-Masanell, R. (2010), Open versus closed innovation: A model of discovery and divergence, In: The Academy of Management Review, 35. Jg., Nr. 1, 2010, S. 27–47.

Amelingmeyer, J. (2004), Wissensmanagement – Analyse und Gestaltung der Wissensbasis von Unternehmen, Wiesbaden 2004.

Amit, R./Schoemaker, P.J.H. (1993), Strategic assets and organizational rent, In: Strategic Management Journal, 14. Jg., Nr. 1, 1993, S. 33–46.

Anderson, J.C./Gerbing, D.W. (1982), Some methods for respecifying measurement models to obtain unidimensional construct measurement, In: Journal of Marketing Research, 19. Jg., Nr. 4, 1982, S. 453–460.

Anderson, J.C./Gerbing, D.W. (1988), Structural equation modeling in practice: A review and recommended two-step approach, In: Psychological Bulletin, 103. Jg., Nr. 3, 1988, S. 411–423.

Anderson, J.C./Gerbing, D.W. (1991), Predicting the performance of measures in a confirmatory factor analysis with a pretest assessment of their substantive validities, In: Journal of Applied Psychology, 76. Jg., Nr. 5, 1991, S. 732–740.

Anderson, J.C./Narus, J. (1990), A model of distributor firm and manufacturer firm working partnerships, In: Journal of Marketing, 54. Jg., Nr. 1, 1990, S. 42–58.

Anderson, P. (1983), Marketing, scientific progress, and scientific method, In: Journal of Marketing, 47. Jg., Nr. 4, 1983, S. 18–31.

Araujo, L./Spring, M. (2002), Manufacturing flexibility and industrial networks, In: 18th Industrial Marketing and Purchasing Group International Conference, Dijon, 2002.

Argyris, C. (1999), On organizational learning, Oxford 1999.

Argyris, C./Schön, D. (1974), Theory in practice: increasing professional effectiveness 1974.

Argyris, C./Schön, D. (1978), Organizational learning: A theory of action perspective, Boston, MA 1978.

Armstrong, J./Overton, T. (1977), Estimating nonresponse bias in mail surveys, In: Journal of Marketing Research, 14. Jg., Nr. 3, 1977, S. 396–402.

Asakawa, K./Nakamura, H./Sawada, N. (2010), Firms' open innovation policies, laboratories' external collaborations, and laboratories' R&D performance, In: R&D Management, 40. Jg., Nr. 2, 2010, S. 109–123.

Asendorpf, J./Wallbott, H.G. (1979), Maße der Beobachterübereinstimmung: Ein systematischer Vergleich, In: Zeitschrift für Sozialpsychologie, 10. Jg., Nr. 2, 1979, S. 243–252.

Augier, M./Teece, D.J. (2004), Competencies, capabilities and the neoschumpeterian tradition, In: Papers in Organization/Inst. of Organization and Industrial Sociology, Nr. 52, 2004, S. 1–29.

Bachman, L. (2004), Statistical analyses for language assessment, Cambridge 2004.

Backhaus, K. (2011), Multivariate Analysemethoden – Eine anwendungsorientierte Einführung, 13. Auflage, Berlin, Heidelberg 2011.

Backhaus, K./Erichson, B./Weiber, R. (2011), Fortgeschrittene multivariate Analysemethoden – Eine anwendungsorientiere Einführung, Berlin, Heidelberg 2011.

Backhaus, K./Weiber, R. (2007), Forschungsmethoden der Datenauswertung, In: Köhler, R. (Hrsg.): Handwörterbuch der Betriebswirtschaft, 6. Auflage, Stuttgart 2007, S. 524–535.

Bagozzi, R.P. (1980), Causal models in marketing, New York, NY 1980.

Bagozzi, R.P. (1981), Evaluating structural equation models with unobservable variables and measurement error: A comment, In: Journal of Marketing Research, 18. Jg., Nr. 3, 1981, S. 375–381.

Bagozzi, R.P. (1984), A prospectus for theory construction in marketing, In: The Journal of Marketing, 48. Jg., Nr. 1, 1984, S. 11–29.

Bagozzi, R.P. (1994), Structural equation models in marketing research: Basic principles, In: Bagozzi, R.P. (Hrsg.): Principles in Marketing Research, Cambridge 1994, S. 317–385.

Bagozzi, R.P. (1998), A prospectus for theory construction in marketing: Revisited and revised, In: Hildebrandt, L./Homburg, C. (Hrsg.): Die Kausalanalyse – Ein Instrument der empirischen betriebswirtschaftlichen Forschung, Stuttgart 1998, S. 45–84.

Bagozzi, R.P./Baumgartner, H. (1994), The evaluation of structural equation models and hypothesis testing, In: Bagozzi, R.P. (Hrsg.): Principles in Marketing Research, Cambridge 1994, S. 386–422.

Bagozzi, R.P./Phillips, L.W. (1982), Representing and testing organizational theories: A holistic construal, In: Administrative Science Quarterly, 27. Jg., Nr. 3, 1982, S. 459–489.

Bagozzi, R.P./Yi, Y. (1988), On the evaluation of structural equation models, In: Journal of the Academy of Marketing Science, 16. Jg., Nr. 1, 1988, S. 74–94.

Bagozzi, R.P./Yi, Y./Nassen, K.D. (1999), Representation of measurement error in marketing variables: Review of approaches and extension to three-facet designs, In: Journal of Econometrics, 89. Jg., 1–2, 1999, S. 393–421.

Bagozzi, R.P./Yi, Y./Phillips, L.W. (1991), Assessing construct validity in organizational research, In: Administrative Science Quarterly, 36. Jg., Nr. 3, 1991.

Balachandra, R./Friar, J.H. (1997), Factors for success in R&D projects and new product innovation: a contextual framework, In: IEEE Transactions on Engineering Management, 44. Jg., Nr. 3, 1997, S. 276–287.

Balderjahn, I. (1986), Das umweltbewusste Konsumentenverhalten – eine empirische Studie, Berlin 1986.

Barney, J.B. (1986a), Organizational culture: Can it be a source of sustained competitive advantage?, In: The Academy of Management Review, 11. Jg., Nr. 3, 1986, S. 656–665.

Barney, J.B. (1986b), Strategic factor markets: Expectations, luck, and business strategy, In: Management Science, 32. Jg., Nr. 10, 1986, S. 1231–1241.

Barney, J.B. (1991), Firm resources and sustained competitive advantage, In: Journal of Management, 17. Jg., Nr. 1, 1991, S. 99–120.

Barney, J.B. (2001), Is the resource-based "view" a useful perspective for strategic management research? Yes, In: Academy of Management Review, 26. Jg., Nr. 1, 2001, S. 41–56.

Barney, J.B./Ketchen, D.J./Wright, M. (2011), The future of resource-based theory: Revitalization or decline?, In: Journal of Management, 37. Jg., Nr. 5, 2011, S. 1299–1315.

Bartels, A. (2007), Wissenschaftlicher Realismus, In: Bartels, A./Stöckler, M. (Hrsg.): Wissenschaftstheorie – Ein Studienbuch, Münster 2007, S. 199–220.

Baumgartner, H./Homburg, C. (1996), Applications of structural equation modeling in marketing and consumer research: A review, In: International Journal of Research in Marketing, 13. Jg., Nr. 2, 1996, S. 139–161.

Bea, F./Haas, J. (1997), Strategisches Management, Stuttgart 1997.

Bearden, W.O./Sharma, S./Teel, J.E. (1982), Sample size effects on chi square and other statistics used in evaluating causal models, In: Journal of Marketing Research, 19. Jg., Nr. 4, 1982, S. 425–430.

Becker, D.R. (2005), Ressourcen-Fit bei M&A-Transaktionen – Konzeptionalisierung, Operationalisierung und Erfolgswirkung auf Basis des resource-based view, Wiesbaden 2005.

Bentler, P.M. (1990), Comparative fit indexes in structural models, In: Psychological Bulletin, 107. Jg., Nr. 2, 1990, S. 238–246.

Bentler, P.M./Bonett, D.G. (1980), Significance tests and goodness of fit in the analysis of covariance structures, In: Psychological Bulletin, 88. Jg., Nr. 3, 1980, S. 588–606.

Bergkvist, L./Rossiter, J.R. (2007), The predictive validity of multiple-item versus single-item measures of the same constructs, In: Journal of Marketing Research, 44. Jg., Nr. 2, 2007, S. 175–184.

Bianchi, M./Cavaliere, A./Chiaroni, D./Frattini, F./Chiesa, V. (2010), Organisational modes for open innovation in the bio-pharmaceutical industry: An exploratory analysis, In: Technovation, 31. Jg., Nr. 1, 2010, S. 22–33.

Billing, F. (2003), Koordination in Radikalen Innovationsvorhaben, Wiesbaden 2003.

Birkinshaw, J./Hamel, G./Mol, M.J. (2008), Management innovation, In: Academy of Management Review, 33. Jg., Nr. 4, 2008, S. 825–845.

Bohnen, A. (1975), Individualismus und Gesellschaftstheorie – Eine Betrachtung zu zwei rivalisierenden soziologischen Erkenntnisprogrammen, Tübingen 1975.

Bollen, K.A. (1984), Multiple indicators: Internal consistency or no necessary relationship, In: Quality and Quantity, 18. Jg., Nr. 4, 1984, S. 377–385.

Bollen, K.A. (1989), Structural equations with latent variables, New York, NY 1989.

Bollen, K./Lennox, R. (1991), Conventional wisdom on measurement: A structural equation perspective, In: Psychological Bulletin, 110. Jg., Nr. 2, 1991, S. 305–314.

Bönte, W./Keilbach, M. (2005), Concubinage or marriage? Informal and formal cooperations for innovation, In: International Journal of Industrial Organization, 23. Jg., 3–4, 2005, S. 279–302.

Boomsma, A./Hoogland, J. (2001), The robustness of LISREL modeling revisited, In: Cudeck, R./Du Toit, S./Jöreskog, K.G. (Hrsg.): Structural equation modeling: present and future – A Festschrift in honor of Karl Jöreskog, Lincolnwood, IL 2001, S. 139–168.

Bortz, J./Döring, N. (2006), Forschungsmethoden und Evaluation für Human- und Sozialwissenschaftler, 4. Auflage, Berlin, Heidelberg 2006.

Boyd, B.K./Gove, S./Hitt, M.A. (2005), Construct measurement in strategic management research: Illusion or reality?, In: Strategic Management Journal, 26. Jg., Nr. 3, 2005, S. 239–257.

Brockhoff, K. (1999), Forschung und Entwicklung – Planung und Kontrolle, 5. Auflage, München, Wien 1999.

Browne, M.W./Cudeck, R. (1993), Alternative ways of assessing model fit, In: Bollen, K.A./Long, J.S. (Hrsg.): Testing Structural Equation Models, Newbury Park [u. a.] 1993, S. 136–162.

Brown, S.L./Eisenhardt, K.M. (1995), Product development: Past research, present findings, and future directions, In: Academy of Management Review, 20. Jg., Nr. 2, 1995, S. 343–378.

Brown, T. (2006), Confirmatory factor analysis for applied research, New York, NY 2006.

Bruhn, M./Stauss, B. (2009), Kundenintegration im Dienstleistungsmanagement – Eine Einführung in die theoretische und praktische Problemstellung, In: Bruhn, M./Stauss, B. (Hrsg.): Kundenintegration: Forum Dienstleistungsmanagement, Wiesbaden 2009, S. 3–33.

Brumagim, A. (1994), A hierarchy of corporate resources, In: Shrivastava, P./Huff, A./Dutton, J. (Hrsg.): Resource-based view of the firm, Greenwich, CT 1994, S. 81–112.

Bryant, F.B./Satorra, A. (2012), Principles and practice of scaled difference chi-square testing, In: Structural Equation Modeling: A Multidisciplinary Journal, 19. Jg., Nr. 3, 2012, S. 372–398.

Bühner, M. (2010), Einführung in die Test- und Fragebogenkonstruktion, München 2010.

Burkhart, T. (2010), Die Absorptionsfähigkeit externen technologischen Wissens – Konzeptionalisierung, Einflussfaktoren und Erfolgswirkung, Köln 2010.

Burmann, C. (2002), Strategische Flexibilität und Strategiewechsel als Determinanten des Unternehmenswertes, Wiesbaden 2002.

Burns, R./Burns, R. (2008), Business research methods and statistics using SPSS, London 2008.

Byrne, B. (2006), Structural equation modeling with EQS: Basic concepts, applications, and programming, Hillsdale, NJ 2006.

Cameron, K.S./Freeman, S.J. (1991), Cultural congruence, strength, and type: Relationships to effectiveness, In: Research in Organizational Change and Development, 5. Jg., Nr. 1, 1991, S. 23–58.

Camisón, C./Forés, B. (2010), Knowledge absorptive capacity: New insights for its conceptualization and measurement, In: Journal of Business Research, 63. Jg., Nr. 7, 2010, S. 707–715.

Camisón, C./Forés, B. (2011), Knowledge creation and absorptive capacity: The effect of intra-district shared competences, In: Scandinavian Journal of Management, 27. Jg., Nr. 1, 2011, S. 66–86.

Campbell, D. (1955), The informant in quantitative research, In: American Journal of Sociology, 4. Jg., Nr. 60, 1955, S. 339–342.

Campbell, D./Fiske, D. (1959), Convergent and discriminant validation by the multitrait-multimethod matrix, In: Psychological Bulletin, 56. Jg., Nr. 2, 1959, S. 81–105.

Campbell, D.T. (1960), Blind variation and selective retentions in creative thought as in other knowledge processes, In: Psychological Review, 67. Jg., Nr. 6, 1960, S. 380–400.

Carmines, E./Zeller, R. (1979), Reliability and validity assessment, Thousand Oaks, CA 1979.

Carnap, R. (1956), Methodological character of theoretical concepts, In: Feigl, H./Scriven, M. (Hrsg.): The foundations of science and the concepts of psychology and psychoanalysis, Minneapolis, MN 1956, S. 38–76.

Carnap, R. (1966), Philosophical foundations of physics: An introduction to the philosophy of science, New York, NY 1966.

Carnap, R. (1995), An introduction to the philosophy of science, Mineola, NY 1995.

Cassiman, B./Veugelers, R. (2006), In search of complementarity in innovation strategy: Internal R&D and external knowledge acquisition, In: Management Science, 52. Jg., Nr. 1, 2006, S. 68–82.

Causey, R.L. (1979), Theory and observation, In: Asquith, P./Kyburg, H. (Hrsg.): Current research in philosophy of science: Proceedings of the P.S.A. Critical Research Problems Conference 1979, S. 187–206.

Centre for European Economic Research (ZEW) (2011), Community Innovation Survey (CIS): Results of CIS 2010 for Germany, http://www.zew.de/de/publikationen/innovationserhebungen/innovationserhebungen.php3, Abruf: 03.01.2013.

Chandler, A.D. (1992), Organizational capabilities and the economic history of the industrial enterprise, In: Journal of Economic Perspectives, 6. Jg., Nr. 3, 1992, S. 79–100.

Chesbrough, H./Garman, A. (2009), How open innovation can help you cope in lean times, In: Harvard Business Review, 87. Jg., Nr. 12, 2009, S. 68–76.

Chesbrough, H.W. (2003a), Open innovation: The new imperative for creating and profiting from technology, Boston, MA 2003.

Chesbrough, H.W. (2003b), The Era of Open Innovation, In: MIT Sloan Management Review, 44. Jg., Nr. 3, 2003, S. 35–41.

Chesbrough, H.W. (2004), Managing open innovation: Chess and poker, In: Research-Technology Management, 47. Jg., Nr. 1, 2004, S. 23–26.

Chesbrough, H.W. (2006a), Open business models: How to thrive in the new innovation landscape, Boston, MA 2006.

Chesbrough, H.W. (2006b), Open innovation: A new paradigm for understanding industrial innovation, In: Chesbrough, H.W./Vanhaverbeke, W./West, J. (Hrsg.): Open innovation: Researching a new paradigm, Oxford 2006, S. 1–12.

Chesbrough, H.W. (2010), Business model innovation: Opportunities and barriers, In: Long Range Planning, 43. Jg., 2–3, 2010, S. 354–363.

Chesbrough, H.W./Appleyard, M.M. (2007), Open innovation and strategy, In: California Management Review, 50. Jg., Nr. 1, 2007, S. 57–76.

Chesbrough, H.W./Crowther, A.K. (2006), Beyond high tech: Early adopters of open innovation in other industries, In: R&D Management, 36. Jg., Nr. 3, 2006, S. 229–236.

Chesbrough, H.W./Vanhaverbeke, W./ West, J. (Hrsg.) (2006), Open innovation: Researching a new paradigm, Oxford University Press 2006.

Chiang, Y.-H./Hung, K.-P. (2010), Exploring open search strategies and perceived innovation performance from the perspective of inter-organizational knowledge flows, In: R&D Management, 40. Jg., Nr. 3, 2010, S. 292–299.

Chiaroni, D./Chiesa, V./Frattini, F. (2010), Unravelling the process from closed to open innovation: Evidence from mature, asset-intensive industries, In: R&D Management, 40. Jg., Nr. 3, 2010, S. 222–245.

Chiaroni, D./Chiesa, V./Frattini, F. (2011), The open innovation journey: How firms dynamically implement the emerging innovation management paradigm, In: Technovation, 31. Jg., Nr. 1, 2011, S. 34–43.

Chin, W.W. (1995), Partial least squares is to LISREL as principal components analysis is to common factor analysis, In: Technology Studies, Nr. 2, 1995, S. 315–319.

Chin, W.W. (1998a), Commentary: Issues and opinion on structural equation modeling, In: MIS Quarterly: Management Information Systems, 22. Jg., Nr. 1, 1998, S. VII–XVI.

Chin, W.W. (1998b), The partial least squares approach to structural equation modeling, In: Marcoulides, G.A. (Hrsg.): Modern methods for business research, Mahwah, NJ 1998, S. 295–336.

Chin, W.W. (2003), PLS Graph 3.0, Houston, TX 2003.

Chin, W.W./Newsted, P.R. (1999), Structural equation modeling analysis with small samples using partial least squares, In: Hoyle, R.H. (Hrsg.): Statistical strategies for small sample research, Thousand Oaks, CA 1999, S. 307–341.

Chin, W.W./Peterson, R.A./Brown, S.P. (2008), Structural equation modeling in marketing: some practical reminders, In: The Journal of Marketing Theory and Practice, 16. Jg., Nr. 4, 2008, S. 287–298.

Christensen, J.F. (2006), Wither core competency for the large corporation in an open innovation world?, In: Chesbrough, H.W./Vanhaverbeke, W./West, J. (Hrsg.): Open innovation – Researching a new paradigm, Oxford 2006, S. 35–61.

Churchill, G.A. (1979), A paradigm for developing better measures of marketing constructs, In: Journal of Marketing Research, 16. Jg., Nr. 1, 1979, S. 64–73.

Cohen, J. (1988), Statistical power analysis for the behavioral sciences, Hillsdale, NJ 1988.

Cohen, M.D./Burkhart, R./Dosi, G./Egidi, M./Marengo, L./Warglien, M./Winter, S. (1996), Routines and other recurring action patterns of organizations: Contemporary research issues, In: Industrial and Corporate Change, 5. Jg., Nr. 3, 1996, S. 653–698.

Cohen, W.M./Levinthal, D.A. (1989), Innovation and learning: The two faces of R&D, In: The Economic Journal, 99. Jg., Nr. 397, 1989, S. 569–596.

Cohen, W.M./Levinthal, D.A. (1990), Absorptive capacity: A new perspective on learning and innovation, In: Administrative Science Quarterly, 35. Jg., Nr. 1, 1990, S. 128–152.

Cohen, W.M./Levinthal, D.A. (1994), Fortune favors the prepared firm, In: Management Science, 40. Jg., Nr. 2, 1994, S. 227–251.

Collis, D. (1996), Organizational capability as a source of profit, In: Moingeon, B./Edmondson, A. (Hrsg.): Organizational learning and competitive advantage, London 1996, S. 139–163.

Collis, D.J. (1994), Research Note: How Valuable are Organizational Capabilities?, In: Strategic Management Journal, 15. Jg., S1, 1994, S. 143–152.

Conboy, K./Morgan, L. (2011), Beyond the customer: Opening the agile systems development process, In: Information and Software Technology, 53. Jg., Nr. 5, 2011, S. 535–542.

Cook, T./Campbell, D. (1979), Quasi-experimentation: Design & analysis issues for field settings, Boston, MA 1979.

Coombs, R./Metcalfe, J. (2000), Organizing for innovation: Co-ordinating distributed innovation capabilities, In: Foss, N.J. (Hrsg.): Competence, governance and entrepreneurship – Advances in economic strategy research, 209–231, Oxford 2000,

Cooper, R. (1983a), A process model for industrial new product development, In: IEEE Transactions on Engineering Management, 30. Jg., Nr. 1, 1983, S. 2–11.

Cooper, R.G. (1982), New product success in industrial firms, In: Industrial Marketing Management, 11. Jg., Nr. 3, 1982, S. 215–223.

Cooper, R.G. (1983b), The impact of new product strategies, In: Industrial Marketing Management, 12. Jg., Nr. 4, 1983, S. 243–256.

Cooper, R.G. (1984a), How new product strategies impact on performance, In: Journal of Product Innovation Management, 1. Jg., Nr. 1, 1984, S. 5–18.

Cooper, R.G. (1984b), New product strategies: What distinguishes the top performers?, In: Journal of Product Innovation Management, 1. Jg., Nr. 3, 1984, S. 151–164.

Cooper, R.G. (1988), Predevelopment activities determine new product success, In: Industrial Marketing Management, 17. Jg., Nr. 3, 1988, S. 237–247.

Cooper, R.G. (1992), The newprod system: The industry experience, In: Journal of Product Innovation Management, 9. Jg., Nr. 2, 1992, S. 113–127.

Cooper, R.G. (1996), Overhauling the new product process, In: Industrial Marketing Management, 25. Jg., Nr. 6, 1996, S. 465–482.

Cooper, R.G./Kleinschmidt, E. (1986), An investigation into the new product process: Steps, deficiencies, and impact, In: Journal of Product Innovation Management, 3. Jg., Nr. 2, 1986, S. 71–85.

Cooper, R.G./Kleinschmidt, E. (1987a), New products: What separates winners from losers?, In: Journal of Product Innovation Management, 4. Jg., Nr. 3, 1987, S. 169–184.

Cooper, R.G./Kleinschmidt, E. (1993a), Major new products: What distinguishes the winners in the chemical industry?, In: Journal of Product Innovation Management, 10. Jg., Nr. 2, 1993, S. 90–111.

Cooper, R.G./Kleinschmidt, E. (1994), Determinants of timeliness in product development, In: Journal of Product Innovation Management, 11. Jg., Nr. 5, 1994, S. 381–396.

Cooper, R.G./Kleinschmidt, E.J. (1993b), Screening new products for potential winners, In: Long Range Planning, 26. Jg., Nr. 6, 1993, S. 74–81.

Cooper, R.G./Kleinschmidt, E.J. (1995a), Performance typologies of new product projects, In: Industrial Marketing Management, 24. Jg., Nr. 5, 1995, S. 439–456.

Cooper, R./Kleinschmidt, E. (1987b), Success factors in product innovation, In: Industrial Marketing Management, 16. Jg., Nr. 3, 1987, S. 215–223.

Cooper, R./Kleinschmidt, E. (1995b), Benchmarking the firm's critical success factors in new product development, In: Journal of Product Innovation Management, 12. Jg., Nr. 5, 1995, S. 374–391.

Cooper, R./Kleinschmidt, E. (1996), Winning businesses in product development: The critical success factors, In: Research-Technology Management, 39. Jg., Nr. 4, 1996, S. 18–29.

Cousins, P.D./Lawson, B. (2007), The effect of socialization mechanisms and performance measurement on supplier integration in new product development, In: British Journal of Management, 18. Jg., Nr. 3, 2007, S. 311–326.

Crocker, L./Algina, J. (1986), Introduction to classical and modern test theory, Forth Worth, TX 1986.

Cronbach, L.J. (1951), Coefficient alpha and the internal structure of tests, In: Psychometrika, 16. Jg., Nr. 3, 1951, S. 297–302.

Crossan, M.M./Apaydin, M. (2010), A multi-dimensional framework of organizational innovation: A systematic review of the literature, In: Journal of Management Studies, 47. Jg., Nr. 6, 2010, S. 1154–1191.

Cureton, E.E./D'Agostino, R.B. (1983), Factor analysis: An applied approach, Hillsdale, NJ 1983.

Curran, P.J./West, S.G./Finch, J.F. (1996), The robustness of test statistics to nonnormality and specification error in confirmatory factor analysis, In: Psychology Method, 1. Jg., Nr. 1, 1996, S. 16–29.

Curtis, R.F./Jackson, E.F. (1962), Multiple indicators in survey research, In: American Journal of Sociology, 68. Jg., Nr. 2, 1962, S. 195–204.

Cyert, R./March, J.G. (1963), A behavioural theory of the firm, Englewood Cliffs, NJ 1963.

Dahlander, L./Gann, D.M. (2010), How open is innovation?, In: Research Policy, 39. Jg., Nr. 6, 2010, S. 699–709.

Damanpour, F. (1991), Organizational innovation: A meta-analysis of effects of determinants and moderators, In: The Academy of Management Journal, 34. Jg., Nr. 3, 1991, S. 555–590.

Day, S.G. (1994), The capabilities of market-driven organizations, In: Journal of Marketing, 58. Jg., Nr. 4, 1994, S. 37–52.

DeCarolis, D.M./Deeds, D.L. (1999), The impact of stocks and flows of organizational knowledge on firm performance: An empirical investigation of the biotechnology industry, In: Strategic Management Journal, 20. Jg., Nr. 10, 1999, S. 953–968.

DeLamater, J./Myers, D. (2011), Social psychology, Belmont, CA 2011.

Deshpandé, R./Farley, J./Webster, F. (1993), Corporate culture, customer orientation, and innovativeness in Japanese firms: A quadrad analysis, In: The Journal of Marketing, 57. Jg., Nr. 1, 1993, S. 23–37.

DeVellis, R.F. (2003), Scale development: Theory and applications – Applied Social Research Methods Series, 2. Auflage, Thousand Oaks, CA 2003.

Di Stefano, G./Peteraf, M./Verona, G. (2010), Dynamic capabilities deconstructed – A bibliographic investigation into the origins, development, and future directions of the research domain, In: Industrial and Corporate Change, 19. Jg., Nr. 4, 2010, S. 1187–1204.

Diamantopoulos, A. (2006), The error term in formative measurement models: Interpretation and modeling implications, In: Journal of Modeling in Management, 1. Jg., Nr. 1, 2006, S. 7–17.

Diamantopoulos, A./Siguaw, J.A. (2000), Introducing LISREL: A guide for the uninitiated, London 2000.

Diamantopoulos, A./Siguaw, J.A. (2006), Formative versus reflective indicators in organizational measure development: A comparison and empirical illustration, In: British Journal of Management, 17. Jg., Nr. 4, 2006, S. 263–282.

Diamantopoulos, A./Winklhofer, H.M. (2001), Index construction with formative indicators: An alternative to scale development, In: Journal of Marketing Research, 38. Jg., Nr. 2, 2001, S. 269–277.

Diekmann, A. (1995), Empirische Sozialforschung – Grundlagen, Methoden, Anwendungen, Orig.-Ausg., Reinbek bei Hamburg 1995.

Dierickx, I./Cool, K. (1989), Asset stock accumulation and sustainability of competitive advantage, In: Management Science, 35. Jg., Nr. 12, 1989, S. 1504–1511.

Dierkes, M./Antal, A./Child, J./Nonaka, I. (2003), Handbook of organizational learning and Knowledge, Oxford 2003.

Diller, H. (2006), Probleme der Handhabung von Strukturgleichungsmodellen in der betriebswirtschaftlichen Forschung – Eine kritische Einführung, In: DBW – Die Betriebswirtschaft, 66. Jg., Nr. 6, 2006, S. 611–617.

Dillman, D.A. (2000), Mail and internet surveys: The tailored design mMethod, 2. Auflage, New York, NY 2000.

Dittrich, K./Duysters, G. (2007), Networking as a means to strategy change: The case of open innovation in mobile telephony, In: Journal of Product Innovation Management, 24. Jg., Nr. 6, 2007, S. 510–521.

Dosi, G./Teece, D.J. (1998), Organizational competencies and the boundaries of the firm, In: Aréna, R./Longhi, C. (Hrsg.): Markets and organization, Berlin, Heidelberg 1998, S. 281–301.

Drucker, P.F. (2007), Innovation and entrepreneurship – Practice and principles, Amsterdam, London 2007.

Dutta, S./Narasimhan, O./Rajiv, S. (2005), Research notes and commentaries – Conceptualizing and measuring capabilities: Methodology and empirical application, In: Strategic Management Journal, 26. Jg., Nr. 3, 2005, S. 277–285.

Dyer, B./Song, M. (1997), The impact of strategy on conflict: A cross-national comparative study of U.S. and Japanese firms, In: Journal of International Business Studies, 28. Jg., Nr. 3, 1997, S. 467–493.

Dyer, J.H. (1996), Specialized supplier networks as a source of competitive advantage: Evidence from the auto industry, In: Strategic Management Journal, 17. Jg., Nr. 4, 1996, S. 271–291.

Dyer, J.H./Singh, H. (1998), The relational view: Cooperative strategy and sources of interorganizational competitive advantage, In: The Academy of Management Review, 23. Jg., Nr. 4, 1998, S. 660–679.

Easterby-Smith, M./Araujo, L./Burgoyne, J. (1999), Organizational learning and the learning organization: Developments in Theory and Practice, London 1999.

Eberl, M. (2004), Formative und reflektive Indikatoren im Forschungsprozess: Entscheidungsregeln und die Dominanz des reflektiven Modells, Ludwig-Maximilians-Universität München, Schriften zur Empirischen Forschung und Quantitativen Unternehmensplanung, Heft 19 2004.

Eberl, M. (2009), Die Dynamisierung organisationaler Kompetenzen – Eine kritische Rekonstruktion und Analyse der Dynamic Capability-Debatte, Hamburg 2009.

Edwards, J.R. (2001), Multidimensional constructs in organizational behavior research: An integrative analytical framework, In: Organizational Research Methods, 4. Jg., Nr. 2, 2001, S. 144–192.

Edwards, J.R./Bagozzi, R.P. (2000), On the Nature and direction of relationships between constructs and measures, In: Psychological Methods, 5. Jg., Nr. 2, 2000, S. 155–174.

Eggert, A./Fassott, G. (2003), Zur Verwendung formativer und reflektiver Indikatoren in Strukturgleichungsmodellen: Ergebnisse einer Metaanalyse und Anwendungsempfehlungen, Kaiserslautern 2003.

Eikelenboom, B. (2005), Organizational capabilities and bottom line performance: The relationship between organizational architecture and strategic performance of business units in Dutch headquartered multinationals, Delft 2005.

Eisenhardt, K.M./Martin, J.A. (2000), Dynamic capabilities: what are they?, In: Strategic Management Journal, 21. Jg., 10–11, 2000, S. 1105–1121.

Enkel, E. (2010), Attributes required for profiting from open innovation in networks, In: International Journal of Technology Management, 52. Jg., 3–4, 2010, S. 344–371.

Enkel, E./Kausch, C./Gassmann, O. (2005), Managing the risk of customer integration, In: European Management Journal, 23. Jg., Nr. 2, 2005, S. 203–213.

Enkel, E./Perez-Freije, J./Gassmann, O. (2005), Minimizing market risks through customer integration in new product development: Learning from bad practice, In: Creativity and Innovation Management, 14. Jg., Nr. 4, 2005, S. 425–437.

Ernst, H. (2001), Erfolgsfaktoren neuer Produkte: Grundlagen für eine valide empirische Forschung, Wiesbaden 2001.

Ernst, H. (2002), Success factors of new product development: A review of the empirical literature, In: International Journal of Management Reviews, 4. Jg., Nr. 1, 2002, S. 1–40.

Ernst, H. (2003a), Unternehmenskultur und Innovationserfolg – Eine empirische Analyse, In: ZfbF – Zeitschrift für betriebswirtschaftliche Forschung, 55. Jg., 2003, S. 23–44.

Ernst, H. (2003b), Ursachen eines Informant Bias und dessen Auswirkung auf die Validität empirischer betriebswirtschaftlicher Forschung, In: Zeitschrift für Betriebswirtschaft, 73. Jg., Nr. 12, 2003, S. 1249–1275.

Europäische Kommission (1995), Grünbuch zur Innovation, Luxemburg 1995.

European Union (2012), Open Innovation, Luxemburg 2012.

Evans, J.S. (1991), Strategic flexibility for high technology maneuvers, In: Journal of Management Studies, 28. Jg., Nr. 1, 1991, S. 69–89.

Faber, M.J. (2009), Open Innovation, Wiesbaden 2009.

Fassot, G./Eggert, A. (2005), Zur Verwendung formativer und reflektiver Indikatoren in Strukturgleichungsmodellen – Bestandsaufnahme und Anwendungsempfehlungen, In: Bliemel, F./Eggert, A./Fassott, G./Henseler, J. (Hrsg.): Handbuch PLS-Pfadmodellierung – Methode, Anwendung, Praxisbeispiele, Stuttgart 2005, S. 31–47.

Fichter, K. (2009), Innovation communities: The role of networks of promotors in open innovation, In: R&D Management, 39. Jg., Nr. 4, 2009, S. 357–371.

Flatten, T.C./Engelen, A./Zahra, S.A./Brettel, M. (2011), A measure of absorptive capacity: Scale development and validation, In: European Management Journal, 29. Jg., Nr. 2, 2011, S. 98–116.

Fornell, C. (1985), A second generation of multivariate analysis: Classification of methods and implications for marketing research – Working Paper No. 414, University of Michigan 1985.

Fornell, C./Bookstein, F.L. (1982), Two structural equation models: LISREL and PLS applied to consumer exit-voice theory, In: Journal of Marketing Research, 19. Jg., Nr. 4, 1982, S. 440–452.

Fornell, C./Larcker, D.F. (1981), Evaluating structural equation models with unobservable variables and measurement error, In: Journal of Marketing Research, 18. Jg., Nr. 1, 1981, S. 39–50.

Foss, N.J. (1996), The emerging competence perspective, In: Foss, N./Knudsen, C. (Hrsg.): Towards a Competence Theory of the Firm, London 1996, S. 1–12.

Fredberg, T./Elmquist, M./Ollila, S. (2008), Managing open innovation: Present findings and future directions, Stockholm 2008.

Freiling, J. (2001a), Resource-based View und ökonomische Theorie: Grundlagen und Positionierung des Resourcenansatzes, Wiesbaden 2001.

Freiling, J. (2001b), Ressourcenorientierte Reorganisationen – Problemanalyse und Change Management auf der Basis des Resource-based View, Wiesbaden 2001.

Fritz, W. (1984), Warentest und Konsumgüter-Marketing – Forschungskonzeption und Ergebnisse einer empirischen Untersuchung, Wiesbaden 1984.

Fritz, W. (1990), Marketing, ein Schlüsselfaktor des Unternehmenserfolges?, In: Marketing – Zeitschrift für Forschung und Praxis, 12. Jg., Nr. 2, 1990, S. 91–110.

Fritz, W. (1993), Die empirische Erfolgsfaktorenforschung und ihr Beitrag zum Marketing – Eine Bestandsaufnahme, Braunschweig 1993.

Fritz, W. (1995), Marketing-Management und Unternehmenserfolg – Grundlagen und Ergebnisse einer empirischen Untersuchung, 2. Auflage, Stuttgart 1995.

Fritz, W. (2004), Über Tautologien, gesicherte Erkenntnisse und ein problematisches Wissenschaftsverständnis – Eine Antwort auf die Kritik von Alexander Nicolai und Alfred Kieser, Braunschweig 2004.

Frohman, A. (1998), Building a culture for innovation, In: Research-Technology Management, 41. Jg., Nr. 2, 1998, S. 9–12.

Fuchs, A. (2011), Methodische Aspekte linearer Strukturgleichungsmodelle – Ein Vergleich von kovarianz- und varianzbasierten Kausalanalyseverfahren, Würzburg 2011.

Fuchs, C./Diamantopoulos, A. (2009), Using single-item measures for construct measurement, In: DBW – Die Betriebswirtschaft, 69. Jg., Nr. 2, 2009, S. 195–210.

Fuglsang, L. (2008), Capturing the benefits of open innovation in public innovation: A case study, In: International Journal of Services, Technology and Management, 9. Jg., 3–4, 2008, S. 234–248.

Gambardella, A./McGahan, A.M. (2010), Business-model innovation: General purpose technologies and their implications for industry structure, In: Long Range Planning, 43. Jg., 2–3, 2010, S. 262–271.

Gao, S./Mokhtarian, P.L./Johnston, R.A. (2008), Nonnormality of data in structural equation models, In: Transportation Research Record: Journal of the Transportation Research Board, 2082. Jg., Nr. 1, 2008, S. 116–124.

Garcia, R./Calantone, R. (2002), A critical look at technological innovation typology and innovativeness terminology: A literature review, In: Journal of Product Innovation Management, 19. Jg., Nr. 2, 2002, S. 110–132.

Garriga, H./Krogh, G. von/Spaeth, S. (2013), How constraints and knowledge impact open innovation, In: Strategic Management Journal, 34. Jg., Nr. 9, 2013, S. 1134–1144.

Gassmann, O./Bader, M.A. (2007), Patentmanagement – Innovationen erfolgreich nutzen und schützen, 2. Auflage, Berlin, Heidelberg 2007.

Gassmann, O./Enkel, E. (2004), Towards a theory of open innovation: Three core process archetypes, In: R&D Management Conference (RADMA) – Lissabon, 2004.

Gassmann, O./Enkel, E. (2006), Open Innovation: Externe Hebeleffekte in der Innovation erzielen– Eine Öffnung des Innovationsprozesses erhöht das Innovationspotential, In: Zeitschrift für Führung und Organisation, Nr. 3, 2006, S. 132–138.

Gassmann, O./Enkel, E./Chesbrough, H. (2010), The future of open innovation, In: R&D Management, 40. Jg., Nr. 3, 2010, S. 213–221.

Gastes, D./Gaul, W. (2011), Gestaltung offener Innovationsstrukturen als Schlüssel zu mehr Innovationserfolg, In: Baier, D./Gaul, W./Rese, A./Würth, R. (Hrsg.): The Entrepreneurship – Innovation – Marketing Interface, 3rd Symposium Cottbus, Künzelsau 2011, S. 185–194.

Gefen, D./Straub, D.W./Boudreau, M. (2000), Structural equation modeling and regression: Guidelines for research practice, In: Communication of the Association for Information Systems, Nr. 4, 2000, S. 1–79.

Gemünden, H.G./Ritter, T./Heydebreck, P. (1996), Network configuration and innovation success: An empirical analysis in German high-tech industries, In: International Journal of Research in Marketing, 13. Jg., Nr. 5, 1996, S. 449–462.

Gerbing, D.W./Anderson, J.C. (1988), An updated paradigm for scale development incorporating unidimensionality and its assessment, In: Journal of Marketing Research, 25. Jg., Nr. 2, 1988, S. 186–192.

Gerpott, T.J. (2005), Strategisches Technologie- und Innovationsmanagement, 2. Auflage, Stuttgart 2005.

Gersick, C.J.G./Hackman, J.R. (1990), Habitual routines in task-performing groups, In: Organizational Behavior and Human Decision Processes, 47. Jg., Nr. 1, 1990, S. 65–97.

Gerwin, D. (1993), Manufacturing flexibility: A strategic perspective, In: Management Science, 39. Jg., Nr. 4, 1993, S. 395–410.

Gibson, C.B./Birkinshaw, J. (2004), The antecedents, consequences, and mediating role of organizational ambidexterity, In: Academy of Management Journal, 47. Jg., Nr. 2, 2004, S. 209–226.

Giere, J. (2007), Marketingflexibilität – Eine empirische Analyse ihrer Konzeptionalisierung, Operationalisierung und Erfolgswirkung, Wiesbaden 2007.

Giere, J./Wirtz, B.W./Schilke, O. (2006), Mehrdimensionale Konstrukte: Konzeptionelle Grundlagen und Möglichkeiten ihrer Analyse mithilfe von Strukturgleichungsmodellen, In: DBW – Die Betriebswirtschaft, 66. Jg., Nr. 6, 2006, S. 678–695.

Goldhar, J. (1980), Some modest conclusions, In: Dean, B./Goldhar, J. (Hrsg.): Management of research and innovation, Amsterdam, New York, NY, Oxford 1980, S. 283–284.

Goldstein, L. (1978), Die Inadäquatheit des Prinzips des methodologischen Individualismus, In: Acham, K. (Hrsg.): Methodologische Probleme der Sozialwissenschaften, Darmstadt 1978, S. 49–67.

Göttgens, O. (1996), Erfolgsfaktoren in stagnierenden und schrumpfenden Märkten – Instrumente einer erfolgreichen Unternehmenspolitik, Wiesbaden 1996.

Granig, P./Perusch, S. (2012), Grundlagen des Innovationsmanagements, In: Granig, P./Perusch, S. (Hrsg.): Innovationsrisikomanagement im Krankenhaus, Wiesbaden 2012, S. 21–86.

Grant, R.M. (1991), The resource-based theory of competitive advantage: Implications for strategy formulation, In: California Management Review, 33. Jg., Nr. 3, 1991, S. 114–135.

Grant, R.M. (1996), Prospering in dynamically-competitive environments: Organizational capability as knowledge integration, In: Organization Science, 7. Jg., Nr. 4, 1996, S. 375–387.

Grant, R.M. (1997), The knowledge-based view of the firm: Implications for management practice, In: Long Range Planning, 30. Jg., Nr. 3, 1997, S. 450–454.

Gravesande, B.S. (2006), Internetbasierte Anwendungen in der FuE-Kooperation – Eine empirische Analyse basierend auf der Adaptive Structuration Theory, Wiesbaden 2006.

Grewal, R./Tansuhaj, P. (2001), Building organizational capabilities for managing economic crisis: The role of market orientation and strategic flexibility, In: Journal of Marketing, 65. Jg., Nr. 2, 2001, S. 67–80.

Gries, W. (1997), Von der Information zum Wissen – Die Wissensgesellschaft, In: Hill, H. (Hrsg.): Wissensmanagement, Köln, Berlin, Bonn, München 1997, S. 28–36.

Grimm, U. (1983), Analyse strategischer Faktoren: Ein Beitrag zur Theorie der strategischen Unternehmensplanung, Wiesbaden 1983.

Grindley, P.C./Teece, D.J. (1997), Managing intellectual capital: Licensing and cross-licensing in semiconductors and electronics, In: California Management Review, 39. Jg., Nr. 2, 1997, S. 8–41.

Grönlund, J./Rönnberg Sjödin, D./Frishammar, J. (2010), Open innovation and the stage-gate process: A revised model for new product development, In: California Management Review, 52. Jg., Nr. 3, 2010, S. 106–131.

Groves, R./Floyd J. Fowler, J./Couper, M./Lepkowski, J./Singer, E./Tourangeau, R. (2009), Survey methodology, Hoboken, NJ 2009.

Güldenberg, S. (2003), Wissensmanagement und Wissenscontrolling in lernenden Organisationen– Ein systemtheoretischer Ansatz, 4. Auflage, Wiesbaden 2003.

Gupta, A.K./Smith, K.G./Shalley, C.E. (2006), The interplay between exploration and exploitation, In: The Academy of Management Journal, 49. Jg., Nr. 4, 2006, S. 693–706.

Gupta, J./Sharma, S. (2004), Creating knowledge based organizations, Hershey, PA, London 2004.

Güttler, K./Brettel, P. (2009), Formale Organisationsstrukturen in wachstumsorientierten kleinen und mittleren Unternehmen, Wiesbaden 2009.

Häder, M., Empirische Sozialforschung, Berlin, Heidelberg.

Haenlein, M./Kaplan, A.M. (2004), A beginner's guide to partial least squares analysis, In: Understanding Statistics, 3. Jg., Nr. 4, 2004, S. 283–297.

Hafermalz, O. (1976), Schriftliche Befragung: Möglichkeiten und Grenzen – Betrieb und Markt, Wiesbaden 1976.

Hagedoorn, J. (2002), Inter-firm R&D partnerships: an overview of major trends and patterns since 1960, In: Research Policy, 31. Jg., Nr. 4, 2002, S. 477–492.

Hagel, J./Brown, J. (2008), Creation nets: Harnessing the potential of open innovation, In: Journal of Service Science, 1. Jg., Nr. 2, 2008, S. 27–40.

Hair, J./Black, W./Babin, B./Anderson, R.E. (2010), Multivariate data analysis: A global perspective, 7. Auflage, Upper Saddle River, NJ 2010.

Handfield, R.B./Ragatz, G.L./Petersen, K.J./Monczka, R.M. (1999), Involving suppliers in new product development, In: California Management Review, 42. Jg., Nr. 1, 1999, S. 59–82.

Harman, H.H. (1967), Modern factor analysis, 2. Auflage, Chicago 1967.

Hartung, J./Elpelt, B./Klösener, K. (2005), Statistik, München 2005.

Hauschildt, J. (1991), Zur Messung des Innovationserfolgs, In: Zeitschrift für Betriebswirtschaft, 61. Jg., 1991, S. 451–476.

Hauschildt, J. (1993), Innovationsmanagement – Determinanten des Innovationserfolges, In: Hauschildt, J./Grün, O. (Hrsg.): Ergebnisse empirischer betriebswirtschaftlicher Forschung: zu einer Realtheorie der Unternehmung – Festschrift für Eberhard Witte, Stuttgart 1993, S. 295–326.

Hauschildt, J./Salomo, S. (2011), Innovationsmanagement, 5. Auflage, München 2011.

Haws, K./Bearden, W./Netemeyer, R. (2010), Handbook of marketing scales: Multi-item measures for marketing and consumer behavior research 2010.

Heeler, R./Ray, M. (1972), Measure validation in marketing, In: Journal of Marketing Research, 9. Jg., Nr. 4, 1972, S. 361–370.

Heesen, M. (2009), Innovationsportfoliomanagement – Bewertung von Innovationsprojekten in kleinen und mittelgroßen Unternehmen der Automobilzulieferindustrie, Wiesbaden 2009.

Heidergott, B. (1996), Pfadanalyse stochastischer Netzwerke, Hamburg 1996.

Helfat, C.E./Peteraf, M.A. (2009), Understanding dynamic capabilities: Progress along a developmental path, In: Strategic Organization, 7. Jg., Nr. 1, 2009, S. 91–102.

Helfat, C.E./Raubitschek, R.S. (2000), Product sequencing: Co-evolution of knowledge, capabilities and products, In: Strategic Management Journal, 21. Jg., 10–11, 2000, S. 961–979.

Helfat, C./Finkelstein, S./Mitchell, W./Peteraf, M./Singh, H./Teece, D./Winter, S. (2007), Dynamic capabilities: Understanding strategic change in organizations, Malden, MA 2007.

Henard, D.H./Szymanski, D.M. (2001), Why some new products are more successful than others, In: Journal of Marketing Research, 38. Jg., Nr. 3, 2001, S. 362–375.

Henderson, R./Cockburn, I. (1994), Measuring competence? Exploring firm effects in pharmaceutical research, In: Strategic Management Journal, 15. Jg., S1, 1994, S. 63–84.

Henry, A. (2008), Understanding strategic management, Oxford 2008.

Herrmann, A./Huber, F./Kressmann, F. (2006), Varianz- und kovarianzbasierte Strukturgleichungsmodelle – Ein Leitfaden zu deren Spezifikation, Schätzung und Beurteilung, In: ZfbF – Zeitschrift für betriebswirtschaftliche Forschung, 58. Jg., Nr. 2, 2006, S. 34–66.

Herstatt, C./von Hippel, E. (1992), From experience: Developing new product concepts via the lead user method: A case study in a "low-tech" field, In: Journal of Product Innovation Management, 9. Jg., Nr. 3, 1992, S. 213–221.

Herzog, P./Leker, J. (2010), Open and closed innovation – Different innovation cultures for different strategies, In: International Journal of Technology Management, 52. Jg., 3–4, 2010, S. 322–343.

He, Z.-L./Wong, P.-K. (2004), Exploration vs. exploitation: An empirical test of the ambidexterity hypothesis, In: Organization Science, 15. Jg., Nr. 4, 2004, S. 481–494.

Hildebrandt, L. (1998), Kausalanalytische Validierung in der Marketingforschung, In: Hildebrandt, L./Homburg, C. (Hrsg.): Die Kausalanalyse – Ein Instrument der empirischen betriebswirtschaftlichen Forschung, Stuttgart 1998, S. 85–110.

Hildebrandt, L./Temme, D. (2005), Strukturgleichungsmodelle in der betriebswirtschaftlichen Forschung, In: Steven, M./Sonntag, S. (Hrsg.): Quantitative Unternehmensführung, Heidelberg 2005, S. 49–65.

Hitt/Keats/DeMarie (1998), Navigating in the new competitive landscape: Building strategic flexibility and competitive advantage in the 21st century, In: Academy of Management Executive, 12. Jg., Nr. 4, 1998, S. 22–42.

Hoffmann, F. (1986), Kritische Erfolgsfaktoren – Erfahrungen in großen und mittelständischen Unternehmungen, In: ZfbF – Zeitschrift für betriebswirtschaftliche Forschung, 28. Jg., Nr. 10, 1986, S. 831–843.

Holmes, S./Smart, P. (2009), Exploring open innovation practice in firm-nonprofit engagements: A corporate social responsibility perspective, In: R&D Management, 39. Jg., Nr. 4, 2009, S. 394–409.

Homburg, C. (2000), Kundennähe von Industriegüterunternehmen: Konzeption – Erfolgsauswirkungen – Determinanten, 3. Auflage, Wiesbaden 2000.

Homburg, C./Baumgartner, H. (1998), Beurteilung von Kausalmodellen – Bestandsaufnahme und Anwendungsempfehlungen, In: Hildebrandt, L./Homburg, C. (Hrsg.): Die Kausalanalyse – Ein Instrument der empirischen betriebswirtschaftlichen Forschung, Stuttgart 1998, S. 343–369.

Homburg, C./Giering, A. (1998), Konzeptualisierung und Operationalisierung komplexer Konstrukte – Ein Leitfaden für die Marketingforschung, In: Hildebrandt, L./Homburg, C. (Hrsg.): Die Kausalanalyse – Ein Instrument der empirischen betriebswirtschaftlichen Forschung, Stuttgart 1998, S. 111–148.

Homburg, C./Hildebrandt, L. (1998), Die Kausalanalyse: Bestandsaufnahme, Entwicklungsrichtungen, Problemfelder, In: Hildebrandt, L./Homburg, C. (Hrsg.): Die Kausalanalyse – Ein Instrument der empirischen betriebswirtschaftlichen Forschung, Stuttgart 1998, S. 15–43.

Homburg, C./Klarmann, M. (2006), Die Kausalanalyse in der empirischen betriebswirtschaftlichen Forschung – Problemfelder und Anwendungsempfehlungen, In: DBW – Die Betriebswirtschaft, 66. Jg., Nr. 6, 2006, S. 727–748.

Homburg, C./Klarmann, M. (2009), Multi Informant-Designs in der empirischen betriebswirtschaftlichen Forschung – Problemfelder und Anwendungsempfehlungen, In: DBW – Die Betriebswirtschaft, 69. Jg., Nr. 2, 2009, S. 147–171.

Homburg, C./Klarmann, M./Reimann, M./Schilke, O. (2012), What drives key informant accuracy?, In: Journal of Marketing Research, 49. Jg., Nr. 4, 2012, S. 594–608.

Homburg, C./Krohmer, H. (2004), Die Fliegenpatsche als Instrument des wissenschaftlichen Dialogs – Replik zum Beitrag "Trotz eklatanter Erfolglosigkeit: die Erfolgsfaktorenforschung weiter auf Erfolgskurs" von Alexander Nicolai und Alfred Kieser, Mannheim 2004.

Homburg, C./Schilke, O./Reimann, M. (2009), Triangulation von Umfragedaten in der Marketing und Managementforschung: Inhaltsanalyse und Anwendungshinweise, In: DBW – Die Betriebswirtschaft, 69. Jg., Nr. 2, 2009, S. 173–193.

Hooper, D./Coughlan, J./Mullen, M. (2008), Structural equation modelling: Guidelines for determining model fit, In: Electronic Journal of Business Research Methods, 6. Jg., Nr. 1, 2008, S. 53–60.

Hopkins, M.M./Tidd, J./Nightingale, P./Miller, R. (2011), Generative and degenerative interactions: Positive and negative dynamics of open, user-centric innovation in technology and engineering consultancies, In: R&D Management, 41. Jg., Nr. 1, 2011, S. 44–60.

Hoppenstedt Firmeninformationen GmbH (2012), Inhalte – www.firmendatenbank.de, http://www.firmendatenbank.de/, Abruf: 14.11.2012.

Howitt, D./Cramer, D. (2007), Introduction to research methods in psychology, Harlow 2007.

Huang, F./Rice, J. (2009a), The role of absorptive capacity in facilitating "open innovation" outcomes: A study of Australian SMEs in the manufacturing sector, In: International Journal of Innovation Management, 13. Jg., Nr. 2, 2009, S. 201–220.

Huang, F./Rice, J. (2009b), The role of absorptive capacity in facilitating ‘Open Innovation’ outcomes: A study of Australian SMEs in the manufacturing sector, In: International Journal of Innovation Management, 13. Jg., Nr. 02, 2009, S. 201–220.

Huber, F. (2007), Kausalmodellierung mit Partial Least Squares – Eine anwendungsorientierte Einführung, Wiesbaden 2007.

Hu, L.-T./Bentler, P.M. (1999), Cutoff criteria for fit indexes in covariance structure analysis: Conventional criteria versus new alternatives, In: Structural Equation Modeling: A Multidisciplinary Journal, 6. Jg., Nr. 1, 1999, S. 1–55.

Hung, K.-P./Chiang, Y.-H. (2010), Open innovation proclivity, entrepreneurial orientation, and perceived firm performance, In: International Journal of Technology Management, 52. Jg., 3–4, 2010, S. 257–274.

Hunt, S. (1991), Modern marketing theory: Critical issues in the philosophy of marketing science, Cincinnati, OH 1991.

Hunt, S.D. (1984), Should marketing adopt relativism?, In: Anderson, P./Ryan, M. (Hrsg.): Scientific Method in Marketing, Chicago, IL 1984, S. 30–34.

Hunt, S.D. (1990), Truth in marketing theory and research, In: Journal of Marketing, 54. Jg., Nr. 3, 1990, S. 1–15.

Hunt, S.D. (1992), For reason and realism in marketing, In: Journal of Marketing, 56. Jg., Nr. 2, 1992, S. 89–102.

Hurrle, B./Kieser, A. (2005), Sind Key Informants verlässliche Datenlieferanten?, In: Die Betriebswirtschaft, 65. Jg., Nr. 6, 2005, S. 584–602.

Hussy, W./Schreier, M./Echterhoff, G. (2009), Forschungsmethoden in Psychologie und Sozialwissenschaften – Für Bachelor, Berlin, Heidelberg 2009.

Huston, L/Sakkab.N. (2006), Connect and Develop: Inside Procter & Gamble's new model for innovation, In: Harvard Business Review, 84. Jg., Nr. 3, 2006, S. 58–67.

Huston, L./Sakkab, N. (2007), Implementing open innovation: RTM interviews Larry Huston and Nabil Sakkab about Procter & Gamble's experience with its "Connect and Develop " innovation model., In: Research-Technology Management, 50. Jg., Nr. 2, 2007, S. 21–25.

Hüttner, M./Schwarting, U. (2002), Grundzüge der Marktforschung, München 2002.

Iacobucci, D. (2010), Structural equations modeling: Fit indices, sample size, and advanced topics, In: Journal of Consumer Psychology, 20. Jg., Nr. 1, 2010, S. 90–98.

Iansiti, M./Clark, K. (1994), Integration and dynamic capability: Evidence from product development in automobiles and mainframe computers, In: Industrial and Corporate Change, 3. Jg., Nr. 3, 1994, S. 557–605.

IBM Institute for Business Value (2012), Leading through connections: Insights from the global chief executive officer survey, Somers, NY 2012.

Igartua, J.I./Garrigos, J.A./Hervas-Oliver, J.L. (2010), How innovation management techniques support an open innovation strategy, In: Research Technology Management, 53. Jg., Nr. 3, 2010, S. 41–52.

InnoCentive (2013), InnoCentive, http://www.innocentive.com/, Abruf: 25.05.2013.

Jacob, F. (2003), Kundenintegrations-Kompetenz: Konzeptionalisierung, Operationalisierung und Erfolgswirkung, In: Marketing – ZFP, 25. Jg., Nr. 2, 2003, S. 83–98.

Jacob, F. (2006), Preparing industrial suppliers for customer integration, In: Industrial Marketing Management, 35. Jg., Nr. 1, 2006, S. 45–56.

Jacoby, J. (1978), Consumer research: A state of the art review, In: The Journal of Marketing, 42. Jg., Nr. 2, 1978, S. 87–96.

Janiunaite, B./Petraite, M. (2012), Organizational learning for innovation: Challenges for different organizations management, In: Cegarra, J. (Hrsg.): 13th European Conference on Knowledge Management, Cartagena, Reading 2012, S. 530–539.

Jansen, J.J.P./Tempelaar, M.P./van den Bosch, F.A.J./Volberda, H.W. (2009), Structural differentiation and ambidexterity: The mediating role of integration mechanisms, In: Organization Science, 20. Jg., Nr. 4, 2009, S. 797–811.

Jansen, J.J.P./van den Bosch, F.A.J./Volberda, H.W. (2005), Managing potential and realized absorptive capacity: How do organizational antecedents Matter?, In: Academy of Management Journal, 48. Jg., Nr. 6, 2005, S. 999–1015.

Janssen, J./Laatz, W. (2007), Statistische Datenanalyse mit SPSS für Windows, Berlin, Heidelberg 2007.

Janssen, K.L./Dankanbaar, B. (2008), Proactive involvement of consumers in innovation: Selecting appropriate techniques, In: International Journal of Innovation Management, 12. Jg., Nr. 3, 2008, S. 511–541.

Janz, M. (2004), Erfolgsfaktoren der Beschaffung im Einzelhandel, Wiesbaden 2004.

Jarvis, C.B./MacKenzie, S.B./Podsakoff, P.M. (2003), A critical review of construct indicators and measurement model misspecification in marketing and consumer research, In: Journal of Consumer Research, 30. Jg., Nr. 2, 2003, S. 199–218.

Jaspers, F./van den Ende, J. (2010), Open innovation and systems integration: How and why firms know more than they make, In: International Journal of Technology Management, 52. Jg., 3–4, 2010, S. 275–294.

Jick, T.D. (1979), Mixing qualitative and quantitative methods: Triangulation in action, In: Administrative Science Quarterly, 24. Jg., Nr. 4, 1979, S. 602–611.

Johne, F./Snelson, P. (1988), Success factors in product innovation: A selective review of the literature, In: Journal of Product Innovation Management, 5. Jg., Nr. 2, 1988, S. 114–128.

Johnson, M.W./Christensen, C.M./Kagermann, H. (2008), Reinventing your business model, In: Harvard Business Review, 86. Jg., Nr. 12, 2008, S. 50–59.

Jong, J. de/Vanhaverbeke, W./Kalvet, T./Chesbrough, H. (2008), Policies for open innovation: Theory, framework and cases. Hg. von VISION Era-Net, Helsinki 2008.

Joreskog, K.G. (1971), Statistical analysis of sets of congeneric Tests, In: Psychometrika, 36. Jg., Nr. 2, 1971, S. 109–133.

Jöreskog, K.G. (1970), A general method for analysis of covariance structures, In: Biometrika, 57. Jg., Nr. 2, 1970, S. 239–251.

Jöreskog, K.G. (1973), A general method for estimating a linear structural equation system, In: Goldberger, A./Duncan, O.D. (Hrsg.): Structural equation models in the social sciences, New York, NY 1973, S. 85-112.

Jöreskog, K.G./Goldberger, A.S. (1975), Estimation of a model with multiple indicators and multiple causes of a single latent variable, In: Journal of the American Statistical Association, 70. Jg., Nr. 351, 1975, S. 631–639.

Jöreskog, K.G./Sörbom, D. (1982), Recent developments in structural equation modeling, In: Journal of Marketing Research, 19. Jg., Nr. 4, 1982, S. 404–416.

Jusko, J. (2009), Open innovation tools – NineSigma helps manufacturer Sealed Air grow its collaboration with external partners, In: IndustryWeek, 2009, S. 52–53.

Kale, P./Singh, H. (2007), Building firm capabilities through learning: The role of the alliance learning process in alliance capability and firm-level alliance success, In: Strategic Management Journal, 28. Jg., Nr. 10, 2007, S. 981–1000.

Kale, P./Singh, H./Perlmutter, H. (2000), Learning and protection of proprietary assets in strategic alliances: Building relational capital, In: Strategic Management Journal, 21. Jg., Nr. 3, 2000, S. 217–237.

Kanchanda, K./Ussahawanitchakit, P. (2011), Organizational flexibility capability, inovation advantage and firm sustainability: Evidence from electronic manufacturing businesses in Thailand., In: International Journal of Business Strategy, 11. Jg., Nr. 3, 2011, S. 122–134.

Kandemir, D./Hult, G.T.M. (2005), A conceptualization of an organizational learning culture in international joint ventures, In: Industrial Marketing Management, 34. Jg., Nr. 5, 2005, S. 430–439.

Kang, K.H./Kang, J. (2009), How do firms source external knowledge for innovation? Analysing effects of different knowledge sourcing methods, In: International Journal of Innovation Management, 13. Jg., Nr. 1, 2009, S. 1–17.

Kanter, R. (2010), Think outside the building, In: Harvard Business Review, Nr. 88, 2010, S. 34.

Kanuk, L./Berenson, C. (1975), Mail surveys and response rates: A literature review, In: Journal of Marketing Research, 12. Jg., Nr. 4, 1975, S. 440–453.

Kaplan, R./Saccuzzo, D. (2008), Psychological testing: Principles, applications, and issues, Belmont, CA 2008.

Kappelhoff, P. (2007), Methoden der empirischen Wirtschafts- und Sozialforschung, http://temme.wiwi.uni-wuppertal.de/fileadmin/kappelhoff/Downloads/Vorlesung/skriptkomplett.pdf, Abruf: 01.08.2012.

Katz, R./Allen, T.J. (1982), Investigating the Not Invented Here (NIH) syndrome: A look at the performance, tenure, and communication patterns of 50 R & D Project Groups, In: R&D Management, 12. Jg., Nr. 1, 1982, S. 7–20.

Kerner, J.C. (2009), Erfolgsfaktoren des internationalen Outsourcing-Projektmanagements – Konzeptionalisierung, Operationalisierung, Messung, Hamburg 2009.

Kern, M. (1979), Klassische Erkenntnistheorien und moderne Wissenschaftslehre, In: Raffée, H./Abel, B. (Hrsg.): Wissenschaftstheoretische Grundfragen der Wirtschaftswissenschaften 1979, S. 11–27.

Kieser, A. (1969), Innovationen, In: Grochla, E. (Hrsg.): Handwörterbuch der Organisation, Ungekürzte Studienausg., Stuttgart 1969, S. 742–750.

Kieser, A./Ebers, M. (2006), Organisationstheorien, 6.Aufl, Stuttgart 2006.

Kieser, A./Walgenbach, P. (2007), Organisation, Stuttgart 2007.

Killen, C.P./Jugdev, K./Drouin, N./Petit, Y. (2012), Advancing project and portfolio management research: Applying strategic management theories, In: International Journal of Project Management, 30. Jg., Nr. 5, 2012, S. 525–538.

Kim, H./Park, Y. (2010), The effects of open innovation activity on performance of SMEs: The case of Korea, In: International Journal of Technology Management, 52. Jg., 3–4, 2010, S. 236–256.

Kirsch, W. (1977), Einführung in die Theorie der Entscheidungsprozesse, 2. Auflage, Wiesbaden 1977.

Kirzner, I.M. (1973), Competition and entrepreneurship, Chicago, IL 1973.

Klammer, B. (2005), Empirische Sozialforschung – Eine Einführung für Kommunikationswissenschaftler und Journalisten, Stuttgart 2005.

Klarmann, M. (2008), Methodische Problemfelder der Erfolgsfaktorenforschung– Bestandsaufnahme und empirische Analysen, Wiesbaden 2008.

Kleinaltenkamp, M./Fließ, S./Jacob, F. (1996), Customer-Integration – Von der Kundenorientierung zur Kundenintegration, Wiesbaden 1996.

Klein, J./Edge, G./Kass, T. (1991), Skill-Based competition, In: Journal of General Management, 16. Jg., Nr. 4, 1991, S. 1–15.

Klein, J./Hiscocks, P. (1994), Competence-based competition: A practical toolkit, In: Hamel, G./Heene, A. (Hrsg.): Competence-based competition, New York, NY 1994, S. 183–212.

Kleinschmidt, E./Cooper, R. (1991), The impact of product innovativeness on performance, In: Journal of Product Innovation Management, 8. Jg., Nr. 4, 1991, S. 240–251.

Kline, R.B. (2011), Principles and practice of structural equation modeling, 3. Auflage, New York, NY 2011.

Koestler, A. (1964), The act of creation, London 1964.

Kogut, B./Zander, U. (1992), Knowledge of the firm, combinative capabilities, and the replication of technology, In: Organization Science, 3. Jg., Nr. 3, 1992, S. 383–397.

Kogut, B./Zander, U. (1993), Knowledge of the firm and the evolutionary theory of the multinational corporation, In: Journal of International Business Studies, 24. Jg., Nr. 4, 1993, S. 625–645.

Kogut, B./Zander, U. (1996), What firms do? Coordination, identity, and learning, In: Organization Science, 7. Jg., Nr. 5, 1996, S. 502–518.

Köhler, R. (1993), Produktpolitik – Strategische Stossrichtung und Erfolg von Produktinnovationen, In: Hauschildt, J./Grün, O. (Hrsg.): Ergebnisse empirischer betriebswirtschaftlicher Forschung: zu einer Realtheorie der Unternehmung – Festschrift für Eberhard Witte, Stuttgart 1993, S. 255–293.

Kohn, W. (2005), Statistik – Datenanalyse und Wahrscheinlichkeitsrechnung, Berlin 2005.

Kornmeier, M. (2007), Wissenschaftstheorien und wissenschaftliches Arbeiten, Heidelberg 2007.

Kraaijenbrink, J./Spender, J.-C./Groen, A.J. (2009), The resource-based view: A review and assessment of its critiques, In: Journal of Management, 36. Jg., Nr. 1, 2009, S. 349–372.

Kromrey, H. (1994), Empirische Sozialforschung, Stuttgart 1994.

Kumar, N./Stern, L.W./Anderson, J.C. (1993), Conducting interorganizational research using key informants, In: Academy of Management Journal, 36. Jg., Nr. 6, 1993, S. 1633–1651.

Kuß, A. (2012), Marktforschung – Grundlagen der Datenerhebung und Datenanalyse, Wiesbaden 2012.

Kusunoki, K./Nonaka, I./Nagata, A. (1997), Incapability of technological capability: A case study on product innovation in the Japanese facsimile machine industry, In: Journal of Product Innovation Management, 14. Jg., Nr. 5, 1997, S. 368–382.

Kusunoki, K./Nonaka, I./Nagata, A. (1998), Organizational capabilities in product development of Japanese firms: A conceptual framework and empirical findings, In: Organization Science, 9. Jg., Nr. 6, 1998, S. 699–718.

Lane, P.J./Koka, B.R./Pathak, S. (2006), The reification of absorptive capacity: A critical review and rejuvenation of the construct, In: Academy of Management Review, 31. Jg., Nr. 4, 2006, S. 833–863.

Lane, P.J./Lubatkin, M. (1998), Relative absorptive capacity and interorganizational learning, In: Strategic Management Journal, 19. Jg., Nr. 5, 1998, S. 461–477.

Laursen, K./Salter, A. (2006), Open for innovation: The role of openness in explaining innovation performance among U.K. manufacturing firms, In: Strategic Management Journal, 27. Jg., Nr. 2, 2006, S. 131–150.

Lavie, D. (2006), The competitive advantage of interconnected firms: An extension of the resource-based view, In: Academy of Management Review, 31. Jg., Nr. 3, 2006, S. 638–658.

Law, K.S./Wong, C.-S. (1999), Multidimensional constructs in structural equation analysis: An illustration using the job perception and job satisfaction constructs, In: Journal of Management, 25. Jg., Nr. 2, 1999, S. 143–160.

Law, K.S./Wong, C.-S./Mobley, W.H. (1998), Toward a taxonomy of multidimensional constructs, In: Academy of Management Review, 23. Jg., Nr. 4, 1998, S. 741–755.

Lawson, B./Samson, D. (2001), Developing innovation capability in organizations: A dynamic capabilities approach, In: International Journal of Innovation Management, 5. Jg., Nr. 3, 2001, S. 377–400.

Le Dain, M.-A./Calvi, R./Cheriti, S. (2011), Measuring supplier performance in collaborative design: Proposition of a framework, In: R&D Management, 41. Jg., Nr. 1, 2011, S. 61–79.

Lecocq, X./Demil, B. (2006), Strategizing industry structure: The case of open systems in a low-tech industry, In: Strategic Management Journal, 27. Jg., Nr. 9, 2006, S. 891–898.

Lee, S./Park, G./Yoon, B./Park, J. (2010), Open innovation in SMEs: An intermediated network model, In: Research Policy, 39. Jg., Nr. 2, 2010, S. 290–300.

Lei, D./Hitt, M./Bettis, R. (1996), Dynamic core competences through meta-learning and strategic context, In: Journal of Management, 22. Jg., Nr. 4, 1996, S. 549–569.

Leidecker, J.K./Bruno, A.V. (1984), Identifying and using critical success factors, In: Long Range Planning, 17. Jg., Nr. 1, 1984, S. 23–32.

Lengnick-Hall, C.A./Wolff, J.A. (1999), Similarities and contradictions in the core logic of three strategy research streams, In: Strategic Management Journal, 20. Jg., Nr. 12, 1999, S. 1109–1132.

Lenox, M./King, A. (2004), Prospects for developing absorptive capacity through internal information provision, In: Strategic Management Journal, 25. Jg., Nr. 4, 2004, S. 331–345.

Leonard-Barton, D. (1992), Core capabilities and core rigidities: A paradox in managing new product development, In: Strategic Management Journal, 13. Jg., S1, 1992, S. 111–125.

Leong, F./Austin, J. (2005), The psychology research handbook: A guide for graduate students and research assistants, 2. Auflage, Thousand Oaks, CA 2005.

Levitt, B./March, J.G. (1999), Organizational learning, In: March, J. (Hrsg.): The pursuit of organizational intelligence: Decisions and learning in organizations, New York, NY 1999, S. 319–340.

Lichtenthaler, U. (2008), Open innovation in practice: An analysis of strategic approaches to technology transactions, In: IEEE Transactions on Engineering Management, 55. Jg., Nr. 1, 2008, S. 148–157.

Lichtenthaler, U. (2009a), Absorptive capacity, environmental turbulence, and the complementarity of organizational learning processes, In: Academy of Management Journal, 52. Jg., Nr. 4, 2009, S. 822–846.

Lichtenthaler, U. (2009b), Outbound open innovation and its effect on firm performance: examining environmental influences, In: R&D Management, 39. Jg., Nr. 4, 2009, S. 317–330.

Lichtenthaler, U. (2010), Intellectual property and open innovation: An empirical analysis, In: International Journal of Technology Management = Journal International de la Gestion Technologique, 52. Jg., 3–4, 2010, S. 372–391.

Lichtenthaler, U. (2011a), 'Is open innovation a field of study or a communication barrier to theory development?' A contribution to the current debate, In: Technovation, 31. Jg., 2–3, 2011, S. 138–139.

Lichtenthaler, U. (2011b), Open innovation: Past research, current debates, and future directions, In: Academy of Management Perspectives, 25. Jg., Nr. 1, 2011, S. 75–93.

Lichtenthaler, U./Ernst, H. (2006), Attitudes to externally organizing knowledge management tasks: a review, reconsideration and extension of the NIH (not invented here) syndrome, In: R&D Management, 36. Jg., Nr. 4, 2006, S. 367–386.

Lichtenthaler, U./Ernst, H. (2009), Opening up the innovation process: The role of technology aggressiveness, In: R&D Management, 39. Jg., Nr. 1, 2009, S. 38–54.

Lichtenthaler, U./Ernst, H. (2012), Integrated knowledge exploitation: The complementarity of product development and technology licensing, In: Strategic Management Journal, 33. Jg., Nr. 5, 2012, S. 513–534.

Lichtenthaler, U./Ernst, H./Lichtenthaler, E. (2007), Fähigkeit der externen Technologieverwertung. Theoretisches Konzept und empirische Analyse, In: Schmalenbachs Zeitschrift für betriebswirtschaftliche Forschung, 59. Jg., 2007, S. 221–249.

Lichtenthaler, U./Lichtenthaler, E. (2009), A capability-based framework for open innovation: Complementing absorptive capacity, In: Journal of Management Studies, 46. Jg., Nr. 8, 2009, S. 1315–1338.

Lichtenthaler, U./Lichtenthaler, E. (2010), Technology transfer across organizational boundaries: Absorptive and desorptive capacity, In: California Management Review, 53. Jg., Nr. 1, 2010, S. 154–170.

Lieberman, M.B./Montgomery, D.B. (1998), First-mover (dis)advantages: Retrospective and link with the resource-based view, In: Strategic Management Journal, 19. Jg., Nr. 12, 1998, S. 1111–1125.

Lietke, B. (2009), Efficient Consumer Response: Eine agency-theoretische Analyse der Probleme und Lösungsansätze, Wiesbaden 2009.

Lilien, G.L./Yoon, E. (1989), Determinants of new industrial product performance: a strategic re-examination of the empirical literature, In: Engineering Management, IEEE Transactions on, 36. Jg., Nr. 1, 1989, S. 3–10.

Lim, B.T.H./Ling, F.Y.Y./Ibbs, C.W./Raphael, B./Ofori, G. (2011), Empirical analysis of the determinants of organizational flexibility in the construction business, In: Journal of Construction Engineering & Management, 137. Jg., Nr. 3, 2011, S. 225–237.

Lim, K./Chesbrough, H./Ruan, Y. (2010), Open innovation and patterns of R&D competition, In: International Journal of Technology Management, 52. Jg., 3/4, 2010, S. 295–321.

Lindner, J.R./Murphy, T.H./Briers, G.E. (2001), Handling nonresponse in social science research, In: Journal of Agricultural Education, 42. Jg., Nr. 4, 2001, S. 43–53.

Lippe, P. von der/Kladroba, A. (2002), Repräsentativität von Stichproben, In: Marketing – Zeitschrift für Forschung und Praxis, 24. Jg., Nr. 2, 2002, S. 139–145.

Lippman, S.A./Rumelt, R.P. (1982), Uncertain imitability: An analysis of interfirm differences in efficiency under competition, In: The Bell Journal of Economics, 13. Jg., Nr. 2, 1982, S. 418–438.

Litz, H.P. (2003), Statistische Methoden in den Wirtschafts- und Sozialwissenschaften, 3. Auflage, München 2003.

Loasby, B.J. (1998), The concept of capabilities, In: Foss, N.J./Loasby, B. (Hrsg.): Capabilities, coordination, and economic organisation: Essays in honour of G.B. Richardson, London 1998, S. 163–182.

Loehlin, J.C. (2004), Latent variable models – An introduction to factor, path, and structural equation analysis, 4. Auflage, Mahwah, N.J 2004.

Lohmöller, J.-B. (1984), Das Programmpaket LVPLS für Pfadmodelle mit latenten Variablen, In: ZA-Informationen, Nr. 14, 1984, S. 44–51.

Lohmöller, J.-B. (1989), Latent variable path modeling with partial least squares, Heidelberg 1989.

Lok, P./Hung, R.Y./Walsh, P./Wang, P./Crawford, J. (2005), An integrative framework for measuring the extent to which organizational variables influence the success of process improvement programmes, In: Journal of Management Studies, 42. Jg., Nr. 7, 2005, S. 1357–1381.

Lorenzoni, G./Lipparini, A. (1999), The leveraging of interfirm relationships as a distinctive organizational capability: A longitudinal study, In: Strategic Management Journal, 20. Jg., Nr. 4, 1999, S. 317–338.

Luhmann, N. (1995), Social systems, Stanford, CA 1995.

MacCallum, R.C./Browne, M.W. (1993), The use of causal indicators in covariance structure models: Some practical issues, In: Psychological Bulletin, 114. Jg., Nr. 3, 1993, S. 533–541.

MacCallum, R.C./Browne, M.W./Sugawara, H. (1996), Power analysis and determination of sample size for covariance structure modeling, In: Psychological Methods, 2. Jg., Nr. 1, 1996, S. 130–149.

MacCallum, R.C./Roznowski, M./Mar, C./Reith, J. (1994), Alternative strategies for cross-validation of covariance structure models, In: Multivariate Behavioral Research, 29. Jg., Nr. 1, 1994, S. 1–32.

Macharzina, K./Wolf, J. (2012), Unternehmensführung: Das internationale Managementwissen – Konzepte, Methoden, Praxis, 8., Aufl. 2012., Wiesbaden 2012.

MacKenzie, S.B./Podsakoff, P.M./Jarvis, C.B. (2005), The problem of measurement model misspecification in behavioral and organizational research and some recommended solutions, In: Journal of Applied Psychology, 90. Jg., Nr. 4, 2005, S. 710–730.

MacKenzie, S.B./Podsakoff, P.M./Podsakoff, N.P. (2011), Construct measurement and validation procedures in MIS and behavioral research: Integrating new and existing techniques, In: MIS Quarterly: Management Information Systems, 35. Jg., Nr. 2, 2011, S. 293–334.

Mahmood, I.P./Zhu, H./Zajac, E.J. (2011), Where can capabilities come from? Network ties and capability acquisition in business groups, In: Strategic Management Journal, 32. Jg., Nr. 8, 2011, S. 820–848.

Mahoney, J.T. (1995), The management of resources and the resource of management, In: Journal of Business Research, 33. Jg., 1995, S. 91–101.

Mahoney, J.T./Pandian, J.R. (1992), The resource-based view within the conversation of strategic management, In: Strategic Management Journal, 13. Jg., Nr. 5, 1992, S. 363–380.

Makadok, R. (2001), Toward a synthesis of the resource-based and dynamic-capability views of rent creation, In: Strategic Management Journal, 22. Jg., Nr. 5, 2001, S. 387–401.

March, J.G. (1991), Exploration and exploitation in organizational learning, In: Organization Science, 2. Jg., Nr. 1, 1991, S. 71–87.

March, J.G./Olsen, J.P. (1975), The uncertainty of the past: Organizational learning under ambiguity, In: European Journal of Political Research, 3. Jg., Nr. 2, 1975, S. 147–171.

March, J.G./Sutton, R.I. (1997), Crossroads: Organizational performance as a dependent variable, In: Organization Science, 8. Jg., Nr. 6, 1997, S. 698–706.

March, J./Simon, H. (1993), Organizations, New York, NY 1993.

Marsden, P./Wright, J. (2010), Handbook of survey research, Bingley 2010.

Marsh, H.W./Hau, K.-T./Balla, J.R./Grayson, D. (1998), Is more ever too much? The number of indicators per factor in confirmatory factor analysis, In: Multivariate Behavioral Research, 33. Jg., Nr. 2, 1998, S. 181–220.

Marsh, H.W./Hau, K.-T./Grayson, D. (2005), Goodness of fit evaluation in structural equation modeling, In: McDonald, R.P./Maydeu-Olivares, A./McArdle, J.J. (Hrsg.): Contemporary psychometrics: A festschrift for Roderick P. McDonald, Mahwah 2005, S. 275–340.

Marsh, H.W./Hau, K.-T./Wen, Z. (2004), In search of golden rules: Comment on hypothesis testing approaches to setting cutoff values for fit indexes and dangers in over generalizing Hu and Bentler's (1999) findings, In: Structural Equation Modeling: A Multidisciplinary Journal, 11. Jg., Nr. 3, 2004, S. 320–341.

Martens, J. (2003), Statistische Datenanalyse mit SPSS für Windows, München 2003.

Martin, A. (1989), Die empirische Forschung in der Betriebswirtschaftslehre: Eine Untersuchung über die Logik der Hypothesenprüfung, die empirische Forschungspraxis und die Möglichkeit einer theoretischen Fundierung realwissenschaftlicher Untersuchungen, Stuttgart 1989.

Mayer, H. (2008), Interview und schriftliche Befragung – Entwicklung, Durchführung und Auswertung, München 2008.

Mayer, H. (2010), Catching up: The role of state science and technology policy in open innovation, In: Economic Development Quarterly, 24. Jg., Nr. 3, 2010, S. 195–209.

McGraw, K.O./Wong, S.P. (1996), Forming inferences about some intraclass correlation coefficients, In: Psychological Methods, 1. Jg., Nr. 1, 1996, S. 30–46.

McIver, J./Carmines, E. (1981), Unidimensional scaling, Newbury Park, CA 1981.

Menon, A./Mohanty, B. (2008), Towards a theory of "dynamic capability" for firms, In: 6th AIMS International Conference on Management, 12. Jg., 2008, S. 28–31.

Meyers, L./Gamst, G./Guarino, A. (2005), Applied multivariate research: Design and interpretation, Newbury Park, CA 2005.

Mikos, L./Wegener, C. (2005), Qualitative Medienforschung – Ein Handbuch, Konstanz 2005.

Möhrle, M./Specht, D., Innovation, http://wirtschaftslexikon.gabler.de/Archiv/54588/innovation-v7.html, Abruf: 13.02.2013.

Montoya-Weiss, M./Calantone, R. (1994), Determinants of new product performance: A review and meta-analysis, In: Journal of Product Innovation Management, 11. Jg., Nr. 5, 1994, S. 397–417.

Moosbrugger, H./Kelava, A. (2011), Testtheorie und Fragebogenkonstruktion, Berlin, Heidelberg 2011.

Morner, M. (1997), Organisation der Innovation im Konzern – Gestaltung von Konzernstrukturen zur Hervorbringung von Produktinnovationen, Wiesbaden 1997.

Müller, N.A.S. (2006), Die Wirkung innovationsorientierter Kooperationsnetzwerke auf den Innovationserfolg – Eine empirische Untersuchung auf Basis des Competence-Based View und des Relational View, http://nbn-resolving.de/urn:nbn:de:gbv:46-diss000108147, Abruf: 20.11.2013.

Nadkarni, S./Herrmann, P.O. (2010), CEO personality, strategic flexibility, and firm performance: The case of the Indian business process outsourcing industry, In: Academy of Management Journal, 53. Jg., Nr. 5, 2010, S. 1050–1073.

Nadkarni, S./Narayanan, V.K. (2007), Strategic schemas, strategic flexibility, and firm performance: the moderating role of industry clockspeed, In: Strategic Management Journal, 28. Jg., Nr. 3, 2007, S. 243–270.

Nelson, R./Winter, S. (1982), An evolutionary theory of economic change, Cambridge, MA 1982.

Nicolai, A./Kieser, A. (2002), Trotz eklatanter Erfolglosigkeit: Die Erfolgsfaktorenforschung weiter auf Erfolgskurs, In: DBW – Die Betriebswirtschaft, 62. Jg., Nr. 6, 2002, S. 579–596.

Nicolai, A./Kieser, A. (2004), Von Konsensgenerierungsmaschinen, Nebelkerzen und „the Operation called Verstehen" – Replik auf die Anmerkungen von Christian Homburg/Harley Krohmer; Wolfgang Fritz, Hans H. Bauer/Nicola Sauer zum Beitrag „Trotz eklatanter Erfolglosigkeit: Erfolgsfaktorenforscher auf Erfolgskurs, In: DBW – Die Betriebswirtschaft, 62 Jg. (2002), S. 579–596, http://www.dialog-erfolgsfaktorenforschung.de/VonKonsensgenerierungs maschinen.html, Abruf: 12.02.2013.

Nonaka, I. (1994), A dynamic theory of organizational knowledge creation, In: Organization Science, 5. Jg., Nr. 1, 1994, S. 14–37.

Nonaka, I./Takeuchi, H. (1995), The knowledge-creating company: How Japanese companies create the dynamics of innovation, New York, NY 1995.

Nonaka, I./Takeuchi, H. (1997), Die Organisation des Wissens: wie japanische Unternehmen eine brachliegende Ressource nutzbar machen, Frankfurt/Main 1997.

Nonaka, I./Toyama, R./Nagata, A. (2000), A firm as a knowledge-creating entity: a new perspective on the theory of the firm, In: Industrial and Corporate Change, 9. Jg., Nr. 1, 2000, S. 1–20.

Nunnally, J./Bernstein, I. (1994), Psychometric theory, New York, NY 1994.

O'Reilly, C.A./Tushman, M.L. (2008), Ambidexterity as a dynamic capability: Resolving the innovator's dilemma, In: Research in Organizational Behavior, 28. Jg., 2008, S. 185–206.

O'Connor, G.C. (2006), Open, radical innovation: Toward an integrated model in large established firms, In: Chesbrough, H.W./Vanhaverbeke, W./West, J. (Hrsg.): Open innovation: Researching a new paradigm, Oxford 2006, S. 62–81.

OECD (1996), The knowledge-based economy, Paris 1996.

OECD (2007), Innovation and growth: Rationale for an innovation strategy, Paris 2007.

OECD (2008a), Open innovation in global networks, Paris 2008.

OECD (2008b), Policy brief: Open innovation in global networks, http://www.oecd.org/sti/inno/41721342.pdf, Abruf: 10.11.2013.

OECD (2013), OECD science, technology and industry scoreboard, Paris 2013.

Olobatuyi, M. (2006), A user's guide to path analysis, Lanham, MD 2006.

Open Innovation Community (2013), Open innovation, http://www.openinnovation.net/about-2/open-innovation-definition, Abruf: 12.02.2013.

Opp, K.-D. (1979), Individualistische Sozialwissenschaft– Arbeitsweise und Probleme individualistisch und kollektivistisch orientierter Sozialwissenschaften, Stuttgart 1979.

Paier, D. (2010), Quantitative Sozialforschung: Eine Einführung, Wien 2010.

Parry, M.E./Song, X.M. (1993), Determinants of R&D-marketing integration in high-tech Japanese firms, In: Journal of Product Innovation Management, 10. Jg., Nr. 1, 1993, S. 4–22.

Pautzke, G. (1989), Die Evolution der organisatorischen Wissensbasis: Bausteine zu einer Theorie des organisatorischen Lernens – Münchener Schriften zur angewandten Führungslehre (58), Herrsching 1989.

Penrose, E.T. (1959), The theory of the growth of the firm, Oxford 1959.

Pentland, B.T./Rueter, H.H. (1994), Organizational routines as grammars of action, In: Administrative Science Quarterly, 39. Jg., Nr. 3, 1994, S. 484–510.

Pepels, W. (2004), Marketing, München 2004.

Peteraf, M.A. (1993), The cornerstones of competitive advantage: A resource-based view, In: Strategic Management Journal, 14. Jg., Nr. 3, 1993, S. 179–191.

Petersen, K.J./Handfield, R.B./Ragatz, G.L. (2003), A model of supplier integration into new product development, In: Journal of Product Innovation Management, 20. Jg., Nr. 4, 2003, S. 284–299.

Picot, A. (2008), Begrüßung und Einführung, In: Picot, A./Doeblin, S. (Hrsg.): Innovationsführerschaft durch Open Innovation – Chanen für die Telekommunikations-, IT- und Medienindustrie, Berlin; Heidelberg 2008, S. 1–3.

Piening, E. (2010), Prozessdynamiken der Implementierung von Innovationen – Eine Empirische Analyse dynamischer Fähigkeiten und ihrer Wirkung in Krankenhäusern, Wiesbaden 2010.

Piller, F. (2010), Success factors of implementing open innovation, In: Tech Monitor, Sep-Oct, 2010, S. 60–61.

Piller, F./Ihl, C. (2009), Open innovation with customers: Foundations, competences and international trends, Technology and Innovation Management Group, RWTH Aachen University 2009.

Pitelis, C.N./Teece, D.J. (2010), Cross-border market co-creation, dynamic capabilities and the entrepreneurial theory of the multinational enterprise, In: Industrial and Corporate Change, 19. Jg., Nr. 4, 2010, S. 1247–1270.

Pittaway, L./Robertson, M./Munir, K./Denyer, D./Neely, A. (2004), Networking and innovation: a systematic review of the evidence, In: International Journal of Management Reviews, 5–6, 2004, S. 137–168.

Pleschak, F./Sabisch, H. (1996), Innovationsmanagement, Stuttgart 1996.

Podsakoff, P.M./MacKenzie, S.B./Lee, J.-Y./Podsakoff, N.P. (2003), Common method biases in behavioral research: A critical review of the literature and recommended remedies, In: Journal of Applied Psychology, 88. Jg., Nr. 5, 2003, S. 879–903.

Podsakoff, P.M./Organ, D.W. (1986), Self-reports in organizational research: Problems and prospects, In: Journal of Management, 12. Jg., Nr. 4, 1986, S. 531–544.

Polanyi, M. (1967), The tacit dimension, London 1967.

Polasek, W. (1997), Schließende Statistik: Einführung in die Schätz- und Testtheorie für Wirtschaftswissenschaftler, Berlin, Heidelberg 1997.

Poot, T./Faems, D./Vanhaverbeke, W. (2009), Toward a dynamic perspective on open innovation: A longitudinal assessment of the adoption of internal and external innovation strategies in the Netherlands, In: International Journal of Innovation Management, 13. Jg., Nr. 2, 2009, S. 177–200.

Popper, K.R. (1965), Conjectures and refutations – The growth of scientific knowledge, London 1965.

Popper, K.R. (1979), Ausgangspunkte – Meine intellektuelle Entwicklung, München 1979.

Porter, M.E. (1980), Competitive strategy – Techniques for analyzing industries and competitors, New York, NY 1980.

Porter, M.E. (1996), What is strategy?, In: Harvard Business Review, 74. Jg., Nr. 6, 1996, S. 61–78.

Powell, W.W./Koput, K.W./Smith-Doerr, L. (1996), Interorganizational collaboration and the locus of innovation: Networks of learning in biotechnology, In: Administrative Science Quarterly, 41. Jg., Nr. 1, 1996, S. 116–145.

Prahalad, C./Hamel, G. (1990), The core competencies of the corporation, In: Harvard Business Review, 68. Jg., Nr. 3, 1990, S. 79–91.

Prahalad, C./Ramaswamy, V. (2004), Co-creation experiences: The next practice in value creation, In: Journal of Interactive Marketing, 18. Jg., Nr. 3, 2004, S. 5–14.

Prein, G./Kluge, S./Kelle, U. (1994), Strategien zur Sicherung von Repräsentativität und Stichprobenvalidität bei kleinen Samples, http://www.sfb186.uni-bremen.de/download/paper18.pdf, Abruf: 02.01.2013.

Priem, R.L./Butler, J.E. (2001), Is the resource-based "view" a useful perspective for strategic management research?, In: Academy of Management Review, 26. Jg., Nr. 1, 2001, S. 22–40.

Quintana, S.M./Maxwell, S.E. (1999), Implications of recent developments in structural equation modeling for counseling psychology, In: The Counseling Psychologist, 27. Jg., Nr. 4, 1999, S. 485–527.

Raab, G./Unger, A./Unger, F. (2009), Methoden der Marketing-Forschung – Grundlagen und Praxisbeispiele, Wiesbaden 2009.

Raffée, H. (1974), Grundprobleme der Betriebswirtschaft, Göttingen 1974.

Ragatz, G.L./Handfield, R.B./Scannell, T.V. (1997), Success factors for integrating suppliers into new product development, In: Journal of Product Innovation Management, 14. Jg., Nr. 3, 1997, S. 190–202.

Raisch, S./Birkinshaw, J. (2008), Organizational ambidexterity: Antecedents, outcomes, and moderators, In: Journal of Management, 34. Jg., Nr. 3, 2008, S. 375–409.

Raithel, J. (2006), Quantitative Forschung – ein Praxiskurs, Wiesbaden 2006.

Rammer, C./Aschhoff, B./Crass, D./Doherr, M./Köhler, C./Peters, B./Schubert, T./Schwlebacher, F. (2012), Innovationsverhalten der deutschen Wirtschaft – Indikatorenbericht zur Innovationserhebung 2011, Mannheim 2012.

Rasche, C. (1994), Wettbewerbsvorteile durch Kernkompetenzen, Wiesbaden 1994.

Ray, G./Barney, J.B./Muhanna, W.A. (2004), Capabilities, business processes, and competitive advantage: Choosing the dependent variable in empirical tests of the resource-based view, In: Strategic Management Journal, 25. Jg., Nr. 1, 2004, S. 23–37.

Rayna, T./Striukova, L. (2010), Large-scale open innovation: Open source vs. patent pools, In: International Journal of Technology Management, 52. Jg., 3–4, 2010, S. 477–496.

Rehäuser, J./Krcmar, H. (1996), Wissensmanagement im Unternehmen, In: Schreyögg, G./Conrad, P. (Hrsg.): Managementforschung 6: Wissensmanagement, Berlin, New York, NY 1996, S. 1–40.

Reichwald, R./Piller, F. (2006), Interaktive Wertschöpfung – Open Innovation, Individualisierung und neue Formen der Arbeitsteilung, Wiesbaden 2006.

Reichwald, R./Piller, F. (2009), Interaktive Wertschöpfung – Open Innovation, Individualisierung und neue Formen der Arbeitsteilung, 2. Auflage, Wiesbaden 2009.

Reinecke, J. (2005), Strukturgleichungsmodelle in den Sozialwissenschaften 2005.

Ridder, A. (2011), Sensing and seizing open innovation: A capability-based approach, In: DRUID Academy Winter Conference 2011, 2011, S. 1–42.

Ridder, A. (2012), External dynamic capabilities: Creating competitive advantage, department of organization & strategy, Maastricht University 2012.

Ringle, C.M./Sarstedt, M./Straub, D.W. (2012), Editor's comments – A critical look at the use of PLS-SEM in MIS Quarterly, In: MIS Quarterly: Management Information Systems, 36. Jg., Nr. 1, 2012, S. iii–xiv.

Ringle, C.M./Wende, S./Will, A. (2005), Smart PLS 2.0 (beta), http://www.smartpls.de, Abruf: 20.11.2013.

Roberts, E.B. (1987), Generating technological innovation, New York, NY 1987.

Rockart, J. (1979), Chief executives define their own data needs, In: Harvard Business Review, 57. Jg., Nr. 2, 1979, S. 81–93.

Rohrbeck, R./Hölzle, K./Gemünden, H.G. (2009), Opening up for competitive advantage – How Deutsche Telekom creates an open innovation ecosystem, In: R&D Management, 39. Jg., Nr. 4, 2009, S. 420–430.

Rossiter, J.R. (2002), The C-OAR-SE procedure for scale development in marketing, In: International Journal of Research in Marketing, 19. Jg., Nr. 4, 2002, S. 305–335.

Rothwell, R. (1977), The characteristics of successful innovators and technically progressive firms (with some comments on innovation research), In: R&D Management, 7. Jg., Nr. 3, 1977, S. 191–206.

Rubin, A./Babbie, E. (2009), Essential research methods for social work, Belmont, CA 2009.

Rüdiger, M./Cooper, R./Kleinschmidt, E. (1997), Marketing-Erfolgsfaktoren bei Innovationen: Eine kritische Analyse der Studien von Cooper und Kleinschmidt, Kiel 1997.

Rumelt, R. (1984), Towards a strategic theory of the firm, In: Lamb, R. (Hrsg.): Competitive strategic management, Englewood Cliffs, NJ 1984, S. 556–570.

Rumelt, R.P. (1997), Towards a strategic theory of the firm, In: Foss, N. (Hrsg.): Resources, firms, and strategies: A reader in the resource-based perspective, Oxford 1997, S. 131–145.

Rumelt, R./Schendel D.E./Teece D.J (1994), Fundamental issues in strategy., In: Rumelt, R.P./Schendel, D./Teece, D.J. (Hrsg.): Fundamental issues in strategy: A research agenda, Boston, Mass 1994, S. 9–47.

Ryle, G. (1949), The concept of mind, Chicago, IL 1949.

Sabisch, H. (1991), Produktinnovation, Stuttgart 1991.

Salancik, G.R./Pfeffer, J. (1977), An examination of need-satisfaction models of job attitudes, In: Administrative Science Quarterly, 22. Jg., Nr. 3, 1977, S. 427–456.

Salomo, S. (2003), Konzept und Messung des Innovationsgrades – Ergebnisse einer empirischen Studie zu innovativen Entwicklungsvorhaben, In: Schwaiger, M./Harhoff, D. (Hrsg.): Empirie und Betriebswirtschaft – Entwicklungen und Perspektiven, Stuttgart 2003, S. 399–427.

Sammerl, N. (2006), Innovationsfähigkeit und nachhaltiger Wettbewerbsvorteil – Messung, Determinanten, Wirkungen, Wiesbaden 2006.

Sanchez, R. (1995), Strategic flexibility in product competition, In: Strategic Management Journal, 16. Jg., S1, 1995, S. 135–159.

Sánchez, R./Heene, A. (1997), A competence perspective on strategic learning and knowledge management, In: Sánchez, R./Heene, A. (Hrsg.): Strategic learning and knowledge management, New York, NY 1997, S. 3–15.

Sanchez, R./Heene, A./Thomas, H. (1996), Introduction: Towards the theory and practice of competence-based competition, In: Sanchez, R./Heene, A./Thomas, H. (Hrsg.): Dynamics of competence-based competition – Theory and practice in the new strategic management, 1–35, Oxford, New York, NY 1996,

Sanchez, R./Mahoney, J.T. (1996), Modularity, flexibility, and knowledge management in product and organization design, In: Strategic Management Journal, 17. Jg., 1996, S. 63–76.

Satorra, A./Bentler, P.M. (1988), Scaling corrections for chi-square statistics in covariance structure analysis, In: American Statistical Association (Hrsg.): ASA 1988 Proceedings of the Business and Economic Statistics Section, Alexandria, VA 1988, S. 308–313.

Satorra, A./Bentler, P.M. (1994), Correctios to test statistics and standard errors in covariance structure analysis, In: Eye, A.v./Clogg, C.C. (Hrsg.): Latent variables analysis – applications for developmental research, Thousand Oaks, CA 1994, S. 285–305.

Schanz, G. (1973), Pluralismus in der Betriebswirtschaftslehre – Bemerkungen zu gegenwärtigen Forschungsprogrammen, In: ZfbF – Zeitschrift für betriebswirtschaftliche Forschung, 25. Jg., 1973, S. 131–154.

Schanz, G. (1975a), Nochmals: Zwei Arten des Empirismus, In: ZfbF – Zeitschrift für betriebswirtschaftliche Forschung, 27. Jg., Nr. 12, 1975, S. 801–805.

Schanz, G. (1975b), Zwei Arten des Empirismus, In: ZfbF – Zeitschrift für betriebswirtschaftliche Forschung, 27. Jg., Nr. 5, 1975, S. 307–331.

Schanz, G. (1988), Methodologie für Betriebswirte, Stuttgart 1988.

Schendera, C. (2004), Datenmanagement und Datenanalyse mit dem SAS-System: Vom Einsteiger zum Profi, München 2004.

Schewe, G. (1994), Successful innovation management: An integrative perspective, In: Journal of Engineering and Technology Management, 11. Jg., Nr. 1, 1994, S. 25–53.

Schilke, O. (2007), Allianzfähigkeit, Wiesbaden 2007.

Schnell, R./Hill, P./Esser, E. (2011), Methoden der empirischen Sozialforschung, München 2011.

Scholl, A. (2003), Die Befragung, Stuttgart 2003.

Schreyögg, G./Kliesch, M. (2005), Dynamic capabilities and the development of organizational competencies, Berlin 2005.

Schumann, S. (2010), Repräsentative Umfrage – Praxisorientierte Einführung in empirische Methoden und statistische Analyseverfahren, München 2010.

Schumpeter, J. (1934), The theory of economic development: An inquiry into profits, capital, credit, interest, and the business cycle, Cambridge, MA 1934.

Schumpeter, J. (1942), Capitalism, socialism and democracy, New York, NY 1942.

Schumpeter, J. (1997), Theorie der wirtschaftlichen Entwicklung: Eine Untersuchung über Unternehmergewinn, Kapital, Kredit, Zins und den Konjunkturzyklus (unveränd. Nachdr. d. 4. A. 1934), Leipzig 1997.

Schwaiger, M./Meyer, A. (2011), Theorien und Methoden der Betriebswirtschaft: Handbuch für Wissenschaftler und Studierende 2011.

Sethi, A./Sethi, S. (1990), Flexibility in manufacturing: A survey, In: International Journal of Flexible Manufacturing Systems, 2. Jg., Nr. 4, 1990, S. 289–328.

Shimizu, K./Hitt, M.A. (2004), Strategic flexibility: Organizational preparedness to reverse ineffective strategic decisions, In: Academy of Management Executive, 18. Jg., Nr. 4, 2004, S. 44–59.

Shrivastava, P. (1983), A typology of organzational learning systems, In: Journal of Management Studies, 20. Jg., Nr. 1, 1983, S. 7–28.

Shrout, P.E./Fleiss, J.L. (1979), Intraclass correlations: Uses in assessing rater reliability, In: Psychological Bulletin, 86. Jg., Nr. 2, 1979, S. 420–428.

Sieg, J.H./Wallin, M.W./Krogh, G. von (2010), Managerial challenges in open innovation: A study of innovation intermediation in the chemical industry, In: R&D Management, 40. Jg., Nr. 3, 2010, S. 281–291.

Slater, S.F./Atuahene-Gima, K. (2004), Conducting survey research in strategic management., In: Ketchen, D.J./Bergh, D. (Hrsg.): Research Methodology in Strategy and Management, Bingley 2004, S. 227–249.

Song, M./Dyer, B./Thieme, R. (2006), Conflict management and innovation performance: An integrated contingency perspective, In: Journal of the Academy of Marketing Science, 34. Jg., Nr. 3, 2006, S. 341–356.

Song, M./Kawakami, T./Stringfellow, A. (2010), A cross-national comparative study of senior management policy, marketing-manufacturing involvement, and innovation performance, In: Journal of Product Innovation Management, 27. Jg., Nr. 2, 2010, S. 179–200.

Song, X.M./Montoya-Weiss, M.M. (1998), Critical development activities for really new versus incremental products, In: Journal of Product Innovation Management, 15. Jg., Nr. 2, 1998, S. 124–135.

Spaeth S/Stuermer M/Von Krogh G (2010), Enabling knowledge creation through outsiders: Towards a push model of open innovation, In: International Journal of Technology Management, 52. Jg., 3–4, 2010, S. 411–431.

Spender, J.-C. (1996), Making knowledge the basis of a dynamic theory of the firm, In: Strategic Management Journal, 17. Jg., S2, 1996, S. 45–62.

Spender, J.-C./Grant, R.M. (1996), Knowledge and the firm: Overview, In: Strategic Management Journal, 17. Jg., S2, 1996, S. 5–9.

Spender, J.-C./Marr, B. (2005), A knowledge-based perspective on intellectual capital, In: Marr, B. (Hrsg.): Perspectives on intellectual capital: Multidisciplinary insights into management, measurement, and reporting, Burlington, MA 2005, S. 183–195.

Spithoven, A./Clarysse, B./Knockaert, M. (2010), Building absorptive capacity to organise inbound open innovation in traditional industries, In: Technovation, 30. Jg., Nr. 2, 2010, S. 130–141.

Spithoven, A./Frantzen, D./Clarysse, B. (2010), Heterogeneous firm-level effects of knowledge exchanges on product innovation: Differences between dynamic and lagging product innovators, In: Journal of Product Innovation Management, 27. Jg., Nr. 3, 2010, S. 362–381.

Staehle, W. (1981), Deutschsprachige situative Ansätze in der Managementlehre, In: Kieser, A. (Hrsg.): Organisationstheoretische Ansätze, München 1981, S. 215–226.

Statistisches Bundesamt (2012), Klassifikation der Wirtschaftszweige 2008, https://www.destatis.de/DE/Methoden/Klassifikationen/GueterWirtschaftklassifikationen/Content75/KlassifikationWZ08.html, Abruf: 23.04.2012.

Steenkamp, J.-B.E.M./Baumgartner, H. (2000), On the use of structural equation models for marketing modeling, In: International Journal of Research in Marketing, 17. Jg., Nr. 2, 2000, S. 195–202.

Steiger, J.H. (1989), EzPATH: a supplementary module for SYSTAT and SYGRAPH, Evanston, IL 1989.

Steiger, J.H. (1990), Structural model evaluation and modification: An interval estimation approach, In: Multivariate Behavioral Research, 25. Jg., Nr. 2, 1990, S. 173–180.

Subramaniam, M./Venkatraman, N. (2001), Determinants of transnational new product development capability: Testing the influence of transferring and deploying tacit overseas knowledge, In: Strategic Management Journal, 22. Jg., Nr. 4, 2001, S. 359–378.

Sun, P.Y./Anderson, M.H. (2010), An examination of the relationship between absorptive capacity and organizational learning, and a proposed integration, In: International Journal of Management Reviews, 12. Jg., Nr. 2, 2010, S. 130–150.

Szulanski, G. (1996), Exploring internal stickiness: Impediments to the transfer of best practice within the firm, In: Strategic Management Journal, 17. Jg., S2, 1996, S. 27–43.

Teece, D.J. (1986), Profiting from technological innovation: Implications for integration, collaboration, licensing and public policy, In: Research Policy, 15. Jg., Nr. 6, 1986, S. 285–305.

Teece, D.J. (1998), Capturing value from knowledge assets: The new economy, markets for know-how, and intangible assets, In: California Management Review, 40. Jg., Nr. 3, 1998, S. 55–79.

Teece, D.J. (2007), Explicating dynamic capabilities: The nature and microfoundations of (sustainable) enterprise performance, In: Strategic Management Journal, 28. Jg., Nr. 13, 2007, S. 1319–1350.

Teece, D.J. (2009), Dynamic capabilities and strategic management – Organizing for innovation and growth, Oxford 2009.

Teece, D.J. (2010), Alfred Chandler and "capabilities" theories of strategy and management, In: Industrial and Corporate Change, 19. Jg., Nr. 2, 2010, S. 297–316.

Teece, D.J./Pisano, G. (1994), The dynamic capabilities of firms: An introduction, In: Industrial and Corporate Change, 3. Jg., Nr. 3, 1994, S. 537–556.

Teece, D.J./Pisano, G./Shuen, A. (1997), Dynamic capabilities and strategic management, In: Strategic Management Journal, 18. Jg., Nr. 7, 1997, S. 509–533.

Tiede, M./Voß, W. (2000), Schließen mit Statistik – Verstehen, München 2000.

Tienari, J./Tainio, R. (1999), The myth of flexibility in organizational change, In: Scandinavian Journal of Management, 15. Jg., Nr. 4, 1999, S. 351–384.

Todorova, G./Durisin, B. (2007), Absorptive capacity: Valuing a reconceptualization, In: The Academy of Management Review, 32. Jg., Nr. 3, 2007, S. 774–786.

Töpfer, A. (2012), Erfolgreich Forschen, Berlin, Heidelberg 2012.

Trier, M. (2011), Innovation und die subjektiven Bedingungen für Innovationsfähigkeit, In: Jeschke, S./Isenhardt, I./Hees, F./Trantow, S. (Hrsg.): Enabling innovation, Berlin, Heidelberg 2011, S. 247–258.

Trott, P. (2008), Innovation management and new product development, 4. Auflage, Harlow, New York, NY 2008.

Trott, P./Hartman, D. (2009), Why 'Open Innovation' is old wine in new bottles, In: International Journal of Innovation Management, 13. Jg., Nr. 04, 2009, S. 715–736.

Tushman, M.L./O'Reilly, C.A. (1996), The ambidextrous organizations: Managing evolutionary and revolutionary change, In: California Management Review, 38. Jg., Nr. 4, 1996, S. 8–30.

Ullrich, S. (2010), Internetbasierte Internationalisierung – Entscheidungsfindung, Umsetzung und Erfolgsmessung, Wiesbaden 2010.

Unterreitmeier, A./Schwinghammer, F. (2004), Die Operationalisierung von Unternehmenskultur – Validierung eines Messinstruments, München 2004.

Upton, D.M. (1994), The management of manufacturing flexibility, In: California Management Review, 36. Jg., Nr. 2, 1994, S. 72–89.

Urban, G.L./von Hippel, E. (1988), Lead user analyses for the development of new industrial products, In: Management Science, 34. Jg., Nr. 5, 1988, S. 569–582.

van Aken, J.E./Weggeman, M.P. (2000), Managing learning in informal innovation networks: Overcoming the Daphne-dilemma, In: R&D Management, 30. Jg., Nr. 2, 2000, S. 139–150.

van Bruggen, G.H./Lilien, G.L./Kacker, M. (2002), Informants in organizational marketing research: Why use multiple informants and how to aggregate responses, In: Journal of Marketing Research, 39. Jg., Nr. 4, 2002, S. 469–478.

van de Vrande, V./Jong, J.P.J. de/Vanhaverbeke, W./Rochemont, M. de (2009), Open innovation in SMEs: Trends, motives and management challenges, In: Technovation, 29. Jg., Nr. 6, 2009, S. 423–437.

van de Vrande, V./Vanhaverbeke, W./Duysters, G. (2009), External technology sourcing: The effect of uncertainty on governance mode choice, In: Journal of Business Venturing, 24. Jg., Nr. 1, 2009, S. 62.

van de Vrande, V./Vanhaverbeke, W./Gassmann, O. (2010), Broadening the scope of open innovation: Past research, current state and future directions, In: International journal of technology management = Journal international de la gestion technologique, 52. Jg., Nr. 3, 2010, S. 221–235.

van den Bosch, F.A.J./Volberda, H.W./Boer, M. de (1999), Coevolution of firm absorptive capacity and knowledge environment: Organizational forms and combinative capabilities, In: Organization Science, 10. Jg., Nr. 5, 1999, S. 551–568.

Vanhaverbeke, W./Cloodt, M./van de Vrande, V. (2007), Connecting absorptive capacity and open innovation, http://library.tue.nl/csp/dare/LinkToRepository.csp?recordnumber =664272, Abruf: 02.09.2011, Abruf: 28.10.2007.

Venkatraman, N./Grant, J.H. (1986), Construct measurement in organizational strategy research: A critique and proposal, In: Academy of Management Review, 11. Jg., Nr. 1, 1986, S. 71–87.

Verband der Automobilindustrie (2012), Der VDA – Garant für die Mobilität der Zukunft, http://www.vda.de/de/verband/index.html, Abruf: 14.11.2012.

Verband der Chemischen Industrie (2012), Der VCI, https://www.vci.de/Der-VCI/Seiten/ Startseite.aspx, Abruf: 14.11.2012.

Verband deutscher Maschinen und Anlagenbau (2012), VDMA, http://www.vdma.org, Abruf: 14.11.2012.

Verbano, C./Crema, M./Venturini, K. (2011), Integration and selectivity in open innovation: An empirical analysis in SMEs, In: World Academy of Science, Engineering and Technology, Nr. 59, 2011, S. 1106–1114.

Verlagsgruppe Sachon (2012), ZVEI Elektro+Elektronik-Einkaufsführer, http://www.sachon-zvei-elektro-einkaufsfuehrer.de/cl/sid.php, Abruf: 14.11.2012.

Verona, G. (1999), A resource-based view of product development, In: Academy of Management Review, 24. Jg., Nr. 1, 1999, S. 132–142.

Verona, G./Ravasi, D. (2003), Unbundling dynamic capabilities: An exploratory study of continuous product innovation, In: Industrial and Corporate Change, 12. Jg., Nr. 3, 2003, S. 577–606.

Verworn, B./Herstatt, C. (2000), Modelle des Innovationsprozesses – Arbeitspapier Nr. 6, http://www.tuhh.de/tim/downloads/arbeitspapiere/Arbeitspapier_7.pdf, Abruf: 20.11.2013.

Vogel, R. (2011), Exploration und Exploitation: Stand und Perspektiven der internationalen Diskussion, http://www.wiso.unihamburg.de/fileadmin/bwl/oeffentlichewirtschaft/manage

ment/Schwerpunkt_UFUE/Diskussionspapiere/10_Vogel_Exploration_und_Exploitation.pdf, Abruf: 12.12.2012.

Volberda, H.W. (1996), Toward the flexible form: How to remain vital in hypercompetitive environments, In: Organization Science, 7. Jg., Nr. 4, 1996, S. 359–374.

Volberda, H.W. (1997), Building flexible organizations for fast-moving markets, In: Long Range Planning, 30. Jg., Nr. 2, 1997, S. 169–148.

von Hippel, E. (1976), The dominant role of users in the scientific instrument innovation process, In: Research Policy, 5. Jg., Nr. 3, 1976, S. 212–239.

von Hippel, E. (1978a), A customer-active paradigm for industrial product idea generation, In: Research Policy, 7. Jg., Nr. 3, 1978, S. 240–266.

von Hippel, E. (1978b), Successful industrial products from customer ideas, In: Journal of Marketing, 42. Jg., Nr. 1, 1978, S. 39–49.

von Hippel, E. (1988), The sources of innovation, Oxford 1988.

von Hippel, E. (2001), Perspective: User toolkits for innovation, In: Journal of Product Innovation Management, 18. Jg., Nr. 4, 2001, S. 247–257.

von Hippel, E. (2005), Democratizing innovation, Cambridge, MA 2005.

von Hippel, E. (2007), Horizontal innovation networks by and for users, In: Industrial & Corporate Change, 16. Jg., Nr. 2, 2007, S. 293–315.

Wallin, M.W./Krogh, G. von (2010), Organizing for open innovation: Focus on the integration of knowledge, In: Organizational Dynamics, 39. Jg., Nr. 2, 2010, S. 145–154.

Wang, C.L./Ahmed, P.K. (2007), Dynamic capabilities: A review and research agenda, In: International Journal of Management Reviews, 9. Jg., Nr. 1, 2007, S. 31–51.

Weiber, R./Mühlhaus, D. (2010), Strukturgleichungsmodellierung – Eine anwendungsorientierte Einführung in die Kausalanalyse mit Hilfe von AMOS, SmartPLS und SPSS, Berlin, Heidelberg 2010.

Welsch, J. (2005), Innovationspolitik – Eine problemorientierte Einführung, Wiesbaden 2005.

Wernerfelt, B. (1984), A resource-based view of the firm, In: Strategic Management Journal, 5. Jg., Nr. 2, 1984, S. 171–180.

Wernerfelt, B. (1995), The resource-based view of the firm: Ten years after, In: Strategic Management Journal, 16. Jg., Nr. 3, 1995, S. 171–174.

West, J. (2007), What is open innovation?, http://blog.openinnovation.net/2007/08/what-is-open-innovation.html, Abruf: 12.02.2013.

West, S.G./Finch, J.F./Curran, P.J. (1995), Structural equation models with nonnormal variables: Problems and remedies, In: Hoyle, R. (Hrsg.): Structural equation modeling: Comcepts, issues, and applications, Thousand Oaks, CA 1995, S. 56–75.

Wierenga, P. (2008), Open innovation as an important growth driver, In: Picot, A./Doeblin, S. (Hrsg.): Innovationsführerschaft durch Open Innovation – Chanen für die Telekommunikations-, IT- und Medienindustrie, Berlin; Heidelberg 2008, S. 25–42.

Winklhofer, H.M./Diamantopoulos, A. (2002), Managerial evaluation of sales forecasting effectiveness: A MIMIC modeling approach, In: International Journal of Research in Marketing, 19. Jg., Nr. 2, 2002, S. 151–166.

Winter, S.G. (2000), The satisficing principle in capability learning, In: Strategic Management Journal, 21. Jg., 10–11, 2000, S. 981–996.

Winter, S.G. (2003), Understanding dynamic capabilities, In: Strategic Management Journal, 24. Jg., Nr. 10, 2003, S. 991–995.

Wirtz, B.W. (2011), Business Model Management – Design, Instrumente, Erfolgsfaktoren von Geschäftsmodellen, 2. Auflage, Wiesbaden 2011.

Wirtz, B.W./Nitzsche, P. (2013), Local level e-government in international comparison, In: Journal of Public Administration and Governance, 3. Jg., Nr. 3, 2013, S. 64–93.

Witte, E. (1981), Nutzungsanspruch und Nutzungsvielfalt, In: Witte, E. (Hrsg.): Der praktische Nutzen empirischer Forschung, Tübingen 1981, S. 13–40.

Witte, E./Grün, O./Bronner, R. (1975), Pluralismus in der betriebswirtschaftlichen Forschung, In: ZfbF – Zeitschrift für betriebswirtschaftliche Forschung, 27. Jg., 1975, S. 796–800.

Wold, H. (1966), Nonlinear estimation by partial least square procedures, In: David, F. (Hrsg.): Research papers in statistics, New York, NY 1966, S. 411–444.

Wold, H. (1975), Path models with latent variables: The NIPALS approach, In: H.M., Blalock (Hrsg.): Quantitative sociology: International perspectives on mathematical and statistical model building, New York, NY 1975, S. 307–357.

Wold, H. (1982), Soft modeling: The basic design and some extensions, In: Jöreskog, K./Wold, H. (Hrsg.): Systems under indirect observation – Part II, Amsterdam 1982, S. 1–54.

Wolfe, R.A. (1994), Organizational Innovation: Review, Critique and suggested Research Directions, In: Journal of Management Studies, 31. Jg., Nr. 3, 1994, S. 405–431.

Wolfert, J./Verdouw, C./Verloop, C./Beulens, A. (2010), Organizing information integration in agri-food: A method based on a service-oriented architecture and living lab approach, In: Computers and Electronics in Agriculture, 70. Jg., Nr. 2, 2010, S. 389–405.

Worren, N./Moore, K./Cardona, P. (2002), Modularity, strategic flexibility, and firm performance: A study of the home appliance industry, In: Strategic Management Journal, 23. Jg., Nr. 12, 2002, S. 1123–1140.

Yeoh, P.-L./Roth, K. (1999), An empirical analysis of sustained advantage in the U.S. pharmaceutical industry: Impact of firm resources and capabilities, In: Strategic Management Journal, 20. Jg., Nr. 7, 1999, S. 637–653.

Young-Ybarra, C./Wiersema, M. (1999), Strategic flexibility in information technology alliances: The influence of transaction cost economics and social exchange theory, In: Organization Science, 10. Jg., Nr. 4, 1999, S. 439–459.

Zahra, S.A./George, G. (2002), Absorptive capacity: A review, reconceptualization, and extension, In: Academy of Management Review, 27. Jg., Nr. 2, 2002, S. 185–203.

Zahra, S.A./Sapienza, H.J./Davidsson, P. (2006), Entrepreneurship and dynamic capabilities: A review, model and research agenda, In: Journal of Management Studies, 43. Jg., Nr. 4, 2006, S. 917–955.

Zeithaml, V.A./Varadarajan, P.R./Zeithaml, C.P. (1988), The contingency approach: Its foundations and relevance to theory building and research in marketing, In: European Journal of Marketing, 22. Jg., Nr. 7, 1988, S. 37–64.

Zeng, S./Xie, X./Tam, C. (2010), Relationship between cooperation networks and innovation performance of SMEs, In: Technovation, 30. Jg., Nr. 3, 2010, S. 181–194.

Zentralverband Elektrotechnik- und Elektronikindustrie (2012a), ZVEI – Zentralverband Elektrotechnik- und Elektronikindustrie e.V.- Verband, http://www.zvei.org/Verband/Seiten/Startseite.aspx, Abruf: 14.11.2012.

Zentralverband Elektrotechnik- und Elektronikindustrie (2012b), ZVEI – Elektroeinkaufsführer, http://www.zvei.org/MaerkteRecht/MessenundAusstellungen/Seiten/ZVEI-Elektroeinkaufsfuehrer.aspx, Abruf: 14.11.2012, Abruf: 13.03.2012.

Zentrum für Europäische Wirtschaftsforschung (2011), Results of CIS 2010 for Germany, http://www.zew.de/de/publikationen/CIS2010_DE_final_web.xls, Abruf: 25.05.2013.

Zentrum für Europäische Wirtschaftsforschung (2013), Mannheimer Innovationspanel - Deutsche Innovationserhebung- Community Innovation Survey (CIS), http://www.zew.de/de/publikationen/innovationserhebungen/innovationserhebungen.php3, Abruf: 25.05.2013.

Zhou, K.Z./Wu, F. (2010), Technological capability, strategic flexibility, and product innovation, In: Strategic Management Journal, 31. Jg., Nr. 5, 2010, S. 547–561.

Ziegler, M./Bühner, M. (2009), Statistik für Psychologen und Sozialwissenschaftler, München 2009.

Zinnbauer, M./Eberl, M. (2004), Die Überprüfung von Spezifikation und Güte von Strukturgleichungsmodellen – Verfahren und Anwendung, Ludwig-Maximilians-Universität München 2004.

Zollo, M./Winter, S.G. (2002), Deliberate learning and the evolution of dynamic capabilities, In: Organization Science, 13. Jg., Nr. 3, 2002, S. 339–351.

Zott, C. (2003), Dynamic capabilities and the emergence of intraindustry differential firm performance: Insights from a simulation study, In: Strategic Management Journal, 24. Jg., Nr. 2, 2003, S. 97–125.

EINZELSCHRIFTEN

Stephan Dieter Prym
Die Bedeutung von Sozialkapital beim Internationalisierungsprozess von Familienunternehmen
Lohmar – Köln 2014 • 484 S. • € 72,- (D) • ISBN 978-3-8441-0314-4

Philipp Huber
Bewertung von Unternehmen im Economic und Financial Distress – Eine Analyse der Discounted Cashflow-Verfahren
Lohmar – Köln 2014 • 172 S. • € 48,- (D) • ISBN 978-3-8441-0318-2

Anne Böttcher
Der Einfluss des Wettbewerbs unter deutschen Banken auf den zyklischen Verlauf des Kreditangebotes
Lohmar – Köln 2014 • 192 S. • € 49,- (D) • ISBN 978-3-8441-0324-3

Regine Merz
Künstlerische Therapien zur Burnout-Prävention in Unternehmen – Einsatzmöglichkeiten und ökonomischer Nutzen
Lohmar – Köln 2014 • 84 S. • € 37,- (D) • ISBN 978-3-8441-0330-4

Abdelhakim Azaouagh
Finanzwirtschaftliche Effekte der Bilanzierung Strukturierter Produkte – Erfolgsneutrale Fair Value-Bilanzierung als alternatives Konzept?
Lohmar – Köln 2014 • 240 S. • € 56,- (D) • ISBN 978-3-8441-0333-5

Matias Bronnenmayer
Erfolgsfaktoren von Unternehmensberatung – Eine Zweiperspektivenbetrachtung
Lohmar – Köln 2014 • 364 S. • € 64,- (D) • ISBN 978-3-8441-0348-9

Philipp Nitzsche
Inbound Open Innovation – Eine empirische Analyse ihrer Erfolgswirkung auf Basis des Dynamic Capabilities View
Lohmar – Köln 2014 • 364 S. • € 64,- (D) • ISBN 978-3-8441-0349-6